21世纪高等学校规划教材 | 计算机应用

实用C语言程序设计教程（第2版）

孟朝霞 编著

清华大学出版社

北京

内容简介

本书旨在培养非计算机专业学生使用计算机解决各种问题，这些问题包括从计算简单函数到解非线性方程，再至较复杂的事务处理。

本书内容基于 Visual C++ 6.0 集成开发环境，每章配有编程练习和实验，教学中最好配合以小组学习。教材结合各种实际工程问题，精心设计应用案例和项目开发任务，把"语句(Statement)、代码(Code)、编程(Programming)、应用(Application)"的教学目标融入课程，使编程成为经验体验和创新乐趣的结合。

本书特意强调用计算机求解问题的方法论。现代化的人才更强调使用计算机求解问题的能力。而本书更加着重于对工程和科学问题的求解，重点在于如何结合现实工程和科学应用的示例与问题上。

本书可作为高等院校和职业技术学校非计算机专业的计算机程序设计教学用书，也可作为从事计算机应用的科技人员的参考书或培训教材。目录中标注"*"的为选修章节。

图书在版编目(CIP)数据

实用C语言程序设计教程/孟朝霞编著. —2版. —北京：清华大学出版社，2011.9
(21世纪高等学校规划教材·计算机应用)
ISBN 978-7-302-25519-2

Ⅰ. ①实…　Ⅱ. ①孟…　Ⅲ. ①C语言－程序设计－高等学校－教材　Ⅳ. ①TP312

中国版本图书馆CIP数据核字(2011)第087945号

责任编辑：闫红梅　李玮琪
责任校对：梁　毅
责任印制：王秀菊
出版发行：清华大学出版社　　地　址：北京清华大学学研大厦A座
http://www.tup.com.cn　　邮　编：100084
社 总 机：010-62770175　　邮　购：010-62786544
投稿与读者服务：010-62795954，jsjjc@tup.tsinghua.edu.cn
质 量 反 馈：010-62772015，zhiliang@tup.tsinghua.edu.cn
印 装 者：北京国马印刷厂
经　销：全国新华书店
开　本：185×260　印　张：24.75　字　数：620千字
版　次：2011年9月第2版　印　次：2011年9月第1次印刷
印　数：1～3000
定　价：39.00元

产品编号：042309-01

编审委员会成员

（按地区排序）

出版说明

随着我国改革开放的进一步深化，高等教育也得到了快速发展，各地高校紧密结合地方经济建设发展需要，科学运用市场调节机制，加大了使用信息科学等现代科学技术提升、改造传统学科专业的投入力度，通过教育改革合理调整和配置了教育资源，优化了传统学科专业，积极为地方经济建设输送人才，为我国经济社会的快速、健康和可持续发展以及高等教育自身的改革发展做出了巨大贡献。但是，高等教育质量还需要进一步提高以适应经济社会发展的需要，不少高校的专业设置和结构不尽合理，教师队伍整体素质亟待提高，人才培养模式、教学内容和方法需要进一步转变，学生的实践能力和创新精神亟待加强。

教育部一直十分重视高等教育质量工作。2007 年 1 月，教育部下发了《关于实施高等学校本科教学质量与教学改革工程的意见》，计划实施"高等学校本科教学质量与教学改革工程"（简称"质量工程"），通过专业结构调整、课程教材建设、实践教学改革、教学团队建设等多项内容，进一步深化高等学校教学改革，提高人才培养的能力和水平，更好地满足经济社会发展对高素质人才的需要。在贯彻和落实教育部"质量工程"的过程中，各地高校发挥师资力量强、办学经验丰富、教学资源充裕等优势，对其特色专业及特色课程（群）加以规划、整理和总结，更新教学内容、改革课程体系，建设了一大批内容新、体系新、方法新、手段新的特色课程。在此基础上，经教育部相关教学指导委员会专家的指导和建议，清华大学出版社在多个领域精选各高校的特色课程，分别规划出版系列教材，以配合"质量工程"的实施，满足各高校教学质量和教学改革的需要。

为了深入贯彻落实教育部《关于加强高等学校本科教学工作，提高教学质量的若干意见》精神，紧密配合教育部已经启动的"高等学校教学质量与教学改革工程精品课程建设工作"，在有关专家、教授的倡议和有关部门的大力支持下，我们组织并成立了"清华大学出版社教材编审委员会"（以下简称"编委会"），旨在配合教育部制定精品课程教材的出版规划，讨论并实施精品课程教材的编写与出版工作。"编委会"成员皆来自全国各类高等学校教学与科研第一线的骨干教师，其中许多教师为各校相关院、系主管教学的院长或系主任。

按照教育部的要求，"编委会"一致认为，精品课程的建设工作从开始就要坚持高标准、严要求，处于一个比较高的起点上。精品课程教材应该能够反映各高校教学改革与课程建设的需要，要有特色风格、有创新性（新体系、新内容、新手段、新思路，教材的内容体系有较高的科学创新、技术创新和理念创新的含量）、先进性（对原有的学科体系有实质性的改革和发展，顺应并符合 21 世纪教学发展的规律，代表并引领课程发展的趋势和方向）、示范性（教材所体现的课程体系具有较广泛的辐射性和示范性）和一定的前瞻性。教材由个人申报或各校推荐（通过所在高校的"编委会"成员推荐），经"编委会"认真评审，最后由清华大学出版社审定出版。

目前,针对计算机类和电子信息类相关专业成立了两个“编委会”,即“清华大学出版社计算机教材编审委员会”和“清华大学出版社电子信息教材编审委员会”。推出的特色精品教材包括:

(1) 21世纪高等学校规划教材·计算机应用——高等学校各类专业,特别是非计算机专业的计算机应用类教材。

(2) 21世纪高等学校规划教材·计算机科学与技术——高等学校计算机相关专业的教材。

(3) 21世纪高等学校规划教材·电子信息——高等学校电子信息相关专业的教材。

(4) 21世纪高等学校规划教材·软件工程——高等学校软件工程相关专业的教材。

(5) 21世纪高等学校规划教材·信息管理与信息系统。

(6) 21世纪高等学校规划教材·财经管理与计算机应用。

(7) 21世纪高等学校规划教材·电子商务。

清华大学出版社经过二十多年的努力,在教材尤其是计算机和电子信息类专业教材出版方面树立了权威品牌,为我国的高等教育事业做出了重要贡献。清华版教材形成了技术准确、内容严谨的独特风格,这种风格将延续并反映在特色精品教材的建设中。

清华大学出版社教材编审委员会
联系人:魏江江
E-mail:weijj@tup.tsinghua.edu.cn

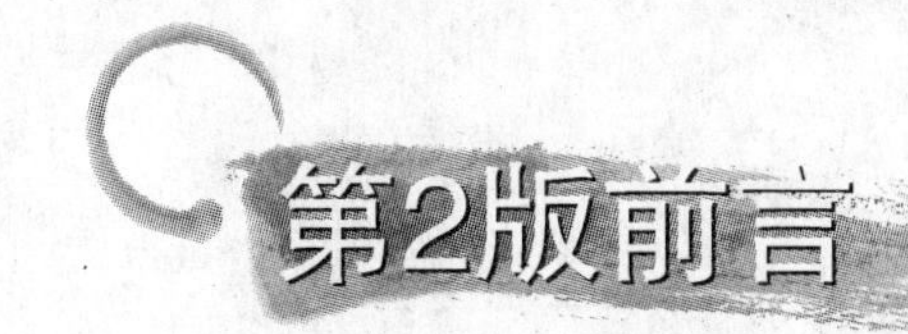

第2版前言

地方型应用性院校的计算机基础教育中，程序设计课程是学习者信息化教育的重要环节。“程序设计课程”的目标是借助程序设计的知识载体，学习和掌握基本问题的求解过程和基本思路，建立算法意识，培养良好的计算思维习惯；应用计算思维能力分析，解决问题。

结合教学研究项目，在多年程序设计课程项目教学改革的基础上，编写了配套的项目教学教材。项目教学法改革的思路是以应用为背景，以强化实践为突破口，引导理性思维，学习计算思维，协作实践中动手动脑练会程序设计。本项目教学法获得省级教学成果一等奖。

项目教学中，深入研究知识点群，重构知识点群层次；实施项目分层教学，合理分解教学项目案例；设计构建项目案例之间的新建、进化和优化关系；使学习者分清项目建设和二次应用开发的环境，寻找应用问题。

项目教学法克服了传统教学中注重理论、脱离应用环境和应用，项目教学改革的重大改变是设计了完整的软件项目教学背景，学生在了解、熟悉软件项目开发的过程中，在应用环境中，学习掌握各种算法知识和训练技能，使学生具备在项目环境中理解应用，能够进行二次应用开发。

本书在第1版的基础上，在内容上做了更合理的增删，加入动态内存分配、数据文件的操作等，同时对教材中的项目案例进行了更加合理的优化和分解，案例大小适中，适合课堂教学和学生学习，应用例题也更加丰富。本版对第5章和第6章进行了较大的改写。本书由孟朝霞编著，其中第1、5章由杨立编写，第2、6章由李霞编写，第3、4章由王琴竹编写，第7由孟朝霞编写，第8章由胡彧编写。

本书配有的CAI课件有较大的变化，包括教学课件和学生自学课件。

由于作者才疏学浅，书中的错误和不当之处，恳请专家、读者批评指正。

2011年3月

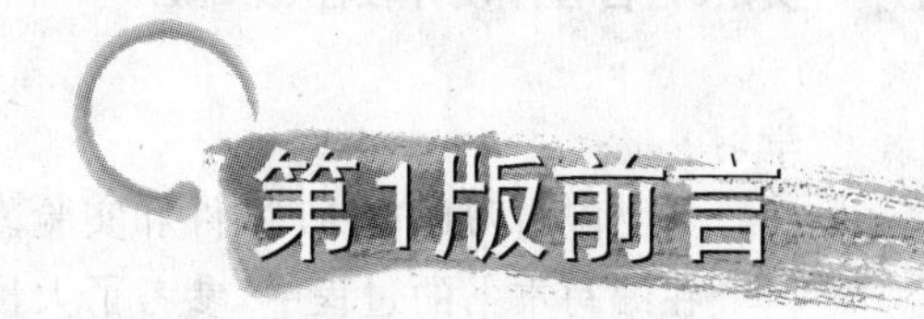

第1版前言

随着计算机产业的迅速发展，社会对计算机方面的人才需求日益迫切。如何使程序设计学习者顺利地进入程序设计的大门，如何熟悉和精通程序设计，是非计算机专业教学的难题。

程序设计既是一门科学，也是一门艺术。要掌握程序设计的开发艺术，必须掌握程序设计语言。C语言以其灵活性和实用性受到了广大计算机程序设计人员的喜爱，可以开发系统软件和应用软件，是软件开发领域中广泛应用的语言，也是高校计算机语言类课程的首选。

根据高等学校本科教学工作的指导思想，着眼于国家发展和人的全面发展需要，本书注重能力培养，着力于提高学习者的学习能力、实践能力和创新能力，全面推进素质教育，以人才培养为根本任务，致力造就开拓创新、适应社会发展的合格人才。

本书旨在讲授程序设计基础和C语言基础，突出C课程本身实践性强的特点。通过应用案例和项目案例讲解，以倡导启发式教学和研究性学习为核心，激发学习者的兴趣和潜能，加强学习者思考能力和创新能力的培养，从重视知识目标转向重视智能目标。本书"从零开始"，在内容组织上循序渐进，在结构上做了精心安排。

全书共8章，分为初级篇、中级篇和高级篇，应用内容嵌入各章。初级篇介绍了C语言基本数据、基本结构以及解决实际问题的基本步骤，引入了数据文件；中级篇介绍了用函数进行模块化程序设计的方法、变量作用域和存储特性及编译预处理；高级篇系统阐述了C语言构造数据类型，描述了动态数据结构。

本书为作者在多年教学与程序实践的基础上，结合多次编写相关讲义和教材的经验总结而成。本书由孟朝霞编著，其中第1、5章由杨立编写，第2、6章由李霞编写，第3、4章由王琴竹编写，第7章由孟朝霞编写，第8章由胡彧编写。为了便于教学，每章基本上都按照以下结构进行安排。

人文素质教育内容　每章前面的一句话。

本章教学目标　为教师的教和学生的学规定明确的教学目标和学习目标。

本章项目任务　列出利用本章所学知识将要完成的项目分解任务。

授课内容　是教师教学和学生学习的内容。

程序设计举例　配合各章的内容，选取一些结合不同专业的例题，设计有趣的应用案例，在工程环境中开发项目任务，使学生能够利用所掌握的知识解决实际问题。

本书内容合理，案例丰富，讲解深入浅出，既注重培养学习者程序设计的能力，又提倡良好的程序设计风格。本教材既重视语法，又重视算法设计，还介绍了软件工程的思想。本书配有丰富的案例，所有的案例力求做到符合现代程序设计的需要，程序代码均在Visual C++ 6.0下调试通过。在第1版基础上，本教材在内容上做了更合理的增删，加入动态内存分配、数据文件的操作等，同时对教材中的项目案例分解更合理，更加优化，更适合课堂讲述和学习。

本书配有习题、CAI课件和实验教材,供学习者参考。

在编写本书的过程中,参考了大量书籍,得到了许多同志的支持,在此向广大同仁和所有参考书籍的作者表示衷心的感谢。

由于作者才疏学浅,书中的错误和不当之处,恳请专家、读者批评指正。

编　者

2009 年 4 月

目录

第1部分 初级篇

第2部分 中 级 篇

第3部分 高 级 篇

第1部分

初　级　篇

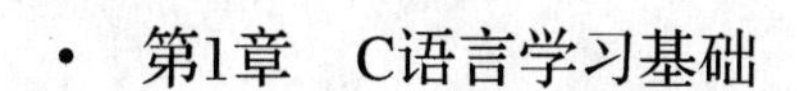

- 第1章　C语言学习基础
- 第2章　C程序设计初步
- 第3章　控制结构和数据文件

第1章 C语言学习基础

——并不是有了工作才有目标，而是有了目标才能确定每个人的工作。

学时分配

课堂教学：6学时。自学：4学时。自我上机练习：2学时。

本章教学目标

(1) 了解C语言的基本知识。
(2) 认识计算机辅助问题求解过程。
(3) 理解算法的概念并掌握算法描述方法。
(4) 认识程序的三种基本结构。
(5) 应用C语言基本词汇描述简单问题。
(6) 了解数据及代码在内存中的存储与运行。
(7) 模仿例题编制自己的第一个程序。

本章项目任务

软件界面的初始设计。

1.1* 预备知识：计算机系统的硬件与软件

计算机系统由硬件(Hardware)系统和软件(Software)系统两大部分组成。硬件系统由运算器、控制器、存储器、输入设备、输出设备五大基本部件构成，如图1-1所示。软件系统是指程序、数据和文档资料的总称。

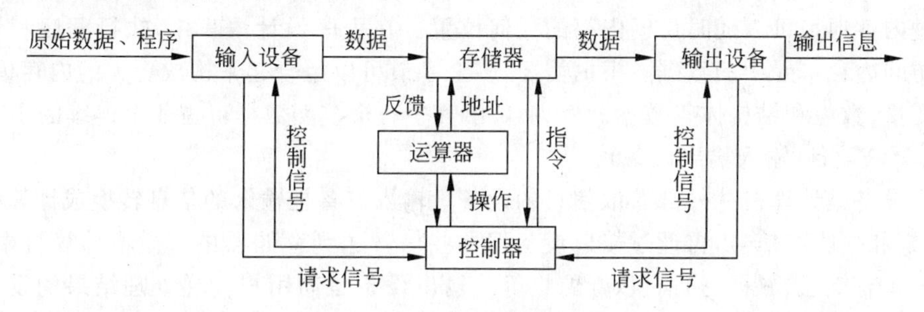

图1-1 计算机硬件系统的组成

1. 计算机硬件

(1) CPU

中央处理器(Central Processing Unit,CPU)是计算机的指挥中心和心脏，主要完成算术和逻辑运算，控制计算机各部件统一协调工作。CPU由运算器(Arithmetic Logical Unit,ALU)和控制器(Control Unit,CU)组成，是决定计算机性能的核心部件。

(2) 存储器

存储器(Storage)是用来存放程序和数据(Data)的装置，它是计算机中存储信息(Information)的部件。通常用千字节(Kilobyte，KB)、兆字节(Megabyte，MB)或吉字节(Gigabyte，GB)来衡量存储空间的大小。存储器一般分为主存储器(内存，Memory)和辅助存储器(外存)。

计算机把正在运行的程序和一些临时的或少量的数据调入内存，如 Windows 操作系统、应用软件、游戏软件等。通常将要永久保存的程序、大量的数据存储在外存上。

计算机系统中，CPU 能够访问的存储空间也叫寻址空间。所谓寻址，就是 CPU 搜索指令或数据在内存中的地址。

可以把内存简单看作是一个一维的字节空间排列，如图 1-2 所示。标识每个字节内存单元的数字地址(Address)，代表其在内存的特定位置，叫内存地址。一般内存中第一个字节的地址为 0，第二个字节的地址为 1，……，依次类推。内存地址通常以十六进制数字表示。

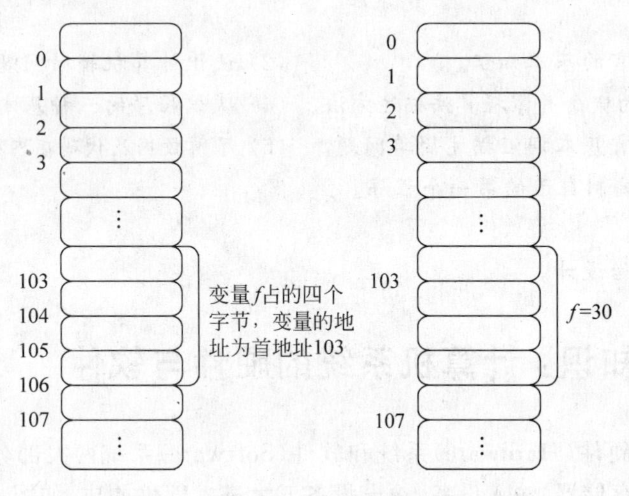

图 1-2 内存编址图

通过内存地址可以随时访问内存的任何位置。在程序设计语言中，执行程序和访问数据就是访问内存单元中的数据。根据需要，多个字节可以组合起来构成更大的内存单元，存放简单变量、数组和结构体等数据。例如，C 语言中一个整型数据可占 4 个连续的字节。

(3) I/O 设备(输入输出设备)

输入设备是计算机从外部获取信息的设备。输入设备把输入的信息转换成计算机可以理解、识别和接收的信号，再通过接口设备把这些信号送到存储器中。微型计算机中，常见的输入设备有键盘、鼠标、扫描仪、摄像机等。输出设备是向用户传递处理结果的设备。它能把计算机产生的结果转换成用户习惯接受的字符、图形、图像、表格或声音等信息形式。常见的输出设备有显示器、打印机、绘图仪等。

2. 计算机软件系统

计算机软件系统是指挥计算机工作的程序与运行时所需要的数据，以及与这些程序和数据有关的文字说明和图表资料，是计算机上可运行的全部程序(Program)的总和。

软件系统分为系统软件(System Software)和应用软件(Application Software)。系统

软件负责整个计算机系统资源的管理、调度、监视和服务,通常包含操作系统(Operating System)、语言处理程序、程序设计语言、数据库管理系统(Database Management System)、支持软件等。应用软件指各个不同领域的用户为各自的需要而开发的各种应用程序。

3. 计算机语言(Computer Language)

程序设计语言是用户编写应用程序使用的语言。程序设计语言分为机器语言(Machine Language)、汇编语言(Assembly Language)和高级语言(High-level Language)。

机器语言可直接被计算机识别并执行,是低级语言,依赖于硬件系统,直接用 0/1 二进制代码表示指令序列,因此编程困难,程序可读性差,没有可移植性。

汇编语言是用有意义的符号作为编程用的语言,其中使用了很多英语单词的缩写词,实际上是一种符号语言。汇编语言的语句和机器指令一一对应,仍是面向机器的语言。

高级语言一般与人们所习惯的自然语言、数学语言相近,具有使用方便、通用性强等优点。高级语言经历了从早期语言到结构化程序设计语言,从面向过程到非过程化语言的过程。

第一个高级语言 FORTRAN 诞生于 1954 年。1969 年提出结构化程序设计方法。1970 年,第一个结构化程序设计语言——Pascal 语言出现,标志着结构化程序设计时期的开始。结构化程序设计技术进一步提高了语言的层次。在此之后,包括 BASIC、COBOL、C 和 Java 在内的上百种高级程序设计语言出现并发展、完善。这些高级语言一般都是为某一类应用开发的,适用于不同的应用领域,具有某种特色或侧重点,这就造成了它们之间或多或少会存在一些差异。不过这种差异并不是根本的,因为从本质上说,所有高级程序设计语言都是相通的。因此掌握一门经典语言之后,再学习其他高级语言是非常容易的。20 世纪 80 年代初,出现了面向对象(Object-Oriented)程序设计,C++、VB、Delphi 是典型代表。

高级语言的可读性强,可靠性好,利于维护,大大提高了程序设计效率。高级语言的下一个发展目标是面向应用。

1.2 C 语言简介

C 语言是一种面向过程的程序设计语言,兼有高级语言和汇编语言的优点。常用的 C 语言集成开发环境(Integrated Development Environment,IDE)有 Microsoft Visual C++、Borland C++、Microsoft C、Turbo C 等。本书所有程序都在 VC++ 6.0 上调试通过。

1.2.1 C 语言的发展历史

1963 年,剑桥大学将 ALGOL 60 语言发展成 CPL(Combined Programming Language)语言。1967 年,剑桥大学的马丁·理查德(Matin Richards)对 CPL 语言进行了简化,于是产生了 BCPL 语言。1970 年,UNIX 的研制者丹尼斯·里奇(Dennis Ritchie)和肯·汤普森(Ken Thompson)在 B 语言的基础上发展和完善了 C 语言。C 语言广泛应用于 UNIX、MS-DOS、Microsoft Windows 及 Linux 等不同的操作系统。在 C 语言基础上发展起来的有支持多种程序设计风格的 C++语言、Java、JavaScript 和微软的 C# 等。

(1) K&R C与ANSI C。1978年,里奇(Ritchie)和Bell实验室的程序专家柯奈汉(Kernighan)合写了著名的*The C Programming Language*,将C语言推向全世界。由这本书定义的C语言后来被人们称作K&R C。

K&R C支持最基本的C语言部分,作为C语言的最低要求仍然要编程人员掌握。

(2) ANSI C。随着C语言的广泛使用,出现了许多新问题。1988年10月颁布了ANSI标准X3.159—1989,也就是后来人们所说的ANSI C标准。这个标准定义的C语言称作ANSI C。

(3) C99。在ANSI标准化后,WG14小组继续致力于改进C语言。1999年很快推出新标准ISO 9899:1999,被ANSI于2000年3月采用,即C99。

(4) 目前最流行的C语言。目前最流行的C语言有Microsoft C、Borland Turbo C、AT&T C等。这些C语言版本不仅实现了ANSI C标准,而且在此基础上各自作了一些扩充,使之更加方便、完美。

(5) 面向对象的程序设计语言。在C的基础上,1983年贝尔实验室的本贾尼·斯特劳斯特卢普(Bjarne Stroustrup)又推出了C++。C++进一步扩充和完善了C语言,成为一种面向对象的程序设计语言。C++目前流行的最新版本是Borland C++、Symantec C++和Microsoft Visual C++。

(6) C和C++。C是C++的基础,C++和C语言在很多方面兼容。掌握了C语言,再进一步学习C++就能以一种熟悉的语法来学习面向对象的语言,从而达到事半功倍的目的。

1.2.2 C语言的特点

1. 简洁紧凑、灵活方便

C语言有32个关键字,9种控制语句,程序书写自由,主要用小写字母表示。它把高级语言的基本结构和语句与低级语言的实用性结合起来。C语言可以像汇编语言一样对位、字节和地址进行操作,而这三者是计算机最基本的工作单元。

2. 运算符丰富

C语言共有34个运算符,包含的范围很广泛。C语言把括号、赋值、强制类型转换等都作为运算符处理,从而使C的运算类型极其丰富,表达式类型多样化。灵活使用各种运算符可以实现在其他高级语言中难以实现的运算。

3. 数据结构丰富

C的数据类型有整型、实型、字符型、数组类型、指针类型、结构体类型、共用体类型等,能实现各种复杂数据类型的运算,并引入了指针的概念,使程序效率更高。另外,C语言具有强大的图形功能,支持多种显示器和驱动器,且计算功能、逻辑判断功能强大。

4. C是结构化程序设计语言

结构化程序设计语言的显著特点是代码及数据的分隔化,即程序的各个部分除了必要的信息交流外彼此独立。这种结构化方式可使程序层次清晰,便于使用、维护和调试。C语

言是以函数形式提供给用户的，这些函数可方便地调用，并具有多种循环、条件语句控制程序流向，从而使程序完全结构化。

5. C语法限制不太严格，程序设计自由度大

6. C语言允许直接访问物理地址，可以直接对硬件进行操作

C语言既具有高级语言的功能，又具有低级语言的许多功能，能够像汇编语言一样对位、字节和地址进行操作，而这三者是计算机最基本的工作单元，可以用来写系统软件。

7. C语言程序生成代码质量高，程序执行效率高

8. C语言适用范围大，可移植性好

C语言的一个突出优点是适合多种操作系统和多种机型，如DOS、UNIX。

C语言也有其局限，它的灵活性给编程人员带来自由的同时，可能也埋下一定的风险：指针使得程序的执行过程难以跟踪，简洁使得程序难以阅读，等等。但鉴于其众多的优点，C语言仍然不失为人们首选的编程语言之一。

1.3 计算思维和计算机辅助问题求解过程

计算机科学本质上源自数学思维和工程思维。计算思维是运用计算机科学的基础概念求解问题，设计系统和理解人类行为。它选择合适的方式陈述一个问题，对一个问题的相关方面建模，并用最有效的办法实现问题求解。然而，计算思维远远不只是为计算机编程，它是抽象的多个层次上的思维，与"读写能力"一样，是人类的基本思维方式。有了计算机，人类就能用自身智慧解决那些计算机时代之前不敢尝试的问题。信息科技不仅是一种高科技工具、一种辅助性学科，而且是21世纪经济社会必需的普适资源和增值资产。

问题解决方案可能不仅涉及该问题的抽象思考，还会涉及问题环境中的实验性学习。解决问题都有一定的求解方法，使用计算机同样有一定的问题求解方法。计算机辅助问题求解过程(Computer-Assisted Problem Solving Process)是工程与科学课程中的一个关键部分。

下面介绍计算机辅助问题求解的一般方法。

【例1-1】 计算平面上两点间的距离。

分析如下。

(1) 陈述问题：当一个问题提出需要用软件实现时，明晰且精确的问题陈述可以避免产生任何误解。"陈述问题"是为了清楚"需求分析"。本例问题描述清楚。

(2) 需求分析：主要是确定软件程序需要实现的目标，确定软件处理的数据或信息，建立问题域数据结构，进行程序设计可行性分析。

这一步需要仔细描述为解决问题而提供的信息，指出最后所需要的结果或结论。这两项代表问题的输入与输出(I/O)信息，如图1-3所示。这时，问题被"抽象"为一个黑盒子，并未定义决定输出信息的"处理步骤"。本问题中，定义解决问题的输入输出信息如图1-4

所示。

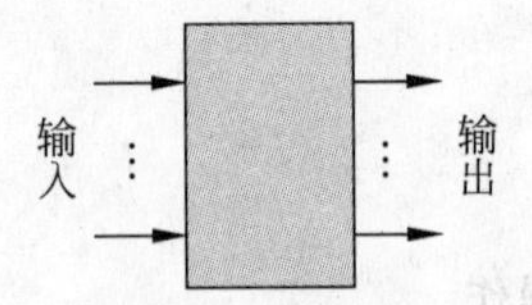

图 1-3 问题的输入输出

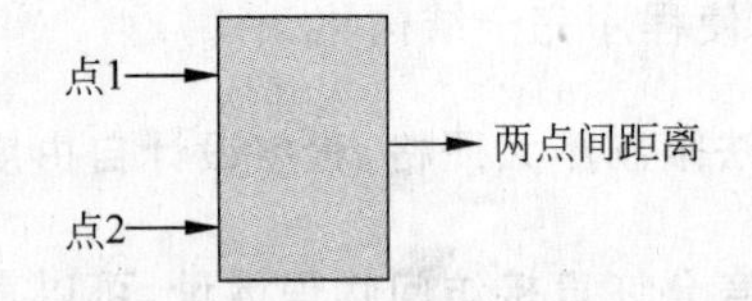

图 1-4 “计算平面上两点间的距离”的输入输出

(3) 数学建模或处理流程示例：为了准确理解并处理问题，有必要利用问题域的一个简单数据集手动模拟解答问题，从中找出问题解答的细节或过程。

设点 p_1、p_2 的坐标为 $p_1=(1,5)$，$p_2=(4,7)$。则计算两点间距离就是一个直角三角形的斜边长。使用毕达哥拉斯定理计算距离：

$$\text{distance}=\sqrt{\text{side}_1^2+\text{side}_2^2}=\sqrt{(4-1)^2+(7-5)^2}=\sqrt{13}=3.61$$

从而得该问题的数学模型为 $p_1=(a,b)$，$p_2=(c,d)$，$\text{distance}=\sqrt{(c-a)^2+(d-b)^2}$。这一步正是找出解决处理问题的一般方法或步骤。

(4) 用计算思维确定算法：在前面分析基础上，进一步写出解决问题的详细算法步骤。本例算法用自然语言描述如下。

① 给定两个点坐标，即给两个平面点坐标赋值。

② 计算由此两点构成的直角三角形的两直角边长度。

③ 根据两直角边长求斜边长。

④ 输出斜边长，即两点间的距离。

也可把(3)、(4)步骤称为“系统设计”。

(5) 编码：根据算法设计(或系统设计)的结果，用程序设计语言编程实现所定义的处理过程，最终实现软件系统的功能。本例用C语言编写的程序代码如下。

```
/* program ch1-1.c */                                  /*注释*/
#include <stdio.h>                                     /*头文件包含,标准输入输出函数库*/
#include <math.h>                                      /*头文件包含,数学函数库*/
void main(void)                                        /*函数首部,此函数为主函数*/
{   double x1 = 1,y1 = 5,x2 = 4,y2 = 7,side1,side2,dist; /*定义两点和边变量并赋值*/
    side1 = x2 - x1,side2 = y2 - y1;                   /*计算两直角边长*/
    dist = sqrt(side1 * side1 + side2 * side2);        /*调用平方根函数,计算两点间距离*/
    printf("两点间的距离是%5.2f",dist);                 /*输出结果*/
}
```

(6) 程序测试：问题求解的最后一步是测试结果是否正确。应该利用问题域的数据集多次测试，确保答案也适用于其他有效数据集。

计算机辅助问题求解过程(Computer-Assisted Problem Solving Process)一般有6个步骤。

(1) 明晰地陈述问题。

(2) 准确的需求分析。

(3) 对一个简单数据集手动地建立数学建模或进行处理流程示例。

(4) 用计算机思维确定算法。

(5) 用计算机语言实现编码。

(6) 利用多种数据上机测试程序答案。

程序设计是给出求解特定问题程序的过程,该过程应当包括分析、设计、编码、测试、排错等不同阶段。应该用这种思维和方法解决所遇到的所有问题。解决问题的6个步骤中,算法设计是非常重要的一步,是程序设计的核心,是程序的灵魂。它将最终决定解决该问题的方法。

1.4 算法及其表示

1.4.1 算法的基本概念

分析问题的处理步骤是算法设计,将处理步骤描述出来就是算法描述。

1. 算法(Algorithm)的概念

算法一词源于算术(Algorism),即算术方法,是指一个由已知推求未知的运算过程。我国古代数学家刘徽成功地设计了计算圆周率π的算法——“割圆术”,而秦九韶给出的计算多项式值的算法可以大大减少计算次数。传统算法可以理解为有基本运算及规定的运算顺序所构成的完整的解题步骤。后来,人们把它推广到一般,把进行某一工作的方法和步骤称为算法。广义地说,算法就是做某一件事的步骤或程序。

但由于计算工具的限制,许多良好的算法应用受到了限制。而计算机无可比拟的运算速度和惊人的存储量使许多以前无法完成的复杂计算算法成为可能,并且使计算精度大大提高。可见,算法的实现是与计算工具相关的,程序设计中需要设计计算机能执行的算法。

计算机算法以一步接一步的方式来详细描述计算机如何将输入信息转化为所要求的输出的过程,或者说,算法是对计算机上执行的计算过程的具体描述,是一系列解决问题的清晰指令,代表着用系统的方法描述解决问题的策略机制。也就是说,能够对一定规范的输入,在有限时间内获得所要求的输出。如果一个算法有缺陷,或不适合某个问题,执行这个算法将不会解决这个问题。不同的算法可能用不同的时间、空间或效率来完成同样的任务。一个算法的优劣可以用空间复杂度与时间复杂度来衡量。

现代意义上的“算法”通常是指可以用计算机来解决的某一类问题的程序或步骤,这个程序或步骤是按照要求设计好有限的确切的计算或处理序列,并且这样的步骤和序列可以解决一类问题。计算机算法可分为两大类,一类是数值运算算法,另一类是非数值运算算法。数值运算算法主要是求数值解,如求方程的解、求函数的定积分等;非数值运算的范围则非常广泛,如人事管理、图书检索等。

2. 算法分析

算法分析的目的在于选择合适算法和改进算法。算法分析的任务是对设计出的每一个具体的算法,利用数学工具,讨论各种复杂度,以探讨某种具体算法适用于哪类问题,或某类问题宜采用哪种算法。算法质量的优劣将影响到算法乃至程序的效率。算法优劣可用空间复杂度与时间复杂度来衡量。

算法的时间复杂度是指算法需要消耗的时间资源。一般来说,计算机算法是问题规模 n 的函数 $f(n)$,算法的时间复杂度也因此记做:

$$T(n)=O(f(n))$$

因此,问题的规模 n 越大,算法执行的时间的增长率与 $f(n)$ 的增长率正相关,称作渐进时间复杂度(Asymptotic Time Complexity)。

算法的空间复杂度是指算法需要消耗的空间资源。其计算和表示方法与时间复杂度类似,一般都用复杂度的渐进性来表示。同时间复杂度相比,空间复杂度的分析要简单得多。

算法可以广义地分为三类。

(1) 有限的,确定性算法。这类算法在有限的一段时间内终止,可能要花很长时间来执行指定的任务,但仍将在一定的时间内终止。这类算法得出的结果常取决于输入值。

(2) 有限的,非确定算法。这类算法在有限的时间内终止。然而,对于一个(或一些)给定的数值,算法的结果并不是唯一的或确定的。

(3) 无限的算法。由于没有定义终止定义条件,或定义的条件无法由输入的数据满足而不终止运行的算法。通常,无限算法的产生是由于有不能确定的终止条件。

3. 算法的特征

一个算法必须具备以下性质——正确性、可行性、确定性、有穷性、有效性。

算法首先必须是"正确的",即对于任意的一组输入,包括合理的输入与不合理的输入,总能得到预期的输出。如果一个算法只是对合理的输入才能得到预期的输出,而在异常情况下却无法预料输出的结果,那么它就不是正确的。

"可行性"指算法中的每一步都能实现。例如,不能出现负数开平方、零作除数、负数取对数等。在设计算法时应避免出现类似的情况。

"确定性"指算法的每一步骤必须有明确的含义,不允许有模糊的解释或多义性,如"如果 $x>0$,就将 x 加上一个正数"就是错误的,必须指出这个正数是什么。又如"如果 x 比 y 大很多,就令 $y=x$"也是错误的,因为"大很多"是个模糊的概念。再如"如果 $x>0$ 就将 x 加上 1 或 2"也是错误的,这里出现了多义性。算法的确定性保证了算法是"机械"的,因此可交由计算机执行。

"有穷性"指算法能在有限步内结束。数学中某些求值问题,往往是用求无穷多项的和得到的,这时就只能用有限多项的和来近似代替。例如,可以证明

$$\frac{\pi^2}{6}=\frac{1}{1^2}+\frac{1}{2^2}+\frac{1}{3^3}+\cdots+\frac{1}{n^2}+\cdots$$

式子右边有无穷多项,设计算法时,只能取前面有限多项(如取 $n=100$)求 $\frac{\pi^2}{6}$ 的近似值。

"有效性"是指算法执行的结果能达到预期的目的,即每个算法对满足某种条件的问题应能得到正确的结果。对一个计算机算法而言,算法有效性还包括 0 个或多个输入,以描述问题的初始情况。所谓 0 个输入是指算法不需要初始条件。一个算法有一个或多个输出,以反映对输入数据加工后的结果,没有输出的算法是毫无意义的。

如求方程 $f(x)=0$ 的根的二分法,当 $f(x)$ 的函数图像在 $[a,b]$ 区间为不间断的连续曲

线，且 $f(a)$ 与 $f(b)$ 异号时必能求得 $f(x)=0$ 在$[a,b]$内的一个实根。再如，判别一个大于1的正整数是不是素数的算法一定要能给出这数是不是素数的确切判断，等等。算法的有效性实际上还包括了合理执行时间的含义，从理论上讲，应考虑算法的时间复杂性和空间复杂性，对于计算次数过多(因而占机时数不可容忍)、占用内存单元过多的算法都是不可取的。

除以上5性之外，一个良好的算法还应该具备下面一些特征。

(1) 可读性：算法的书写、命名等应便于阅读和交流，杜绝晦涩难懂的算法。

(2) 健壮性：算法对非法数据能做出正确的反应，并进行适当的处理。

(3) 普遍性：指算法能解决一类问题而不仅仅是某个问题。例如，在计算机上求一元二次方程根的算法，如果将方程系数固定，则只能解特定的一个方程；而如果方程的系数在执行时临时输入，则可解所有一元二次方程。当然普遍性是相对的，例如上面提到的 $f(x)=0$ 的二分法，就不能解所有的一元方程。例如，$f(x)=(x-8)^2=0$，虽然它在$[6,10]$内有根8，但 $f(6)f(10)>0$，不满足算法须满足的条件。

1.4.2 算法的表示

算法可采用任何形式的语言或符号来描述，通常有自然语言、伪代码、传统流程图、N-S图、PAD图等多种方法。重点介绍自然语言和N-S图表示法。

1. 自然语言

自然语言(Natural Language)是指人们日常生活中所使用的语言。自然语言可以是中文、英文、数学表达式等，可以使用自然语言来表示算法。

【例1-2】 计算某学生两门课程成绩的和。

分析如下。

(1) 陈述问题和需求分析：计算两个成绩的和，定义成绩为整数，即计算两个整数的和。输入两个整数，输出两数之和。

(2) 确定算法：用自然语言描述算法可表示如下。

① 用三个变量表示两个操作数和两数之和：num1、num2、sum。

② 分别给两个操作数 num1 和 num2 赋值。

③ 计算和值 sum＝num1＋num2。

④ 把 sum 的结果输出到屏幕。

这是一个顺序结构算法，即计算机按照算法步骤顺序执行。自然语言表示算法清楚易懂，但易冗长，有时会产生二义性。所谓二义性，是指一种语言语法的不完善说明，应避免出现。所以除了简单问题外，一般不采用自然语言表示算法。

2. 传统流程图

流程图(Flow Charts)是流经一个系统的信息流、观点流或部件流的图形代表。程序设计中，程序流程图是使用图形表示对解决问题的方法、思路或算法的一种描述。流程图采用简单规范的符号，画法简单；结构清晰，逻辑性强；便于描述，容易理解。传统流程图在汇编语言和早期的BASIC语言环境中得到应用，由于其中的转向过于任意，带来了许多副作用，现已趋向消亡。

1）传统流程图

传统流程图是用各种几何图形、流程线及文字说明来描述算法过程的框图。ANSI(American National Standards Institute,美国国家标准协会)规定一些常用传统流程图符号代表各种性质不同的操作,图框中的文字和符号表示操作的内容。一般用椭圆表示“开始”与“结束”,矩形表示处理计算,菱形表示问题判断或判定,箭头代表工作流方向,输入输出为平行四边形,其含义如图 1-5 所示。

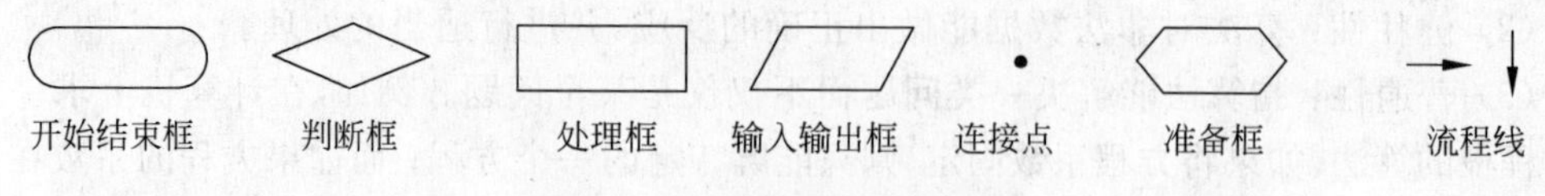

图 1-5 传统流程图的常用符号

【例 1-3】 求任意两数中较大的数。

分析如下。

① 陈述问题和需求分析：该问题明确,输入任意两个数,输出两数中较大的数。

② 确定算法：根据两个数的比较结果决定程序的输出结果。用传统流程图描述算法如图 1-6 所示。这是一个选择结构算法,按照条件比较结果,选择某个分支执行。

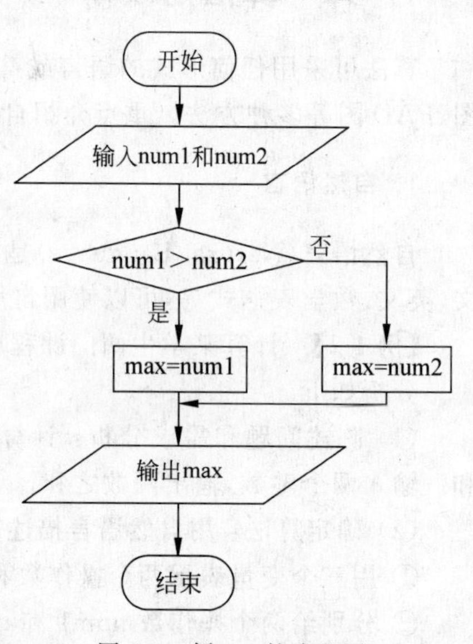

图 1-6 例 1-3 的流程图

传统流程图的优点是方便、直观、灵活、流程清晰、无“歧义性”。但占用面积大,且有一个缺点,它允许流程线指向任意一个框。对程序流程不加任何限制,对大程序而言就会导致算法的逻辑难以让人理解。这种描述方法的可读性、可靠性及可维护性差。

2）盒图

盒图是取代传统流程图的一种描述方式,它是由 Ike Nassi 和 Ben Shneiderman 在 1973 年提出的,也称 NS 图。NS 图完全去掉了流程线,算法的每一步都用一个矩形框来描述,把一个个矩形框按执行的次序连接起来就是一个完整的算法描述。NS 图以结构化程序设计(Structure Programming,SP)方法为基础,仅含有图 1-7 所示的 5 种基本成分,它们分别表示 SP 方法的几种标准控制结构。

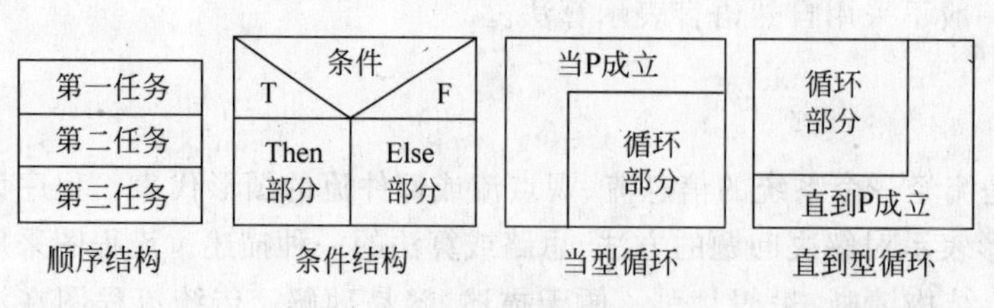

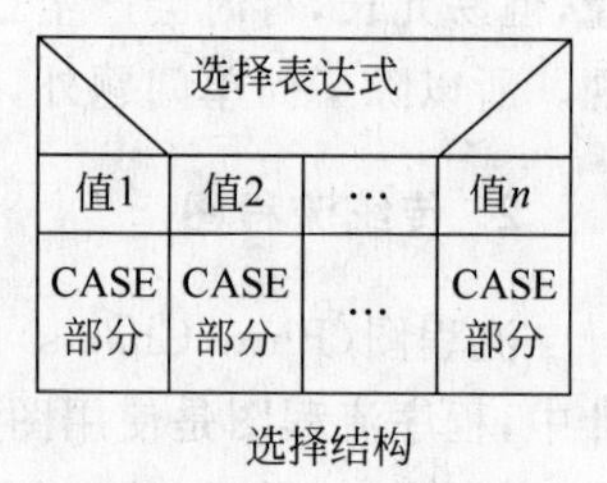

图 1-7 NS 图的几种标准控制结构

NS 图中，每个“处理步骤”用一个盒子表示。所谓“处理步骤”可以是语句或语句序列。需要时，盒子中还可以嵌套另一个盒子，嵌套深度一般没有限制，只要整张图在一页纸上能容纳得下。由于只能从上边进入盒子然后从下边走出，除此之外没有其他的入口和出口，所以，NS 图限制了随意的控制转移，保证了程序的良好结构。

NS 图除了表示几种标准结构的符号之外，不再提供其他描述手段，所以它强制设计人员按 SP 方法进行思考并描述设计方案，这有效地保证了设计质量，从而也保证了程序质量。第二，NS 图形象直观，具有良好的可见度。例如循环的范围、条件语句的范围都是一目了然的，所以容易理解设计意图，为编程、复查、选择测试用例、维护都带来了方便。第三，NS 图简单，易学易用，可用于软件教育和其他方面。但 NS 图手工修改比较麻烦。

用 NS 图作为详细设计的描述手段时，常用两个盒子：数据盒和过程盒。前者描述有关的数据，包括全程数据、局部数据和模块界面上的参数等，后者描述执行过程，如图 1-8 所示。

【例 1-4】 求某班 30 个学生某门课程成绩的平均值。

分析如下。

① 陈述问题和需求分析：输入 30 个学生成绩数据，输出它们的平均值。

② 确定算法：首先，30 个学生成绩数据需要求和，然后用和值除以 30 取平均值。

算法设计的关键是如何求“30 个学生成绩数据和”。“求多个数和值”的方法有多种。用计算机求多个数据和值的最好算法是用循环结构。使用 NS 流程图描述解决该问题的循环结构算法如图 1-9 所示。

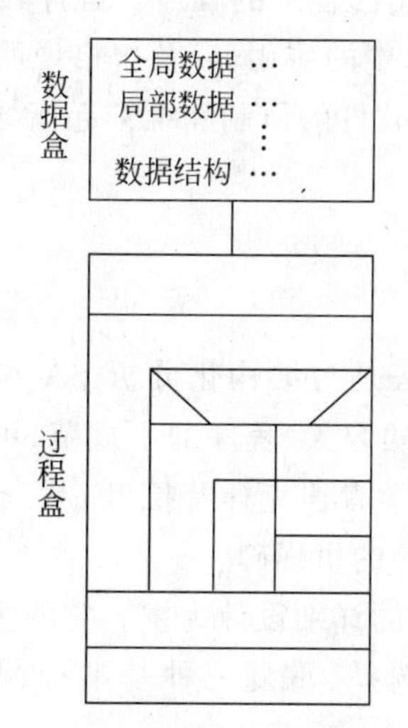

图 1-8　数据盒和过程盒

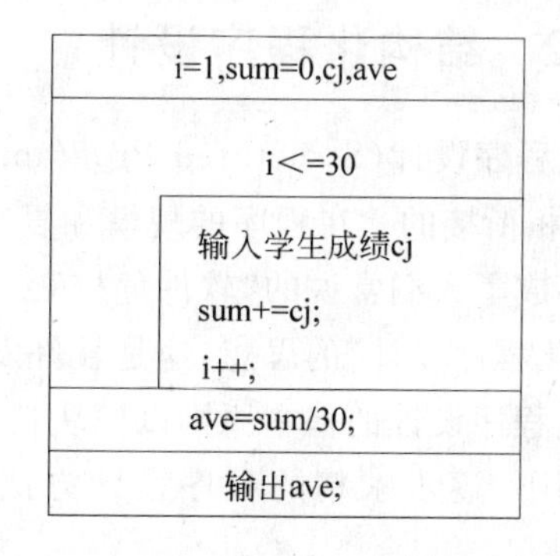

图 1-9　例 1-4 的图

NS 图形象直观，具有良好的可见度。例如循环的范围、条件语句的范围都是一目了然的，所以容易理解设计意图，为编程、复查、选择测试用例、维护都带来了方便。但是当问题很复杂时，NS 图可能很大，手工修改比较麻烦，这是有些人不用它的主要原因。

虽然算法与计算机程序密切相关，但二者也存在区别：计算机程序是算法的一个实例，是将算法通过某种计算机语言表达出来的具体形式；同样的任务可能用不同的算法来完成；同一个算法可以用任何一种计算机语言来表达。

1.5 结构化程序设计

1.5.1 程序设计方法

计算机程序设计方法伴随着计算机硬件技术的提高而不断发展。硬件环境对软件设计既有严重的制约作用,也有积极的推动作用。程序设计是一种技术,需要相应的理论、技术、方法和工具来支持。程序设计技术的发展主要经过了最初的经验式程序设计,到功能模块分离的结构化程序设计(Structured Programming),发展为通过继承来实现比较完善的代码重用功能的面向对象的程序设计(Object-Oriented Programming),和在源程序级别重用的组件对象模型(COM / CORBA)程序设计等。

经验式程序设计是一种工艺性、技艺性的方法,没有固定的方法和技术,因人而异。因此,程序设计过程和质量取决于程序设计者本身的个人经验。程序设计员好比是一个艺人、工匠。经验式程序设计导致程序质量差,维护(修改,扩充,移植)困难。

20 世纪 70 年代初提出了"结构化程序设计"的思想和方法。这种方法的基本原则是"分解原则":把一个复杂的程序功能划分成若干子功能,使每一个子功能能独立设计,并且使程序的复杂性得到简化。如果子功能仍然比较复杂,则再对其进行进一步划分成更小的子功能。每一个子功能便称为一个"功能模块"。

程序设计方法学的目标是能设计出可靠、易读而且代价合理的程序。程序设计方法学的基本内容是:结构程序设计,程序理论在程序设计技术中的应用,以及规格说明和变换技术。程序设计方法学也与软件工程关系密切。方法学对软件的研制和维护起指导作用。软件工程要求程序设计规范化,建立新的原则和技术。

1.5.2 结构化程序设计

结构化程序设计(Structured Programming,SP)方法是与结构化分析 SA 和结构化设计 SD 方法相衔接的。在程序的规模和复杂性越来越大的今天,程序的不规范、可读性差和难于修改形成了人们常说的"软件危机"。1965 年,荷兰学者迪克斯特拉(E. W. dijkstra)提出了"结构化程序设计"的思想,这是软件发展的一个重要的里程碑。

结构化程序设计的基本原则以模块功能和处理过程的详细设计为主。它的主要观点是采用自顶向下、逐步求精的程序设计方法,使用顺序、选择、重复三种基本控制结构构造程序。

用三种基本结构组成的程序必然是结构化的程序,这种程序便于编写、阅读、修改和维护,减少了程序出错的机会,提高了程序的可靠性,保证了程序的质量。结构化程序设计强调程序设计风格和程序结构的规范化,提倡清晰的结构。结构化程序设计方法的基本思路是,把一个复杂问题的求解过程分阶段进行,每个阶段处理的问题都控制在人们容易理解和处理的范围内。具体来说,采取以下方法保证得到结构化的程序。

(1) 自顶向下;

(2) 逐步细化;

(3) 模块化设计；

(4) 结构化编码。

结构化程序设计要求人们尽量避免使用 goto 语句，在不得不使用时应十分谨慎，不能跳得很远，只限于一个结构内部跳，不能从一个结构跳到另一个结构。

1. 模块化程序设计方法

一个系统的设计，由多个具有单一功能、易于理解的多个模块组成。这就是模块化程序设计方法。按什么原则划分模块？如何组织各模块之间的联系？有以下几条规则。

1) 按操作功能划分模块

要求各模块功能尽量单一，各模块之间联系尽量地少，所编程序可读性和可理解性好，当修改某一功能时只涉及一个模块。

2) 按层次结构组织模块

上层模块只实现对下层模块的调用，因此，只指出“做什么”；下层(即最低层)模块才实现“如何做”，对“如何做”作精确描述，按具体任务进行算法分析、算法实现，组成独立模块，给上层调用。

2. 逐步细化的设计方法

逐步细化的设计方法是“自顶向下，逐步细化”的基本方法。采用此方法可以将一个复杂的问题分解成多层次的模块结构。直到把一个模块功能逐步细化为一系列的处理步骤，甚至于高级语言的一个语句或一条指令。

采用逐步细化的优点如下。

① 符合人们解决复杂问题的普遍规律，可以显著提高程序设计的效率。

② 先全局后局部、先整体后细节、先抽象后具体的逐步细化过程设计出来的程序具有清晰的层次结构，容易阅读和理解。

3. 结构化程序的三种基本结构

顺序结构、选择(分支)结构及循环结构称为程序设计的基本结构，由它们组成的程序称为结构化程序。一个结构化程序具有易读性好、可靠性高、便于维护和易于移植等优点。

任何一个结构化程序只能由以下三种基本结构组成。

1) 顺序结构(Sequence Structure)

顺序结构是最简单、最基本的程序结构。在这种结构中，程序的各块是按其书写顺序依次执行的。例 1-1 和例 1-2 的算法是顺序结构算法。

2) 选择结构(Select Structure)

选择结构也称为分支结构。选择结构通过测试一个条件，依据条件的结果选择执行程序的某个路径，而不是严格按照语句出现的顺序执行。例 1-3 的算法是选择结构算法设计。

3) 循环结构(Loop Structure)

循环结构允许在测试条件为真时重复执行某一组语句，可以减少源程序重复书写的工作量。循环结构用来描述被重复执行的程序段，这种结构充分发挥了计算机的特长。例 1-4 是循环结构算法设计。

NS流程图强制设计人员按SP方法进行思考并描述设计方案，有效地保证了设计质量，从而也保证了程序质量。

【例1-5】 用结构化程序设计方法求解一元二次方程 $ax^2+bx+c=0$ 的根。

分析如下。

(1) 问题陈述和需求分析：方程求根计算抽象为一个“模块”，对该模块输入该方程的系数参数 a、b、c 即输入一元二次方程，该模块输出方程的根，如图1-10所示。这是对问题求解的整体描述。

(2) 数学模型和问题处理过程如下。

① 进一步细化“计算处理”模块，求出问题解决方案。

步骤1：对于输入的参数，判断能否构成一元二次方程，若 a 为0，输出出错信息。

步骤2：利用数学中的求根公式求解一元二次方程的根。

细化求精后，出现了分支选择结构。用NS流程图描述该模块，如图1-11所示。

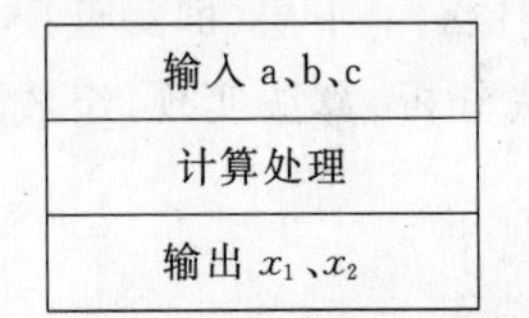

图1-10 问题模块整体描述

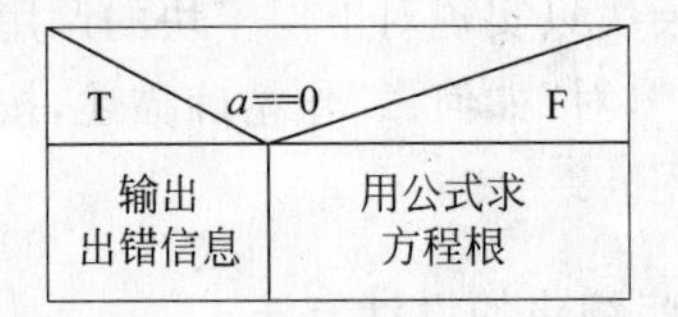

图1-11 选择结构模块流程图

② 细化子步骤2中的“用公式求方程根”，具体步骤如下。

步骤2.1：确定数学中的求根公式为(建立数学模型)：

$x_1=\dfrac{-b+\sqrt{\delta}}{2a}$，$x_2=\dfrac{-b-\sqrt{\delta}}{2a}$，用NS流程图描述如图1-12所示。

delt=$b\times b-4\times a\times c$		
T delt>=0		F
T delt=0	F	
$x_1=\dfrac{-b}{2\times a}$ $x_2=\dfrac{-b}{2\times a}$	$x_1=\dfrac{-b+\sqrt{\text{delt}}}{2\times a}$ $x_2=\dfrac{-b-\sqrt{\text{delt}}}{2\times a}$	有两个虚根 实部=$\dfrac{-b}{2\times a}$ 虚部=$\dfrac{\sqrt{-\text{delt}}}{2\times a}$

图1-12 用公式求方程根

③ 对求根公式再继续分析并细化。中间数据 δ 设为变量delt，需进一步计算并判断。

步骤2.1.1：delt $=b\times b-4\times a\times c$。

步骤2.1.2：若delt $\geqslant 0$，且delt $=0$，有两个相等实根，否则有两个不等实根；否则，有两个虚根。用NS流程图描述算法步骤，如图1-12所示。

编写结构化程序时，需要对两个方面进行描述。

(1) 对数据的描述(数据流)：指定数据的类型和数据的结构。不同的语言对数据的定义不同，本书中将学习C语言的数据类型和数据结构。

(2) 对操作的描述(控制流):要指定操作的步骤,即先执行什么后执行什么,这就是算法。算法具有通用性,它脱离于语言之外,是程序设计的灵魂。

1.6 C程序基本结构

1.6.1 简单C程序举例

暂时忽略C语言的词法和语法细节,阅读几个简单的C语言程序示例,了解C语言程序的基本组成元素和结构,感受用C语言进行程序设计的方法和思想。

【例 1-6】 在屏幕上显示如图1-13所示的输出结果。

分析如下。

(1) 问题陈述:在屏幕上按图显示"欢迎学习应用型C语言程序设计"。

图1-13 例1-6的输出结果

(2) 需求分析:没有数据输入,只需要在屏幕上按位置布置输出信息。

(3) 处理流程:解决该问题时,顺序逐行输出所需要的信息。

(4) 确定算法:采用顺序结构程序设计方法,应用printf函数来实现,算法用自然语言描述如下:

输出第1行信息;

输出第2行信息;

……(逐行输出信息)

(5) 根据上面所设计的算法,使用C语言编写的程序代码如下。

```
/* program ch1-6.c */                                  /* 注释语句 */
#include <stdio.h>                                     /* 包含头文件的命令行 */
void main(void)                                        /* 函数首部,main函数 */
{   /* 函数体开始 */
    printf("............................\n");          /* 输出第1行 */
    printf(".欢迎学习应用型C语言程序设计.\n");          /* 输出第2行 */
    printf("............................\n");          /* 输出第3行 */
    return;                                            /* 返回语句 */
}                                                      /* 函数体结束 */
```

程序剖析:

这是一个完整的C语言源程序,通过这个C源程序,理解如下知识点。

① C源程序(Source Program)。用C语言编写的程序称为C语言源程序,C源程序文件后缀为".c"。每个C源程序文件由可读的C程序设计语言写成。本源程序存储的文件名为ch1-6.c。

② C函数(Function)。函数是构成C源程序的基本单位。一个源程序文件由一个或多个函数组成。函数是完成特定功能的程序段,由函数首部(Head)和函数体(Body)两部分组成。函数首部确定了函数的函数名、形参、返回值类型,函数体中包括函数所执行的步骤,这些步骤称为语句,语句构成函数体。函数体部分由花括号引起来。本例函数名为main,

函数体中有 4 个语句。

③ 主函数(The Main Function)。C 程序也称为函数式程序。本程序只有一个 main() 函数,也称为主函数。任何一个 C 程序中有且只能有一个 main 函数,C 程序总是从主函数开始执行,并且结束于主函数。一个 C 程序可以有一个或多个 C 源程序文件。

④ 语句(Statement)。C 语言的语句以分号(;)作结束标志。printf("...\n");是一个函数调用语句,实现了信息输出功能。

信息或数据的输入输出是程序与用户交互的重要手段。C 语言不提供输入输出语句,通过调用 C 提供的标准函数实现输入和输出。如 printf 函数实现数据信息的输出。printf 函数是系统提供的标准库函数,能够按照用户指定的格式输出各种信息。本例是 printf 函数的最简单应用形式——原样输出双引号中的所有字符。双引号中的普通字符,程序运行时原样输出。其中"\n"是一个转义(即转变原来含义)字符,它的功能是输出一个回车换行符,起换行的作用。

⑤ 头文件包含。#include <stdio.h>是头文件包含命令。stdio.h 是系统提供的标准输入输出头文件。系统有不同的头文件,提供不同的标准函数声明或数据定义,供编程者使用。

printf 函数是标准库函数,该函数的原型说明包含在"stdio.h"头文件中,要在程序中使用这个函数,必须在程序的开头写上包含该头文件的命令行。".h"后缀文件叫头文件。

⑥ 注释(Comment)。/*…*/是注释符号,必须成对出现,两者之间的所有字符(可以是多行)均为注释文字,增加了程序的可读性,不作为程序代码运行。

(6) 在 C++环境中运行测试 C 程序。程序编写完成后,为了验证程序编写得是否正确,应该运行程序验证其结果。

C 语言源程序是不能被计算机直接执行的,编写好的 C 语言源程序还需要使用"编译程序"编译成"目标程序",然后将目标程序与系统的函数库和其他目标程序连接起来,才能得到可执行程序。运行一个 C 语言源程序需要经过如下 4 个过程。

① 编辑。打开 Visual C++ 6.0 应用程序,新建 C 源程序文件,在 Visual C++ 6.0 的工作空间输入程序代码后,将源程序文件的扩展名写为 c,保存为"program ch1-6.c"。

② 编译。应用 Visual C++ 6.0 应用程序界面中"组建"菜单中的"编译"命令或使用 Ctrl+F7 快捷键来编译程序,将"program ch1-6.c"源程序转换为"program ch1-6.obj"目标程序。如果程序在编译过程中出现错误,根据提示更改错误,直至编译没有错误为止。

③ 连接。应用 Visual C++ 6.0 应用程序界面中"组建"菜单中的"组建"命令或使用 F7 快捷键来连接程序,将"program ch1-6.obj"目标程序转换为"program ch1-6.exe"可执行程序。如果程序在连接过程中出现错误,根据提示更改错误,直至没有错误为止。

④ 执行。应用 Visual C++ 6.0 应用程序界面中"组建"菜单中的"执行"命令或使用 Ctrl+F5 快捷键来执行程序。如果程序的执行结果和预想的结果不同,还要分析程序的逻辑结构,修改程序后继续重复上述几个步骤,直至程序的运行结果正确为止。

【例 1-7】 求任意两数中较大的数。其算法 NS 流程图如图 1-14 和图 1-15 所示。

```
/*program ch1-7.c*/                   /*文件头注释*/
#include "stdio.h"                    /*包含头文件的命令行*/
/*求两数中较大数的自定义函数*/        /*程序段功能注释*/
```

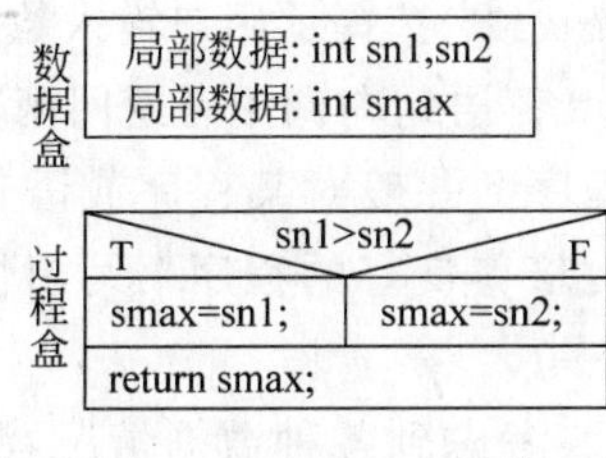

图 1-14　Getmax 函数

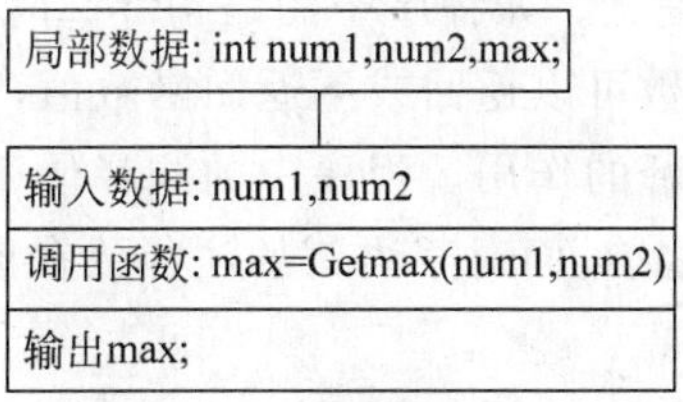

局部数据: int num1,num2,max;

输入数据: num1,num2

调用函数: max=Getmax(num1,num2)

输出max;

图 1-15　main 函数

```
int Getmax(int sn1,int sn2)                    /* 函数首部,用户自定义函数名 */
{  int smax;                                   /* 变量定义 */
   if(sn1 > sn2) smax = sn1;                   /* 比较选择,分支语句 */
   else smax = sn2;
   return smax;                                /* 返回语句 */
}
void main(void)                                /* 函数首部,main 函数 */
{   int num1,num2,max;                         /* 定义变量 */
    printf("请输入两个成绩");                    /* 提示用户输入的信息 */
    scanf("%d%d",&num1,&num2);                 /* 调用 scanf 函数输入两个数 */
    max = Getmax(num1,num2);                   /* 调用用户自定义函数 Getmax 求两数中较大数 */
    printf("较大的数为%d\n",max);                /* 输出结果 */
}
```

程序剖析,理解如下知识点:

① C 程序(Program)。C 程序是比 C 源程序更大的概念,一个 C 语言程序由一个或多个源程序文件组成。一个简单的 C 程序可以是只有一个包含主函数的源程序文件构成;而一个较为复杂的 C 程序,可能会由包括主函数在内的多个源文件或源程序构成。

该程序由一个源程序构成,该源程序中有两个函数,一个是主函数 main,另一个是名为 Getmax 的用户自定义函数,该自定义函数有两个形式参数,返回值为 int 型。主函数的名字 main 是系统规定的,用户不能更改,但用户可以编写主函数的功能。用户自定义函数由用户自己设计编写,包括函数名字、函数返回值类型和函数形式参数。

所以 C 语言的一个源程序文件由一个或多个函数组成。一个源程序文件就是一个编译单位。C 程序由一个或多个源程序文件构成,这样分别编写、分别编译、提高调试效率。

② 程序的执行与函数的调用与返回。函数间存在调用和被调用的关系。程序总是从 main 函数开始执行并结束于 main 函数。该程序由 main 函数开始执行,它调用 Getmax 函数,并最终返回 main 函数。

③ 程序中的变量。变量是程序处理的对象之一。程序中的变量有 sn1、sn2、smax、num1、num2、max。变量存放操作数据,在内存占据一定的存储单元,其中 &num1 和 &num2 表示该变量所占存储空间的起始地址,程序运行时输入的两个数据存放在以 &num1 和 &num2 为起始地址的存储单元中。变量名字由不同的字符编写组成。

④ 输入函数。和 printf 一样,scanf 函数也是一个库函数,其原型说明也在 stdio.h 头文件中。C 语言系统提供了大量的库函数供用户使用,附录中列出了各类库函数及其说明。编写程序时,用户可以查阅并使用系统提供的库函数完成一些功能。

⑤ 程序交互界面。程序运行时,为了给用户一个良好的人机交互操作界面,需要设计

一些提示信息。如程序中的语句“printf("请输入两个成绩");”提示用户输入数据。

⑥ 函数可以返回或不返回函数值,“return 表达式;”语句向调用者返回函数结果值。

⑦ 注释的作用。程序中的注释便于用户理解程序。一般对某程序或语句段的注释放在程序段之前,而对某语句的注释放在该语句之后。培养良好的程序书写习惯是程序员的素质之一。

⑧ 运行程序时,需要输入事先准备的测试数据。考虑到各种数据情况,测试数据应该具有代表性和典型性,避免遗漏某些数据情况,使程序存在漏洞。

如第一次运行程序时,先输入 82 和 94,第二次运行再输入 94 和 82,分别测试程序的输出结果。如果两次执行时输出结果都是 94,说明程序正确,否则需要对程序进行修改。

1.6.2 C 程序基本结构

通过例题,可以总结 C 程序的基本结构特点如下,C 程序基本结构一般示意图如图 1-16 所示。

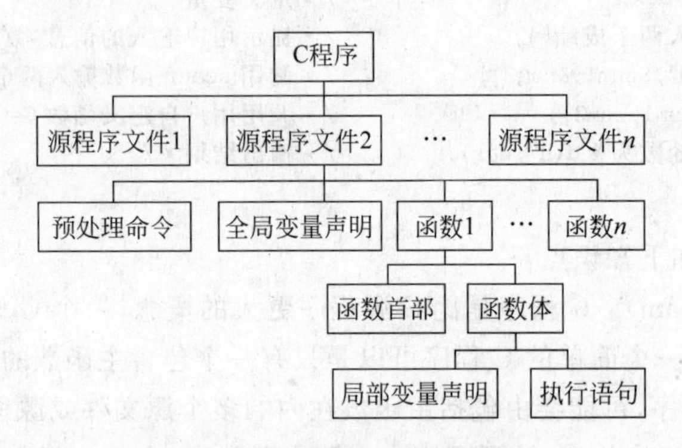

图 1-16 C 程序基本结构一般示意图

(1) C 程序由 C 源程序构成; C 源程序由函数构成,函数是 C 程序的基本单位。每个 C 程序有且仅一个主函数,主函数名为 main。

(2) 函数的定义分为两部分: 函数首部和函数体。函数体中一般包括说明语句部分和执行语句部分。函数体中的数据说明语句,必须位于可执行语句之前。换句话说,数据说明语句不能与可执行语句交织在一起。

(3) C 语句以分号(;)作为结束。

(4) C 程序总是从主函数开始执行,并在主函数中结束。主函数在程序中的位置是任意的,即函数的定义次序不影响其引用次序。其他函数总是通过函数调用语句来执行的。因此,C 程序实质上是一系列相互独立的函数的定义,函数之间只存在调用和被调用的关系。

(5) C 语言程序书写格式灵活自由,要求区分大小写字符,一行内可以写几个语句,一个语句也可以分写在多行上。

(6) 用/∗…∗/作为注释说明程序段或语句的功能,有文件注释、函数注释、行注释和块注释。注释是写给人看的,而不是写给计算机的。程序中的空行不影响程序执行,只是起到分隔程序各部分(如功能段)的作用,可提高程序的可读性。

(7) C语言本身没有输入与输出语句，通过输入、输出函数获得要处理的数据以及返回的运算结果，从而达到和用户进行交流的目的。这些函数用法复杂，不易为初学者掌握。

(8) 编译预处理：包括文件包含和宏命令等。

1.7 C语言中的词汇

C语言中使用的词汇分为六类：标识符、关键字、运算符、分隔符、常量、注释符。但所有词汇都是由基本字符集组成的。

1.7.1 C语言的字符集

每种程序设计语言都有一套自己的基本符号，基本符号由若干基本字符组成，基本字符是组成语言的最基本元素。基本字符或基本符号按照一定的语法规则构成该语言的各种成分（如常量、变量、类型、表达式和语句等）。

C语言字符集（Character Set）由字母、阿拉伯数字和一些特殊符号组成，具体可分为如下4类。

(1) 英文字母：大小写字母 a～z，A～Z，共计52个。

(2) 阿拉伯数字：0～9，共计10个。

(3) 空白符：空格符、制表符、换行符等统称为空白符。空白符只在字符、常量和字符串常量中起作用。在其他地方出现时，只起间隔作用。

(4) 特殊字符：C语言中的特殊字符有其规定的意义，如表1-1所示。

表1-1 C语言中的特殊字符集

符号	说 明	符号	说 明
%	求余运算符或数据格式描述开始符	(	左括号
&	取地址或按位与运算符	)	右括号
|	按位或运算符	‘	字符数据定界符
!	逻辑非运算符	“	字符串常量定界符
#	预处理命令开始符	,	逗号运算符或分隔符
+	加法运算符	;	C语句结束符
-	减法运算符	:	与“?”构成条件运算符
*	乘法或间接访问运算符	.	小数点或成员运算符
/	除法运算符	?	与“:”构成条件运算符
\	转义字符开始符	[	数组下标标识
>	大于运算符	]	数组下标标识
<	小于运算符	{	复合语句或函数体开始标志
=	赋值运算符	}	复合语句或函数体结束标志
==	等于运算符	&&	逻辑与运算符
^	按位异或运算符	||	逻辑或运算符

1.7.2 C语言的词汇

1. 标识符

在程序中使用的变量名、函数名、标号等统称为标识符。除库函数的函数名由系统定义外,其余都由用户自定义。C规定,标识符只能是字母(A～Z,a～z)、数字(0～9)、下划线(_)组成的字符串,并且其第一个字符必须是字母或下划线。

以下标识符是合法的:a,x,x3,BOOK_1,sum5。

以下标识符是非法的:3s(以数字开头),s*T(出现非法字符*),-3x(以减号开头),bowy-1(出现非法字符-(减号))。

在使用标识符时还必须注意以下几点。

(1) 标准C不限制标识符的长度,但它受各种版本的C语言编译系统限制,同时也受到具体机器的限制。例如在某版本C中规定标识符前8位有效,当两个标识符前8位相同时,则被认为是同一个标识符。

(2) 在标识符中,大小写是有区别的,例如BOOK和book是两个不同的标识符。

(3) 标识符虽然可由程序员随意定义,但标识符是用于标识某个量的符号。因此,命名应尽量有相应的意义,以便于阅读理解,做到"顾名思义"。

2. 关键字

关键字(Keywords)是由C语言规定的具有特定意义的字符串,通常也称为保留字。用户定义的标识符不应与关键字相同。C语言的关键字分为以下几类。

(1) 类型说明符:用于定义、说明变量、函数或其他数据结构的类型,如前面例题中用到的double等。

(2) 语句定义符:用于表示一个语句的功能,如if-else是条件语句的语句定义符。

(3) 预处理命令字:表示一个预处理命令。如include,还有define、undef、ifdef、endif等。

一般地,用户在编写C程序时,不要把这些标识符再定义为其他用途的标识符。由ANSI标准定义的C语言关键字共有32个,根据其作用的不同可分为两大类,如表1-2所示。

表1-2 C语言中的关键字

类型		关键字	功能
数据类型关键字	基本数据类型	void、char、int、float、double	声明数据的类型
	类型修饰关键字	short、long、signed、unsigned	对整型数据进行修饰
	复杂类型关键字	struct、union、enum、typedef	声明复杂数据类型
	存储类别关键字	auto、static、register、extern、const、volatile	说明变量的存储类别
流程控制关键字	跳转结构	return、continue、break、goto	改变程序的执行流程
	选择结构	if、else、switch、case、default	选择结构控制语句
	循环结构	for、do、while	循环结构控制语句

3. 运算符

C语言中含有相当丰富的运算符。运算符与变量、函数一起组成表达式,表示各种运算功能。运算符由一个或多个字符组成。

4. 分隔符

在C语言中采用的分隔符有逗号和空格两种。逗号主要用在类型说明和函数参数表中,分隔各个变量。空格多用于语句各单词之间,作间隔符。在关键字、标识符之间必须要有一个以上的空格符作间隔,否则将会出现语法错误,例如把 int a;写成 inta;,C编译器会把 inta 当成一个标识符处理,其结果必然出错。

5. 常量

C语言中使用的常量(Constant)可分为数字常量、字符常量、字符串常量、符号常量、转义字符等。

6. 注释符

C语言的注释符是/*和*/,成对出现,/*....*/为多行注释符。另外,在C语言的C90中也可以使用//作为注释符。//为单行注释符。出现在一对注释符中的任何内容均称为注释。注释可出现在程序中的任何位置。注释可用来向阅读程序者提示或解释程序的意义。也可在调试程序时,对暂不使用的语句用注释符括起来,使编译跳过该语句不做处理,待调试结束后再去掉注释符。

注释形式如:/*这是一个注释*/

例:

```
//程序开始,程序名为f1.c
#include <stdio.h>                          /*头文件包含*/
void main()                                 /*函数首部*/
{                                           /*这是一个空函数没有任何一条语句*/
}
```

1.8 项目任务

本教材将根据学习进程,完成一些项目软件的设计与编程。本节初步讨论软件界面的设计思想及程序实现。

1. 软件界面(Software Interface)设计概念

软件是一种工具,而软件与人的信息交换是通过界面来进行的,所以界面的易用性和美观性就变得非常重要了,这就需要好好利用人机界面设计的原则及设计的方法。

人机界面又称用户界面(User Interface),实现用户与计算机之间的通信,以控制计算机或用户和计算机之间的数据传递。用户界面的设计应适合人机交互原理,充分体现软件的定位和特点,同时应传达潜在的文化、个性、品味。正如包装那样,一个优秀的软件除了方便实用的功能外,其界面的优秀设计也是必不可少的,因为良好的界面形象能够体现公司的形象和实力;能够使用户操作更为方便,具有说明性的图表按钮也能够为用户带来使用的方便;能够体现其软件的良好特性和功能。

一般来说,完成软件人机界面设计需考虑以下问题。

(1) 界面总体布局设计,即如何使界面的布局变得更加合理。例如,把相近的功能放在一起,这样用户使用起来将会更加方便。

(2) 操作流程设计,即通过设计工作流程,使用户的工作量减小,工作效率提高。例如,如何才能让用户用最少的步骤,完成一项操作。使用别的软件,要选择5次,而使用您的软件只需要选择3次,那么用户自然会选用您的软件了。

(3) 工作界面舒适性设计,即能使用户更加舒适地工作。

(4) 人机界面设计并不是简单的外壳包装,一个软件的成功是与其完善的功能实现、认真的调试分不开的。但人机界面设计也是关键因素之一。

(5) 需要正规的理解及调查。对合作伙伴的需求进行正规的分析规划,人机界面设计才可以得到正确实施。

2. 项目案例界面设计

【学生项目案例 1-1】 "学生信息管理系统"软件界面的初步设计。

分析:通过初步调查,假设"学生信息管理系统"能够实现如下子功能。

(1) 用户身份验证。

(2) 学籍管理子系统。

(3) 成绩管理子系统。

(4) 作业管理子系统。

(5) 素质评价子系统。

(6) 师生互动区。

在屏幕上绘制一个软件界面框架,框架内按序列排列功能提示信息,设计结果如图1-17所示。使用输出函数printf()逐行输出信息,实现设计界面图,程序如下。

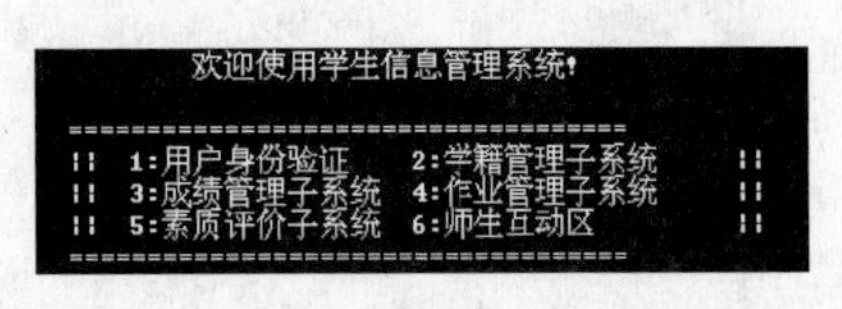

图 1-17 学生信息管理系统软件界面

```
#include "stdio.h"                                    /*头文件包含*/
void main(void)                                       /*主函数首部*/
{  printf("欢迎使用学生信息管理系统!\n\n");               /*函数printf()输出信息*/
   printf("====================================\n");  /*函数printf()输出信息*/
   printf("‖ 1:用户身份验证      2:学籍管理子系统 ‖\n"); /*函数printf()输出信息*/
   printf("‖ 3:成绩管理子系统    4:作业管理子系统 ‖\n"); /*函数printf()输出信息*/
   printf("‖ 5:素质评价子系统    6:师生互动区     ‖\n"); /*函数printf()输出信息*/
   printf("  ==================================\n");  /*函数printf()输出信息*/
}                                                     /*函数结束,程序结束*/
```

【文本项目案例 1-1】 显示"文本编辑系统"的主界面(如图1-18所示)。

分析如下。

通过初步调查,假设"文本编辑系统"能够实现如下子功能。

(1) 文件操作：新建、打开、保存、关闭等。

(2) 文件编辑：复制、粘贴、删除、查找、替换等。

(3) 插入操作：页码、符号、数字、图片、对象等。

(4) 文件格式编辑：段落、字体、页面等的设置。

(5) 工具类：统计文件的字数和对文件的保护等。

```
文本编辑处理器!
========================================
‖ 文件(1) 编辑 (2) 插入(3) 格式(4) 工具(5) ‖
========================================
```

图 1-18　文本编辑系统软件界面

在屏幕上绘制一个软件界面框架，框架内按序列排列功能提示信息，设计结果如图 1-18 所示。使用输出函数 printf()逐行输出信息，实现设计界面图，程序如下。

```
#include "stdio.h"
void main(void)
{    printf(" \n\n                    文本编辑处理器!\n\n");
     printf(" \t ========================================= \n");
     printf(" \t ‖   文件(1) 编辑 (2) 插入(3) 格式(4) 工具(5)       ‖ \n");
     printf(" \t ========================================= \n");
}
```

程序设计题

(1) 用六步法写出求 10！的具体步骤和算法。

(2) 用六步法写出求 $\sum_{n=1}^{10} n!$ 的具体步骤和算法。

(3) 模仿教材例题，编写以下人机交互程序，本程序中计算机与用户按如下方式会话。

计算机：这个程序将和你进行交流。

计算机：你今年有多大年纪？

用户：19。

计算机：今年是公元多少年？

用户：2029。

计算机：到 2039 年你将 29 岁了。

计算机：谢谢你回答问题。

(4) 图形输出也是程序设计中的一大方面，用 printf 语句编写程序输出以下图形。

```
① * * * * *              ②        *
   * * * *                    *   *   *
   * * *                  *   *   *   *   *
   * *                        *   *   *
   *                              *
```

(5) (选做题)现实生活中经常遇到求平均值的问题。现有三个整数，求出它们的平均值，请写出算法并用程序实现。要求程序具有交互功能和通用性。

提示：尽管所有的输入值都为整数，但它们的平均值可能会有小数部分。

(6) (选做题)由键盘任意输入两个数，分别计算它们的和、差、积、商。在程序中注释所用语句的作用，并观察结果。

小组讨论题和项目工作

(1) 以小组为单位,讨论计算历史,并撰写一份简短报告。重点可以放在计算机软件或计算机硬件上。

(2) 选择计划实现的项目题目,并讨论界面设计思想,用 printf 函数设计出一个软件界面。

第2章 C程序设计初步

——C语言的语句很少，也很精练，但要想做到能灵活运用却不是一件容易的事，需要多阅读和勤操练(编程)。

学时分配

课堂教学：8学时。自学：6学时。自我上机练习：4学时。

本章教学目标

(1) 理解C语言的数据类型。

(2) 进一步理解数据在内存的存放。

(3) 应用C语言的常量和变量表示并处理数据。

(4) 理解程序交互，掌握输入输出语句的格式控制及使用。

(5) 体会程序设计思想，应用6步法解决简单实际问题。

(6) 掌握本章常用基本算法。

(7) 掌握顺序结构程序设计。

本章项目任务

软件界面的交互设计。

2.1 C语言的数据及其类型

2.1.1 程序设计中的数据

数据(Data)来自自然、社会现象和科学试验的定量或定性的记录，是科学研究最重要的基础。研究数据就是对数据进行采集、分类、录入、储存、统计分析、统计检验等一系列活动的统称。对信息的获取只能通过对数据背景的解读。在计算机系统中，各种字母、数字符号的组合、语音、图形、图像等统称为数据。数据经过加工成为有用的信息。

对数据的加工即对数据进行各种运算和操作。程序设计的基本问题是理解、组织并描述问题领域中的数据。程序设计中所处理的每个数据都具有某种数据类型(Data Type)，数据类型规定了数据的取值范围、数据能接受的运算符、数据的存储形式。

数据分为数值数据和非数值数据，非数值数据包括文字、声音、图像等。根据数据在计算机中的存在形式又可将数据分为常量和变量。常量是指程序运行过程中值不会发生变化的数据，如4、3等，只能使用其值而不能对它作任何修改。变量指在程序运行过程中，值可以变化的数据,可使用不同的标识符表示不同的变量,称为变量名。

【例 2-1】 简单数值计算。编程实现求任意圆的周长和面积。

分析如下。

(1) 问题陈述和需求分析:求任意圆的周长和面积。输入圆半径,输出圆周长和面积。

(2) 数学建模:对于数值计算类问题,首先要确定问题的数学模型。

设圆半径为变量 r,圆周长为变量 c,圆面积为变量 s。若 $r=3$,则根据圆周长和面积的数学公式:$c=2\times\pi\times r=18.85$,$s=\pi\times r\times r=28.27$。

(3) 用自然语言描述求解问题的算法如下。

① 设计表示半径、周长和面积的变量:r(整型或实型)、c(实型)和 s(实型)。

② 利用 scanf 输入函数向计算机输入圆半径 r 的具体值。

③ 利用数学公式 $c=2\times\pi\times r$ 和 $s=\pi\times r\times r$ 计算出圆的周长和面积。

④ 输出圆的周长和面积。

(4) 根据所设计的算法,用 C 语言编写程序如下。

```
/* program ch2-1.c */
#include <stdio.h>                                /*文件包含,编译预处理命令*/
#define PI 3.1415926                              /*宏名定义,定义宏符号 PI*/
void  main(void)                                  /*主函数首部*/
{  int  r;                                        /*定义半径变量为整型数据*/
   double c,s;                                    /*定义周长和面积为实型变量*/
   printf("请输入圆的半径(整数):");                /*提示信息*/
   scanf("%d",&r);                                /*人机交互,从键盘输入半径值*/
   c=2*PI*r;                                      /*计算圆的周长*/
   s=PI*r*r;                                      /*计算圆的面积*/
   printf("circum=%6.2f\n",c);                    /*按要求格式在屏幕上输出周长值*/
   printf("area=%6.2f\n",s);                      /*按要求格式在屏幕上输出面积值*/
}
```

程序中的数据剖析:

C 语言中,数据分为常量和变量。

① 常量。常量是其值不能改变的量。常量也有不同的类型。

语句 c=2*PI*r;中,系数 2 是直接常量,为整数类型。语句 printf("请输入圆的半径(整数):");中,"请输入圆的半径(整数):"是字符串常量,原样输出到屏幕。

宏符号。宏定义命令中,#define PI 3.1415926 把一个直接常量定义为符号 PI,它代替了 3.1415926 或数学符号 π。π 在 C 语言中是非法的符号,不能直接使用。宏符号 PI 的使用可以减少程序的修改难度。

程序中,可用宏定义命令将程序中常用的一些常量或字符串定义为宏符号。宏符号一般用大写字母。宏定义是编译预处理命令。宏定义命令格式如下:

#define 宏符号 字符串

其中格式中的“字符串”可以是一个常量数据。

② 变量。C 语言中的变量也有不同的数据类型。

语句 int r;和 double c,s;定义了不同的变量名和数据类型,r 是整型,c、s 是实型。

(5) 测试：程序运行时从键盘输入一个整数，将输出结果与数学运算的结果进行比较，如果结果一致则说明程序正确。以后的教材中，对于较简单程序不再写出测试过程。

2.1.2　高级语言中数据类型的概念

程序设计语言中，数据分为不同的类型，以便编程员在编程时根据问题域进行适当选择。

1. 数据类型概念

"数据类型"(Data Type)描述了数据的值域、存储特性和运算操作集。值域(Domain)即值的集合，如字符型数据的值域为ASCII码表中符号的集合。操作集由操作该类型数据值的工具构成，如对两个整数可以进行加、减、乘、除、求模操作。数据的具体存储由编译器实现，数据在内存的存储因数据类型不同而不同。

任何一种程序设计语言都定义了自己可用的数据类型。对复杂数据的描述能力决定了一种语言的处理能力。C语言具有丰富的数据类型。

2. 数据的表示和运算

(1) 数据表示：在编写程序时如何表示(书写、描述)数据的问题。

(2) 数据存储：在计算机中存储一个数据需要多大内存以及按怎样的形式存储。

(3) 数据运算：数据可以参与哪些操作运算。

3. 数据类型的种类

根据数据值的可否再分解，把数据分为原子类型和构造类型。原子类型是值在逻辑上不可分解的数据，如3、'A'、10、3.5。构造类型是数据值由若干成分按某种结构组成，如职工(姓名、年龄、工资……)。

2.1.3　C语言中的数据类型

C语言数据类型分为基本类型、构造类型和指针三大类，如表2-1所示。

1. 基本数据类型

基本数据类型属于原子类型，有数值类型和非数值类型。数值型数据主要用于科学计算和表示，分为整型和实型。整型是不带小数位的数值型数据，实型则是带小数位的数，也称为浮点数(Floating-point Number)。非数值类型有字符类型和空类型。字符类型是所有文本数据(非数值数据)处理的基础。空类型主要用来说明函数返回值和参数类型。

1) 整型(Integer)

整型数据的值域由其在内存中的存储长度决定，分为：

① 短整型(short)；

② 基本整型(int)；

③ 长整型(long)。

同样存储长度的数据又分为：

表 2-1　C 语言中的数据类型

<table>
<tr><td rowspan="15">C语言数据类型</td><td rowspan="10">基本类型
(原子类型)</td><td rowspan="8">数值类型</td><td rowspan="6">整型</td><td>有符号短整型(short)</td></tr>
<tr><td>无符号短整型(unsigned short)</td></tr>
<tr><td>有符号整型(int)</td></tr>
<tr><td>无符号整型(unsigned int)</td></tr>
<tr><td>有符号长整型(long)</td></tr>
<tr><td>无符号长整型(unsigned long)</td></tr>
<tr><td rowspan="2">实型
(浮点型)</td><td>单精度型(float)</td></tr>
<tr><td>双精度型(double)</td></tr>
<tr><td rowspan="2">非数值类型</td><td colspan="2">字符类型(char)</td></tr>
<tr><td colspan="2">空类型(void)</td></tr>
<tr><td rowspan="4">构造类型</td><td colspan="3">数组(array)</td></tr>
<tr><td colspan="3">结构体 (struct)</td></tr>
<tr><td colspan="3">共用体(union)</td></tr>
<tr><td colspan="3">枚举类型(enum)</td></tr>
<tr><td>指针类型</td><td colspan="3"></td></tr>
</table>

① 无符号整数(unsigned)。无符号整数没有符号位,所以最高位为数据位。

② 有符号整数(signed)。有符号整数最高位为符号位。

例如,常量−10 为有符号数,在内存中占据 4 个字节即 32 个二进制位,最高位为 1 表示负数,其他各位表示数据位。常量 10u 表示无符号数,内存中存储时,所有的二进制位都表示数值位。

整型数据与数学中的整数类似,但又与数学中的整数有区别,它受到机器硬件条件的限制,其值域(即取值范围)只是后者的一个有限真子集,有表示范围限制。C 语言中存放或表示一个整型数据可以使用字符型(表示较小整数)、短整型、整型和长整型 4 种类型。一般使用字符型。

ANSI C 标准并不规定各种类型的数据占有的字节数,只规定短整型、基本整型和长整型在内存中占的字节个数应满足不减的次序。具体字节数由各种 C 语言版本自己确定。一般而言,在微型机上使用的 C 编译系统将基本型定为 2 个字节,且基本型与短整型长度相等;在小、中、大型计算机和 32 位机上使用的 C 编译系统将基本型定为 4 个字节,与长整型相同。在 VC++中,各种类型变量在内存中占据的空间如表 2-2 所示。

表 2-2　VC++中的整型数据

数据类型(括号中关键字可省)		字节个数	取值范围
short	short (int)	2	$-32\,768 \sim +32\,767(-2^{15} \sim 2^{15}-1)$
	unsigned short (int)	2	$0 \sim 65\,535\ (0 \sim 2^{16}-1)$
int	int	4	$-2\,147\,483\,648 \sim 2\,147\,483\,647(-2^{31} \sim 2^{31}-1)$
	unsigned (int)	4	$0 \sim 4\,294\,967\,295(0 \sim 2^{32}-1)$
long	long (int)	4	$-2\,147\,483\,648 \sim 2\,147\,483\,647(-2^{31} \sim 2^{31}-1)$
	unsigned long (int)	4	$0 \sim 4\,294\,967\,295\ (0 \sim 2^{32}-1)$

2）实型(Real)

日常生活或工程实践中，大多数数据既可以是整型，也可以是带小数部分的实型，如人的身高和体重、货物的金额等。如以 m 为单位，取实数；以 cm 为单位，取整数。

实型数据也是数学中实数的一个真子集。C 中实型数据分为单精度实数(float)和双精度实数(double)两种。C 语言中常用的浮点类型是 double 型，它是双精度浮点数的缩写。若要在程序中使用、存储浮点型数据，就必须声明 double 型变量。它们在内存中所占的字节数及取值范围如表 2-3 所示。

表 2-3　Visual C++中的实型数据

数据类型(关键字)	字节个数	取 值 范 围	精度(位)
float	4	约 $-3.4\times10^{38}\sim3.4\times10^{38}$	6～7
double	8	约 $-1.7\times10^{308}\sim1.7\times10^{308}$	15～16

3）字符类型(Character)

字符类型是非数值型数据，如文字信息等，称为字符型数据。char 是字符类型说明符。char 型由一个合法值的值域和一组操作这些值的运算组成，其值域是 ASCII(American Standard Code for Information Interchange，美国标准信息交换代码)码表的所有符号，包括字母、数字、标点、空格、回车等。

关于字符类型，C 标准规定如下。

① char 型数据用于表达式时，自动按 signed char 型处理，表示－127～127 数值范围。

② 其他情况时，char 型数据自动按 unsigned char 型处理，表示 0～255 数值范围。

4）空类型(void)

“空类型”关键字是 void，强调函数的返回值类型为空或函数无参数或指针无所指等。

2. 构造数据类型

构造(Construct)数据类型是利用已定义的一个或多个数据类型来构造新的数据数据类型的方法。即一个构造数据类型的值可以分解成若干个“成员(Member)”或“元素(Element)”。每个“成员”或“元素”都是一个基本数据类型或一个构造类型。在 C 语言中，构造类型有数组类型、结构类型、共用体类型和枚举类型。

1）数组

如果存储某学生某课程的成绩用一个变量即可，但要存储全班学生的某课程成绩或全班学生所有课程的成绩，就需要使用多个相同类型的变量表示。

C 语言中，数组(Array)是一种能够存储若干个相同类型数据的数据结构，是一种简单的构造类型数据。每个数组包含一组具有同一类型的变量，这些变量在内存中占用连续的存储单元。在程序中，这些数组中的变量具有相同的名字，不同的下标。C 语言中可以用如 a[0]，a[1]，a[2]，…这种形式来表示数组中的多个变量，把它们称为带下标的变量或数组元素。对于一个已定义好的数组，数组元素的个数是确定的。一般地，数组定义形式如下：

数据类型　数组名[常量表达式]

其中,常量表达式表示数组中数据元素的个数。

如,char str[100]; /* 字符数组,可以存放一个字符串或多个字符 */

2) 结构体

实际问题中,有许多数据有紧密的内在联系,却往往具有不同的数据类型。例如,学生登记表中,姓名、学号、年龄、性别、成绩等属于同一个对象,却为字符型、整型,或实型。C语言中,定义这些紧密联系的复杂数据需要使用一种特殊的构造数据类型——结构体(Struct)。

结构体是一种较为复杂但却非常灵活的构造数据类型,一个结构体类型可以由若干个称为成员(或域)的成分组成,如存放学生数据的姓名、学号、年龄、性别、成绩等都是该数据的成员。不同的结构体类型可根据需要由不同的成员组成。每一个成员可以是一个基本数据类型又可以是一个构造类型。对于某个具体的结构体类型,成员的个数和类型是固定的。C只提供结构类型模式,不提供具体结构体类型,可以定义许多不同的结构体类型。

3) 共用体(Union)

在实际问题中有很多这样的例子。例如在校的教师和学生填写以下表格:姓名、年龄、职业、单位,"职业"一栏中可填写"教师"和"学生"两类之一,"单位"一栏中学生应填入"班级编号",教师应填入"某系某教研室",而班级可用整型量表示,教研室只能用字符类型。要求把这两种类型不同的数据都填入"单位"这个变量中,就必须把"单位"定义为包含整型和字符型数组这两种类型的"联合"。

C语言允许几种不同类型的变量存放到同一段内存单元中。这种几个不同的变量共同占用一段内存的结构,称作"共用体"类型结构,简称共用体。其中,各成员共享一段内存空间,一个联合变量的长度等于各成员中最长的长度。这里所谓的共用不是指把多个成员同时装入一个变量内,而是使用覆盖技术,几个变量可以互相覆盖,但每次只能赋一种值,赋入新值则替换掉旧值。如前面介绍的"单位"变量,如定义为一个可装入"班级"或"教研室"的联合后,就允许赋予整型值(班级)或字符串(教研室)。要么赋予整型值,要么赋予字符串,不能把两者同时赋予它。一个联合类型必须经过定义之后,才能把变量说明为该联合类型。

4) 枚举类型

枚举(Enumeration)是一个被命名的整型常数的集合,在日常生活中很常见。实际问题中,有些变量的取值被限定在一个有限的范围内。例如,一个星期只有7天,一年只有12个月,一个班每周有6门课程,等等。如果把这些量说明为整型、字符型或其他类型显然是不妥当的。为此,C语言提供了"枚举"类型。在"枚举"类型的定义中列举出所有可能的取值,"枚举"类型变量取值不能超过定义的范围。

因为可枚举的事物不同,所以有不同的枚举类型,枚举类型需要用户自己定义。定义枚举类型的关键字是enum。

3. 指针数据类型

指针(Pointer)数据类型是一种特殊数据类型,指针型数据的值是内存空间的地址。

一般把存储器中的一个字节称为一个内存单元。不同的数据类型所占用的内存单元数不同,如整型可占2个或4个单元,字符型占1个单元,等等。为了正确地访问这些内存单元,计算机系统给每个内存单元编了号。内存单元的编号也叫做地址(Address)。根据内存地址可准确找到该内存单元的值。

通常把内存地址称为指针(Pointer)。某内存单元的指针(即内存地址)和内存单元的值是两个不同的概念。例如到银行去存取款时，银行工作人员将根据账号去查找相应的存款单，找到之后在存单上写入存、取款的金额。账号就是存单的指针，存款数是存单的值。

在C语言中，允许用一个变量来存放地址(指针)，这种变量称为指针变量，简称指针。指针变量的值是某个内存单元的地址。

定义指针变量的目的是为了通过指针去访问另外的内存单元。指针变量被赋予不同的地址值从而实现对存储空间区域的访问。

2.2 常量和变量

2.2.1 程序中的常量

常量(Constant)是指在程序运行过程中保持固定类型和固定数值的数据。常量也分不同的数据类型。常量的表现形式主要是立即数常量，还有用宏定义确定的符号常量。

1. 整型常量

整型常量就是整常数，用来表示正整数、负整数和0。C语言中，整数有三种表示形式。

(1) 十进制整数(一般表示方法)：可以是0～9的一个或多个十进制数位，首位不能为0。例如：100、－200、32 767等。

(2) 八进制整数：必须以0(注意，不是字母o)作为起始位，有0～7的一个或多个八进制数位。例如011、023等，分别代表十进制的9和19。

(3) 十六进制整数：以0X(或0x)作为起始位，有0～9、a～f(A～F)的一个或多个十六进制数位。例如0x12、0xaf、0X1e等，分别代表十进制数的18、175和30。

数据的八进制和十六进制表示，其实是数据在存储器中二进制存放形式的短写形式。C语言中不用二进制形式来表示数据，原因是书写起来太长。

整数类型分short、int和long以及它们的无符号unsigned形式。各整数类型所表示数据范围的大小有下列关系：

unsigned long＞long＞ unsigned int(short)＞int(short)＞ unsigned short＞short

其中，int(short)表示short和int有相同大小的情况。

给定一个常量，例如10，如何来确定它所属的数据类型呢？C标准规定，在默认情况下总是按能够容纳它的最小兼容类型来确定。例如：

－32 768～32 767之间的常量具有short类型；

32 768～65 535之间的常量具有unsigned short类型；

－2 147 483 648～2 147 483 647之间的常量具有long类型；

0～4 294 967 295之间的常量具有unsigned long类型。

所以10是short类型。

另外，可以用字符U(u)、L(l)作为整型常量的后缀，来显式表示该常量属于何种类型。以十进制形式为例，数据108具有short类型，数据108U(108u)具有unsigned类型，数据108L(108l)具有long类型。同样，用字符u(U)、l(L)作为数字后缀的情况也适用于八进制和十六进制常量。

2. 实型常量

实型常量又称为实数,是带有小数点的常量。C语言中可以用十进制小数和指数两种形式表示一个实型常量。

1) 十进制小数形式

和数学中表示实数的形式相同,由数字和小数点组成。(必须要有小数点)例如3.14、0.5、.5、5.、7.0、0.0、0.和.0等都是合法的实型常量。注意:小数点不可单独出现。

2) 指数形式

它又称为科学记数法,类似于数学中的指数形式。在数学中,一个数可以写成幂的形式,如1234.567可以表示为$1.234\ 567\times10^3$、$12.345\ 67\times10^2$等形式。在C语言中,指数形式的数据由"十进制小数"+e(或E)+"十进制整数"三部分组成。例如,1234.567可表示为1.234 567E3或12.345 67E2等形式。在C语言中,e(E)后跟一个整数来表示以10为底的幂数。

注意:C语言的语法规定,字母e(E)之前必须有数字且其后的数据必须为整数。

实型常量无后缀的情况下,总是被默认为double类型;如果有后缀字符F(f),则实常量为float类型,例如,0.618F(0.618f)。

3. 字符型常量

1) 字符常量的概念和表示

C语言中,字符(Character)型常量表示ASCII字符集中的一个字符,包括功能控制字符。

程序中,字符常量常用一对半角单引号括起来。如'A'、'a'、'2'等都是字符型常量。也可根据需要用多种书写形式来表示一个字符,如表2-4中依次用十进制值、八进制值、十六进制值和转义八进制字符常量、转义十六进制字符常量这些等价形式来表示同一个字符。

表2-4 字符常量的各种表示方法

字符常量	说明	十进制值	八进制值	十六进制值	八进制字符模式	十六进制字符模式
'a'	小写字母a	97	0141	0x61	'\141'	'\x61'
'+'	加号字符	43	053	0x2b	'\053'	'\x2b'
'''	单引号字符	39	047	0x27	'\047'	'\x27'
'\n'	新行字符	10	012	0xa	'\012'	'\xa'

注意:

① 单引号中的大写字母和小写字母表示不同的符号常量,如'A'和'a'表示不同的字符。

② 单引号引起的空格(' ')也是一个字符常量。

③ 字符常量只包含一个字符,'AB'是非法的。

记住ASCII表的结构特性,在编程中很有用。

① 字符0的ASCII码是48;数字字符0~9的ASCII码是连续的;后面的码值比前面的码值大1;字符0的码值加9,就是字符9的代码。

② 字母分为两段：大写字母(A～Z)和小写字母(a～z)，每段的ASCII码值是连续的；大写字符A的ASCII值是65，小写字母a的ASCII值是97，相应的小写字母比大写字母的ASCII码值大32。

键盘上除了可打印字符(Printing Character)外，还有一些如退格符、换行符、制表符等非印刷字符，另外还有一些字符在程序中被用于固定用途，如单引号字符(')被指定用来表示字符常量。对于这类字符，C语言定义了转义字符(Escape Character)，用反斜杠(\)作为意义转换(转义)的引导符，后面紧跟一个有特殊含义的字符或ASCII码值。这种以反斜杠开头的字符或一个数字序列，称为转义序列(Escape Sequence)或转义字符。反斜杠表示它后面的字符已失去它原来的含义，转变成另外特定的含义。

例如：\n表示回车换行，\t表示一个制表符等，\x41表示字母A。这样，不可显示的字符便可以方便地表示了。虽然每个转义字符由几个字符构成，但在机器内部，每个转义序列被转换为一个ASCII码值，在内存中占一个字节。常用的转义字符如表2-5所示。

表2-5　C语言中的转义字符

字符	功　能	字符	功　能
\n	换行	\t	横向跳格
\v	竖向跳格	\b	退格
\r	回车	\f	换页
\\	反斜杠字符	\'	单引号字符
\"	双引号字符	\ddd	1～3位八进制表示的字符
\xhh	1～2位十六进制表示的字符	\0	空值

引入转义字符后，一个字符就有了更多的表示方法。例如字符'A'的表示方法除了65(十进制整数)、0x41(十六进制整数)、0101(八进制整数)和'A'外，还有'\101'(转义字符)和'\x41'(转义字符)两种形式。

2）字符常量在内存中的存储形式

ASCII码表中的每个字符都有一个ASCII编码值，称为字符代码值(Character Code)。字符常量在内存中存储的正是字符的ASCII码值的二进制形式，如字符'A'在内存中存储的是01000001，字符'a'在内存中存储的是01100001。

3）字符常量的操作运算

字符的码值及存储特性决定了字符能像整数一样计算，不需要特别转换，计算结果是根据ASCII码值定义的。例如，字符A在参加整数运算时，当作整数65处理，则'A'+1的值是66。尽管对char型数据应用任何算术运算都是合法的，但在它的值域内，不是所有运算都有意义。例如，'A' * 'B'是合法的，即65 * 66，得到4290。问题在于4290这个整数作为字符毫无意义，因为它超出了ASCII码的范围。当对字符进行运算时，仅有很少的运算是有用的。这些有意义的运算通常有三种。

① 给某字符加上一个整数。如果整数n在0～9之间，则'0'+n代表得到的是字符0之后第n个字符的代码；某大写字母加上一个整数32，则转换为相应的小写字母，等等。

② 对某字符减去一个整数。如表达式'z'−2代表字母z前两个字符x的代码；某小写字母减去整数32，则转换为相应的大写字母。

③ 比较两个字符。如'A'<'B',结果为真。A 的 ASCII 码值小于 B 的 ASCII 码值。

4. 字符串常量

将多个字符组织起来,形成一个有意义的序列时更有用。常用字符串(String)表示编程语言中的文本数据。但 C 语言中没有字符串数据类型。字符串常量或串常量是由半角双引号括起来的零个或多个字符(Character)组成的有限序列。字符串常量的书写形式是:

```
"字符序列"
```

字符串在内存中占用一片连续的存储单元,用于存放串中的每个字符。而且系统会自动在每个字符串常量的末尾附加一个字符串结束标志,即转义字符'\0'(结束标志在内存中占一个字节),以便程序能确认字符串在何处结束。串常量在机器内存储时,是从首地址开始直到串结束标志之间的所有字符。所以可通过字符串首地址读取字符串中的字符。字符串长度是指该字符串中的字符个数,但不包括双引号和字符串结束标志。

例如,"WangLing"是字符串常量,串的长度是 8,但在内存中占 9 个字节;而" "(空格字符串)长度为 1,在内存中占 2 个字节;空串""(双引号中什么也没有)仅有一个结束符的字符串,在内存中占 1 个字节,字符串长度是 0。

例如,语句 char *pb=" WangLing";中,指针变量 pb 指向字符串"WangLing"的首地址。通过指针 pb 可读取串中的每个字符数据。但字符串是常量,不能修改。

注意字符和字符串的区别。如'a'和"a"是不同的,前者是字符,后者是字符串,在内存中,字符没有结束标志。

5. 简单宏定义——宏符号

程序中用指定的标识符代表某常量或某个字符串,这个指定的标识符叫宏符号(Macrosymbol)。字面不能直接看出宏符号的类型和值。可以用宏符号表示某个常量,叫宏符号常量(Symbolic Constant)。宏符号必须先定义后使用。它定义的一般形式是:

```
#define 宏符号名 字符串
```

其中,宏符号名遵循变量命名规则,也称为宏名;字符串是一串字符,简称"宏体"。习惯上,宏名用大写字母表示。

以#define 定义的行也叫宏命令行。通常,程序中所有的宏行都放在程序文件开头部分。

例如:

```
#define  LIMIT  100
#define  PRICE  500
```

编译预处理器会把程序中该行之后,除了出现在双引号和注释字符串中的其他所有宏名原样替换为其后的字符串。

例如,

```
#define PI 3.14
printf("PI = %f\n", PI);
```

语句,预处理器只转换第二个 PI 为 3.14。

当某个字符串定义为宏后，其后的程序中，凡出现该字符串时，均可用该宏符号标识符取代。这样做，便于程序修改和排错。

使用宏定义应当注意的是：

① 宏名与其后的字符串用一个或多个空格或通过制表符分隔。

② 宏定义仅仅是符号替换，不是赋值语句，因此不做语法检查。

③ 宏命令行中的字符串中不能出现空格或制表符。

④ 如果想提前结束宏名的使用，程序中可以使用＃undef 命令终止，形式如下：

```
#undef  宏符号名
```

其中，"宏符号名"为已用＃define 定义过的宏名。

⑤ 使用宏定义可以嵌套，即后定义的宏中可以使用先定义的宏。

【例 2-2】 阅读程序，理解宏符号及其替换。

```
/* program ch2-2.c */
#include <stdio.h>
#define R 5.4                            /*定义宏符号 R 代表实型常量 5.4*/
#define PI 3.1415926                     /*定义宏符号 PI 代表实型常量 3.1415926*/
#define CIRCUM 2*PI*R                    /*定义宏符号 CIRCUM.其中 2 为整型常量*/
#define AREA PI*R*R                      /*定义宏符号 AREA */
void main()
{  printf("the radii is := %f\n",R);                  /*宏替换 R */
   printf("the value of the circum: %f\n", CIRCUM);   /*宏替换 CIRCUM */
   printf("the value of the area = %f\n", AREA);      /*宏替换 AREA */
}
```

程序剖析：

(1) 程序功能：用宏定义实现计算圆周长和面积的功能。

(2) 由编译预处理程序对宏层层展开。例如：CIRCUM 展开后为 2*3.1415926*5.4，AREA 展开后为 3.1415926*5.4*5.4。

使用宏可以有以下好处。

① 输入源程序时简化操作。

② 宏名定义后，可使用多次，因此使用宏可以增强程序的易读性和可靠性。

③ 使用宏，系统无须额外开销，因为宏所代表的代码只在宏出现的地方展开。

C 语言中，以＃开头的行称为编译预处理命令行。编译预处理命令行除了宏定义外，还有前面见到的"＃include ＜stdio.h＞"文件包含命令。编译预处理命令行末尾不加分号，以区别于 C 语句。

2.2.2　C 程序中的变量

如果表达式或指令语句只能使用某个真实的值，则它们只能应用于某些情况下。变量与常量相反，没有固定的值，是可以改变的数，或一个可代入的值，作为某特定种类的值中任何一个的保留器。变量一般用合法的标识符号来描述，用于一般化的表达式、指令或语句中。研究变量的一般性质和它们之间的依赖关系形成函数。

数学中的变量有以下特点：

① 同一表达式中的变量值相同。如表达式 $x+y=x^2$ 中,等号两边的 x 具有相同值。

② 数学中不会出现类似的表达式:$x=x+5$ 或 $x=x-5$。

③ 数学中的变量是思维中的概念,不需要具体的存储位置或空间。

④ 数学中的变量没有数据类型的概念。

1. C语言中变量的概念和特点

变量(Variables)是计算机内存中已命名的存储位置,该存储位置包含的信息被称为变量的值。变量使用户便于理解语句的操作;用标识符为变量命名,变量的名称为用户提供了一种存储、检索和操作数据的途径,只要通过变量名引用变量就可以读取或更改变量的值,如图 2-1 所示。变量是一个值的存放处,所以变量有地址,使用变量并不需要了解变量在计算机内存中的地址。

变量有多个重要属性:名称、地址、值、类型、生存期、作用域、存储方式等。

① 变量是命名的内存空间,存储程序中的数据。一旦变量存入了数据,该数据就可以被反复读取而不变,直到存入了新的数据为止。变量名是合法的标识符,应使读者易于明白其中存储的值是什么。

② 不同类型的变量需要不同大小的存储空间,具有不同的存储形式。C语言中,字符按 ASCII 码的形式存储,整数按二进制补码的形式存储和运算,实数按二进制浮点形式存储和算术运算标准运算。

③ 变量存在的时间称为存活期(生存期)。变量的存活期从被定义声明时刻起,到变量在内存消失为止。

④ 变量的作用域由声明它的位置决定,是变量起作用的代码范围。

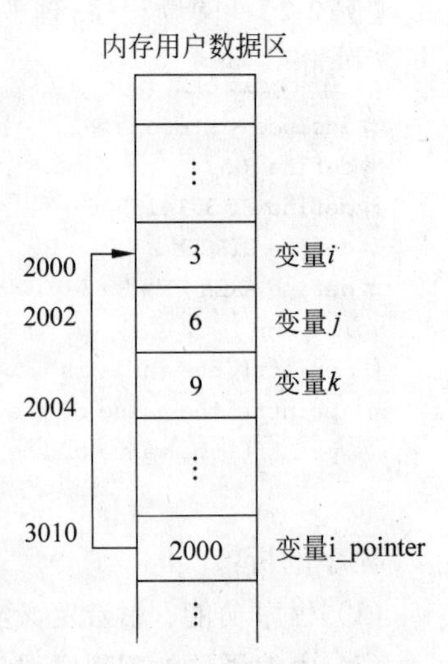

图 2-1 变量在内存中的存储

⑤ 变量的存储方式由变量占用的不同属性的内存空间区分。

2. C语言中的变量类型

C语言中,按变量存放的数据类型,变量分为整型、字符型、实型、指针型、数组、结构体变量等,按变量作用范围,变量分为全局变量和局部变量。按变量存储方式分,变量有自动变量、静态变量、寄存器变量等。

3. 原子类型变量的定义说明及使用

C语言中使用的任何变量必须先定义后使用。变量使用有三个步骤:定义声明(Declaring)、赋值和使用。

1) 变量的定义(Declare Variable)

为了在程序中使用变量,必须先用类型说明符和标识符对变量进行声明定义,使编译器能根据这些声明定义来组织数据,分配相应大小的内存空间和为内存空间命名。C语言术语"声明(说明)定义"的含义是:通知编译器有这件事,并要求编译器按给定变量标识符的类型分配和命名内存空间。

变量声明语句的一般格式为：

类型标识符　变量名[,变量名,…];

说明：

① 类型标识符是C语言合法的数据类型。

② 变量名必须满足C语言中标识符的命名规则。

③ 声明语句是一种非执行语句。

④ 变量声明定义的位置可以在函数之外，也可以在函数体中或复合语句中。如果是在函数体或复合语句中，则必须集中放在最前面。

⑤ 在同一程序段中，变量不允许被重复定义。

一般，变量声明语句总是位于某复合语句或函数的起始位置。所谓复合语句，是用一对花括号({ })括起来的一段程序。变量定义声明语句确定了变量的名称、数据类型等属性，以决定变量的存储方式和允许对其所做的操作。

例如：

```
int a,b,c;                  /* 定义三个基本整型变量a,b,c,各占4个字节的存储空间 */
char d;                     /* 定义字符型变量d,占1个字节的存储空间 */
unsigned u;                 /* 定义无符号整型变量u,占4个字节的存储空间 */
unsigned long ul;           /* 定义无符号长整型变量ul,占4字节的存储空间 */
float m,n;                  /* 定义单精度实型变量m,n,各占4个字节的存储空间 */
double k;                   /* 定义双精度实型变量k,占8个字节的存储空间 */
int *p;                     /* 定义整型指针,其值将存储某内存空间地址 */
```

例如：

```
{   int  a,b,c;
    float a;                /* 错误,变量名被重复定义 */
    ⋮
}
```

2) 变量赋值(Variable Evaluate)

使用变量时，变量必须有确定的值。有两种方法为变量赋值，一是在声明语句中指定变量的值，称为变量的初始化(Initialization)；二是在执行语句中指定变量的值，称为变量赋值。注意：定义而未初始化的变量初值是未知的。

变量的初始化是在编译时将值送入相应的存储空间，可缩短运行时间。例如：

```
int sum = 0;                      /* 对和值变量,一般置初值为0 */
int e = 4,f = 4;                  /* 定义了变量e、f并分别赋初值4 */
short a = 291,b = -1;             /* 变量a的初值是291,b的初值是-1 */
unsigned short u = 65535;         /* 变量u的初值是65535 */
unsigned long ul = 65551;         /* 变量ul的初值是65551 */
```

也可以在程序执行过程中为变量赋值，但占用了程序的运行时间。例如：

```
int a,b;
a = 10,b = 2;                     /* 执行过程中为变量赋值 */
```

3) 变量的使用(Using Variable)

变量的使用指的是在程序中获得变量中所存储的值进行运算。

例如：

```
int a,b;                    /*定义变量未赋初值,则变量的值为随机值*/
a=10;                       /*执行过程中为变量a赋值*/
b=2*a;                      /*执行过程中使用变量a并为b赋值*/
```

变量一经定义,就会由系统在内存中指定相应的内存单元。变量的根本特点就是“装载”信息。在C语言中,类似x=x+5或x=x-5这样的式子经常出现,且是合理的。因为变量被分配了存储空间存储当前值,x=x+5表示用x的当前值加5求和后再送回这个存储空间。

例如：
```
int a=10;
a=a+1;                      /*代码执行后,结果a的值是11*/
```

在C语言里,=表示赋值操作符,表示左右两值“相等”的符号是==。

4. 指针变量的定义

当一个指针变量存放另一变量的地址时,称该指针指向该变量,若该变量存放了一个基本数据,该指针为一级指针;该指针指向的变量的数据类型称为这个指针变量的基本类型,也叫基类型。相应地,有二级或多级指针变量。

定义变量时,首先要确定变量的数据类型,数据类型决定了变量在内存占用空间的大小;其次要确定变量名,编译系统根据变量类型为指定的变量分配内存空间,从而确定了变量地址,变量地址是变量所占存储空间的首地址。变量地址与变量名一一对应。可以通过变量名或变量地址(指针)对变量进行访问操作。

例如,定义int a=1;,假设变量a在内存中的存储情况如表2-6所示,则变量a的地址为2000,a的值是1。

表2-6 变量在内存中的存储情况

内存地址	内存中的值	变量名	变量地址
⋮	⋮		
2000	00000000	a	2000
2001	00000001		

如果定义了一个变量p,该变量存放的不是普通类型的数据,而是变量a的内存地址。变量p显然具备间接访问变量a的必要条件,则这个p变量就是指针变量(Pointer Variable)。

定义指针变量的一般语法形式为：

类型说明符 *指针变量名1,*指针变量名2,…,*指针变量名n;

说明：

指针变量定义语句中,变量名前面的“*”标志其后的标识符是一个指针变量,表示与一般变量的区别。

```
例如,int a;          /* 定义整型变量 a */
     int * p;        /* 定义指针变量 p */
     p = &a;         /* 指针变量赋值为 a 的地址,"&"是取 a 的地址运算 */
     a = 1;
     *p = 2
```

通过变量名访问数据的方式称为“直接访问”。通过变量地址访问数据的方式称为“间接访问”。变量直接访问和间接访问方式如图 2-2 所示。

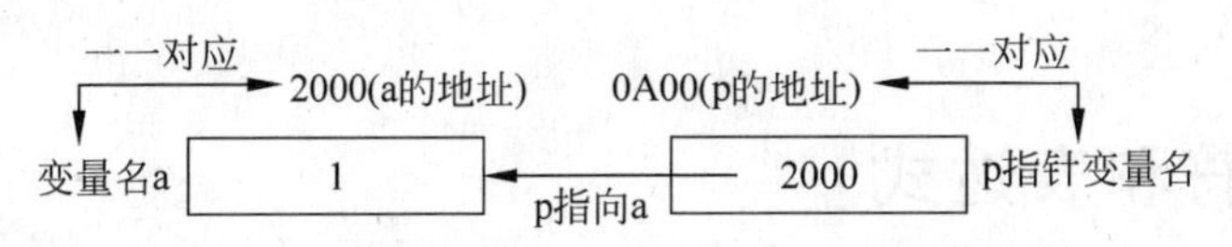

图 2-2 变量直接访问与间接访问方式示意图

指针用于存放其他数据(包括指针数据)的地址,那么通过指针都可以引用哪些数据呢?

当指针指向变量时,利用指针可以引用该变量;当指针指向数组时,利用指针可以访问数组中的所有元素;指针还可以指向函数,存放函数的入口地址,利用指针调用该函数;指针指向结构体,可以引用结构体变量中的成员。

2.2.3 确定问题领域的数据及其类型

如何定义程序中的每个变量?程序中的变量应该是什么类型?需要使用哪些常量?

【例 2-3】 理解程序设计中数据、变量的选择和确定。若编程计算商场某种商品打折之后的价格,需要定义哪些数据(常量和变量),数据类型如何确定?

分析如下。

(1) 需求分析:输入商品原价和折扣率,计算并输出商品打折之后的价格。

(2) 设,商品原价和折扣率分别用变量 a、b 表示,变量 p 表示该商品打折之后的价格,则计算公式为 $p=a*b$。其中 a、b 为输入变量,p 为输出变量。

(3) 根据实际,商品的原价、折扣率和打折之后的价格选为实数较合理。变量定义语句如下:

```
float a,b,p;
```

【例 2-4】 编程计算一个三角形的面积时,需要定义哪些数据(常量和变量),数据类型如何确定?

分析如下。

(1) 需求分析:计算三角形的面积,输入三条边长度,输出面积。

(2) 数学模型:利用数学知识,三角形的面积等于二分之一底边长乘以高。三角形边长可在运行程序时输入,但三角形的高要经过几何运算才能算出。

若采用海伦公式,先求出三角形半周长,可利用半周长计算三角形面积,不再需要三角形的高。合适的数学模型选择是合理解决问题的重要一步。

设三角形三边分别用变量 a、b、c 表示,变量 t 表示三角形半周长,变量 s 表示三角形面积。三角形的半周长公式为 $t=\frac{a+b+c}{2}$,求三角形面积公式为 $s=\sqrt{t(t-a)(t-b)(t-c)}$。

确定了问题领域中的 5 个变量：*a*、*b*、*c* 为输入变量，*s* 为输出变量，*t* 为中间变量。

实际问题中，三角形边长既可是整数，也可以是实数。为使程序通用性更高，将边长定义为 float 实型，半周长 *t* 也定义为 float 实型。其次，求面积公式中使用了求平方根函数，平方根函数是 C 语言的标准库函数，包含在数学头文件 math.h 中，该函数的返回值为双精度实数型，定义 *s* 为双精度实数型。此问题用到了常量 2。变量定义如下：

```
float a,b,c,t;
double s;
```

2.3 运算符和表达式

涉及工程和科学计算题目中，常进行某些计算，如求物体受力、运动轨迹、三角形的面积和扇形的面积等，会用到＋、－、*（表示数学中的乘）、"/" 运算符(Operator)和一些数学函数等，另外还有一些 C 语言特有的运算符。运算符和操作数构成了 C 语言表达式(Expression)。

1. 运算符

程序设计中，运算符控制计算机对操作数执行某种特定的运算操作。例如：2＋3，其操作数是 2 和 3，运算符是＋。C 语言中，除了控制程序的流程和对数据的输入输出，其他操作都作为运算处理，所以 C 语言有丰富的运算符。

1) 运算符分类

按运算类型，C 语言运算分为算术、关系与逻辑、位操作、赋值运算等。

按运算符可结合的操作数个数，分为单目运算符(Unary Operator)、双目运算符(Binary Operator)和三目运算符(Ternary Operator)。单目运算符指运算时只需要一个操作数的运算符，常见的有自加、自减、逻辑非等，如变量＋＋，意思是将变量加 1。双目运算符指连接两个操作数的运算符，常见的有加减乘除，如操作数 1＋操作数 2，意思是两个操作数相加。三目运算符则是连接三个操作数的运算符，C 中的三目运算符是"?："，如操作数 1＞操作数 2? 操作数 1:操作数 2，意思是判断操作数 1 是否大于操作数 2，如果大于，则整个表达式的值为操作数 1，否则为操作数 2。

2) 运算符的优先级和结合性

若一个表达式中有多个运算符，则各种运算符的优先级(Priority)决定运算的先后顺序。C 语言中，运算符的优先级共分为 15 级。1 级最高，15 级最低。在表达式中，优先级较高的运算符先于优先级较低的进行运算。若一个运算量两侧的运算符优先级相同，则按运算符的结合性(Combine)所规定的结合方向处理。

按运算符决定的操作数运算结合方向，结合性分为左结合(自左向右)和右结合(自右向左)。例如，常见的算术运算符是自左向右结合。自右至左的结合方向称为"右结合"。典型的右结合运算符是赋值运算符。如 x＝y＝z，由于＝的右结合性，应先执行 y＝z 再执行 x＝(y＝z)运算。附录 1 中列出了 C 语言中所有运算符的优先级别和结合性。

2. 表达式

由运算符和圆括号把操作数连接组成的式子叫表达式(Expression)。操作数可以是常量、变量、函数或表达式。所有表达式均有结果，表达式的值是指表达式中的操作数按照一定的运算规则和顺序进行各种运算得到的结果。注意，任何表达式加上分号“;”，即构成了C语句。

2.3.1 算术运算符和算术表达式

C语言提供的算术运算符(Arithmetic Operators)如表2-7所示，分为基本算术运算符、正负号运算符和自增自减运算符三大类。算术运算符用于对整型、实型等数值型数据进行运算，因为字符型数据有唯一对应的ASCII码值，也可以参与算术运算，算术运算的运算结果是数值型数据。

表2-7 C语言中的算术运算符

	单目				双目				
运算符	++	--	+	-	+	-	*	/	%
名称	自加	自减	正	负	加	减	乘	除	求余
结合方向	右结合				左结合				

1. 基本算术运算符

基本算术运算符有+、-、*(乘)、/(除)和%(求余)5个，它们都是双目运算符，其中*、/和%为同一级别的运算符，高于+、-运算符。它们具有自左向右的结合性。

C语言中的加、减、乘的操作没有什么需要特别说明之处，和生活中的相关运算及大多数计算机语言完全一样。

1) 除法运算

除运算符号是/，分为整除和实除。如果除运算的两个操作数都是整型数据，则运算结果也为整型，叫“整除”；若除数或被除数有一个是实数，则是实除，结果是实型。例如：

```
int a = 5/2;            /* 整除,结果 a 值等于 2,而不是 2.5 */
```

“整除”和“实除”不同。5/2的整除结果是2，该结果赋值给整型变量a。不是因为a是int型导致结果为2。

再如：

```
float a ;    a = 5/2;
```

a为实型，经运算后a的值是2.000000，非2.5。事实上，精度丢失是在计算5/2时就发生了。所以要使a的结果为2.5，应将语句写为：

float a = 5.0/2;或者 a = 5/2.0;或者 a = 5.0/2.0;

又如，

```
char ch = 101;    int b = ch/3;          /* 整除,b 的值为 33 */
```

典型的，求表达式1/2*(a+b)的结果。因为1/2的结果为整型0，所以整个表达式的结果为0。

取整问题：如果除数或被除数中有一个为负值，则舍入的方向是不固定的，多数机器采用“向0取整”的方法(实际上就是舍去小数部分，注意：不是四舍五入)，如图2-3所示。

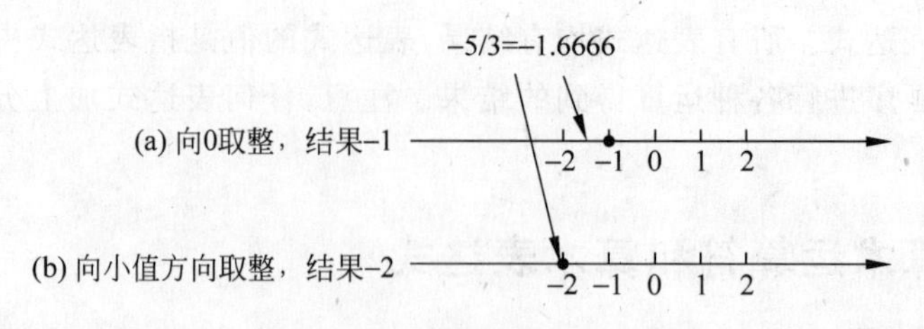

图 2-3 整数的舍入方向

2）%(求余)运算

求余运算的操作数只能是整数类型。设有定义：

```
int a = 5 % 2;          /* a 的值是 1,即 5 除以 2 的余数为 1 */
```

注意：求余操作结果的符号与机器有关，一般是与第一个操作数符号相同。例如：

```
5 % 2              /* 结果为: 1 */
5 % -2             /* 结果为: 1 */
-5 % 2             /* 结果为: -1 */
```

利用求余运算可以对数据进行一些特殊的判断。

求余运算应用 1：判断奇偶数据。

例：若有变量定义 int x;，表达式 x%2 的结果为 0，说明 x 为偶数；表达式 x%2 的结果为 1，说明 x 为奇数。

求余运算应用 2：拆分整数的各位数字。

利用整除和求余运算，可以拆分出一个多位整数的各位数字。

若有变量定义 int m;，且 m 为一个 3 位的整数，则表达式 m/100 可以得到 m 的百位数，表达式 m/10%10 可以得到 m 的十位数，表达式 m%10 可以得到 m 的个位数。

求余运算用于求整除的余数，所以求余“%”不能用于实数运算(float 和 double)。

2. +(正)、-(负)运算符及表达式

它们是单目运算符，具有右结合性。注意，所有单目运算符优先级高于双目运算符。

3. 自增(Increment)/自减(Decrement)运算符的简单使用

C 语言提供了其他高级语言不常见的，使变量自增、自减的运算符。自增运算符++使运算量增加 1，而自减运算符--使运算量减 1。

自增和自减运算符的操作数只能是变量，不能是常量和表达式。自增(减)运算符是单目运算符，优先级与正、负号优先级相同，但高于基本的算术运算符，结合性为自右向左。

++、--作用于变量的形式有前置方式(Prefix)和后置方式(Postfix)两种。前置自增(Pre-increment)/自减(Pre-decrement)方式是指运算符在变量的前面，如++n、--n 等；后置自增(Post-increment)/自减(Post-decrement)是指运算符在变量的后面，如 n++，n--。如表达式中仅对单个变量进行前置或后置的自运算(Self-operation)，变量结果相同。若有语句序列如下：

```
int n = 10;
```

```
n++;               /* 或者++n;,无论是经过++n还是n++的自运算后,n的值都是11 */
n--;               /* 或者--n;,无论是经过--n还是n--的自运算后,n的值都是9 */
```

自增/自减运算比“变量＋1”或“变量－1”的代码运算效率要高。

注意：

(1) 自增和自减运算符只能用于变量,像(a＋b)＋＋这样的表达式是错误的。

(2) 自增和自减运算符的结合方向是“自右向左”。如表达式－i＋＋等价于－(i＋＋)。

4. 算术表达式

算术表达式是指用算术运算符将各操作数连接起来的、符合一定语法规则的式子。算术表达式中可以包含算术运算符、常量、变量、函数和表达式等元素。如前面所见的5%2、a/2、a＋b＋c、3＋6、a＊(b/c－d)、＋＋n等都是算术表达式。

可以通过“()”来改变运算符的优先级。任何一个表达式经过计算之后都应有一个确定的值和类型,而表达式的值和类型是由运算符的种类和运算符对象的类型决定的。

单独一个操作数是最简单的表达式,如9、－4、＋5。变量名自身也可认为是一个表达式,一些特殊的操作符与变量和常量组合也是表达式,如＋＋i等。表达式可在赋值运算符的右边,或者作为函数的参数。表达式与语句的区别是语句以分号结束。

表达式中的表达式称为子表达式。例如：b/c是a＊(b/c－d)的子表达式。

2.3.2 赋值运算符和赋值表达式

1. 赋值运算符、赋值表达式和赋值语句

C语言中,赋值运算是最常用的运算之一。赋值运算符(Assignment Operator)用＝表示,赋值表达式形式如下：

变量 = 表达式

赋值运算符的结合方向是自右向左。赋值运算符优先级别很低(14级),仅高于将学到的逗号(,)运算符。

说明：

(1) 赋值号左边只能是任何合法的变量名,右边可是任何合法的C语言表达式。

例如：

```
a + b = 3;              /* 错误!不能给表达式赋值 */
```

(2) 先计算“＝”右边表达式的值,转换为左边变量的类型,存入该变量的内存空间。

(3) C语言中,可以使用连续赋值运算操作,但变量初始化时不能连续赋值。例如：

```
int a ,b;
a = b = 100;            /* 等价于 a = (b = 100),结果 a 和 b 的值都为 100 */
```

a＝(b＝100)是赋值表达式；而b＝100也是赋值表达式,该表达式结果是100,相当于a＝100,其结果也是100,所以最后整个表达式的结果是100。

赋值表达式加上分号,构成赋值语句。

【例 2-5】 简单事务处理问题。交换两个变量值是程序设计中常用算法,编程实现交换两个变量的值(必记算法)。

分析如下。

(1) 问题背景和陈述:计算机可以进行计算,也可以处理许多与计算无关的事务。交换任意两个变量的值即事务处理。

(2) 需求分析:对于任意两个变量 a 和 b,如变量 a 的值为 2,变量 b 的值为 3,则经过交换后,变量 a 的值为 3,变量 b 的值为 2。

(3) 处理流程:数据"两两交换",实际上是交换两个变量内存中的值。可以借用第三个变量实现数据交换。处理流程如图 2-4 所示。

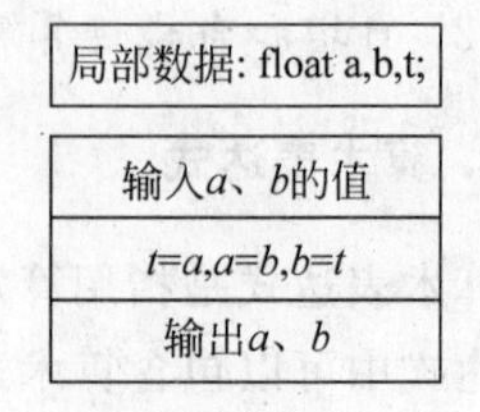

图 2-4 数据交换 main 函数

(4) 根据算法,编写程序如下:

```
/* program ch2-5-1.c */
#include<stdio.h>
void main(void)
{   float a,b,t;                                  /*定义3个实型变量*/
    a=2;b=3;                                      /*给a和b变量赋值*/
    printf("交换前: a=%f,b=%f\n",a,b);
    t=a;a=b;b=t;                                  /*交换两个变量的值*/
    printf("交换后: a=%f,b=%f\n",a,b);            /*输出*/
}
```

反复运行上述程序,发现每次运行时输出结果完全相同。也就是说,该程序只能处理 a 为 2、b 为 3 的问题,程序不具有通用性。用 scanf 函数改进程序,在程序执行时输入数据,而不是将数据直接书写在程序中,从而使程序具有通用性。

程序改进:

```
/* program ch2-5-2.c */
 #include<stdio.h>
void main(void)
{   float a,b,t;                                  /*定义3个实型变量*/
    printf("请输入两个变量的值: \n");             /*信息提示语句*/
    scanf("%f%f",&a,&b);                          /*键盘输入a和b变量的值*/
    printf("交换前: a=%f,b=%f\n",a,b);
    t=a;a=b;b=t;                                  /*交换两个变量的值*/
    printf("交换后: a=%f,b=%f\n",a,b);            /*输出*/
}
```

2. 复合赋值运算符

C 语言中,复合赋值运算符有 *=、+=、-=、/=、%=等。两个单运算符合成复合赋值运算符时,中间不能有空格。复合赋值表达式:

变量 += 表达式

复合赋值运算符对变量自身进行某种运算,其功能也和赋值运算符类似,如 a/=b 等价于 a＝a/b，m＋＝3 等价于 m＝m＋3，i－＝1 等价于 i＝i－1。

复合赋值运算的优先级和结合方向与赋值运算符相同。

假设 a 原来的值为 10，那么：

执行 a += 2；后，a 的值为 12；

执行 a - = 2；后，a 的值为 8；

执行 a * = 2；后，a 的值为 20；

执行 a/ = 2；后，a 值为 5；

执行 a % = 2；后，a 值为 0。

再如：

```
int a = 1,b = 3;
a += b + 6;                                   /* a 结果为 10,等价于 a = a + (b + 6) */
```

另外一些运算符，也有这种对应复合运算。C 提供这些操作符，目的仅仅是为了提高相应操作的运算速度，即提高程序的执行效率。a += 2；比 a = a + 2；运算快，编译后，前者可以生成更短小的汇编代码。C 提供这些别的语言没有的操作符，可以写出优化的代码段。

2.3.3 自增(减)运算的进一步理解

含有自增(减)的复杂表达式中，自增(减)的前置和后置运算是有区别的。

(1) 前置运算(Prefix)：先加 1(或减 1)，然后用已加 1(或减 1)的变量参与其他运算。

(2) 后置运算(Postfix)：先用未加 1 的变量参与其他运算，然后再将该变量加 1(或减 1)。

下面通过一个例题来说明它们之间的区别。

【例 2-6】 阅读 C 程序段，判断语句执行结果和变量结果。程序段如下。

```
int a = 8,b = 2,c,d;                          /* 语句(1) */
c = ++ a;                                     /* 语句(2) */
d = b++ ;                                     /* 语句(3) */
```

剖析：

通过模拟计算机执行或完善程序段，在编译环境中执行程序来实现阅读 C 程序段，判断语句执行结果。下面通过模拟计算机执行来判断。

(1) 语句(1)定义了 a、b、c、d 4 个变量，a 初值为 8，b 初值为 2，c 和 d 初值是随机数。

(2) 语句(2)右边表达式“＋＋a”是前置自增运算，先使 a 值加 1，a 变量值为 9，“＋＋a”作为表达式，该表达式的结果也为 9；再使用表达式的结果值 9 赋值给变量 c，c 的值是 9。这个语句执行后，变量 a 和 c 的值都是 9，体现了对前置变量的“先加后用”。

(3) 语句(3)右边表达式 b＋＋是后置自增运算，先用 b 的值 2，因此表达式 b＋＋的结果是 2，并赋值给变量 d，变量 d 值为 2；然后再修改变量 b 的值，使其加 1，变量 b 的值为 3。该语句执行后，变量 d 值为 2，变量 b 值却为 3，体现了对后置变量的“先用后加”。

【例 2-7*】 学习阅读 C 语句程序段，判断语句执行结果和对变量值的修改结果。

```
int  a = 3,b = 3,c,d;
c = a+++ b++ ;
```

```
d=a+++--a;
d=a+++--a+--a;
```

分析如下。

可以先完善程序段,在编译环境中看执行结果。以上语句段完善后的程序如下。

```
/* program ch2-7.c */
#include <stdio.h>
void main()
{    int  a=3,b=3,c,d;
     c=a+++b++;                                    /*语句1*/
     printf("%d %d %d\n",a,b,c);                   /*添加该输出语句观察结果*/
     d=a+++--a;                                    /*语句2*/
     printf("%d %d\n",a,d);                        /*输出语句观察结果*/
     d=(a++)+(--a)+(--a);                          /*语句3*/
     printf("%d %d\n",a,d);                        /*输出语句观察结果*/
}
```

运行结果如下:

程序剖析:

(1) 语句c=a+++b++;等价于c=(a++)+(b++);,后置运算“先用再加”,所以等价于c=a+b;a++;b++;,因此c的值为6,之后a和b自加,结果为4和4。

(2) 语句d=a+++--a;等价于d=(a++)+(--a);,前置运算“先减再用”,执行过程为“a--;d=a+a;a++;”,因此a的值为3,d=a+a,d值为6,之后a再自加,结果为4。

(3) 语句d=(a++)+(--a)+(--a);的运算较为复杂。在不同的编译环境中,结果不同。在VC++ 6.0中,该语句等价于d=((a++)+(--a))+(--a);。前两个表达式先运算,依据前述,((a++)+(--a))中,参加运算的a值为3,表达式的结果为6,但a++在整个表达式运算完成后再自加;继续做6+(--a),a值为2,整个表达式的结果为8;再做a++,a值为3。

2.3.4 逗号运算符

C语言中,逗号(,)(Comma)也是运算符,又称为顺序运算符,它的功能是将两个表达式连接起来。用逗号运算符将表达式连接起来的式子称为逗号表达式。逗号表达式的一般形式为:

表达式1,表达式2,…,表达式*n*

说明:

(1) 逗号运算符的优先级别最低(15级),结合性是自左至右。

(2) 逗号表达式求解过程:依次求解每个表达式,即先计算表达式1,最后计算表达式n。整个逗号表达式的值是逗号表达式序列中最后一个表达式的值。

交换两个变量值可用逗号表达式序列“t=x,x=y,y=t”表示,实现变量值的交换。整个逗号表达式的值就是表达式 y=t 的值,但该逗号表达式的值并没有什么意义。

许多情况下,使用逗号表达式只是为了得到各个表达式的值或简化写法。

注意:并非所有的逗号都是作为逗号运算符的,有的地方仅是作为分隔符使用。例如 printf("%d,%d\n",x,y); 语句中,两个参数间的逗号是分隔符。

2.3.5　位运算符

数据在计算机中以二进制形式存储,CPU 的基本计算功能仅仅是二进制加法和逻辑运算。为了控制硬件的执行或执行某些操作,需处理某些字节或字的某个(或某些)二进制位。C 语言引入了位运算,这是 C 语言特有的。

位运算是对字节(Byte)或字(Word)中的位(bit)进行测试或移位处理。C 语言中,位运算符主要有 &,|,^,~,>>,<<等。其中“~”是单目运算符,其他都是双目运算符。位运算符只针对 C 语言中的字符型(char)或整型(int)数据,不能用于其他类型。

1. 按位与运算符(&)

按位与运算符的运算规则是:把参与运算的两个操作数按对应的两个二进制位分别进行“与”运算,当两个相应的位都是 1 时,则结果对应的二进制位为 1,否则为 0。例如,有定义:int a = 12,b = 13;,则表达式 a&b 的运算如下:

```
  (12) 0 0 0 0 1 1 0 0
& (13) 0 0 0 0 1 1 0 1
----------------------
结果:0 0 0 0 1 1 0 0
```

运算结果为 12。

2. 按位或运算符(|)

按位或的运算规则:把参与运算的两个操作数按对应的两个二进制位分别进行“或”运算。对应位都是 0,结果对应位为 0,否则为 1。例如,表达式“12|13”的运算如下:

```
  (12)0 0 0 0 1 1 0 0
| (13)0 0 0 0 1 1 0 1
----------------------
结果:0 0 0 0 1 1 0 1
```

运算结果为 13。

3. 按位异或运算符(^)

按位异或运算符的运算规则是:参与运算的两个操作数中相对应的二进制位如果相同,则该位异或的结果为 0,否则为 1。例如,表达式 12^13 的运算如下:

```
  (12)0 0 0 0 1 1 0 0
^ (13)0 0 0 0 1 1 0 1
----------------------
结果:0 0 0 0 0 0 0 1
```

运算结果为1。

4. 按位取反运算符(~)

按位取反运算符的运算对象应置于运算符的右边,如~a。它的运算规则是:把运算对象的内容按位取反,即使每一位的0变1,1变0。例如,表达式~12的运算如下:

~(12)0 0 0 0 1 1 0 0

结果:1 1 1 1 0 0 1 1

运算结果为243。

5. 左移运算符(<<)

由左移运算符构成的表达式中,左移运算符的左边是移位对象,右边是整型表达式,代表移位的位数。左移时,右端补0,左端移出的部分舍弃。例如12<<3的运算如下:

(12)0 0 0 0 1 1 0 0

12<<3的结果:0 1 1 0 0 0 0 0

所以经过移位运算的结果为96。

6. 右移运算符(>>)

由右移运算符构成的表达式中,右移运算符的左边是移位对象,右边是整型表达式,代表移位的位数。右移时右端移出的部分舍弃,若操作数为无符号数或正数,高位补0,否则补1。例如12>>3的运算如下:

(12)0 0 0 0 1 1 0 0

12>>3的结果:0 0 0 0 0 0 0 1

所以经过移位运算的结果为1。

【例2-8】 为了保证信息的安全,数据在传递时需要加密,接收到数据后需要解密,加/解密需要使用加/解密函数。例如:加密函数是$f(x)=(x>>5)\&15 \wedge 10$,请编程实现对数字进行加密的过程。

```
/* program ch2-8.c */
#include <stdio.h>                          /* 头文件包含 */
void main(void)                             /* 主函数,函数首部 */
{   unsigned a,b;                           /* 变量定义 */
    printf("请输入一个数字: ");             /* 提示 */
    scanf("%d",&a);                         /* 输入 */
    b = (a >> 5)&15 ^ 10;                   /* 对数字a进行加密 */
    printf("a = %d b = %d",a,b);            /* 输出 */
}
```

思考:能不能写出该问题的解密函数?请编程实现对数字进行解密的过程。

2.3.6 指针运算符

与地址操作有关的运算符叫指针运算符。"&"和"*"两个都是C语言的运算符。两个运算符均是单目运算符，优先级别相同，结合性都是自右向左。

“&”：求变量地址运算符，通常放在变量名前面，它的功能是得到其后变量的地址。

“*”：指针运算符(与乘法同一符号，因其作用位置不同而区别)。执行语句中，“*指针变量名”表示取其后指针变量所指向变量的值。

定义指针变量的一般语法形式为：

类型说明符　*指针变量名1，*指针变量名2，…，*指针变量名 *n*；

变量定义语句中，变量名前面的符号“*”标志其后的标识符是一个指针变量，表示与一般变量的区别。

【例 2-9】 利用指针变量交换两个简单变量的值。

分析如下。

(1) 简单变量的地址是指针类型数据，利用两个指针变量分别指向这两个简单变量实现简单变量的交换。

(2) 本问题中定义两个指针变量：float *p1, *p2;，用来指向 float 类型的简单变量。

(3) 指针指向简单变量：指针变量存放地址。将指针变量赋予某简单变量地址值，使指针指向该简单变量。如有定义：

```
float a,b;                                    /*定义简单变量*/
float *p1, *p2;                               /*定义指针变量*/
p1 = &a,p2 = &b;                              /*指针变量 p1 指向简单变量 a,p2 指向 b*/
```

(4) 间接访问简单变量：指针指向简单变量后，可以使用间接访问运算符“*”访问简单变量，如 *p1=5 表示简单变量 a 的值为 5。

(5) 编写程序如下。

```
/*program ch2-9.c*/
#include<stdio.h>                             /*头文件包含*/
void main(void)                               /*主函数,函数首部*/
{   float a,b,t;                              /*定义3个实型变量*/
    float *p1, *p2;                           /*定义两个基类型为float型的指针变量*/
    p1 = &a;                                  /*指针变量 p1 指向变量 a*/
    p2 = &b;                                  /*指针变量 p2 指向变量 b*/
    scanf("%f%f", p1,p2);                     /*利用指针变量 p1 和 p2 给 a 和 b 输入数据*/
    printf("交换前: a=%f,b=%f\n",a,b);        /*提示信息*/
                                              /*利用指针变量交换两个简单变量的值*/
    t= *p1;                                   /*通过 p1 间接访问 a 并赋值为 t*/
    *p1 = *p2;                                /*通过 p1 和 p2 间接访问 a 和 b,使 b 的值赋给 a*/
    *p2 = t;                                  /*通过 p2 间接访问 b,并把 t 的值赋给 b*/
    printf("交换后: a=%f,b=%f\n",a,b);        /*输出结果*/
}
```

程序剖析：

① 指针的基类型。通过指针变量可访问到它所指向的简单变量的值，所访问变量的类型称为指针的基类型。如语句 float *p1, *p2;，说明指针变量 p1 和 p2 的基类型为 float 型。

② 指针变量可以指向简单变量，但更常用于指向数组、字符串或结构类型数据，指向这些数据的指针使程序运行效率更高。如语句 int a[10], *p=a;，说明指针变量 p 指向数组

a(数组名是数组的首地址)；语句 char *q = "C programming";,说明指针变量 q 指向字符串常量。

【例 2-10*】 阅读程序,理解指针的移动和运算。

```
/* program ch2 - 10.c */
#include "stdio.h"
void main()
{   char s[20], *p;               /* 定义字符数组 s 和指针变量 p */
    p = s;                        /* 使指针变量 p 指向 s 字符串 */
    scanf("%s",s);                /* 从键盘输入一个字符串 */
    p++;                          /* 移动指针,使指针指向该字符串的第二个字符 */
    printf("%s %s",s,p);          /* 输出字符数组 s 和 p 指向的字符串 */
}
```

程序剖析：

(1) 程序中定义一个字符数组 s 和一个指针变量 p,该指针变量可以指向 char 类型的简单变量。

(2) 数组。s 是数组名,该数组有 20 个元素,数组元素类型是字符型。该数组可以存放一个字符串或若干个字符。数组名 s 即数组的首地址。语句 p = s;执行后,使指针变量 p 指向数组 s 的第一个元素,即字符串的第一个字符,如图 2-5 所示。

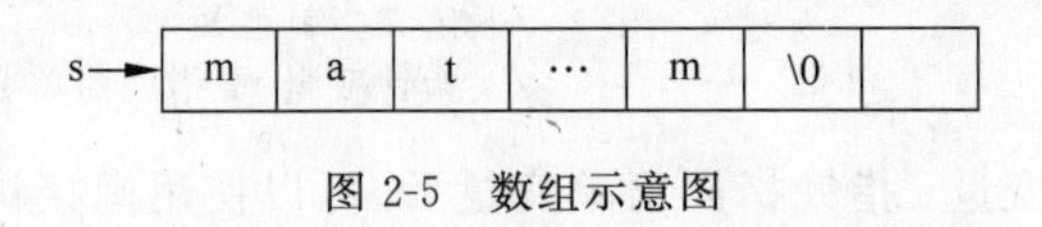

图 2-5 数组示意图

(3) 语句 scanf("%s",s);接收用户从键盘上输入的一个字符串,字符串以回车结束。

(4) p++运算后,使指针变量 p 的值增 1,指向该字符串的第二个字符。

(5) 语句 printf("%s %s",s,p);从 s 和 p 表示的地址开始,依次输出存储单元中的字符,直到遇到第一个'\0'时为止,并且自动转换成一个换行符。

2.3.7 数据类型转换

C 语言允许整型、实型和字符型数据进行混合运算。混合运算时,要考虑运算符的优先级别、结合方向及数据类型的转换(Type Conversion)问题。计算合法的 C 语言表达式时,先将表达式中不同类型的数据转换为同一类型,然后再进行运算。数据类型转换有时是根据需要由系统自动进行的(称为自动转换),有时是由编程者强制进行的(称为强制转换)。

1. 数据类型自动转换

1) 算术运算中的数据类型转换

C 语言计算双目运算符连接的两个操作数,如果操作数类型不同,系统会自动转换为同一种数据类型进行运算。转换时,将较低的类型转换为较高的类型,使两操作数类型一致(但数值不变),然后再进行表达式计算,表达式结果是较高类型的数据。

自动转换遵循"类型提升"的原则,即转换是按数据类型提升(由低向高)的方向进行,以保证不降低精度。数据类型的高低根据数据类型所占内存空间的大小来判定，占用空间越大，类型越高。反之越低。转换规则如图 2-6 所示。

```
低  int    ←—— char,short
     ↓
  unsigned
     ↓
    long
     ↓
高  double ←—— float
```

图 2-6 算术运算过程的转换规则

赋值表达式 girth＝2＊PI＊r 右侧的算术表达式，涉及常量和变量、整型和实型，在运算时自动进行数据类型的转换。根据转换规则，2＊PI 中，将整型常量 2 转换为 double 类型，和符号常量 PI(对应的实数值转换为 double 类型)相乘，然后变量 r 转换为 double 类型，然后再进行运算，算术表达式的结果为 double 类型。

$V=4\div3\times\mathrm{PI}\times r\times r\times r$ 表达式中，常量 4 和 3 均是整数，4÷3 结果是整数(为 1)，这并不是我们想要的结果。为了保证结果的有效性，写为 4.0 或 3.0，自动转换为实数运算。

2) 赋值运算中的类型转换

在执行赋值运算时，如果赋值运算符两侧的数据类型不同，赋值号右侧表达式类型的数据将转换为赋值号左侧变量的类型，再进行赋值。例如，有以下定义：

```
float a;
执行 a = 10;                   /＊a 的结果值为 10.0(数据填充)＊/
又如 int a;
执行 a = 15.5;                 /＊a 的结果值为 15(数据截取)＊/
```

注意：赋值类型转换时要注意数值的范围不能溢出，即要在该数据类型允许的范围内。如果右侧表达式结果数据类型长度比左侧变量的数据类型长时，将丢失一部分数据，从而造成数据精度的降低或出错。

2. 强制类型转换

强制类型转换也称为显式类型转换。强制类型转换运算符将一个表达式的值强制转换成所需要的数据类型，语法格式如下：

(类型说明符)表达式

功能：强行地将表达式的类型转换为括号内要求的类型。

例如：(int) 4.2 的结果是 4。

又有定义语句：int x;

表达式(float) x 表示 x 的值被强制转换为实型，但是 x 本身的类型仍是整型，而表达式的类型是 float 类型。

表达式(int)x＋4.2 和(int)(x＋4.2)不同，前者是将变量 x 强制转换为整型后再和 4.2 进行加法运算，而后者是 x 和 4.2 先进行加法运算，然后再将运算结果强制转换为整型。

2.4 C 语言中的输入和输出

程序设计中，常需要用户输入数据或把数据输出到显示器或数据文件，以实现程序的通用性或交互功能。C 语言中，常以标准的输入输出设备(一般为终端设备：键盘和显示器)

为数据输入输出的对象。C语言提供一些输入输出函数实现数据的输入和输出,包括:

- scanf/printf(格式化输入/格式化输出)
- getchar/putchar(字符输入/字符输出)
- gets/puts(字符串输入/字符串输出)

以上这些函数包含在头文件 stdio.h 中,程序中使用这些函数时,要在程序的开头写上调用头文件的命令行:

```
#include "stdio.h"      或      #include <stdio.h>
```

2.4.1 格式化输入输出函数及其简单应用

所谓"格式化"输入或输出,指的是用户可以按自己定义的位置、数据格式、信息内容来设计输出或输入信息的要求。

1. 格式化输出函数 printf 的意义

"printf",其中的 f 即 format 之意,printf 函数称为格式化输出函数。

功能:按用户指定的数据格式、设计的信息内容、指定的屏幕位置,将要求的各个"数据项"输出到标准的输出设备上。一般,默认输出终端设备是屏幕。

printf 函数的原型为:

```
int printf(const char *format, …);                /* 请查阅附录 3 */
```

2. printf 函数的简单使用形式

printf 函数实现数据输出,比较简单的调用使用形式有如下两种。

(1) 常用于提示信息的输出等,格式如下:

```
printf("字符串");
```

功能:按原样输出字符串内容。

(2) 按指定格式输出一个简单的数据项,格式如下:

```
printf("%格式类型描述符",输出数据项);
```

功能:按"格式说明符"指定的数据格式输出对应的数据项。

其中,"格式说明符"由"%"和"格式类型描述符"构成。

如%d——表示以有符号十进制数据形式输出相应的数据项。%f——表示以实数数据形式输出相应的数据项。一般,不同的数据类型有相应的格式符进行控制。

【例 2-11】 利用 printf 函数原样输出字符串功能输出一首小诗。

```
#include <stdio.h>
void main( )
{   printf("\t\t\t 日光\n ");                    /* 字符串原样输出 */
    printf("\t 梨花\n ");
    printf("\t 在土墙上滑动\n ");
```

```
    printf("牛铎声声\n大婶拉过两位小堂弟\n");
    printf("t站在我面前\n");
    printf("\t像两截黑炭\n\n日光其实很强\n ");
    printf("一种万物生长的鞭子和血!\n");
}
```

其中每个输出语句中均是字符串,原样输出。不同的转义字符起不同的作用。程序运行结果如图 2-7 所示。

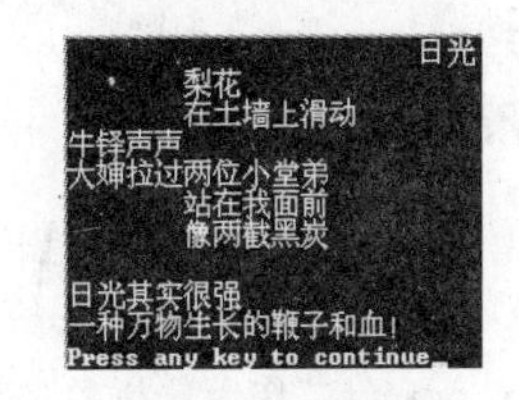

图 2-7 例 2-11 的程序运行结果

【例 2-12】 利用格式说明符控制输出数据的类型。

```
/* program ch2 - 12.c */
#include "stdio.h"
void main(void)
{   char ch = 'A';                 /* 定义字符变量.字符数据有ASCII码值 */
    printf("%d",ch);               /* 在屏幕当前位置按%d输出变量ch的ASCII码值 */
    printf("\t%c\n",ch);           /* 在屏幕上按%c格式输出变量ch的值 */
    printf("%f",(float)ch);        /* 在屏幕上按%f格式输出表达式float(ch)的值 */
}
```

程序运行结果为:

```
65      A
65.000000Press any key to continue_
```

3. 格式输入函数 scanf 的意义及简单使用

输入是指程序从外界获得数据。使用赋值语句为变量赋值,或在程序中使用常量,使得数据和代码不能分离,程序不具备通用性。常用 scanf()函数接收用户从键盘输入的数据,从而实现人机交互。scanf()函数原型在 stdio. h 中,其原型为:

```
int scanf(const char *format, …);
```

简单使用时,可以利用取地址运算或指针变量为一个简单变量输入值:

```
scanf("%格式类型描述符",&简单变量名);
scanf("%格式类型描述符",指针变量);
```

说明:两个参数间用逗号分开,第一个参数是“格式说明符”,说明键盘输入数据的含义;逗号后的参数是接收输入值的变量地址。

功能:等待用户按格式符要求从键盘输入数据,存入相应变量。

如 scanf("%d", &x);表示从键盘输入一个数据给变量 x。格式符%d 把系统输入流中的字符当作一个十进制整数,并且把结果存入变量 x 的地址(&x)对应的内存单元中。

什么是输入流? ANSI C 对 I/O(输入输出)的概念进行了抽象。就 C 程序而言,所有的 I/O 操作只是简单地从系统标准设备读入或向系统标准设备输出字节,这种“字节流”称为流(Stream)。对 scanf()函数而言,从键盘(标准输入设备)输入的字符按顺序存储在“键盘输入缓冲区”内。缓冲区是内存中的一个特殊区域,存储在这个缓冲区中的字符流称为输入流。这些特定 I/O 设备的细节对程序员是隐藏的。

为了使用户明白输入语句的信息,常使用 printf()函数对用户进行输入信息的提示。

【例 2-13】 阅读程序,体会 scanf()函数的简单使用。

```
/* program ch2 - 13.c */
#include "stdio.h"
void main(void)
{  char ch;                                          /* 变量定义 */
   printf("请从键盘上输入 Y(同意)或 N(反对): \n");    /* 提示信息 */
   scanf("%c",&ch);          /* 要求从键盘输入数据值,按字符格式赋值给变量 ch */
   printf("您所选择的是: %c\n",ch);                  /* 在屏幕上显示字符变量 ch 的值 */
}
```

程序剖析:

(1) 提示信息"请从键盘上输入 Y(同意)或 N(反对):"提示用户从键盘输入 Y↙或 N↙,scanf()函数接收用户键盘输入字符,并存入变量 ch 中。

(2) 程序设计过程中,要求用户从键盘输入待处理的数据,使程序具有交互功能,增加了程序的通用性。

类似的 scanf 函数简单应用还有:

```
int   a, *p1 = &a;         /* 指针 p1 指向变量 a,存放变量 a 的地址 */
float b;
scanf("%d",&a);            /* 要求用户从键盘输入一个整数给变量 a */
scanf("%d",p1);            /* p1 指向变量 a,要求用户从键盘输入一个整数给变量 a */
scanf("%f",&b);            /* 要求用户从键盘输入一个实数给变量 b */
```

注意:scanf("%d",p1);语句中,p1 前没有取地址符 &,因为 p1 的值就是地址。格式符%f 表示以实数形式输入数据。

2.4.2 输入输出的复杂格式控制

1. 输出数据的复杂格式控制

printf()函数的复杂调用形式为:

printf("格式控制字符串",输出项列表);

功能:先从右向左计算输出项列表中各输出项表达式的结果;再按"格式控制字符串"的设计要求从左向右执行,若遇到"非格式说明字符"则原样输出到屏幕,如遇到"格式说明符"则按格式规定,将其对应的输出项结果输出到指定位置。

说明:

(1)"格式控制字符串"和"输出项列表"中间的","(逗号)是分隔符,在复杂格式控制中必不可少。"格式控制字符串"用英文半角双引号括起来。"输出项列表"是用户输出的所有数据项,可以是变量、常量或表达式。当有多个输出项时,之间用逗号分隔。

(2)"格式控制字符串"由"格式说明符"和"非格式说明符"组成。

格式说明符由%开头、格式类型描述符结束,中间可插入附加格式说明符,其形式为:

%[附加格式说明符]格式符

如%c、%10.2f、%s等。%c表示以字符格式输出数据；%f表示以实型格式输出数据，附加格式说明符10.2表示输出数据的宽度为10个字符位置，2位小数；%s表示以字符串形式输出数据。“格式说明符”控制对应输出项结果的输出数据类型、形式、长度和小数位数。

“非格式说明字符”包括普通字符和转义字符，被简单地复制、显示输出或执行。

常用的printf格式类型描述符如表2-8所示，附加格式说明符如表2-9所示。

表2-8 常用的printf格式类型描述符

格式字符	输出形式	举例	输出结果
d	输出带符号十进制整数(正数不输出+号)	int a=123;printf("%d",a);	123
x(X)	输出无符号十六进制整数(无前缀)	int a=123;printf("%x",a);	7b
o	输出无符号八进制整数(无前缀)	int a=123;printf("%o",a);	173
u	输出无符号十进制整数	int a=80;printf("%u",a);	80
c	输出单个字符	char a=69;printf("%c",a);	E
s	字符串	static char a[]="china";printf("%s",a);	china
e(E)	以指数形式输出实数(尾数含1位整数,6位小数,指数至多3位)	float a=123.456;printf ("%e",a);	1.234560e+002
g	选用f或e格式中输出宽度较小的格式,且不输出无意义0	float a=123.456;printf ("%g",a);	123.456
f	输出实数(6位小数)	float a=123.456;printf ("%f",a);	123.456001
%	百分号本身	printf("%%");	%

提示：printf()函数的格式控制符中，除格式说明符E、X外，其他的必须小写。

表2-9 常用的printf附加格式说明符

附加格式说明符	功能	附加格式说明符	功能
-	数据左对齐输出，无“-”时默认右对齐输出	l	输出long型数据
正整数m	数据输出宽度为m	h	输出short型数据
.n正整数	对实数，n是输出的小数位数；对字符串，n表示输出前n个字符	lf、le	输出double型数据

例如，printf("r = %d, s = %6.2f\n",2,3.14 * 2 * 2);语句中，“格式控制字符串”是"r=%d,s=%6.2f\n"，“输出项”有两个，是2和3.14*2*2。其中%d对应输出项2，%6.2f对应3.14*2*2。

该语句输出结果为：

```
r = 2,s =  12.56          /* 12.56前有一个空格符 */
```

注意：

① 输出项列表中表达式的个数和类型与格式控制串中格式说明符的个数应一致。如果输出项个数多于格式字符个数，多余输出项不输出。

② printf()函数计算输出项列表时，按从右向左的顺序计算。但不同编译系统对函数参数的扫描顺序不一定相同，可从右往左，也可从左往右。TC和VC++ 6.0是从右往左进行的。

【学生项目案例 2-1】 某学生在“学生信息管理系统”中查询时，系统可以显示出该学生的学号、姓名、性别和课程的成绩等信息。阅读下面程序，理解不同类型数据的输出方式。设学号、姓名等信息已经存储。

```
#include <stdio.h>
void main()
{   char *pnum = "20080901", *pname = "汪涵";   /*指针变量是字符串常量的首地址*/
    char x = 'm';                              /*字符变量*/
    float c1 = 70,c2 = 82.5;                   /*实型变量*/
    printf("学号: %s, 姓名: %s, 性别: %c, 成绩 1: %4.1f, 成绩 2: % 4.1f\n",pnum,pname,x,c1,c2);
}
```

程序剖析：

(1) 程序输出结果如下。

```
学号: 20080901, 姓名: 汪涵, 性别: m, 成绩 1: 70.0, 成绩 2: 82.5
```

(2) 在printf语句中,"学号：%s，姓名：%s，性别：%c，成绩 1：%4.1f，成绩 2：% 4.1f\n"为格式控制字符串，其中，“学号：，姓名：，性别：，成绩 1：，成绩 2：”是非格式说明符，原样输出；%s表示以字符串形式输出指针变量指向的学号、姓名字符串常量；%c表示以字符形式输出性别；%4.1f表示以小数形式输出成绩c1和c2的值，该数值在屏幕上占据4个字符的宽度，保留1位小数。“pnum，pname，x，c1，c2”为输出项列表，两项参数之间用逗号分开。

【例 2-14*】 阅读并分析程序运行的输出结果，再理解自运算和printf函数。

```
/* program ch2 - 14.c */
#include <stdio.h>
void main()
{   int  x = 8;
    printf("x++= %d,x= %d\n",x++ ,x);          /*语句①*/
    printf("x = %d\n",x);
}
```

程序运行结果为：

```
x++= 8,x = 8
x = 9
```

程序剖析：

在语句①中，输出项列表为“x++,x”,printf 函数需计算各数据项结果：从右往左进行扫描计算。第一个表达式 x 的值为 8；第二个表达式 x++是后置运算，表达式的值为 8，其中的后置运算是在整个 printf 执行完后再进行自增计算。

2. 输入数据的复杂格式控制

在一个格式化输入语句中可输入多个数据类型不同的数据。scanf()函数的一般形式是：

```
scanf("格式控制字符串",地址列表);
```

功能：按照“格式控制字符串”的格式要求，用户从标准输入设备(一般是键盘)输入一(或多)个数据，按 Enter 键结束后，将输入数据依次保存到地址列表指定的对应内存变量中。

说明：

(1) “格式控制字符串”规定输入数据的格式；“地址列表”是接收数据的内存变量地址列表，当有多个输入项时，各个变量地址之间以逗号分隔。

例如，下面语句要求输入某银行卡号、卡内余额和零存或整存标志：

```
scanf("%d%f%c",&num,&s1,&r);
```

其中的三个格式说明符对应三个不同的变量地址，所以从键盘输入如下：

```
901   1234.56 y↙                          /*数值数据间用空白符分开*/
```

(2) “格式控制字符串”由“格式说明符”和“非格式说明字符”组成。“格式说明符”规定输入数据的格式，与 printf()的格式控制字符串大体相同，但要注意它们的区别。“非格式控制字符”在各输入数据间起分隔或标志作用，一般用空格或指定字符作为输入数据之间的分隔符，或格式符间不用任何分隔符。

(3) 地址列表中的变量地址和输入格式说明符应该在类型、个数、位置上一致。

常用的输入格式字符如表 2-10 所示，常用的修饰符如表 2-11 所示。

表 2-10 scanf 常用的输入格式字符

scanf() 格式字符意义	
格式字符	**在输入流中被转换后的含义**
c	输入单个字符
d	输入十进制整数
f 或 e	输入实型数(用小数形式或指数形式)(float)
lf	输入浮点数(double)
u	输入无符号十进制整数
x	输入十六进制整数
o	输入八进制整数
s	输入字符串

表 2-11 常用的修饰符

修饰符	说明
l	加在d、o、x三个格式符前表示读入长整数，加在f前表示读入双精度实数
m	表示输入数据的最小宽度
*	表示对应的输入数据不赋给相应变量

例如：数据间以空白符分开输入。

```
int a,b;                          /* 变量定义 */
scanf("%d %d",&a,&b);             /* 用户从键盘输入两个数据,数据间以空白符分开 */
```

"格式控制字符串"中用空白符作输入数据的间隔。空白间隔字符可以是空格(Space)、制表符(Tab)或回车符(CR)。

正确的输入是：19　88↙(有空格)

此时，19赋值给整型变量a，88赋值给整型变量b。输入数据时，用空格分隔。

对于以下语句，输入语句"格式控制字符串"中的两个整型格式符间没有用非格式符分开，用户输入数据时，多个数值数据间自然用空白间隔字符分开即可。

```
int a,b;                          /* 变量定义 */
scanf("%d%d",&a,&b);              /* 用户从键盘输入两个数据,数据间以空白符分开 */
```

例如：数据间以非格式字符分开。

```
scanf("%d,%d:%d",&a,&b,&c);
```

格式控制字符串中出现了非空白间隔字符，那么在输入数据时必须在相应的位置输入与这些非空白间隔字符相同的字符，否则就会出现读错数据的现象。

正确的输入是："123,4567:890↙"。

","和"："与格式串"%d,%d:%d"中的两个"非空白间隔字符"对应并相同。

下列输入是错误的：

```
123 4567 890↙
```

例如：指定数据宽度进行输入。

```
scanf("%10f,%10f,%f",&a,&b,&c);
```

说明：可以用附加格式说明符"m"指定数据宽度。

语句scanf("%10.2f,%10f,%f",&a,&b,&c);中，格式说明符%10.2f是错误的，不允许使用附加格式说明符".n"规定输入实数的小数位数。

【例 2-15】 阅读并分析下面的程序中的键盘输入数据过程。

```
/* program ch2-15.c */
#include <stdio.h>
void main()
{   int b;
    float c;
    double a;
```

```
    scanf("%f,%d,%*d,%5f",&a,&b,&c);      /*注意*号的使用*/
    printf("a=%e,b=%d,c=%f\n",a,b,c);
}
```

在键盘上输入：5.3,123,456,1.23456↙

程序运行后的输出结果如图2-8所示。显然，输出结果a的值不正确，b的值为123，c的值为1.234000。

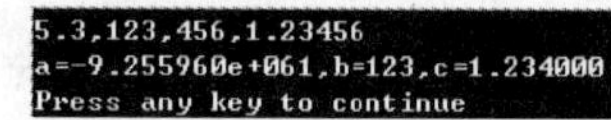

图2-8 例2-15的程序运行后的输出结果

a的值不正确，原因是输入格式符用错了，因为a是double型，其格式符必须用%lf或%le，用%f是错误的；%*d对应的数据是456，附加格式说明符*允许对应的输入数据不赋给相应变量，因此456实际未赋给c变量；%5f格式符，说明对应的数据1.23456只截取长度为5的数据（包括小数点），即1.234赋给c，所以输出了1.234000。

注意：键盘输入数据时容易出现的错误如下。

(1) 用非空白间隔字符分隔字符串格式说明符和字符格式说明符时会发生错误。因为，此时scanf()会将非空白间隔字符当作字符串的一部分来处理。例如：

```
char c,name[10];                    /*name[10]为字符型数组*/
scanf("%s,%c",name,&c);
```

则下列字符串和字符的混合输入会发生错误。

```
Zhang,m↙
```

因为scanf()函数把"Zhang,m"看成是一个字符串。

正确的方法是使用空白间隔字符。例如：

```
scanf("%s %c",name,&c);
```

则正确的输入是：

```
Zhang m↙
```

(2) 尽管空格、制表符、回车符被scanf()函数当作空白间隔字符处理，但当读入字符型数据时，这些空白间隔字符将会被当作一个字符读入。例如：

```
scanf("%c%c%c",&c1,&c2,&c3);
```

下列输入将会发生错误：

```
a b c↙
```

因为，scanf()函数会把a赋值给c1，空格赋值给c2，b赋值给c3。而不是你所希望的将b赋值给c2，将c赋值给c3。

正确的做法，是在格式串中使用空白间隔字符或输入时去除多余的空白字符。

注意：scanf函数的%s格式输入字符串时，如果输入的字符串中包含空格，则系统只接收空格之前的字符。

(3) 控制从当前输入的数据中最多可读入的字符数时使用域宽限制m。若使用域宽限制符,且输入数据超过宽度要求,还使用非格式分隔符时将会影响数据的正确输入。

(4) 输入数值数据的正确结束。输入数值数据结束有下列三种情况：从第一空字符开始,遇空格、制表或回车；遇宽度结束；遇非法输入。

例如：
```
int a,b,d;
char c;
scanf("%d%d%c%3d",&a,&b,&c,&d);
```

输入序列为：10□11A12345↙(□表示空格)

则 a=10,b=11,c='A',d=123。

10后的空格表示数据10的结束；11后遇字符A,对数值变量b而言是非法的,故数字11到此结束；而字符A对应c；最后一个数据对应的宽度为3,故截取12345前三位123。注意,输入b数据11后不能用空格结束,这是因为下一个数据为一字符,而空格也是字符,将被变量c接受,c的值不是字符A而是空格。

(5) 格式化输入函数的格式控制字符串中不能出现转义字符。

例如：

```
scanf("%d,%d\n",&a,&b);              /*不能正确地执行输入操作*/
```

(6) scanf函数中的输入项参数,应当是变量地址,而不应是简单变量名。

【例2-16】 阅读并分析下面的程序,理解printf函数和scanf函数的使用。

```
/* program ch2-16.c */
#include <stdio.h>
void main()
{  char name[20],profession[20];                    /*定义两个字符数组*/
   char sex;                                         /*定义字符变量*/
   int age;                                          /*定义整型变量*/
   float wage;                                       /*定义实型变量*/
   printf("请输入你的姓名\t性别\t年龄\t职业\t工资\n");      /*提示*/
   scanf("%s  %c%d%s  %f",name,&sex,&age,profession,&wage);
   printf("姓名：%s\n性别：%c\n年龄：%d\n职业：%s\n工资：%7.1f\n",name,sex,age,
        profession,wage);
}
```

程序剖析：

格式化输入语句中,"%s %c"之间用空格分开,否则会输入错误。因为%s格式符只接收空格之前的字符串。

2.4.3 字符/字符串数据的输入和输出

1. 单个字符输入函数getchar()

功能：从标准输入设备(键盘)上输入一个且只能输入一个字符,该字符作为getchar函数的返回值。该函数原型为：

```
int getchar();
```

说明：

(1) getchar 函数是无参函数，调用时()不能省略。

(2) 执行该函数时，用户输入一个或多个字符后，需按回车键，输入流中的一个字符才能被有效接收，但这个字符后的其他字符(包括回车键)还在输入缓冲区，这可能会影响以后的 getchar 函数或其他输入函数的输入和程序执行结果。

例如，该函数经常放在赋值运算符的右侧，如：

```
ch = getchar();                    /* 从键盘输入的一个字符并将它赋给变量 ch */
getchar();                         /* 消耗输入流中的多余字符，如读取回车 */
```

getchar 函数的返回值可以赋给一个字符变量或整型变量，也可以不赋给任何变量而是作为表达式的一部分，如：

```
ch = getchar() + 10;               /* 作为表达式的一部分 */
```

2. 字符输出函数 putchar()

功能：向输出设备(一般为显示器)输出一个字符，返回该字符的 ASCII 码值。一般形式为：

putchar(c);

其中，参数 c 可以是字符型常量、字符型变量、字符型表达式、整型常量、整型变量、整型表达式等。

```
例如，putchar('b');                /* 输出字符 b */
      putchar(10);                 /* 执行回车字符.回车的 ASCII 码值是 10 */
```

【文本项目案例 2-1】 文字处理软件有许多基本功能，如更改字母大小写、字符统计等。编程实现将小写字母转换成大写字母。

分析：对应大小写字母的 ASCII 码值之差为 32，利用这一特点实现大小写字母的转换。

```
/* program 文本项目案例 2-1.c */
#include "stdio.h"
void main( )
{   char ch1,ch2;
    printf("请输入第一个小写字母:\n");
    ch1 = getchar();getchar();          /* 从键盘输入一个小写字母，再消耗掉该字母后的↙ */
    printf("请输入第二个小写字母:\n");
    ch2 = getchar();getchar();          /* 从键盘输入一个小写字母，再消耗掉该字母后的↙ */
    ch1 = ch1 - 32, ch2 = ch2 - 32;     /* 转换 */
    putchar(ch1);                       /* 输出字符 */
    putchar(ch2);
}
```

程序剖析：

程序中语句 ch1 = getchar();的作用是等待用户从键盘输入一个小写字母，如输入“q↙”，则字母 q 赋值给变量 ch1。如果没有语句 getchar();，“↙”将赋值给变量 ch2。为了消耗掉字母 q 之后的“↙”，使变量 ch2 能正确赋值，应加上该语句。

举一反三：

输入一个数字字符，转换成数值并输出。如输入字符'9'，则表达式'9'－'0'的结果为数值9。

3. 字符串输入函数 gets()

功能：接收用户从键盘上输入的字符串，字符串以回车结束。其调用形式如下：

```
gets(str_adr);
```

其中，参数 str_adr 表示字符串的首地址，可以是字符数组名、字符指针变量等。

注意：gets 函数调用时接收包含空格在内的字符串，末尾的换行符读入后不作为字符串的内容，系统将自动用'\0'代替。

例如，
```
char name[20];
    gets(name);                    /* 用户输入 wang  ling↙，则 name 数组全部接收 */
```

4. 字符串输出函数 puts()

该函数的调用形式为：

```
puts(str_adr);
```

功能：输出以 str_adr 地址为起始地址的字符串。

调用该函数时将从 str_adr 表示的地址开始，依次输出存储单元中的字符，直到遇到第一个'\0'时为止，并且自动转换成一个换行符。

【例 2-17】 阅读程序，理解字符串输入输出函数的使用。

```
/* program ch2 - 17.c */
#include "stdio.h"
void main(void)
{  char a[100];                    /* 定义字符型数组 a,a 就是这个字符数组的首地址值 */
   puts("请输入你的姓名(可以包含空格):");
   gets(a);                        /* 读入一个字符串,存入一维字符数组 a 中,可以有空格 */
   printf("你的姓名: ");
   puts(a);                        /* 输出 a 数组中的字符串,空格也输出 */
   printf("请输入你的职业(不包含空格):");
   scanf("%s",a);                  /* 读入一个字符串,不能有空格 */
   puts("你的职业: ");
   printf("%s\n",a);               /* 输出 a 数组中的字符串,遇空格结束 */
}
```

程序剖析：

(1) 字符串可以存放在字符数组中。a[100]表示一个数组，其中包含 100 个 char 类型的数组元素，相当于 100 个字符变量，它们在内存中占据连续的存储单元。数组名 a 表示该数组所占存储单元的起始地址。

(2) 使用 puts 函数输出字符串时，系统会在字符串的末尾加上换行符，用户输入的字符串在下一行显示。而使用 printf 函数输出的字符串则不会加换行符。

(3) 调用 gets 函数输入字符串时，空格作为字符串的内容。而调用 scanf 函数输入字符串时，系统只接受空格前的字符。

2.5　C语句概述

根据语句的功能，可将C语句(Statement)分为表达式语句、函数调用语句、复合语句、流程控制语句和空语句等类型。C语句种类如表2-12所示。

表 2-12　C语句种类

种　类	语句的大概格式	说　明
控制语句	if( )…else…	条件语句
	for( )…	循环语句
	while( )…	
	do…while( )	
	continue	结束本次循环
	break	终止 switch 语句或循环
	switch	多分支选择语句
	goto	转向语句
	return	从函数中返回语句
函数调用语句	函数名(参数列表);	如 printf("C statement.")
表达式语句	表达式;	i++;
空语句	;	
复合语句	{…}	

1. 简单语句

简单语句有表达式语句、函数调用语句等。

1) 表达式语句

任何C语言表达式加上分号“;”即可构成表达式语句，其一般形式为：

```
表达式;
```

(1) 赋值语句

常用的表达式语句有赋值语句，赋值语句的一般形式为：

```
变量=表达式;
```

注意：

① 变量定义声明语句中给变量赋初值和赋值语句的区别：变量定义中不允许连续给多个变量赋初值，但在赋值语句中，允许连续赋值。例如：

```
int  a=b=c=5;                    /*错误，不允许在变量定义语句中连续赋值*/
```

例如：

```
a = b = c = 3;                    /* 赋值语句中允许连续赋值 */
```

② 赋值表达式和赋值语句的区别。赋值表达式可以出现在任何允许表达式出现的地方,而赋值语句则不能。

如赋值表达式 x=y+5 出现在语句 if((x = y + 5)> 0) z = x;是合法的。若表达式 x=y+5 的值大于 0 则 z=x。而语句 if((x = y + 5;)> 0) z = x;是非法的,因为 x = y + 5;是语句,不能出现在逻辑表达式(x=y+5;)>0 中。

(2) 运算符表达式语句

其他各种运算符构成的表达式加分号(;)可构成运算符表达式语句。

如 x+y 是算术表达式,而 x + y;是语句。x + y;语句计算 x+y 的值,但该值并没有被有效使用,x + y;语句无实际意义,实际编程中并不采用它,但 x + y;的确是合法语句。

如 i++;是变量自增 1 表达式语句,i 值增 1。这种语句在循环中常用。

2) 函数调用语句

程序设计中,通过使用函数名和实际参数来调用执行函数体称为函数调用。函数调用表达式的一般形式为：

函数名(实际参数列表)

函数调用过程是把实际参数赋予函数的形式参数,然后执行被调函数体中的语句。

函数调用语句由函数名、实际参数加上分号(;)构成。其一般形式为：

函数名(实际参数列表);

如 scanf()和 printf()函数调用语句实现了数据的输入和输出操作,并不需要这些函数值。而 sin()数学函数可以通过以下语句调用：

```
y = x + sin(a);                   /* sin(a)调用了正弦函数,得到 a 的正弦值 */
```

C 语言中,有些函数有返回值,如 sin()函数会返回一个实型值,这种函数也叫有返回值函数。对于有返回值的函数,函数表达式可以用在各种语句中,如 c = getchar();。

有些函数没有返回值,例如画圆弧函数等,其函数原型的类型为 void。类似这样的函数仅执行一个操作,并不需要带回一个值。这种函数叫无返回值函数。无返回值函数通过函数调用语句调用函数。有些有返回值的函数也可以这样用。如 printf()函数有一个整型返回值,正确时返回输出字符的个数;若出错,返回一个负数。这个值供系统判断用。

调用各种库函数时,在程序首部一定要用 # include 预处理命令包含函数所在的库文件。

C 语言提供了大量的标准数学库函数供用户使用。要调用数学函数,在程序中必须包含调用头文件的命令行：

```
#include <math.h>
```

很多计算中需要调用系统提供的数学函数。例如，计算角度 theta 的正弦值，并存入变量 b 中：b = sin(theta);。

sin 函数默认其参数的计量单位为弧度。若变量值 theta 以度为单位，可以先用一个单独的语句完成从度到弧度的换算(180°＝π 弧度)。下列语句给出了说明：

```
#define PI 3.141593
⋮
theta_rad = theta * PI/180;
b = sin(theta_rad);
```

换算也可以在函数引用中进行：b = sin(theta * PI/180);。

常用的数学函数有初等数学函数、三角函数和双曲线函数等。

初等数学函数包括一些通用的计算函数，如 fabs(x)、sqrt(x)、pow(x, y)、exp(x)、log(x)等。三角函数是标准的 C 语言库函数，所有三角函数要求参数为 double 类型，返回值类型也是 double 类型，三角函数还要求角度单位为弧度。双曲线函数是关于自然指数函数 e^x 的函数，反双曲线函数是关于自然对数函数 ln$x$ 的函数。

2. 复合语句

使用一对花括号“{ }”将多条实现同一任务或功能的语句括起来，称为复合语句。复合语句的一般语句格式为：

```
{
  [数据说明部分;]                    /* 变量定义放在程序块首部 */
  执行语句部分;
}
```

说明：

① “[ ]”表示此部分是可选取项，可以有或没有。

② 复合语句是多个语句的组合。但语法上相当于一条语句。凡是可以用一条简单语句的地方都可以用一个复合语句来实现。

③ 复合语句中的每一条语句都必须以“;”结束。但在}后不使用“;”。

例如，两变量交换是一个完整的功能程序模块，可以用复合语句表示为：

```
{ t = a; a = b;b = t; }
```

也可以写为：

```
int a,b;
a = 3,b = 5;
{  int t;                            /* 复合语句中的变量定义说明语句 */
   t = a; a = b;b = t;
}
```

复合语句常用作分支语句的语句体或循环语句的循环体。

【例 2-18】 阅读下面的程序，理解复合语句中变量标识符的作用域(即标识符的有效代码区域)，并分析程序结果。

```
/* program ch2-18.c */
#include <stdio.h>
void main()
{   int a = 10,x = 3;                            /* 声明语句 */
        {   int a = 20,y = 2;                    /* 声明语句 */
            {   int a = 30;                      /* 声明语句 */
                printf("%d,%d,%d\n",a,y,x);  /* 输出结果为 30,2,3 */     ① ② ③
            }
            printf("%d,%d,%d\n",a,y,x);      /* 输出结果为 20,2,3 */
        }
        printf("%d,%d\n",a,x);               /* 输出结果为 10,3 */
}
```

该程序中：

(1) 在复合语句①区域内,标识符 a(是 a=30 的)、y、x 有效；

(2) 在复合语句②区域内,标识符 a(是 a=20 的)、y、x 有效；

(3) 在复合语句③区域内,标识符 a(是 a=10 的)、x 有效。

当有复合语句嵌套使用时,外复合语句中的语句,不能使用内复合语句中定义的变量,反之却是可以的,这是变量的作用域问题。

变量的作用域是该变量的作用范围,分为全局变量和局部变量。全局变量是在函数体外定义的变量,作用域范围从变量的定义语句开始到函数结束；局部变量是在函数体内或复合语句内定义的变量,作用域范围从变量的定义语句开始到函数或复合语句结束。

注意：内层复合语句所定义的变量的作用域仅在自己所在层,即一对花括号的范围内,不影响其他层的变量。在内层变量作用的范围内,外层变量被屏蔽。

3. 空语句

最简单的语句是一个分号,即空语句。空语句虽然什么也不做,但有时也会影响程序的控制流程。在语法上必须要有语句,而实际情况又要求在这个位置上什么也不做,就可以用空语句来解决问题。常用空语句进行程序的调试。程序中,空语句可用来作为空循环体或其他占位语句。例如,

```
while(getchar()!= '\n');
```

该语句功能为：只要从键盘输入的字符不是回车则重新输入,这里的循环为空语句。

4. 流程控制语句

程序并不总是按语句书写顺序来执行,可以通过流程控制语句实现程序执行流程的改变。流程控制语句有循环语句、选择语句、转向语句等。

2.6 顺序结构程序

顺序结构程序的执行顺序即程序语句的书写顺序。

【例 2-19】 设银行定期存款的年利率 rate 为 2.25%,并已知存款期为 n 年,存款本金

为 capital 元，试编程计算 n 年后的本利之和 deposit。要求定期存款的年利率 rate、存款期 n 和存款本金 capital 均由键盘输入。

分析如下。

(1) 问题陈述和需求分析：计算 n 年后的本利之和 deposit。输入定期存款的年利率 rate、存款期 n 和存款本金 capital，输出 n 年后的本利之和 deposit。

(2) 数学建模：数值计算类问题，首先要确定问题的数学模型。计算 n 年后本利之和 deposit 的数学公式：deposit $=$ capital $*$ $(1+\text{rate})^n$。其中$(1+\text{rate})^n$ 可用 C 表达式 pow(1+rate，n)表示，pow 为求幂函数，包含在 math.h 头文件中。math.h 头文件中有许多常用数学函数。

(3) 确定算法：用自然语言描述求解问题的详细算法如下。

① 定义变量 n、rate、capital、deposit。

② 利用 scanf 输入函数输入 n、rate、capital 的值。

③ 利用数学公式 deposit $=$ capital $*$ $(1+\text{rate})^n$ 求出 deposit 的值。

④ 利用 printf 输出函数输出 deposit 的值。

(4) 根据所设计的算法，编写程序代码如下。

```
/* program ch2-19.c */
#include <math.h>                              /* 包含数学头文件 */
#include <stdio.h>
void main()                                    /* 主函数首部 */
{   /* 变量声明部分开始 */
    int n;                                     /* 存款期变量声明 */
    double rate, capital, deposit;        /* 存款年利率、存款本金、本利之和变量声明 */
    /* 执行语句开始 */
    printf("请输入年利率,存款期,存款本金:");     /* 提示用户输入信息 */
    scanf("%lf%d%lf", &rate, &n, &capital);    /* 用户从键盘输入数据 */
    deposit = capital * pow(1 + rate, n);      /* 计算存款本利之和 */
    printf("你的本利之和是:");                  /* 输出提示信息 */
    printf("deposit = %f\n", deposit);         /* 输出存款本利之和结果 */
}
```

【例 2-20】 在弹道计算中，编程求抛射体的射程。弹道计算公式为：

$$\text{range}=(v0 * v0/g) * \sin(2 * \theta)$$

分析如下。

(1) 问题陈述和需求分析：根据抛射体抛出时的初始速度和抛出时的弧度计算物体的射程。输入是抛射体抛出时的初始速度和抛出时的弧度，输出是抛射体的射程。

(2) 数学模型：设初始速度为 $v0$，弧度为 du，射程为 range，根据如下公式计算射程。

$$\text{range}=(v0 * v0/g) * \sin(2 * \text{du})$$

数学模型中用到了求正弦函数 sin，该函数包含在头文件 math.h 中。

(3) 算法描述：用自然语言和流程图(如图 2-9 所示)描述算法。

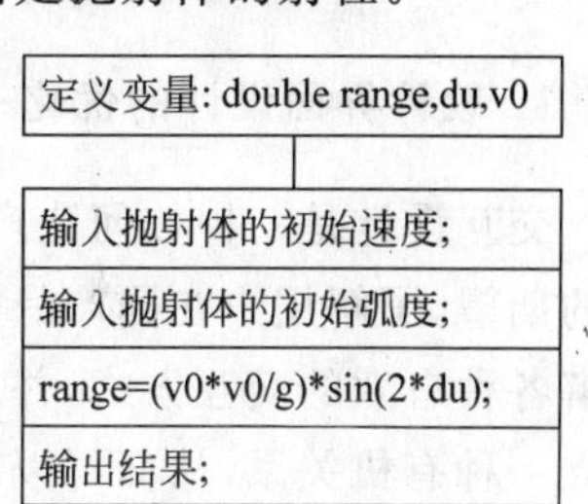

图 2-9 例 2-20 的算法流程图

① 定义变量：定义三个实型变量 $v0$、du 和 range。

② 输入初始速度和抛出时的弧度。

③ 根据公式计算抛射体的射程。

④ 输出抛射体的射程 range。

(4) 根据上述分析编写程序如下。

```
/* program ch2-20.c */
#include "stdio.h"
#include "math.h"                                    /*包含数学函数头文件*/
#define G 9.8                                        /*宏定义*/
void main(void)
{   double range,du,v0;
    printf("请输入抛射体的初始速度");
    scanf("%lf",&v0);
    printf("请输入抛射体的初始弧度");
    scanf("%lf",&du);
    range=(v0*v0/g)*sin(2*du);                       /*调用数学函数进行计算*/
    printf("抛射体的初始速度为%.2f,角度为%.2f 弧度,\n",v0,du);
    printf("则该物体的射程为%.2f 米\n",range);
}
```

【例 2-21】 顺序结构程序设计。计算式子$\frac{\sin(|x|+|y|)}{\sqrt{\cos(|x+y|)}}$的值。

分析：按公式计算,程序如下。

```
/* program ch2-21.c */
#include "stdio.h"
#include "math.h"                                    /*包含数学函数头文件*/
void main(void)
{   double x,y,z;
    printf("请输入两个弧度值：");
    scanf("%lf%lf",&x,&y);
    z=sin(fabs(x)+fabs(y))/sqrt(cos(fabs(x+y)));     /*数学函数调用*/
    printf("该函数的结果为：%7.4f\n",z);
}
```

2.7 项目任务

1. 软件界面设计的优化——实现人机交互

交互设计是一种如何让产品易用、有效而让人愉悦的技术,它致力于了解目标用户和他们的期望,了解用户在同产品交互时彼此的行为,了解"人"本身的心理和行为特点,还包括了解各种有效的交互方式,并对它们进行增强和扩充。交互设计让产品和它的使用者之间建立一种有机关系,从而可以有效达到使用者的目标,这就是交互设计的目的。

项目开发过程中,经常需要对一些数据或字符按照指定的格式输出,从而实现不同的效果。程序执行过程中,经常需要用户输入一些确定的数据,程序依据这些数据进行计算处理,并将程序运算处理的结果返回给用户,由此实现人与计算机的交互功能。C语言程序设计是依靠输入输出函数实现人机交互的。

另外,程序的通用性设计是提高软件开发效率,保证软件质量和促进软件结构规范化的重要手段,一直受到软件工作者的高度重视。一般地说,程序通用性是指程序可以在不同条件下满足不同情况的要求,能够达到正确结果的性能。交互设计也能够提高程序的通用性。

【学生项目案例 2-2】 学生信息管理系统界面的优化。

分析如下。

(1) 问题陈述:第1章项目任务中,已经初步设计了学生信息管理系统的软件界面。为了让用户了解并选择和使用相应的功能模块编号,软件界面中根据不同模块功能提示信息,暂时在用户选择不同的模块后提示用户"你正在使用第 * 个功能模块"。随着学习的继续,将不断修改软件。

(2) 需求分析如下。

首先,由于主菜单界面可以定义为一个功能完整的模块,所以编制一个主菜单界面自定义函数 menu()。

其次,定义一个主函数 main(),在主函数中调用 menu(),并用 getchar()函数或 scanf()函数模拟响应用户的功能选择。设计一个字符变量 func_code 存储用户从键盘输入的子功能模块编号,在该函数中用 printf 函数或 puts 函数输出相应的用户选择提示信息。

(3) 实现该项目任务的算法如图 2-10 所示。

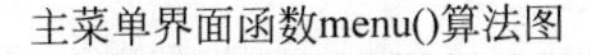

图 2-10 软件界面设计优化算法流程图

(4) 程序如下。

```
#include "stdio.h"
/* 代码段编为独立的函数 */
void menu()                                   /* 用户自定义主菜单函数 */
{  printf("         欢迎使用学生信息管理系统!\n\n");
   printf("  ========================================\n");
   printf("  ‖  1:用户身份验证    2:学籍管理子系统        ‖\n");
   printf("  ‖  3:成绩管理子系统  4:作业管理子系统        ‖\n");
   printf("  ‖  5:素质评价子系统  6:师生互动区            ‖\n");
   printf("  ========================================\n");
   }
/* 代码优化,加入交互功能 */
void main()                                   /* 主函数首部 */
{  char func_code;                            /* 存放选择主选功能编码 */
```

```
    menu();                                          /* 调用主菜单函数 */
    printf("请选择功能编号进入系统...\n");
    func_code = getchar();getchar();                 /* 输入选择代码; 消耗一个回车 */
    printf("你正在使用第 %c 个功能模块.\n", func_code);   /* 输出信息 */
}
```

【文本项目案例 2-2】 文本编辑处理器系统界面的优化。

分析：本程序用两个函数实现，流程图如图 2-11 所示。

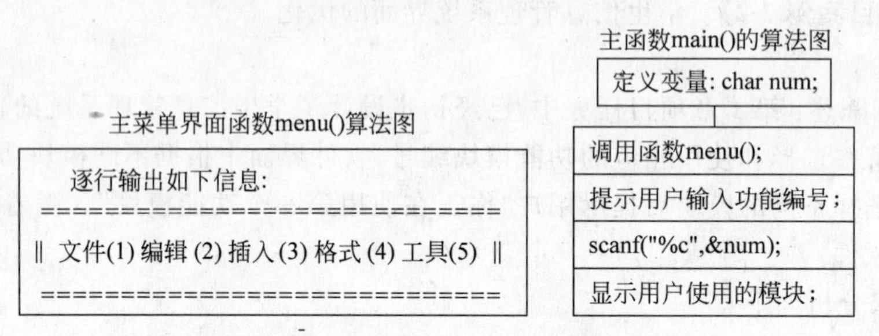

图 2-11 软件界面设计优化算法流程图

程序如下。

```
#include "stdio.h"
#include <stdlib.h>                                  /* 包含杂项函数及内存分配函数 */
void menu()                                          /* 函数定义 */
{   system("cls");                                   /* 清屏 */
    puts(" \n\n              文本编辑处理器!\n\n");
    puts(" \t========================================\n");
    puts(" \t‖   文件(1) 编辑 (2) 插入(3) 格式(4) 工具(5)   ‖\n");
    puts(" \t========================================\n");
}
void main()
{   char num;                                        /* 存放选择主选功能编码 */
    menu();                                          /* 函数调用 */
    puts("\n 请你在上述功能编号中选择...\n");
    scanf(" %c",&num);                               /* 输入代码 */
    printf("进入第 %c 个功能模块.\n", num);            /* 输出信息提示 */
}
```

程序剖析：

在学生项目案例 2-2 和文本项目案例 2-2 中，都用到了无参自定义函数。程序总是从 main 函数开始执行并结束于 main 函数。在这两个程序中由 main 函数开始执行，它调用自定义函数，并最终返回 main 函数。

学生项目案例 2-2 和文本项目案例 2-2 的程序有个小小的 bug。若用户从键盘输入一个与功能模块代号不符的字符，则程序的显示就显得莫名其妙了。另外，用户每次选择一个功能模块就退出程序了。这些 bug 在学完第 3 章之后就可以迎刃而解了。

2. 软件中部分二级菜单界面的开发

大多数软件，不仅有主菜单(也叫一级菜单)，还会有二级菜单、三级菜单等。例如“学生信息管理系统"中，当用户在一级菜单中选择"成绩管理"子模块功能时，会接着显示该子模块的二级菜单界面。假设由开发小组中的某成员编写系统中的二级菜单。

【学生项目案例 2-3】 学生信息管理系统二级菜单软件界面的开发。

分析如下。

(1) 问题陈述：学生信息管理系统中，执行一级菜单中的某些功能，会出现二级菜单。如当用户选择第 3 个功能模块"成绩管理子系统"时，显示该子系统的二级菜单界面。

(2) 需求分析：首先，编制二级菜单界面自定义函数 menu2_3()。其次，为了调试二级菜单界面函数 menu2_3 ()及用户使用二级菜单的功能，定义一个临时主函数 main()。在综合调试时，该函数根据实际情况，可能更名、修改或弃掉。

在这个主函数 main()中，调用 menu2_3()，并用 getchar()函数或 scanf()函数模拟响应用户的功能选择。设计一个字符变量 func_code2 存储用户从键盘输入的二级菜单子功能模块编号，在该函数中用 printf 函数或 puts 函数输出相应的用户选择提示信息。

(3) 实现该项目任务的算法如图 2-12 所示。

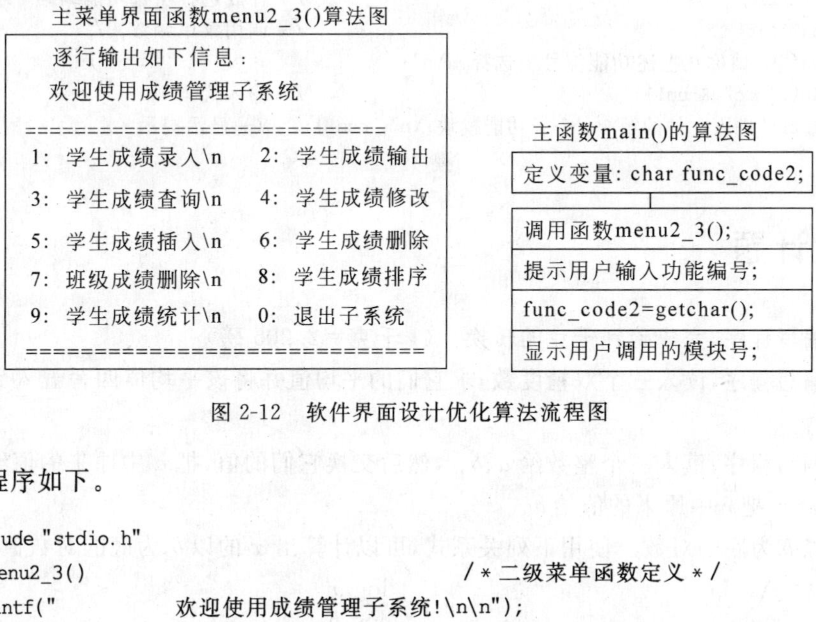

主菜单界面函数menu2_3()算法图

```
逐行输出如下信息：
欢迎使用成绩管理子系统
=============================
1: 学生成绩录入\n    2: 学生成绩输出
3: 学生成绩查询\n    4: 学生成绩修改
5: 学生成绩插入\n    6: 学生成绩删除
7: 班级成绩删除\n    8: 学生成绩排序
9: 学生成绩统计\n    0: 退出子系统
=================================
```

主函数main()的算法图

```
定义变量: char func_code2;
调用函数menu2_3();
提示用户输入功能编号;
func_code2=getchar();
显示用户调用的模块号;
```

图 2-12　软件界面设计优化算法流程图

(4) 程序如下。

```
#include "stdio.h"
void menu2_3()                                   /*二级菜单函数定义*/
{  printf("            欢迎使用成绩管理子系统!\n\n");
   printf("  ===================================\n");
   printf("     1:  学生成绩录入\n     2:  学生成绩输出\n");
   printf("     3:  学生成绩查询\n     4:  学生成绩修改\n");
   printf("     5:  学生成绩插入\n     6:  学生成绩删除\n");
   printf("     7:  班级成绩删除\n     8:  学生成绩排序\n");
   printf("     9:  学生成绩统计\n     0:  退出子系统  \n");
   printf("  ===================================\n");
}
void main()
{   char func_code2;
    menu2_3();                                       /*调用二级菜单函数*/
    printf("请你在上述功能编号中选择...\n");         /*提示*/
    func_code2 = getchar();getchar();                /*输入代码; 消耗一个回车*/
```

```
    printf("你正在使用成绩管理子系统的第%c个功能模块.\n", func_code2);
}
```

【文本项目案例 2-3】 文本编辑处理器二级菜单软件界面的开发。本任务实现"文件"模块二级菜单程序的编写,分析过程同学生项目案例 2-3,程序如下。

```
#include "stdio.h"
#include <stdlib.h>                                     /*包含杂项函数及内存分配函数*/
void menu21()                                           /*二级菜单函数定义*/
{  system("cls");                                       /*清除屏幕*/
   puts(" \n\n                 文件处理功能        \n\n");
   puts(" \t==============================================\n");
   puts("\t新建  (1)\n\t打开  (2)\n\t关闭  (3)\n\t保存  (4)");
   puts("\t打印  (5)\n\t退出  (6)\n\t返回上一级菜单  (7)\n");
   puts(" \t==============================================\n");
}
void main()
{  char num1;                                           /*存放选择主选功能编码*/
   menu21();                                            /*调用菜单函数*/
   puts("\n请你在上述功能编号中选择...\n");
   scanf("%c",&num1);                                   /*输入代码*/
   printf("进入文件的第%c个子功能模块.\n", num1);       /*显示提示*/
}
```

程序设计题

(1) 编写程序,完成磅到千克的转换。(1 千克=2.205 磅)

(2) 编写程序,读入三个双精度数,求它们的平均值并将该平均值四舍五入到小数点后两位。

(3) 编写程序,读入三个整数给 a、b、c,然后交换它们的值,把 a 中原来的值给 b,把 b 中原来的值给 c,把 c 中原来的值给 a。

(4) 以 b 为底的对数。使用下列关系式,可以计算出 x 的以 b 为底的对数值。

$$\log_b x=\frac{\log_e x}{\log_e b}$$

① 编写程序,要求读入一个正数,然后计算并输出该值的以 2 为底的对数值。

② 编写程序,要求读入一个正数,然后计算并输出该值的以 8 为底的对数值。

(5) 编程计算图 2-13 中直流电路图中的电流 I、I_1、I_2。电阻 R、R_1、R_2 读入。

(6) 计算保险经纪人的月薪。假定每一名保险经纪人的月薪由三部分构成:底薪、奖金和业务提成。

① 奖金的颁发方法为:奖金为经纪人在公司的工作年数×10,即每年 10 元。

② 业务提成的颁发方法为:当月销售额的 3%提成。

编程要求:当用户按照屏幕提示分别输入经纪人的底薪、工龄以及当月销售额后,程序计算并输出经纪人的月薪。

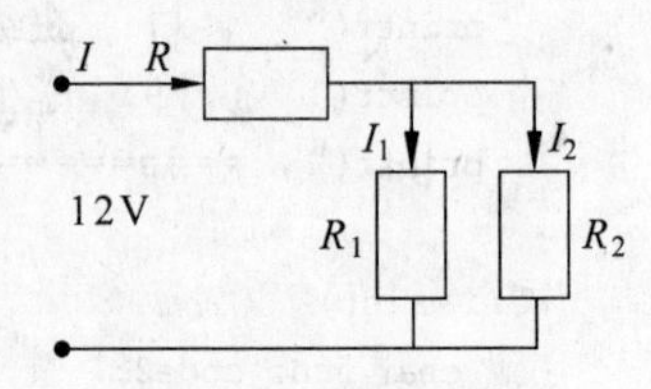

图 2-13 直流电路图

小组讨论题和项目工作

(1) 你有更好的软件界面设计优化方案吗?

(2) 结合你选择的项目,设计出相应的一、二、三级菜单,并编程实现,且能够实现简单交互。

第3章 控制结构和数据文件

——工作流程描述工作活动的流向顺序，帮助管理者了解实际工作活动，消除工作过程中多余的工作环节，合并同类活动，使工作流程更为经济、合理和简便，从而提高工作效率。

学时分配

课堂教学：16 学时。自学：18 学时。自我上机练习：10 学时。

本章教学目标

(1) 理解自顶向下和结构化程序设计思想。

(2) 理解并能构造关系表达式和逻辑表达式。

(3) 应用选择结构解决问题，编制程序。

(4) 应用循环结构编制程序。

(5) 掌握几种常用算法。

(6) 应用结构化程序设计方法解决实际问题。

(7) 理解并会简单使用从信息文件中读取数据和向信息文件中写入数据的方法。

本章项目任务

软件界面的进一步优化和简单数据输入输出功能的实现。

3.1 流程控制概念

实际工作流程描述的是在完成工作的过程中，不同事件之间的因果和时间关系。如果在工作过程进行中仅有一个事件发生，则没有控制意义。流程控制常有 5 个步骤。

(1) 目的分析：消除工作中不必要的环节，主要分析实际做什么？为什么要做？该环节是否真的必要？应该做什么？

(2) 地点分析：尽可能合并相关的工作活动，在什么地方做某项活动？为何在该处做？可否在别处做？应当在何处做？

(3) 顺序分析：使工作活动的顺序更为合理有效，何时做某事？为何此时做？可否在其他时间做？应当何时做？

(4) 人员分析：分析人员匹配的合理性，谁做？为何由此人做？可否用其他人做？应当由谁来做？

(5) 方法分析：目的在于简化操作，如何做？为何这样做？可否用其他方法做？应当用什么方法来做？

通过上述5个方面的分析，可以消除工作过程中多余的工作环节，合并同类活动，使工作流程更为经济、合理和简便，从而提高工作效率。

程序设计中，流程控制(Flow Control)即因不同状况而选取不同的语句，控制程序中各语句的执行顺序。利用各种条件判断转向语句和循环控制语句，使程序执行流程因不同状况而选取程序中的不同语句执行，即流程控制。正常情况下，程序中的语句按书写顺序执行，叫顺序结构。但大部分程序的流程控制方法包含条件分支、循环控制及转移3大类。

(1) 条件分支控制：判断条件的真伪，然后依结果的真伪情形至指定的语句执行程序。C语言中的条件语句有if-else、switch-case等。

(2) 循环控制：程序依指定的条件做判断，若条件成立则进入循环执行循环体内的语句。每执行完一次循环体内的动作便再回头做一次条件判断，直到条件不成立后才结束循环。C循环流程控制语句有for、while和do-while。

(3) 转移：当程序执行到转移语句时，程序立即依该语句的指示跳到目的位置执行。由于转移的强制性，造成阅读及侦错的困难。尤其是无条件转移goto语句一般尽量少用。

3.2 流程控制的条件

流程控制是程序的灵魂，流程控制中需要测试控制条件(Condition)。控制条件是能够计算出“真”或“假”的表达式，叫条件表达式。它由关系运算符(The Operator of Relations)、逻辑运算符、其他运算符和运算对象构成。

3.2.1 关系运算符与关系表达式

程序中经常需要比较两个量的关系(大小、相等或不等)，以决定程序流程。比较两个量的运算符称为关系运算符(也叫比较运算符)，由关系运算符将操作数连起来的表达式称为关系表达式(Expressions of Relations)。

1. 关系运算符

C语言提供了6个关系运算符，均为双目运算符，其含义如表3-1所示。

表3-1　关系运算符的含义

关系运算符	名称	案例	含　义
＞	大于	x＞y	如果x大于y，结果为真(1)；否则结果为假(0)
＞＝	大于等于	x＞＝y	如果x大于等于y，结果为真(1)；否则结果为假(0)
＜	小于	x＜y	如果x小于y，结果为真(1)；否则结果为假(0)
＜＝	小于等于	x＜＝y	如果x小于等于y，结果为真(1)；否则结果为假(0)
＝＝	等于	X＝＝y	如果x等于y，结果为真(1)；否则结果为假(0)
!＝	不等于	x!＝y	如果x不等于y，结果为真(1)；否则结果为假(0)

关系运算符的操作数可以是数值型、字符型、指针类型或枚举类型等。

关系运算符的优先(Priority)级低于算术运算符，高于赋值运算符。其中＜、＜＝、＞、＞＝是同级运算符，＝＝和!＝是同级运算符，且前4个运算符的优先级高于后2个运算符。

关系运算符的结合性是自左向右。

注意：==和=是两个不同的符号，后者指赋值运算。

2. 关系表达式

关系表达式是由关系运算符连接起来的表达式，它的一般形式为：

表达式　关系运算符　表达式

功能：比较关系运算符两边表达式的值，结果为逻辑值(也称布尔值)。

说明：

(1) 被比较的表达式可以是常量、变量、算术表达式或关系表达式等合法 C 表达式。

(2)“逻辑值”只有“真”或“假”。当关系表达式成立时，结果为“真”，“真”用数值 1 表示；关系表达式不成立时，结果为“假”，以数值 0 表示。

使用关系表达式要注意以下 4 点。

(1) 字符变量以它对应的 ASCII 码值参与关系运算。

例如，char a = 'A', b = 'a';，则 a＞b，即 97＞98 的结果为假。

(2) 不等于运算符用“!=”表示，而不是常见的＜＞。

(3) 运算符＞=、==、!=、＜=不能用空格分开或将运算符写反，例如=＞、=＜、=! 等形式会产生语法错误。但在运算符的两侧增加空格会提高程序可读性。

(4) 避免实数做==和!=的比较。实际中常进行实数相等或不等的比较。而实数在计算机内存中存在存储误差，因此避免直接使用运算符对两个实数进行相等或不等的比较。判断两个实数是否相等，一般通过判断它们差的绝对值是否小于一个较小的数来确定。

在数学上，若 a、b 为实数，检测表达式 $|a-b|<\varepsilon$(ε 表示很小的正数，表示 a 和 b 之间的误差)，若该式成立(即结果为真)，则认为 a 与 b 之间误差不超过 ε，近似相等；否则 a 和 b 不相等。ε 可根据实际要求进行调节，ε 越小，a 和 b 之间的误差就越小。例如，比较两名学生的平均成绩是否相等：

```
fabs(score1 - score2)< 1e - 3
```

表示当两个成绩 score1、score2 的差绝对值小于 10^{-3} 时，可判断这两个成绩相等。其中 fabs()是取绝对值函数，包含在头文件 math.h 中。

(5) 若同一表达式中操作数类型不一致，首先实现操作数的类型转换，然后进行比较。例如，

```
int a = 2;
float b = 3.4;
```

求表达式 a＜b 和 a+b＜b 的结果：先进行类型转换再比较。a＜b 的结果值为真，a+b＜b 结果为假。

(6) 计算关系表达式时，结果若是非零数据值，则表示真，即 1；0 则表示假。这样，某些关系表达式中可省略关系运算符。

例，a+b!=0 可省略关系运算符，写为 a+b。因为，若 a+b 的结果非 0，则关系表达式

结果为“真”，“非 0”即真，所以写为 a＋b。

(7) 注意区别＝＝和＝。如果将 x＝＝y 写成 x＝y，C 语言会将该表达式作为赋值表达式处理，将 y 的值赋给 x。

例如，int a = 10,b = 9,c = 8,d = 7;，则构成的关系表达式及其值如表 3-2 所示。

表 3-2　关系表达式及其值示例

关系表达式	逻辑结果	逻辑值的数据表示	说　明
a＝＝b＋1	真	1	先计算 b＋1，然后 a 和 b＋1 比较
a＝＝b	假	0	a 和 b 进行比较
a＞b	真	1	a 和 b 进行比较
a＞＝b	真	1	a 和 b 进行比较
b＞a	假	0	a 和 b 进行比较
a＞＝b＋1	真	1	先计算 b＋1，然后 a 和 b＋1 比较
a＜＝b＋1	真	1	先计算 b＋1，然后 a 和 b＋1 比较
a!＝b	真	1	a 和 b 进行比较
d＝a＜b＜c	真	1	相当于 d＝((a＜b)＜c)，即 d＝(0＜c)，运算结果：d＝1

例如，数学中，1＜x＜100 表示介于 1 和 100 之间的数。C 语言中，1＜x＜100 是关系表达式，按左结合特性运算，不论 1＜x 的结果是真或假，0(或 1)＜100 恒为真，所以 1＜x＜100 的结果恒为真。

3.2.2　逻辑运算符与逻辑表达式

逻辑运算(Logical Operations)又称布尔运算，通常用来测试真假值。布尔用数学方法研究逻辑问题，建立了逻辑运算，称为布尔代数。20 世纪 30 年代，逻辑代数在电路系统上获得应用，随后，由于电子技术与计算机的发展，出现各种复杂的大系统，它们的变换规律也遵守布尔所揭示的规律。常见逻辑运算和逻辑门如图 3-1 所示。

二进制数 1 和 0 在逻辑上可以代表“真”与“假”、“是”与“否”、“有”与“无”。这种具有逻辑属性的变量就称为逻辑变量。

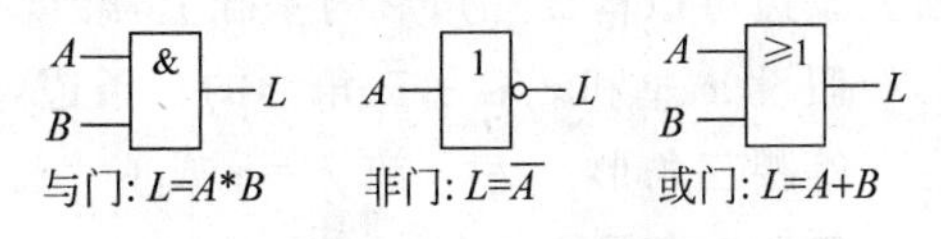

图 3-1　常见逻辑运算与逻辑门

1. 逻辑运算符

C 语言中有 3 个逻辑运算符(The Operator of Logic)：&&(逻辑与，并且)，‖(逻辑或，或者)，!(逻辑非，取反)。其中，“!”为单目运算符，“&&”和“‖”为双目运算符。它们的优先级顺序为!＞&&＞‖。“!”的优先级高于算术运算符，结合性是自右向左。“&&”和“‖”的优先级低于关系运算符，其结合性为左结合。逻辑运算符及其含义如表 3-3 所示。

2. 逻辑表达式

逻辑表达式(Expressions of Logic)是由逻辑运算符将逻辑型数据连接起来的式子。C 语言没有逻辑型数据，但将所有非 0 的数据值看成逻辑真值(1)，将 0 看成逻辑假值(0)，

表 3-3 逻辑运算符及其含义

逻辑运算符	名称	目数	案例	含 义
!	逻辑非	单目	!a	操作数为真时,结果为假;操作数为假时,结果为真
&&	逻辑与	双目	a&&b	两个操作数都为真时,结果真;否则结果为假
||	逻辑或	双目	a||b	两个操作数中有一个为真,结果为真;两个都为假,结果为假

因此整型、实型、字符型都可以作为逻辑量。逻辑表达式运算结果只有两个:逻辑真和逻辑假。有逻辑表达式如下:

```
(1) x>1&&x<100                  /* 等价于数学上的表达式 1<x<100 */
(2) x>=1&&x<=100                /* 判断 x 值是否介于 1 和 100 之间,位于数轴中间的闭区间 */
(3) x<1||x>=100                 /* 判断 x 值是否小于 1 或大于等于 100,位于数轴的两端 */
(4) x>=0&&y>=0                  /* 判断 x 和 y 值是否都大于等于 0,或位于第一象限,含数轴 */
(5) x+y>z&&x+z>y&&y+z>x         /* 可用于判断三个数是否满足构成三角形的条件 */
(6) ch>= 'A'&&ch<='Z'           /* 用于判断变量 ch 是否为大写字母 */
```

例如,判断某字符变量值是否为英文字母。英文字母有大写字母和小写字母两类,在ASCII码表中,所有的小写字母是连续的,所有的大写字母也是连续的,但小写字母和大写字母是不连续的。所以判断字符变量c是否为英文字母的数学表达式是'a'≤c≤'z'或者'A'≤c≤'Z'。将此数学关系式转换为C语言逻辑表达式为c>='a'&&c>='z'||c>='A'&&c<='Z'。

注意:将数学关系式"'a'≤c≤'z'"转换为逻辑表达式时,不能将表达式写为'a'<=c<='z',因为该表达式的值恒为真。请读者特别注意数学关系式与C语言逻辑表达式的转换。

3.2.3 控制条件的描述与表示

例如,判断三角形属何种类型,需要构造判断的控制条件。

数学中,常见的特殊类型三角形有等腰三角形、等边三角形、直角三角形等。首先,在判断三条边可以构成三角形的基础上,继续分析判断可以构成哪种特殊类型的三角形。

假设 x、y 和 z 表示三角形的三条边,则三种特殊类型三角形应满足的数学式如下。

等腰三角形:$x=y$ 或 $x=z$ 或 $y=z$。

等边三角形:$x=y=z$。

直角三角形:$x^2+y^2=z^2$ 或 $x^2+z^2=y^2$ 或 $y^2+z^2=x^2$。

将上述数学式转换为合法C语言表达式:

```
(x+y>z&&x+z>y&&y+z>x)&& (x=y||x=z||y=z)                    /* 等腰三角形 */
(x+y>z&&x+z>y&&y+z>x)&& x==y&&y==z                          /* 等边三角形 */
(x+y>z&&x+z>y&&y+z>x)&& (x*x+y*y==z*z||x*x+ z*z ==y*y||y*y+z*z==x*x)
                                                            /* 直角三角形 */
```

上面的表达式中,有些括号可以省去有些不可以。如去掉等腰三角形表达式中的第一对圆括号不会改变逻辑关系,但若将第二对圆括号去掉,则不再是表示等腰三角形的条件。

C语言中,控制条件的表达很灵活,可以是常量、变量或任何类型的表达式。常见的控制条件有如下几种形式。

(1) 关系表达式，如 a>b。

常有类似 expression!=0 和 expression==0 的条件表达式。在程序中常写为 expression(等价于 expression!=0)和!expression(等价于 expression==0)。

如表达式(a+b)!=0，等价于表达式 a+b。因为它们的逻辑结果一致。

表达式 c==0，等价于表达式! c。因为它们的逻辑结果一致。

(2) 逻辑表达式，如 a>b && c>d。

(3) 算术表达式，如 a+b 等，算术结果不等于 0 时，逻辑结果为 1。

对于更复杂的控制条件，可以使用“()”和逻辑、关系运算符构造条件表达式。

例如，设整型变量 year 表示年份值，构造控制条件，判断 year 是否为闰年。

根据数学知识，满足下列两个条件之一的即闰年。

① 如果年份能被 4 整除但不能被 100 整除，则是闰年。

② 年份能被 400 整除，也是闰年。

第一种情况可用表达式 year%4==0 && year%100!=0 表示，第二种情况可用表达式 year%400==0 表示。两个条件是或的关系，因此判断闰年的控制条件为：

```
(year % 4 == 0 && year % 100!= ^0) || year % 400 == 0
```

该条件也可写成下面形式之一：

```
year % 4 == 0&&year % 100!= ^0 || year % 400 == 0
year % 4 == 0&&year % 100 || year % 400 == 0
!(year % 4)&&year % 100 || !(year % 400)
```

注意：

(1) “短路表达式”现象。在由若干个子表达式组成的逻辑表达式中，从左向右计算，当计算出某左子表达式的值就能确定整个逻辑表达式的值时，就不再计算右子表达式。这样的表达式称为“短路表达式”。如：

```
int x = 3,y = 0,z = 6;
!x&&(y + 1)&&(z += 2)
```

表达式!x 的值为 0，整个表达式就为假，则表达式 y+1 和 z+=2 不再计算。这样 z 值没有被修改。

(2) 程序设计时，一般只提倡用关系运算符和逻辑运算符构造控制条件，不提倡使用赋值表达式或算术表达式构造控制条件。

(3) C 语言的关系表达式与数学上的比较运算的表达式不完全一样，要注意区分，并将数学上的比较运算表达式转化为合法的 C 语言关系表达式。

3.3 选择结构程序设计

选择程序结构用于判断给定的条件，根据判断的结果控制程序的流程。选择结构(Selection Structure)体现了程序的判断能力。选择结构有单分支、双分支和多分支，用 if

和 switch 两种控制语句实现。使用选择结构语句时,要用关系表达式或逻辑表达式来描述条件。

3.3.1 选择结构语句

引例:计算如下分段函数。

$$y=\begin{cases}3-x, & x\leqslant 0\\ 2/x, & x>0\end{cases}$$

求解该分段函数的计算过程如下。

(1) 输入 x 的值。

(2) 如果 $x\leqslant 0$ 则结果 $y=3-x$;否则结果 $y=2/x$。

(3) 输出 y 的值。

程序流程执行语句 `y = 3 - x;` 或 `y = 2/x;`,由表达式 `x <= 0` 的结果确定,这是选择分支结构。

基本选择语句(Conditional Statements)有两种:"if 单分支"和"if-else 双分支",语句格式如表 3-4 所示,执行流程图如图 3-2 所示。

表 3-4 基本选择语句格式

单分支 if 语句	双分支 if-else 语句
if(condition) statement	if(condition) statement1 else statement2

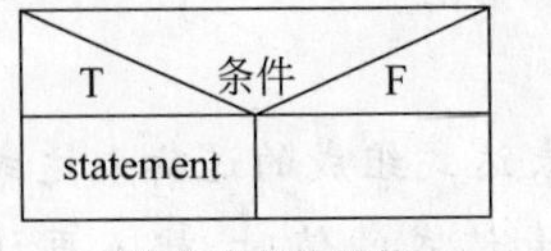

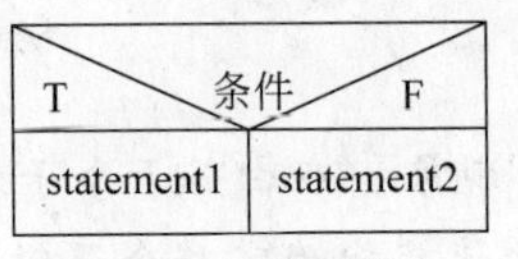

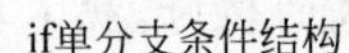

if单分支条件结构　　if-else双分支条件结构

图 3-2 基本选择语句控制结构

说明:

(1) condition 是控制条件表达式,圆括号"()"必不可少。

例如:

```
if b == a    area = a * a;                /* 语法错误,缺少括号 */
```

(2) 分支选择语句中,内嵌 statement 在语法上是一条语句。它可以是任何一条 C 语句或一个用"{ }"括起来的复合语句。

(3) 当内嵌 statement 又是一个分支语句时,构成分支嵌套结构。C 标准规定,编译程序必须能支持至少 15 层分支嵌套。

1. 单分支 if 语句(The if Statement)

语句功能:当控制条件表达式 condition 值为真时,执行 statement;否则跳过该语句,继续执行 if 的后续语句。单分支语句执行流程图如图 3-2 所示。

例如，某学生在"成绩管理系统"中查询成绩，软件系统显示学生成绩，且只对成绩高于(包括)90分的学生表示庆贺。该程序段用单分支语句实现如下。

```
…
if(grade>=90)                              /*检测条件为成绩高于(包括)90分*/
    printf("congratulations!\n");          /*条件满足表示庆贺,不满足就跳过该语句*/
/*与单分支 if 并列,所有学生均能查询成绩*/
printf("Your grade is %d.\n",grade);
…
```

此时，书写程序时，使用缩进格式有利于程序阅读与理解。也可以这样书写该语句：

```
if(grade>=90)  printf("congratulations!\n");/*单分支语句写为一行*/
printf("Your grade is  %d.\n",grade);
```

单分支语句写为一行，程序更易阅读。如果 statement 是复合语句，分行写更好。

【例 3-1】 编程实现：如果是大写字母则转换为对应小写字母，其他字符不转换。

分析如下。

(1) 问题背景：在 QQ 登录等软件使用时经常要输入用户名和密码。假如输入的用户名不需要区分大小写，这时需要判断输入的每个字母，并把大写字母转换为相应的小写字母。

(2) 需求分析：从键盘输入一个字符，若是大写字母，输出其对应的小写字母；否则直接输出。

(3) 数学建模：小写字母的 ASCII 码值＝大写字母的 ASCII 码值＋32。

(4) 算法描述如图 3-3 所示。

(5) 程序如下。

```
/* program ch3-1.c */
#include <stdio.h>
void main()
{  char ch;
   printf("请输入一个字符: \n");
   ch=getchar();
   printf("输入的原始字符为%c: \n",ch);
   if(ch>='A'&&ch<='Z')  ch=ch+32;
   printf("转换后的字符为%c: \n",ch);
}
```

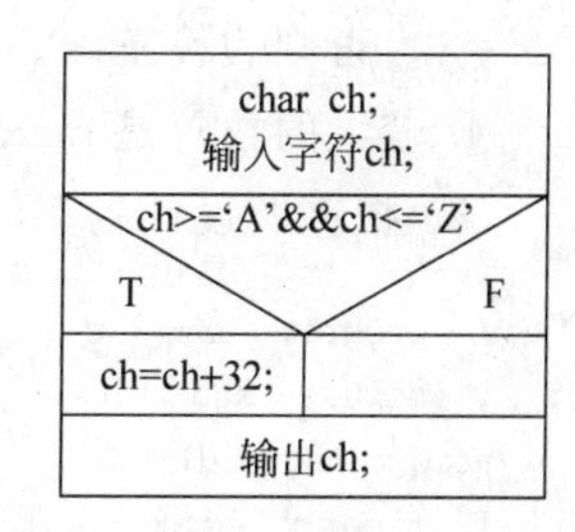

图 3-3 转换字母控制流程

【例 3-2】 Excel 表格中处理数据时，有数字字符转换为数值的功能。如把某单元格中的数字字符转变为对应的数值。编程实现数字字符转变为对应的数值。

分析如下。

(1) 问题描述和需求分析：输入一个字符，判断它是否为数字字符。如果是，将其转换为对应的数值输出；否则，不用转换直接输出。

(2) '0'的 ASCII 码值为 48。数字字符转变为对应的数值 n，可使用表达式：n＝ch－48 或 n＝ch－'0'。

(3) 程序如下。

```
/* program ch3-2.c */
#include <stdio.h>
void main()
{  char ch;
   int n;
   printf("请输入一个数字字符:\n");
   ch = getchar();  getchar();              /* 输入字母并消耗回车 */
   if(ch>='0'&&ch<='9')
   {  n=ch-'0';                             /* 或 n=ch-48,实现数字字符转变为对应的数值 */
      printf("数字字符%c所对应的整数为%d\n",ch,n);
   }                                        /* 复合语句作分支语句的嵌套语句,用{}括起 */
}
```

【例 3-3】 用"假设思想"法求任意两数中的较大数。

分析如下。

(1) 需求分析:输入任意两数,输出较大值。

(2) 算法设计,如图 3-4 所示的"假设思想"法:先假设某事物成立或不成立(或呈现某种结果);然后用选择结构判断事实是否如此,如果事实和假设情况不符,则对假设情况进行修正,否则维持假设;最后得到正确结果。

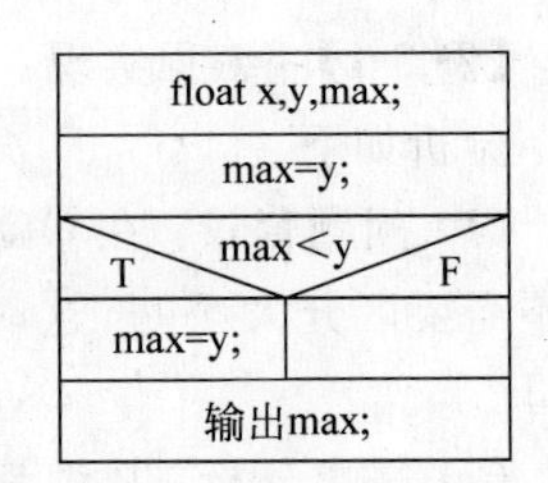

图 3-4 用假设法求两数大值

① 设实型变量 x、y 表示两任意数,实型变量 max 表示较大的数。

② 假设较大的数是 max$=x$(假设某种结果)。

③ 判断假设的正确性。若 max$<y$ 成立(说明假设情况不成立),则修改假设情况:max$=y$。否则假设正确。

④ 较大的数总是 max。输出 max。

(3) 根据所设计的算法,编写程序代码如下。

```
/* program ch3-3.c */
#include <stdio.h>
void main(void)
{  float x,y,max;                           /* 定义实型数据 */
   printf("请输入两个实数:");                 /* 提示 */
   scanf("%f%f",&x,&y);                     /* 输入实型数据 */
   max = x;                                 /* 首先假设 x 的值较大 */
   if(max<y)  max = y;                      /* 验证假设.若假设不成立,则修改 max 的值为 y */
   printf("输入的两个数为: x= %10.4f, y= %10.4f \n",x,y);
   printf("两数中较大的数为%10.4f\n", max);    /* 输出结果 */
}
```

求三个数或更多数中的最大数或最小数也可以使用该算法,流程图如图 3-5 所示,程序如下。

```
#include <stdio.h>
void main(void)
{  float x,y,z,max;                         /* 定义实型数据 */
   printf("请输入三个实数:");
```

```
    scanf("%f%f%f",&x,&y,&z);
    max = x;                                   /* 假设 x 的值较大 */
    if(y > max)  max = y;                      /* 第一次验证 */
    if(z > max)  max = z;                      /* 第二次验证 */
    printf("三数中较大的数为 %10.4f\n", max);   /* 输出结果 */
}
```

以上程序使用了单分支选择语句。

float x,y,z,max;
max=x;
T　y>max　F
max=y;
T　z>max　F
max=z;
输出max;

图 3-5　用假设法求三数中的最大值

2. 双分支 if-else 语句(The if-else Statement)

根据控制条件的测试结果，在两种流程分支语句中选择其一执行，使用 if-else 语句。

语句功能：当 condition 值为真时执行 statement1，否则执行 statement2。流程如图 3-2 所示。

说明：

(1) 在语法上，if-else 是一条语句，不是两条语句。

(2) statement1 和 statement2 是 if-else 内嵌的两个语句，根据选择表达式的结果，只执行其中的一个分支。

(3) statement1 和 statement2 语法上各是一条语句，为简单语句或一个复合语句。

如例 3-3 中，求任意两数中的较大数，可用表 3-5 中的算法实现。请读者根据算法自行完善程序。

提示：在 if-else 语句中，if 分支的语句体和 else 分支的语句体中的语句都应该采用“右缩进”的格式书写。整个程序的缩进距离应该是一致的，使得程序清晰、易读。

表 3-5　例 3-3 双分支的算法描述

算法 1	算法 2	算法 3
float x,y,max; if(x>y) max=x; else　max=y; 输出 max;	float x,y; if(x>y)　输出 x; else　输出 y;	float x,y,max,min; if(x>y) { max=x,min=y; } else　{ max=y,min=x; } 输出 max,min;

注意：if-else 语句书写不当会造成 else 悬空的错误问题。若表 3-5 中“算法 3”误写为：

```
if(x >= y)    max = x;min = y;
else          { max = y;min = x;}
```

则 if 语句执行到 max = x;结束，其后的 else 没有匹配的 if，这是 else 悬空错误。

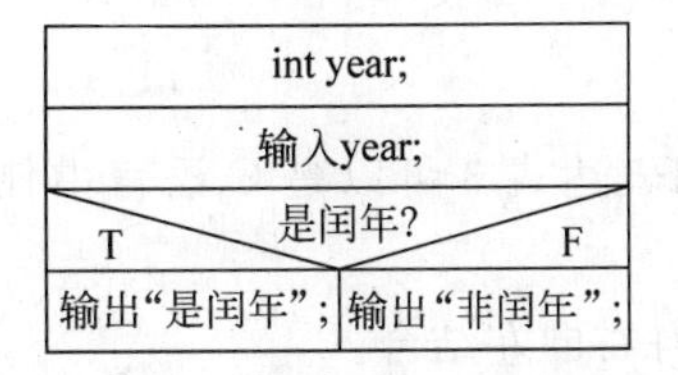

图 3-6　判断闰年流程图

【例 3-4】　在编写万年历程序中，需要计算每年有多少天，必须判断该年是否为为闰年，从而确定其天数。编写程序，从键盘输入一个年号 year(4 位十进制数)，判断其是否为闰年。

分析：根据前述闰年判断条件，程序流程图如图 3-6 所示，编写程序如下。

```
/* program ch3 - 4.c */
#include< stdio.h>
void main(void)
{   int year;
    printf("请输入年份: \n");
    scanf("%d",&year);
    if((year%4==0 && year%100!=^0) || year%400==0)
      printf("%d是闰年.",year);
    else   printf("%d不是闰年.",year);
}
```

【例 3-5】 数学中有许多有趣的数,如水仙花数、完数等。水仙花数是一个三位数,其各位数字的立方和恰等于这个数。例如 153,$1^3+5^3+3^3=153$。编写程序,从键盘上输入一个三位的整数,判断其是否为水仙花数。

分析如下。

(1) 问题描述:判断一个三位的整数 num 是否为水仙花数。

(2) 数学建模和算法。首先分解出 num 的每一位数字:ge=num%10(个位),bai=num/100(百位),shi=num/10%10(十位)。再判断,若 num==bai*bai*bai+shi*shi*shi+ge*ge*ge 成立,则为水仙花数,否则不是。算法如图 3-7 所示。

(3) 根据所设计的算法,编写程序代码如下。

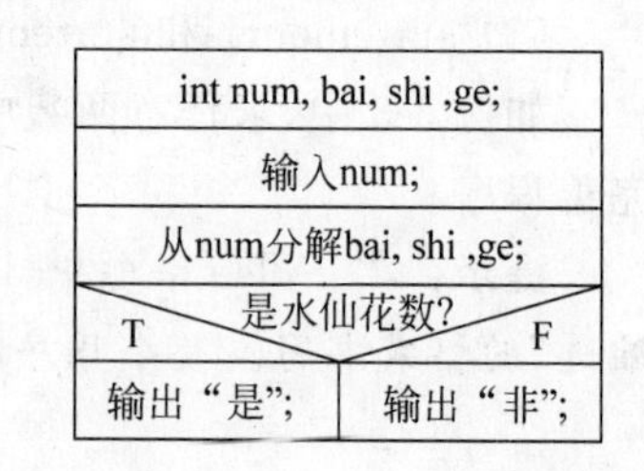

图 3-7 判断是否为水仙花数

```
/* program ch3 - 5.c */
#include< stdio.h>
void main(void)
{   int num, bai, shi ,ge;
    printf("请输入一个三位的整数: ");
    scanf("%d",&num);
    bai=num/100;    shi=num/10%10;     ge=num%10;
    if(num==bai*bai*bai+shi*shi*shi+ge*ge*ge)
        printf("%d是水仙花数.", num);
    else   printf("%d不是水仙花数.", num);
}
```

3. 条件运算符和条件表达式

C 语言提供了条件运算符(The Operator of Condition)(?:),用其构成的条件表达式(Expressions of Condition)可代替简单的 if-else 语句。

条件运算符是 C 语言中唯一的三目运算符,由"?"和":"组成。条件运算符将三个表达式连接起来,一般形式为:

表达式 1?表达式 2 : 表达式 3

说明:表达式 1 是关系表达式或逻辑表达式,表达式 2 和表达式 3 可以是 C 语言中任意合法的表达式,一般这两个表达式的结果值类型相同。

条件运算符的优先级低于逻辑运算符,高于赋值操作符,自右向左结合。

功能:首先计算表达式 1(条件)的值,如果结果为真,则计算表达式 2 的值,并将表达式 2 的值作为整个条件表达式的值;如果结果为假,则计算表达式 3 的值,并将表达式 3 的值作为整个条件表达式的值。可以把条件运算符看作以下 if 语句的缩略形式：

```
if(表达式 1)   条件表达式的值 = 表达式 2 的值
else    条件表达式的值 = 表达式 3 的值
```

如例 3-3 中，求任意两数中的较大数。可用条件表达式语句 max = (x>y?x:y);来表示。

由于条件运算符高于赋值运算，可以不用圆括号，但括号会使语句功能更加清晰，所以经常把条件表达式用圆括号括起来。

条件表达式可以嵌套。例如，求三个数 a、b、c 的最大值用条件表达式表示如下：

```
max = (a > b?(a > c?a:c):(b > c?b:c))
```

【趣味例题 1】 编写一个程序统计某物品的数量，统计结束后将物品数量存储在变量 nItems 中并报告用户。

把结果报告给用户最直接的方法是调用 printf 函数：

```
printf(" %d items found. ",nItems);
```

如遇到一个语言学者，而 nItems 值又恰巧为 1 时，看到以下输出可能会让他很不满意：

```
1 items found.                                    /* 不符合英语语法 */
```

因为其中复数形式的 items 应该是单数形式的。可以这样用条件运算符实现：

```
printf(" %d item %c found. ", nItems,nItems > 1?'s':' ');
```

提示：如果使用条件运算符代替复杂的 if 语句来处理一些小的细节，将大大简化程序的结构。

3.3.2 选择结构的嵌套

一个基本的 if 语句可以作为另一个 if 语句的内嵌语句，构成选择结构的嵌套(Nest)。

1. 分支语句嵌套

(1) 单分支 if 语句的内嵌语句(或称 if 子句)是另一个 if 语句，一般形式为：

```
if (表达式)
   if 语句                      /* 内嵌语句,可以是各种形式的 if 语句 */
```

(2) 双分支语句嵌套是指 if-else 语句的内嵌子句是另一个 if 语句，一般形式为：

```
if(表达式)
   if 语句                      /* if 内嵌语句 */
else
   if 语句                      /* else 内嵌语句 */
```

例如：

```
① if(c <= 100)                  /* 内嵌语句是单分支 if 语句,单分支嵌套单分支 */
     if(c >= 50)    printf("50 <= c <= 100\n");
```

```
② if(c<=100)                        /* 内嵌语句是双分支 if 语句,单分支嵌套双分支 */
     if(c>=50)    printf("50<=c<=100\n");
     else  printf("c<50\n");
③ if(num1>num2)                     /* 双分支内嵌双分支,求三个数中的最大值 */
     if(num1>num3)  max=num1;       /* 双分支内嵌双分支 */
     else  max=num3;
  else
     if(num2>num3)  max=num2;       /* 双分支内嵌双分支 */
     else  max=num3;
```

注意:

① 嵌套选择结构中 else 与 if 的匹配原则:else 总是与其之前距离最近且没有与其他 else 配对的 if 配对。建议写成缩进形式,使得 else 与 if 的匹配比较清晰。

② 为了防止 else 与 if 的配对出错,可以在内层的 if 语句中添加花括号。例如:

```
if(num1>num2)                       /* 双分支内嵌双分支,求三个数中的最大值 */
{  if(num1>num3)  max=num1;
   else  max=num3;
}
else
{  if(num2>num3)  max=num2;         /* 双分支内嵌双分支 */
   else  max=num3;
}
```

【例 3-6】 编程实现:判断某数是否能被 k 整除。

分析如下。

(1) 算法设计:任何数除以零的值是无穷大,计算机无法存储,会产生一个数据溢出错误并终止程序的执行。程序中必须避免被零除的错误。

算法描述如图 3-8 所示。

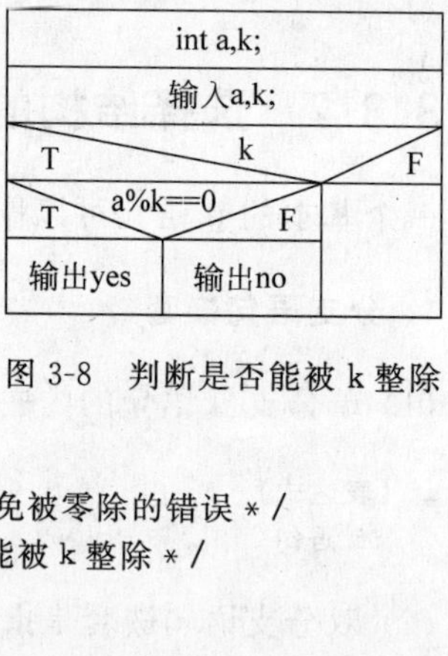

int a,k;
输入a,k;
T k F
T a%k==0 F
输出yes 输出no

图 3-8 判断是否能被 k 整除

(2) 程序代码如下。

```
/* program ch3-6.c */
#include "stdio.h"
void main (void)
{  int a,k;
   printf(" 请输入数据 a,k: ");
   scanf ("%d %d",&a,&k);
   if(k)                                              /* 避免被零除的错误 */
     if(a%k==0)  printf("%d/%d yes\n",a,k);           /* a 能被 k 整除 */
     else   printf("%d/%d no\n",a,k);
}
```

注意:由于总是判断控制条件是否为真,所以 if(k)是 if(k!=0)的一种常见写法。if(a%k==0)的常见写法是 if(!(a%k))。

【例 3-7】 实际问题或数学中有许多分段函数。有分段函数如下,编程求其值。

$$y=\begin{cases}x+5, & x\leqslant 1\\ 2x, & 1<x<10\\ 3/(x-10), & x>10\end{cases}$$

分析如下。

(1) 问题描述：分支嵌套语句的典型应用是求解分段函数。本分段函数用图形表示如图 3-9 所示，可有多种方法观察图形。从左往右(或从右往左)看数轴，分段函数若以第一个点分界，把数轴分为“$x \leqslant 1$”和“$x>1$”两部分；其中“$x>1$”再从左往右，又分成“$1<x<10$”、“$x>10$”和“$x!=10$”三种情况。

(2) 需求分析：输入 x 的值，根据 x 的值计算并输出 y 的值。本程序中有多个 if 语句嵌套，算法如图 3-10 所示。

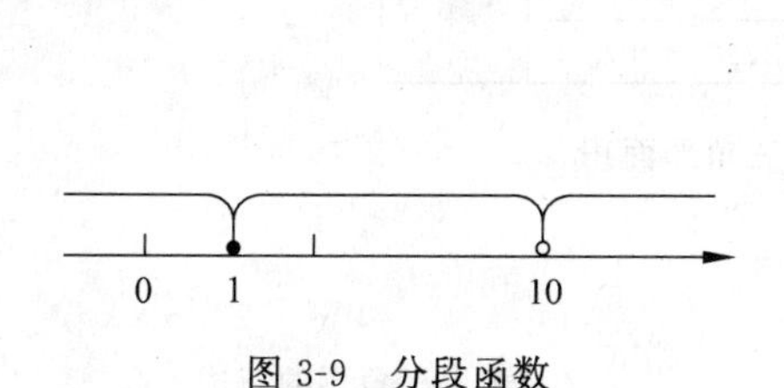

图 3-9　分段函数

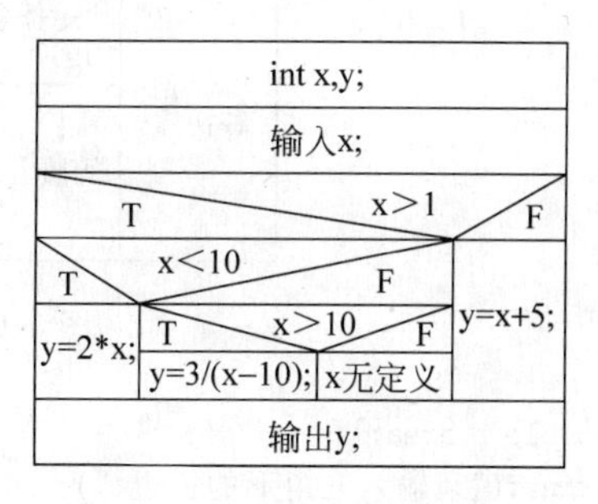

图 3-10　分段函数算法

(3) 使用分支嵌套结构编写程序如下。

```
/* program ch3-7.c */
#include "stdio.h"
void main (void)
{  int  x,y;
   printf(" 请输入数据 x: ");
   scanf (" %d",&x);
   if(x>1)                                         /*嵌套双分支*/
     if(x<10) y=2*x;                               /*1<x<10*/
     else  if(x>10)  y=3/(x-10);                   /*x>10*/
           else    printf("x 无定义.\n");          /*x=10 无定义*/
   else
     y=x+5;                                        /*x≤1 */
   printf("x= %d,y= %d\n",x,y);
}
```

【例 3-8】 编程实现：根据用户输入的三角形三边判定三角形的类型(等边、等腰、直角、一般)，若构成三角形再求其面积。

分析如下。

若三边能构成三角形，则计算该三角形的面积，并继续判定是哪类三角形；否则提示相应信息。构成三角形的条件、三角形面积的计算和各种三角形满足的条件已有详细的分析，算法如图 3-11 所示，程序如下。

```
/* program ch3-8.c */
#include "stdio.h"
#include "math.h"                                  /*数学头文件*/
void main(void)
{  float x,y,z;                                    /*定义变量*/
```

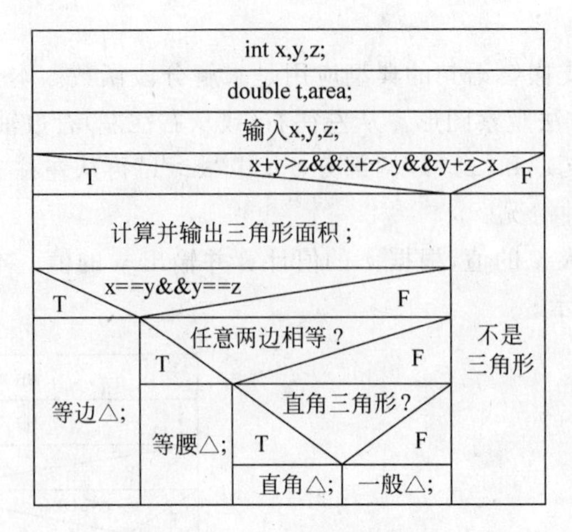

图 3-11　求三角形面积

```
    double t,area;
    printf("请输入三角形的三边:");
    scanf("%f%f%f",&x,&y,&z);                          /* 输入三角形的三边 */
    if(x+y>z&&x+z>y&&y+z>x)                            /* 判断条件; 若组成三角形 */
    {  /* 以下内嵌语句是复杂的复合语句 */
       t=(x+y+z)/2.0;
       area=sqrt(t*(t-x)*(t-y)*(t-z));                 /* 计算三角形面积 */
       printf("area=%f\n",area);                       /* 输出面积值 */
       /* 判定三角形的类型 */
       if(x==y&&y==z)          printf("等边三角形\n");      /* 嵌套双分支 */
       else  if(x==y||y==z||x==z)  printf("等腰三角形\n");   /* 嵌套双分支 */
             else if(x*x+y*y==z*z||x*x+y*y==z*z||y*y+z*z==x*x)
                                                               /* 嵌套双分支 */
                     printf("直角三角形\n");
                  else   printf("一般三角形\n");
    }
    else  printf("不能构成三角形\n");
}
```

程序剖析：本题使用嵌套 if 语句判断是否可以构成三角形及三角形类型。

2. 多分支语句 if-else-if

【例 3-9】 某些应用中常需要判断键盘输入的字符类型,试编程实现。

分析如下。

设字符类型分为数字字符、大写字母、小写字母和其他字符。输入一个字符,输出该字符的类型。算法如图 3-12 所示。程序代码如下。

```
/* program ch3-9.c */
#include <stdio.h>
void main()
{  char ch;
   printf("请输入一个字符");
```

```
    ch = getchar();
    if(ch>= '0'&&ch<= '9')   printf("这是一个数字字符.\n");
    else  if(ch>= 'A'&&ch<= 'Z')   printf("这是一个大写字母.\n");
          else  if(ch>= 'a'&&ch<= 'z')   printf("这是一个小写字母.\n");
          else   printf("是其他字符.\n");
}
```

观察本例，只在双分支的 else 分支嵌套 if-else 语句，这种嵌套选择结构叫多分支 if-else-if 语句。最后一个 else 子句是最后一种情况，也可以是最后默认情况，最后一个内嵌语句 n 可以是单分支 if 语句，流程图如图 3-13 所示。

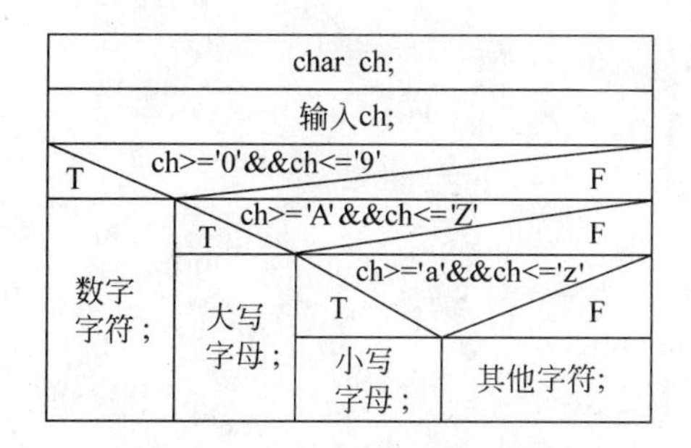

图 3-12 判断字符类型

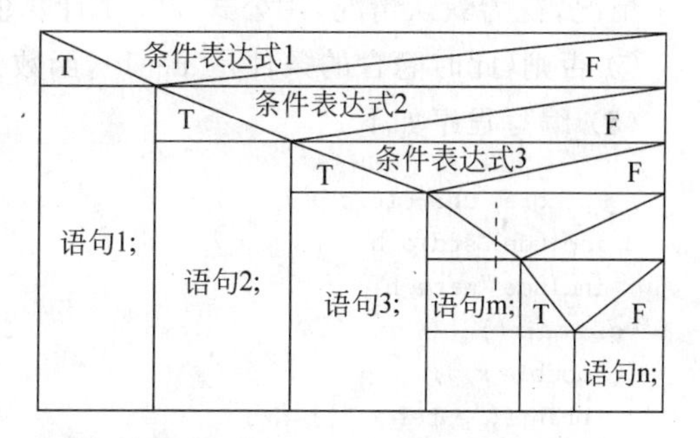

图 3-13 if-else-if 语句

多分支语句的一般格式如下：

```
if(条件表达式 1) 语句 1;
else  if(条件表达式 2) 语句 2;
      else if(条件表达式 3) 语句 3;
            ⋮
         else   if(条件表达式 m) 语句 m;
                else 语句 n;
```

功能：首先计算条件表达式 1 的值，如为真，执行子句 1；否则，若条件表达式 2 为真，执行子句 2；……；以此类推，若条件表达式 m 真，执行子句 m；若有语句 n，则执行语句 n。所有条件均不成立，则结束 if-else-if 语句，执行其下一条语句。

语法上，if-else-if 结构是一条语句。它是双分支语句的嵌套扩充。

多分支选择语句只能选择执行多个子句中的一个子句，所以也叫多选一分支选择语句。多分支选择语句中，每个分支有不同的条件表达式，可以有任意个 else 子句。这样的语句也叫级联 if 语句(Cascading if Statement)。

【例 3-10】 多分支选择语句的典型应用：用 if-else-if 语句编程计算分段函数的值。

$$y=\begin{cases}x^2+2x+1, & x<-1\\ 2x+\sin(x), & -1\leqslant x<1\\ x^3-1, & x>1\end{cases}$$

分析如下。

(1) 需求分析：数学中的分段函数，自变量的取值范围一般是整个数轴或数轴某部分。分段函数将数轴分成若干个段，在各段应用不同的公式计算函数的值。该题目将数轴分为四段,如图 3-14 所示。

(2) 算法描述:从左向右(或从右向左)观察整个数轴,逐个对分段点分析并进行分支。

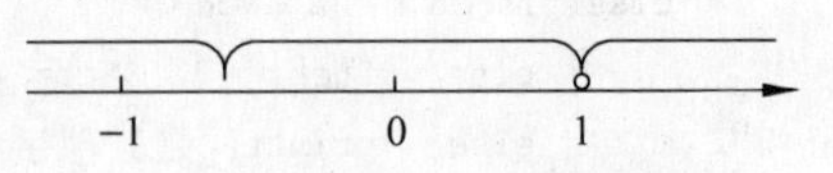

图 3-14 分段函数数轴表示

① 首先观察整个函数(或数轴)有无断点(即无定义点),先做断点处理。$x=1$ 为断点。

② 其次从左开始观察数轴,对于第一个分支 $x<-1$,用公式 x^2+2x+1 计算函数值。

③ 否则(隐含条件 $x\geqslant-1$),对第二分支 $x<1$,用公式 $2x+\sin(x)$计算函数的值。

④ 否则(此时隐含的条件是 $x>1$,$x=0$ 断点已另行处理),对第三分支 $x>1$,也是最后一个情况,视为默认情况,用公式 x^3-1 计算值。

⑤ 否则(此时隐含的条件是 $x=1$),函数无解。

(3) 编写程序如下。

```
/* program ch3-10.c */
#include "stdio.h"
#include "math.h"
void main()
{  double x,y;
   printf("enter x:");
   scanf("%lf",&x);
   if(x==1) printf("x=1,函数无解");                  /*断点处理.也可处理多个断点*/
   else if(x<-1)  y=x*x+2*x+1;
        else  if(x<1)  y=2*x+sin(x);
              else  if(x>1)  y=x*x*x-1;      /*或者 else  y=x*x*x-1;*/
   printf("x=%.2f,y=%.2f",x,y);
}
```

提示:对于类似可以映像到数轴上的多分段函数或有多种情况的实际问题,均可用 if-else-if 语句来设计编程。

【学生项目案例 3-1】 学生成绩管理系统中,需要判断学生成绩等级。判断从键盘输入的一个百分制考试成绩的等级。

分析如下。

考试成绩等级分段划分法,如图 3-15 所示。

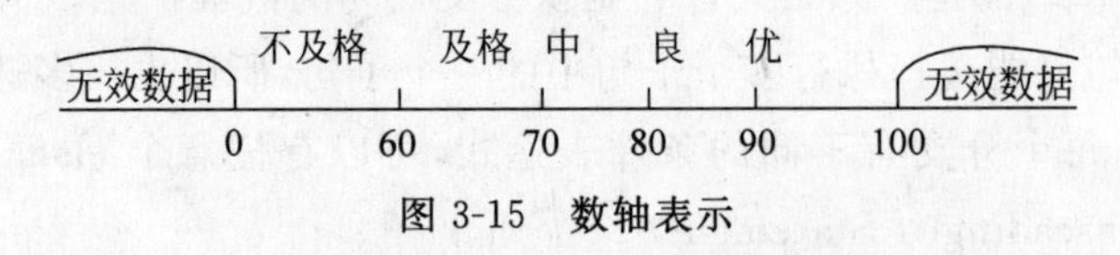

图 3-15 数轴表示

键盘输入考试成绩时,可能误输入 0～100 范围之外的数据,所以,程序应该对考试成绩的有效性进行判断,保证程序的健壮性。把输入的成绩数据分布在整个数轴上,利用多分支结构判断分数值所在的范围,然后根据范围确定成绩的等级。其中,分数>100 或者分数<0 的数据为无效数据,作为一种非法输入情况(类似断点)处理。

程序代码如下。

```
#include<stdio.h>
void main(void)
```

```
{    float score;                                                 /*定义学生成绩*/
     printf("请输入成绩: ");
     scanf("%f",&score);                                          /*从键盘输入考试成绩 */
     if(score<0 || score>100)  printf("无效成绩输入错误\n");      /*非法情况处理*/
     else if(score>=90)   printf("%4.1f is A\n",score);           /*第二分支*/
         else if(score>=80)  printf("%4.1f is B\n",score);        /*第三分支*/
             else if(score>=70)  printf("%4.1f is C\n",score);        /*第四分支*/
                 else if(score>=60) printf("%4.1f is D\n",score); /*第五分支*/
                     else    printf("%4.1f is E\n",score);            /*第六分支*/
}
```

if-else-if 语句结构容易使程序冗长不清晰，降低程序的可读性。

3.3.3 switch 语句和 break 语句

【例 3-11】 玩牌游戏。

分析：每一组扑克牌用数字 1～13 代表，当显示牌面值时，2～10 显示数字，但 1、11、12、13 显示 Ace、Jack、Queen 和 King。设牌面值用变量 cardnum 表示，则代码段实现如下。

(1) 应用单分支 if 语句，实现显示牌面的程序段如下。

```
…
if(cardnum==1)   printf("Ace \n");
if(cardnum==2)   printf("2 \n");
⋮
if(cardnum==11)   printf("Jack \n");
if(cardnum==12)   printf("Queen \n");
if(cardnum==13)   printf("King\n");
…
```

该程序段有多个单分支语句，每个都要判断一次，该算法的执行效率低。

(2) 若应用多分支 if-else-if 语句，实现显示牌面的程序段如下。

```
…
if(cardnum==1)    printf("Ace \n");
  else if(cardnum==2)   printf("2 \n");
       else  …
             …
          else if(cardnum==11)   printf("Jack \n");
               else if(cardnum==12)   printf("Queen \n");
                    else if(cardnum==13)   printf("King\n");
…
```

该程序段只有一个多分支语句，虽然判断的次数有所减少，但最坏情况下，算法还是要判断到最后且语句结构复杂。

类似上面这样选择分支较多的复杂判断结构，有两个以上的可选项，且各选项分支条件取值可表示为不同的整型量，各选项条件可用同一个表达式表示。常用 switch 语句实现这种判断结构。switch 语句是 if-else-if 语句的推广使用形式，又叫开关结构语句，它根据同一个表达式的多个不同取值执行不同的分支语句。

1. switch语句的一般形式

```
switch(开关表达式)
 { case 常量值 1: 语句序列 1; [break;]
   case 常量值 2: 语句序列 2; [break;]
   ⋮
   case 常量值 n: 语句序列 n; [break;]
   [default: 语句 n+1;]
}
```

其中：

(1) switch、case和default都是C语言中的关键字，必须小写。

(2) 开关表达式(Control Expression)：开关表达式的取值是有序类型，如整型、字符型和枚举类型等，表达式的括号不能省，末尾不能加分号。注意，开关表达式不是条件表达式。

(3) switch语句的主体是复合语句，由许多独立的case或default子句序列组成。子句序列可以为空。

(4) 常量值n：各“常量值n”的值互不相同且是“开关表达式”的可能取值之一。

case和其后的常量值之间有空格分开，冒号不能省。尽管“常量值”的顺序可以是任意的，但从可读性角度而言，标号应按顺序排列。

(5) 语句序列n：语句序列是switch语句的执行部分。针对不同的case常量值，设计各自的语句序列。但是case中的多条语句不需要按照复合语句的方式处理，某一语句序列也可以为空。

(6) break语句也叫终止语句或中断语句，是一个简单C语句，但不能独立使用，常与switch、循环语句结合使用。执行break时，立即跳出它所在的语句结构。

语句格式中的“[ ]”表示break语句是可选项。break语句不是switch语句的组成部分，但用在switch语句体中，起中断某分支语句执行，跳转出多分支结构的作用。

(7) 当开关表达式的取值与任何一个case的常量值都不匹配时，则执行default子句的语句。default子句是可选项，可以省略，但为了避免程序忽略某些意外情况，在switch语句中使用default子句是良好的程序设计习惯。default子句一般放在switch语句的最后。

switch语句可以代替某些if-else-if语句，使多重分支的条理清晰，提高程序的可读性。

2. switch语句的执行过程

(1) 计算控制开关表达式的值。

(2) 将表达式的值依次与每一个case后的常量值进行比较，若与某值相等，则执行该case后的语句序列。若语句序列后有break语句，则立即退出它所在的switch语句，标志整个switch多分支选择结构处理结束；若没有break语句，将依序继续执行后面case的语句序列，不再对其他case进行检查比较。

(3) 若表达式的值与所有case常量值均不匹配，且有default语句，则执行default语句序列；否则结束switch语句。

不含break的switch语句的执行过程如图3-16所示。含break的switch语句的执行过程如图3-17所示。

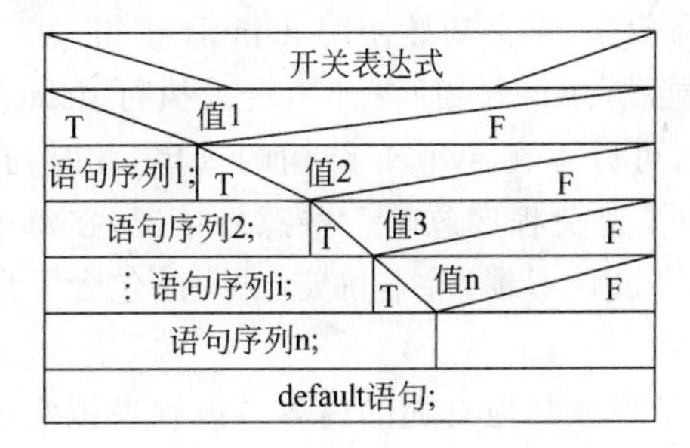

图 3-16 不含 break 的 switch 语句

开关表达式					
值1	值2	值3	…	值n	所有值都不等
语句 序列1 break;	语句 序列2 break;	语句 序列3 break;	break;	语句 序列n break;	default语句 序列n+1 [break;]

图 3-17 含 break 的 switch 语句

玩牌游戏程序中，选择牌面变量 cardnum 为开关表达式，牌面值可用不同的整数表示。其中，1、11、12、13 四个牌号分四种情况各自显示，而 2～10 号牌显示对应的数字，规律相同，在 default 语句中用 printf("%d",cardnum)一条语句即可实现不同数字的显示。switch 语句实现玩牌游戏的流程图如图 3-18 所示，程序如下。

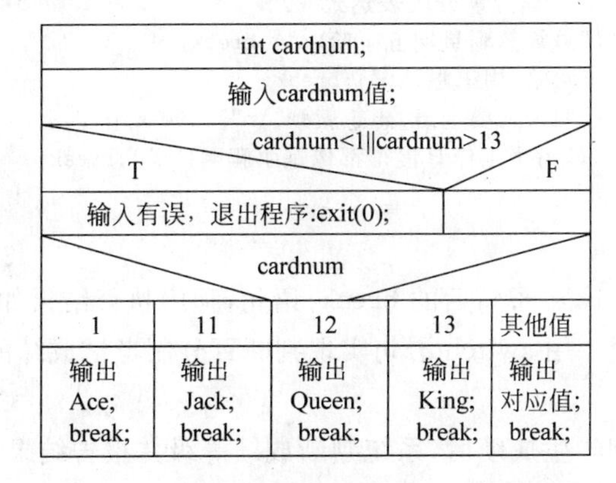

图 3-18 switch 语句实现玩牌游戏的流程图

```
/* program ch3-11.c */
#include <stdio.h>
#include <stdlib.h>
void main()
{  int cardnum;
   printf("What is the rank of the card(1-13)");
   scanf("%d",&cardnum);                    /*输入牌面值*/
   if(cardnum<1 || cardnum>13)              /*无效数据处理*/
   {  printf("输入有误,退出程序\n"); exit(0);   }
   switch (cardnum)                         /*最简单的开关表达式*/
   {  case 1: printf("Ace\n");break;        /*不同的 case*/
      case 11: printf("Jack\n");break;
      case 12: printf("Queen\n");break;
      case 13: printf("King\n");break;
      default: printf("%d\n",cardnum); break;
   }
}
```

程序说明：

(1) 程序设计中,没必要把 1～13 每个子句都写出来,学会巧妙使用 default 子句。

(2) default 子句可以省略。当所有 case 都不能与 switch 相匹配时,转去执行 default 子句。default 子句与各 case 没有必定的顺序关系,可以不在 switch 结构的末尾,此时,在 default 子句加 break 语句并不总是多余的。另外为了避免程序忽略一些意外情况,在每个 switch 语句中都使用 default 子句是一种良好的程序设计习惯,除非确定 case 已包含了所有列举的情况。

【趣味例题 2】 有些网页会向用户提示今天的日期或其他有趣的内容。编程模拟实现网页上每天星期几对应语句的显示。请学习者模拟上题分析。程序如下。

```
#include <stdio.h>
void main()
{   int d;
    printf("请输入今天星期几: ");
    scanf("%d",&d);           /* 也可利用标准函数从计算机系统直接获取 */
    switch (d)                /* 开关表达式 */
    {   case 5:  printf("总算熬到星期五了哈\n");break;
        case 6:  printf("哈哈,周末啦!\n");break;
        case 0:  printf("明天又要上班,想想就烦.\n");break;
        default:  printf("每个工作日慢得都像蜗牛爬啊!\n");break;
    }
}
```

想一想,若去掉每个 case 子句后的 break;语句,程序执行结果如何?

【学生项目案例 3-2】 用 switch 语句实现判断百分制考试成绩的等级变换。

分析如下。

(1) 问题背景:查询学生成绩后,系统判断成绩等级并报告结果。

(2) 数学模型分析如下。

应用 switch 语句的前提是开关表达式值的类型必须是可列举的,若学生成绩为实型则不能列举。即便将学生成绩定义为整型,理论上可以列举,但因成绩数据多又不太可行。为了应用 switch 语句,有时需要对数据进行某些变换。

现采用缩小数据范围法。设学生成绩 score 为实型数据,则先将实型学生成绩显式转换为整型,再将学生成绩用 10 取整,转为 1、2 位的十进制整型数据,这样成绩数据范围将缩小到 0～10。这是一种缩小数据范围的方法。此题中,缩小数据的数学表达式为 (int)score/10,如表 3-6 所示。

表 3-6 缩小数据范围

float score 分数值范围	**100.0～90.0**	**89.0～80.0**	**79.0～70.0**	**69.0～60.0**	**59.0～0**
(int)score	100～90	89～80	79～70	69～60	59～0
(int)score /10	10、9	8	7	6	5、4、3、2、1、0

(3) 算法分析:定义自定义函数 cjpd1(),判断成绩并报告结果。定义主函数 main()调用 cjpd1()函数。

(4) 该项目任务的算法如图 3-19 所示。

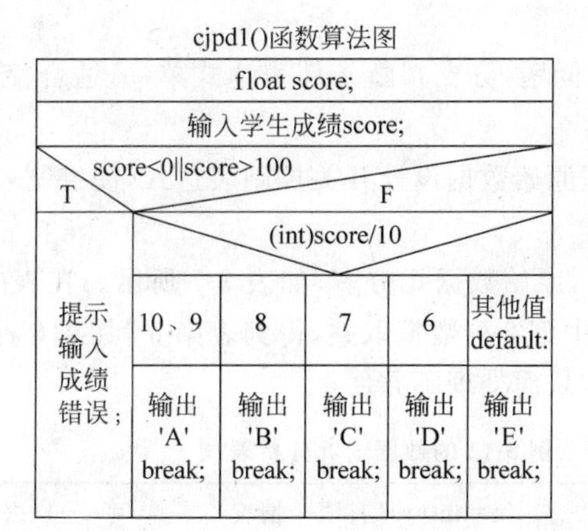

主函数main()的算法图

调用函数cjpd1();

图 3-19　判断成绩等级算法流程图

（5）程序如下。

```
#include "stdio.h"
void cjpd1()                                   /* cjpd1()自定义函数的定义 */
{  float score;
   printf("请输入学生成绩: ");    scanf("%f",&score);
   if(score<0 || score>100)   printf("输入成绩错误!\n");    /*成绩有效性判断*/
   else  switch((int)score/10)                 /*数据转换*/
         { case 10:                            /*case 10 和 9 是同一等,对应同一语句序列*/
           case 9: printf("成绩 A 级,请继续!\n"); getchar();break;
           case 8: printf("成绩 B 级,请继续!\n"); getchar();break;
           case 7: printf("成绩 C 级,请继续!\n"); getchar();break;
           case 6: printf("成绩 D 级,请继续!\n"); getchar();break;
           default: printf("成绩 E 级,请继续!\n"); getchar();break;
         }
}
void main                                      /*临时主函数的定义*/
cjpd1();                                       /*函数调用*/
```

程序剖析：

（1）case 的子句可以为空。当若干 case 处理结果一致时，可结合空 case 语句处理。

（2）main 函数是系统程序入口，用户可以定义其他的自定义函数。

【例 3-12】 企业发放奖金根据利润提成。从键盘输入当月利润，求应发放的奖金数。

分析如下。

（1）问题陈述和需求分析：根据当月利润计算应该发放的奖金。用户从键盘上输入当月的利润，然后根据公式计算出应该发放的奖金并输出报告。

$$
\text{奖金}=\begin{cases}
\text{利润}\times 10\%, & \text{利润}\leqslant 10\text{ 万}\\
\text{利润}\times 12\%, & 10<\text{利润}\leqslant 20\text{ 万}\\
\text{利润}\times 14\%, & 20<\text{利润}\leqslant 40\text{ 万}\\
\text{利润}\times 16\%, & 40<\text{利润}\leqslant 60\text{ 万}\\
\text{利润}\times 18\%, & 60<\text{利润}\leqslant 100\text{ 万}\\
\text{利润}\times 20\%, & \text{利润}>100\text{ 万}
\end{cases}
$$

(2) 数据处理分析如下。

① 该问题是一个典型的多分支问题,分支判断条件表达式单一,适合使用 switch 语句来实现。

② 用 switch 语句的关键是根据原始数据设计开关控制表达式,使控制表达式能够以最少的情况与原始数据一一对应。

③ 缩小原始数据范围。本题中,原始数据无穷多,如表 3-7 所示。在表的第 2 列中,转换后的数据个数仍为无穷多。对表中第 2 列数据取整,得到表第 3 列的 16 种有限情况。但这 16 种情况中,行间数据仍有重复,从而处理不方便。

表 3-7 例 3-12 的数据情况分析表

利润(x)	y=x/10(无穷多)	n=int(y)(有限个情况)	n=n-1(去掉重复数据)
0≤x≤10	0.0≤y≤1.0	0,1	0 (1 归入 0)
10<x≤20	1.0<y≤2.0	1,2	1 (2 归入 1)
20<x≤40	2.0<y≤4.0	2,3,4	2,3 (4 归入 3)
40<x≤60	4.0<y≤6.0	4,5,6	4,5(去 6)
60<x≤100	6.0<y≤10.0	6,7,8,9,10	6,7,8,9(归入 6,去 10)
100<x	10.0<y	10 以上	10 以上(归入 10)

观察表中第 3 列不同行的重复数据,是由于上一行中 y 为 10 的整数倍时与下一行的实数取整造成的。为了对这些数据进行不重复分类,根据题意,对于 10 的整数倍的情况,应归至前一行(或者说前一个数据范围),做 n=n-1 计算,得到表第 4 列的 11 种不重复情况。请读者模拟上题分析,画出算法描述图。

(3) 程序如下。

```
/* program ch3-12.c */
#include <stdio.h>
void main()
{   int n;
    float x, bonus;
    printf("\n请输入当月利润 x: ");   /* 输入利润 */
    scanf("%f",&x);
    n = (int)x/10;                    /* 处理为有限的情况 */
    if((int)x/10 == x/10) n = n - 1;  /* 当利润为 10 的整数倍时,归至前一个数据范围 */
    switch(n)
    {   case 0: bonus = x * 0.1; break;
        case 1: bonus = x * 0.12; break;
        case 2:  case 3:  bonus = x * 0.14; break;
        case 4:  case 5:  bonus = x * 0.16; break;
        case 6:  case 7:  case 8:  case 9:  bonus = x * 0.18; break;
        default: bonus = x * 0.2; break;
    }
    printf("bonus = %.2f\n",bonus);
}
```

【例 3-13】 用 swich 结构编写实现任意两数的四则计算器程序。

分析如下。

(1) 问题陈述和需求分析：从键盘上输入一个四则运算表达式，输出表达式的值。

(2) 数据处理分析如下。

输入形如 a+b 的表达式，a 和 b 为运算数。如果运算符是“+、−、*”中的任意一个，则进行相应的运算。如果运算符为“%或/”，则应先判断 b 是否为 0，并做相应处理。如果运算符不合法，则报错。如输入 2+3，程序显示结果 5。算法描述如图 3-20 所示。

float a,b;						
char ch;						
用scanf的多种格式符输入变量值;						
ch						
'+'	'−'	'*'	'/'		'%'	
输出 a+b	输出 a−b	输出 a*b	b: T	b: F	b: T	b: F
			输出 a/b	输出 被0除	输出 a%b	输出 被0除

图 3-20 四则运算

(3) 编写程序如下。

```
/* program ch3 - 13.c */
#include <stdio.h>
void main()
{   float a,b;
    int x,y;
    char ch;
    scanf("%f%c%f",&a,&ch,&b);
    switch(ch)
    {   case '+': printf("%f + %f = %f\n",a,b,a + b); break;
        case '-': printf("%f - %f = %f\n",a,b,a - b); break;
        case '*': printf("%f * %f = %f\n",a,b,a * b); break;
        case '/':  {  if(b!= ^0) printf("%f/%f = %f\n",a,b,a/b);
                      else  printf("b = 0,被 0 除\n");
                   } break;
        case '%': {  x = (int)a; y = (int)b;      /*求余运算操作数只能是整数*/
                      if(y!= ^0) printf("%d mod %d = %d\n",x,y,x % y);
                      else  printf("y = 0, 被 0 除\n");
                   } break;
        default: printf("输入错误\n"); break;
    }
}
```

使用 switch 语句要注意以下几点。

(1) 使用 switch 语句时只能对开关表达式与各 case 的“常量 n”进行等于比较测试。

(2) 每个 case 和 default 后可以有多个语句，并且可以包括条件分支语句和循环语句。

(3) 由于在执行一个 case 语句之后，控制将自动转移到语句后的下一个语句，因此在 case 子句中用一个 break 语句退出 switch 语句是必要的。

(4) 养成在 default 子句后写 break;语句的好习惯。

(5) 使用 switch 语句时，设计开关控制表达式是关键。switch 语句中的表达式类型是可列举的。在确定表达式时，应尽可能缩小表达式的取值范围。

3. 嵌套的 switch 语句

switch 语句的 case 子句中还可以嵌套 switch 语句，如有下面的程序段：

```
int x = 1,y = 0;
switch(x)
```

```
{  case 1: switch(y)
          {  case 0:printf("* *1* *\n"); break;
             case 1:printf("* *2* *\n"); break;
          }
   case 2:printf("* *3* *\n");
}
```

程序执行时,先计算变量x的值,然后与switch语句体中的语句标号比较。x的值为1,与第一个case后的语句标号相同,接着执行该case语句标号后的语句。计算内层switch语句中变量y的值,y值为0,与第一个case后的值相同,所以输出"* *1* *",执行break语句后,跳出内层switch语句。然后往下执行case 2语句标号后的语句,输出"* *3* *"。

switch语句与if语句不同,它只能对整型(字符型、枚举型)等式进行测试,而if语句可以处理任意数据类型的关系表达式、逻辑表达式以及其他表达式。如果有两条以上基于同一个整型变量的条件表达式,最好使用switch语句。

3.3.4* goto语句与语句标号

goto语句也称为无条件转移语句,一般格式如下:

```
goto 语句标号;
  …
语句标号: 语句                    /* 该语句与goto语句无顺序关系 */
```

说明:

语句标号是合法标识符,以冒号":"作标志,放在某一语句的前面,其作用仅仅是指出语句的位置。

功能:执行goto语句,流程无条件转去执行goto语句标号所标识的语句。

goto语句常与条件语句配合使用,实现条件转移,可构成循环,或跳出循环体等功能。

无条件转向goto语句不符合结构化程序设计准则。无条件转向使程序结构无规律、可读性差。一般应避免使用goto语句,以免造成程序流程的混乱,使理解和调试程序都产生困难。

【例3-14】 用户从键盘输入任意字符序列,回车结束。统计其中大写字母的个数。

分析如下。

(1) 问题描述和需求分析:统计键盘输入字符序列中的大写字母个数。

(2) 问题处理流程如下。

不断从键盘输入字符并进行判断统计,是重复工作,构成循环。在学习真正的循环语句之前,先学习一种goto语句形成的循环。

设计一个变量count且初值为0用于计数,判断输入字符序列中的每个字符,如为大写字母,则计数变量(也可叫计数器)count加1。

(3) 程序如下。

```
/* program ch3-14.c */
#include <stdio.h>
void main()
{  char ch;
```

```
    int count = 0;                 /* 计数器变量,用于统计大写字母个数 */
    lablel: ch = getchar();        /* 语句标号 lablel 标明语句位置.输入一个字符 */
    if(ch >= 'A'&&ch <= 'Z')       /* 判断当前字符为大写字母 */
        count++;                   /* 计数 */
    if(ch!= '\n')                  /* 如果输入字符不是回车,转去标号语句处再次输入字符 */
        goto lablel;               /* 如果输入字符是回车,执行后续语句 */
    printf("你输入字符中大写的个数为 %d\n",count);
}
```

程序剖析：

goto 语句向前转向,形成程序段的循环执行。向后转向会跳过某些语句不执行。

3.4 软件开发与项目案例设计

3.4.1 软件项目及其开发过程

1. 软件项目

软件项目是完成特定目的、符合用户特定需求的软件所需要的组织结构、过程和规范的集合。软件项目的实施需要周密的部署,合理的规章制度,符合项目的路线(软件开发过程),良好的项目管理以及人员安排等。

软件项目可以是一个单独的开发项目,也可以与产品项目组成一个完整的软件产品项目。如果是订单开发,则成立软件项目组即可；如果是产品开发,需成立软件项目组和产品项目(负责市场调研和销售),组成软件产品项目组。公司实行项目管理时,首先要成立项目管理委员会,项目管理委员会下设项目管理小组、项目评审小组和软件产品项目组。

2. 软件开发

从软件工程的角度来讲,软件开发主要分为 6 个阶段：需求分析阶段、概要设计阶段、详细设计阶段、编码阶段、测试阶段、安装及维护阶段。不论是作坊式开发,还是团队协作开发,这 6 个阶段都是不可缺少的。根据实际情况,在进行软件项目管理时,重点将软件配置管理、项目跟踪和控制管理、软件风险管理及项目策划活动管理 4 方面内容导入软件开发的整个阶段。20 世纪 80 年代初,著名软件工程专家 B. W. Boehm(勃姆)总结出了软件开发时需遵循的 7 条基本原则。同样,在进行软件项目管理时,也应该遵循这 7 条原则,如下。

(1) 用分阶段的生命周期计划严格管理。

(2) 坚持进行阶段评审。

(3) 实行严格的产品控制。

(4) 采用现代程序设计技术。

(5) 结果应能够清楚地审查。

(6) 开发小组的人员应该少而精。

(7) 承认不断改进软件工程实践的必要性。

目前软件开发中面临的问题：在有限的时间、资金内，要满足不断增长的软件产品质量要求；开发的环境日益复杂，代码共享日益困难，需跨越的平台增多；程序的规模越来越大；软件的重用性需要提高；软件的维护越来越困难。

3. 软件项目管理与人员组织

软件项目管理是为了使软件项目能够按照预定的成本、进度、质量顺利完成，而对人员(People)、产品(Product)、过程(Process)和项目(Project)进行分析和管理的活动。软件项目管理的根本目的是为了让软件项目尤其是大型项目的整个软件生命周期(从分析、设计、编码到测试、维护全过程)都能在管理者的控制之下，以预定成本按期、按质地完成软件交付用户使用。

软件项目管理的内容主要包括如下几个方面：人员的组织与管理，软件度量，软件项目计划，风险管理，软件质量保证，软件过程能力评估，软件配置管理等。这几个方面都是贯穿、交织于整个软件开发过程中的，其中人员的组织与管理把注意力集中在项目组人员的构成、优化；软件度量把关注用量化的方法评测软件开发中的费用、生产率、进度和产品质量等要素是否符合期望值，包括过程度量和产品度量两个方面；软件项目计划主要包括工作量、成本、开发时间的估计，并根据估计值制定和调整项目组的工作；风险管理预测未来可能出现的各种危害到软件产品质量的潜在因素并由此采取措施进行预防；质量保证是保证产品和服务充分满足消费者要求的质量而进行的有计划，有组织的活动；软件过程能力评估是对软件开发能力的高低进行衡量；软件配置管理针对开发过程中人员、工具的配置、使用提出管理策略。

软件开发中的开发人员是最大的资源。对人员的配置、调度安排贯穿整个软件过程，人员的组织管理是否得当，是影响对软件项目质量的决定性因素。

首先在软件开发的一开始，要合理地配置人员，根据项目的工作量、所需要的专业技能，再参考各个人员的能力、性格、经验，组织一个高效、和谐的开发小组。一般来说，一个开发小组人数在5～10人之间最为合适，如果项目规模很大，可以采取层级式结构，配置若干个这样的开发小组。

在选择人员的问题上，要结合实际情况来决定是否选入一个开发组员。并不是一群高水平的程序员在一起就一定可以组成一个成功的小组。作为考察标准，技术水平、与本项目相关的技能和开发经验以及团队工作能力都是很重要的因素。一个一天能写一万行代码但却不能与同事沟通融洽的程序员，未必适合一个对组员之间通信要求很高的项目。还应该考虑分工的需要，合理配置各个专项的人员比例。例如一个网站开发项目，小组中有页面美工、后台服务程序、数据库几个部分，应该合理地组织各项工作的人员配比。对于一个中型农技110网站，对数据采集量要求较高，一个人员配比方案可以是2个美工、2个后台服务程序编写、3个数据采集整理人员。

4. 软件项目开发流程

很多项目都是小型项目，参与人员少(2～5人)，需快速交付(一两个月)。项目人员配置一般有一个项目经理，1～4位开发人员。项目经理负责需求分析，主持设计评审，决定设计评审是否通过，决定是否可进入交叉测试，决定是否可发布项目。开发人员负责系统设计，开发和自测，交叉测试，修改 Bug，编写部署手册和使用说明。要成功完成这种项目，除了使用成熟且被团队成员熟练使用的技术之外，有一个良好的开发流程，也是很必要的。小型软件项目开发流程如图 3-21 所示。

3.4.2　项目设计

用 C 语言开发软件项目，编写代码时，如果把所有的语句或过程都写在 main() 函数或同一个函数中，会使程序过长，给调试和阅读带来困难。常把完成独立功能的程序段编写为一个独立的 C 函数，既便于调试，也有效缩短了各程序的长度。

学生项目案例 1-1、2-2 和 2-3 分析并设计了"学生信息管理系统"的主界面、一级菜单和二级菜单。下面继续优化软件项目的菜单设计。

【学生项目案例 3-3】 建立有多个函数的源文件。"学生信息管理系统"一、二级菜单程序的再优化。

分析如下。

(1) 用选择结构优化已实现的各个菜单程序。

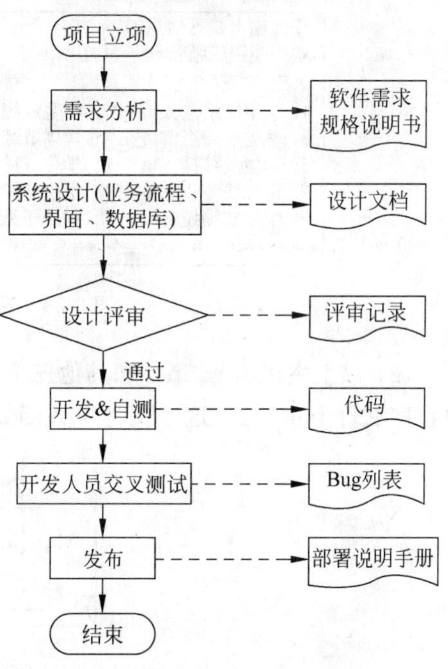

图 3-21　小型软件项目开发流程

优化学生项目案例 2-2：用户输入模块代码后，在程序中利用选择结构判断功能码的有效性，并用 switch 结构中的 case 子名实现一级菜单和各二级菜单函数间的调用，算法如图 3-22 所示。

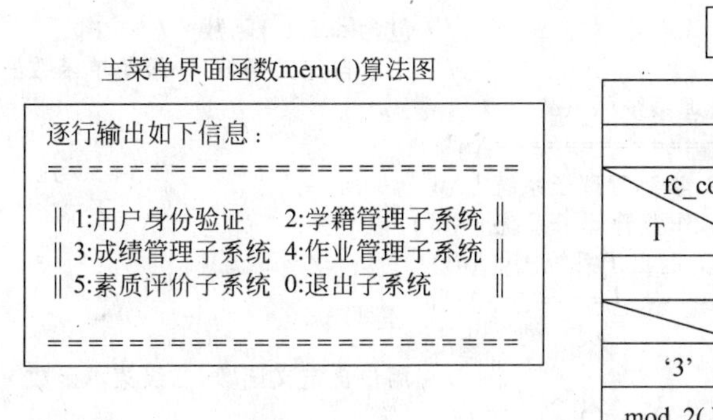

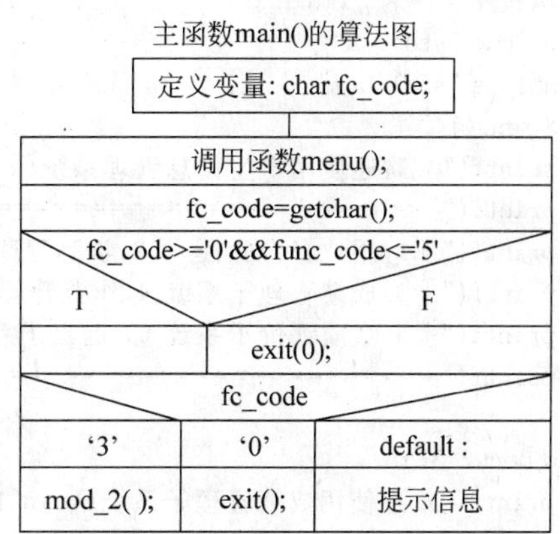

图 3-22　界面设计优化算法流程图

优化学生项目案例 2-3：修改学生项目案例 2-3 的主函数 main() 为"成绩管理子系统"的二级模块函数 mod_2()；再修改"成绩管理子系统"的二级菜单函数为 menu2_3()。利用选择结构，判断二级输入功能码的有效性，用 switch 结构中的 case 子句实现二级菜单中各提示信息的调用。算法和关系如图 3-23 所示。

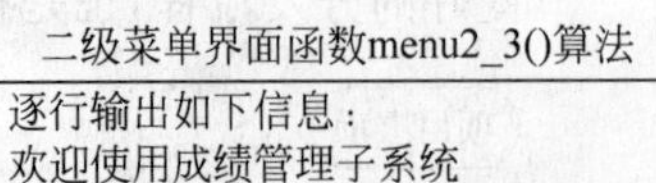

图 3-23 界面设计优化算法流程图

(2) 以上主函数 main()和其他三个自定义函数(menu( )、mod_2()、menu2_3())构成源程序文件 fmain. c。这个文件中各函数间关系如图 3-24 所示。

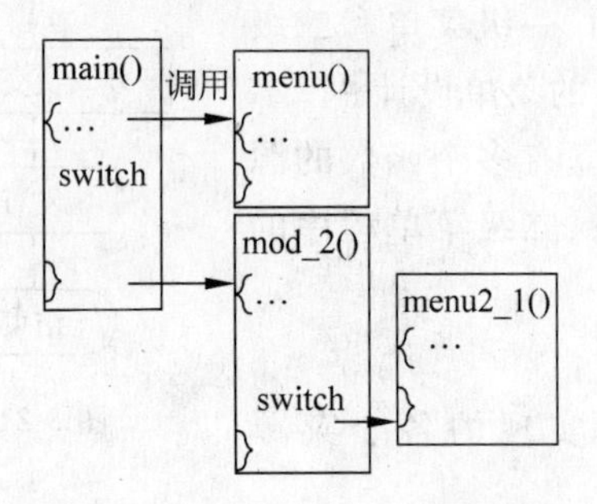

图 3-24 文件中的函数调用关系

(3) 建立一个包含多个函数的源程序文件 fmain. c,代码如下。

```
/ * 源程序文件名: fmain.c * /
# include "stdio.h"
# include "stdlib.h"                         / * 包含 exit( )函数 * /
void menu()                                 / * 用户自定义函数,一级菜单函数 * /
{   printf("  欢迎使用学生信息管理系统!\n\n");
    printf(" ============================= \n");
    printf(" ‖ 1:用户身份验证    2:学籍管理子系统 ‖ \n");
    printf(" ‖ 3:成绩管理子系统 4:作业管理子系统 ‖ \n");
    printf(" ‖ 5:素质评价子系统 0: 退出子系统     ‖ \n");
    printf(" ============================= \n");
}
void menu2_3()                              / * 用户自定义函数,二级菜单函数 * /
{   printf("欢迎使用成绩管理子系统!\n\n");
    printf(" =========================== \n");
    printf("1:   学生成绩录入 2:   学生成绩输出\n");
    printf("3:   学生成绩查询 4:   学生成绩修改\n");
    printf("5:   学生成绩插入 6:   学生成绩删除\n");
    printf("7:   班级成绩删除 8:   学生成绩排序\n");
    printf("9:   学生成绩统计 0:   退出子系统   \n");
    printf(" =========================== \n");
}
```

```
void mod_2()                                    /* 用户自定义函数,二级模块函数 */
{   char fc_code2;
    menu2_3();                                  /* 调用用户的自定义函数 */
    printf("请你在上述功能编号中选择...\n");
    fc_code2 = getchar();getchar();
    if(fc_code2 >= '0'&&fc_code2 <= '9')        /* 选择结构 */
    {   switch(fc_code2)
        {   case '0': printf("你选择退出本菜单.\n");
                  getchar();return;             /* 返回 */
            default: printf("你正在使用第 %c 个功能模块\n", fc_code2);
                  getchar();break;
        }
    }
    else    {printf("你选错了"); getchar();}
}
void main()                                     /* 主函数首部 */
{  char fc_code;                                /* 存放选择主选功能编码 */
   menu();                                      /* 函数调用 */
   printf("请选择功能编号进入系统...\n");
   fc_code = getchar();getchar();               /* 输入菜单代码 */
   switch(fc_code)                              /* 多选择 */
   {    case '0': printf("你选择退出系统.\n"); exit(0);   /* 退出并返回系统 */
        case '1':    case '2':    case '4':
        case '5': printf("本模块待开发.\n"); break;       /* 退出 */
        case '3': mod_2();                      /* 调用已开发的二级程序 */
                  break;
        default:  printf("你输错了!\n");
                  getchar();                    /* 暂停 */
                  printf("按任意键继续!\n");break;
   }
}
```

程序剖析：

① exit( )函数通常用在子程序中用来终结整个程序，使用后程序自动结束跳回操作系统。该函数包含在 stdlib.h 头文件中。一般，exit(0) 表示程序正常，exit(1)表示程序异常退出。

② 一个 C 语言程序文件可以包含多个 C 源文件。

③ 本程序中的函数定义为无参函数，存在主调函数和被调函数的关系。被调函数常用 return;语句返回主调函数。

【文本项目案例 3-1】 “文本编辑器”软件菜单界面的优化设计。

分析如下。

(1) 设计各一级功能模块对应的自定义函数。但由于某种原因(例如，有新的知识点未学，或其他编程人员没有交上程序)，设计临时函数，定义如下。

```
void file(void){ puts("正在使用文件功能模块…\n");}          /* 文件功能模块函数 */
void edit(void){ printf("正在使用编辑功能模块…\n");}        /* 编辑功能模块函数 */
void insert(void){printf("正在使用插入功能模块…\n");}       /* 插入功能模块函数 */
```

```
void format(void){printf("正在使用格式功能模块…\n");}      /*格式功能模块函数*/
void tools(void){ printf("正在使用工具功能模块…\n");}      /*工具功能模块函数*/
```

以上各函数只有一条语句。若有其他编程员有相应模块的程序,则替换这些临时程序。

(2) 主函数算法分析类同学生项目案例 3-3。但在 switch 语句中的各 case 子句,直接调用各临时函数。

(3) 程序如下。

```
#include "stdio.h"
#include <stdlib.h>                                     /*包含杂项函数及内存分配函数*/
/*自定义函数*/
void file(void){puts("正在使用文件功能模块…\n"); }         /*文件功能模块函数*/
void edit(void){printf("正在使用编辑功能模块…\n"); }       /*编辑功能模块函数*/
void insert(void){printf("正在使用插入功能模块…\n");}      /*插入功能模块函数*/
void format(void){printf("正在使用格式功能模块…\n");}      /*格式功能模块函数*/
void tools(void){printf("正在使用工具功能模块…\n");}       /*工具功能模块函数*/
void main()
{   char chnum;                                         /*存放选择主选功能编码*/
    system("cls");                                      /*清屏*/
    printf(" \n\n          欢迎使用自编文本编辑器软件!\n\n");
    printf(" \t=========================================\n");
    printf(" \t‖  文件(1) 编辑 (2) 插入(3) 格式(4) 工具(5)   ‖\n");
    printf(" \t=========================================\n");
    printf("          请你在上述功能编号中选择...\n");
    chnum=getchar(); getchar();
    switch(chnum)
    {   case '1': file(); break;                        /*调用文件函数*/
        case '2': edit(); break;                        /*调用编辑函数*/
        case '3': insert();break;                       /*调用插入函数*/
        case '4': format();break;                       /*调用格式函数*/
        case '5': tools();break;                        /*调用工具函数*/
        default:printf("你选择的功能模块号错误!\n");
                system("pause");                        /*系统暂停函数*/
                exit(0);
    }                                                   /*switch语句结束*/
}
```

程序剖析:

(1) #include <stdlib.h>是包含杂项函数及内存分配函数的头文件,exit 函数、system 函数均在此头文件中定义。

exit()是程序终止函数,函数原型: void exit(int status);。

其中,status 表示退出状态。0 表示正常退出,非 0 表示非正常退出。一般可以设 EXIT_FAILURE 表示操作系统程序非正常退出,EXIT_SUCCESS 表示操作系统程序正常退出。

(2) system 函数: system()函数用于向操作系统传递控制台命令行,以 Windows 系统为例,通过 system()函数执行命令和在 DOS 窗口中执行命令的效果是一样的,所以只要在运行窗口中可以使用的命令都可以用 system()传递,但要注意的是输入斜线时要输入两个,以防 C 语言当作转义字符处理。举例如下。

```
system("cls");                    /*清屏命令*/
system("date");                   /*显示或设置日期*/
system("pause");                  /*系统暂停函数*/
```

3.5 循环结构程序设计

程序设计中,不少实际问题需要许多具有规律性的重复操作,这就需要重复执行某些语句。一组被重复执行的语句称为循环体,循环体能否继续重复,取决于循环的终止条件。例如,输入全班学生成绩中,反复输入学生成绩是循环体,判断学生人数是终止条件;求若干个数之和,反复输入数据是循环体,判断数据个数是终止条件;迭代求根,迭代公式的反复使用是循环体,判断迭代次数是终止条件,等等。

循环结构(Loop Structure)可以减少源程序代码的重复书写,利用了计算机高速处理运算的特性,重复执行某一部分代码,以完成大量有规则的重复性运算。构造循环结构的关键三要素是循环变量、循环体和循环终止条件。循环结构是结构化程序设计的基本结构之一,熟练掌握及应用循环结构是程序设计的最基本的要求。

3.5.1 循环概念和机制

引例:求 $s=1+2+\cdots+100$ 的值。根据高斯解法或数列通项公式,可以快速得出答案。利用计算机高速处理运算的特性和循环算法求解这个问题过程如下。

设和值变量及初值 $s=0$。利用计算机变量特性实现"累加":$s=s+1, s=s+2, \cdots, s=s+100$。

多个数据连续相加叫累加,累加结果叫累加和。本问题中"累加"语句 100 条,如果 100 换成 1000、10 000、…累加语句更多。累加是重复执行的操作。

用变量 i=1 表示加数及其初值,同时控制循环次数,s 表示累加和,s+=i 是循环执行的操作,i<=100 是循环操作终止条件。NS 图描述此循环算法如图 3-25 所示。

循环结构是在某种条件成立时,反复执行某一程序段。被反复执行的程序段称为循环体,控制循环操作的条件叫循环条件。为使循环体能被正常循环执行,必须解决以下 3 个问题。

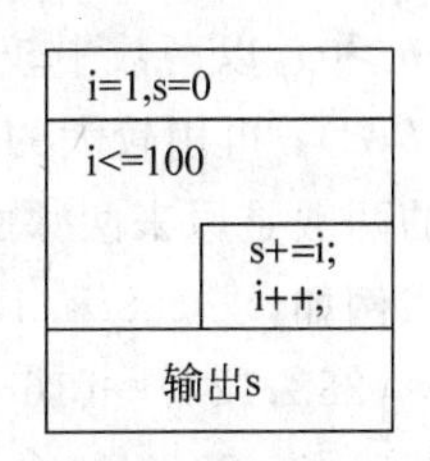

图 3-25 循环累加

(1) 循环前,确定循环变量和其他变量的初始值,关注对程序的影响。所谓循环变量,是指在循环算法执行过程中,影响循环是否执行的变量。循环变量常被反复赋值修改。例如,上述问题的循环结构中,变量 i 是循环控制变量,初值为 1,由其终值 100 构造控制条件 i<=100 决定循环执行次数,并且 i 充当加数。其他变量,如 s 是累加和,一般初值为 0。

(2) 确定循环体,并关注其对程序的影响。例如,上述循环结构中的循环体是"s += i; i++;"。其中 i++;语句修正了循环变量,会影响到循环条件的判断,同时也代表不同的加数;s += i;语句是对每个加数的累加。

(3) 设置循环终止条件,并关注其对程序的影响。循环结构不能永无终止地进行,一定要在某个条件下终止循环,这个条件称为循环控制条件。一般利用循环变量构造循环条件。循环结构中一定包含条件结构,通过判断条件结构决定循环是否正常执行。例如,上述问题中的 i<=100 是循环执行条件,反之循环终止。

为保证循环体的正常执行和退出,循环一般应具备如下三要素。

(1) 循环控制条件:为了保证循环体的正常执行和退出,必须设置、测试并判断循环控制条件,当条件满足时,执行循环体;条件不成立则结束循环。循环条件判断中,尤其注意判断边界条件。

(2) 循环控制变量设置及修正:利用循环控制变量构造循环条件以控制或影响循环体执行,也常借用循环变量计算循环体中相关表达式的值。进入循环前,循环控制变量应赋予合适的初值。循环体中,应对循环变量进行合理的修正。

(3) 循环体:循环体是重复执行的计算或操作。循环体中常修改循环控制变量的值,达到修改控制条件的目的。

【例 3-15】 求两正整数的最大公约数。

分析如下。

(1) 陈述问题:设两正整数为 a、b。它们的最大公约数即能够整除 a 和 b 的最大正整数。数学中记 a、b 的最大公约数为 gcd(a,b)。

(2) 需求分析:用户输入两个任意正整数 a、b,输出它们的最大公约数 gcd。

(3) 数学建模及处理流程示例如下。

最大公约数的求法有多种,例如,观察法、查找约数法、分解因式法、关系判断法、短除法、缩倍法、求差判定法(更相减损术)、辗转相除法等。

① "辗转相除法":也称欧几里得算法,用于求最大公约数。设两个数 a、b($a>b>0$),用较大的数除以较小的数——a/b,由其余数(r)和除数(b)构成一对新数(b,r),反复做上面的除法和操作,直到大数被小数除尽为止,这个较小的数就是最大公约数。

以求 288 和 123 的最大公约数为例,操作如下。

(288,123)→(123,42)→(42,39)→(39,3)→0,则 3 就是它们的最大公约数。

② 更相减损术:我国古代求最大公约数的方法。其算法是:对于给定的两个数 a、b(设 $a>b>0$),以两数中较大的数减去较小的数——$a-b$;然后将差(d)和较小的数构成一对新数(b,d);再用较大的数减去较小的数,反复执行此步骤,直到差数和较小的数相等,此时相等的两数是原来两数的最大公约数。

例如,求 288 和 123 的最大公约数,操作如下。

(288,123)→(165,123)→(123,42)→(81,42)→(42,39)→(39,3)→(36,3)→(33,3)→(30,3) →(27,3)→(24,3)→ (21,3)→(18,3)→(15,3)→(12,3)→(9,3)→ (6,3)→(3,3),3 是最大公约数。

(4) 确定算法,分析如下。

分析"辗转相除法",进入循环前,用户输入 a、b 的初值,如果 a<b,则交换 a 与 b 的值,a、b 的初值是初始数对。循环三要素如下。

① 循环变量设置及初值:循环变量应是 a 和 b 的余数 r,其初值 r=a%b。

② 循环体及循环变量修正:反复要做的计算和处理是"形成新数对 a = b;b = r;求新余

数 r = a % b;”，即语句块“a = b; b = r; r = a % b;”是循环体。循环体中求新数对的余数 r = a % b 是对循环变量的修正。

③ 循环条件：余数 r＝＝0 是循环终止条件，反之，r!＝0 是循环控制条件。用 NS 图描述算法如图 3-26 所示。

分析“更相减损术”，a 和 b 的初值由用户输入，首先若不满足 a＞b，需要交换 a 和 b 的值，循环三要素如下。

① 循环变量设置及初值：循环变量应是 a 和 b 的差 d，其初值 d＝a－b。

② 循环体及循环变量修正：形成新数对，若 b＞d 则 a = b, b = d;，否则 a = d;，修正循环变量值 d = a - b;。

③ 循环条件：d＝＝b 是循环终止条件，反之，d!＝b 是循环控制条件。用 NS 图描述算法如图 3-27 所示。

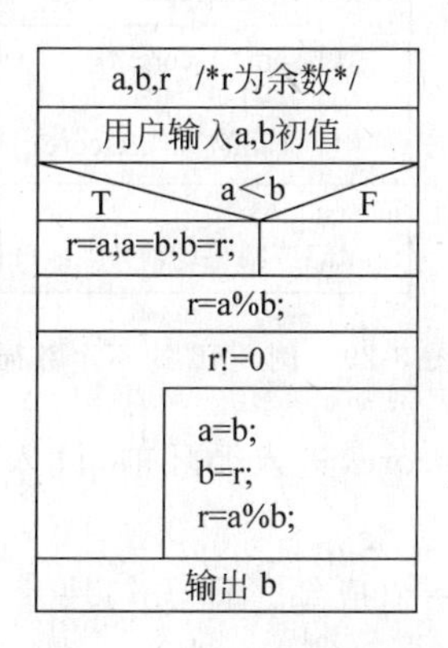

图 3-26　辗转相除法

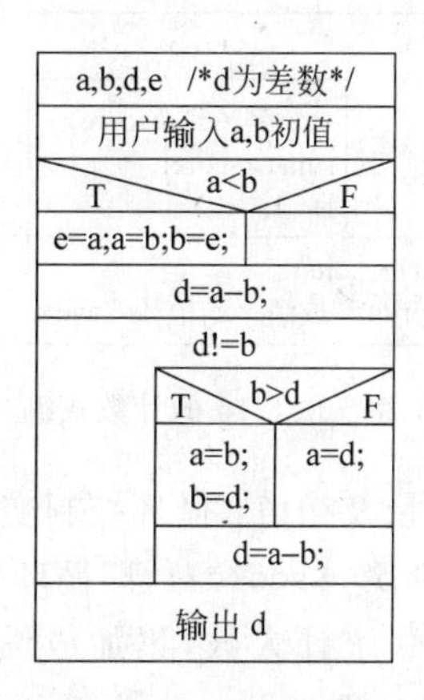

图 3-27　更相减损术

例 3-15 中循环次数未知，由变量 a 和 b 的初值决定循环次数。像这种事先难以确定次数的循环，称“不定数式循环”，常用“标记值”或“标记变量”控制循环结束，所以也称“标记式循环”。例 3-15 中，r 值为 0 作为结束循环的特殊标记值。

【例 3-16】 设计算法，求某班所有学生某门课程成绩的平均值。

(1) 需求分析：本质上这是求累加和(即多个数相加)。依次输入某班所有学生的成绩，输出数据是成绩平均值。

(2) 数学模型：平均成绩＝成绩和值/学生人数。

(3) 算法设计：设计的算法应具有“通用性”，可求出不同班级某门课程的平均值。

所谓“计数式循环”，即事先已知循环总次数的循环。设计计数式循环，除循环体语句外，关键是设计循环控制变量的初值、终值和循环变量变化步长值。若循环前已知学生人数，则循环是计数式循环。

设 n 变量表示学生人数，用户可在循环前输入班级实际学生人数。

设 score 表示某学生成绩，sum 表示成绩和值，i 统计循环次数。用“计数式循环”设计本问题，循环三要素如下。

① 循环变量设置：设循环控制变量为 i，初值为 1。

② 循环体及循环变量修正：每读入一个学生成绩，利用累加和公式 sum＋＝score 求成

绩和值,i+=1 统计学生人数。所以“scanf("%d",&score);sum += score; i += 1;”是循环体。

③ 循环条件:学生实际人数为循环变量终值,循环控制条件为 i<=n。

其 NS 流程图如图 3-28 所示。

本题也可用异于正常考试分数的负数或大于 100 的数,即特殊值作为结束标记标值,设计为“不定数循环”。

设 score 表示某个学生成绩,sum 表示成绩和值,i 统计循环次数,初值为 0,其最终结果是学生实际人数。用“标记值”设计本问题循环三要素如下,其 NS 流程图如图 3-29 所示。

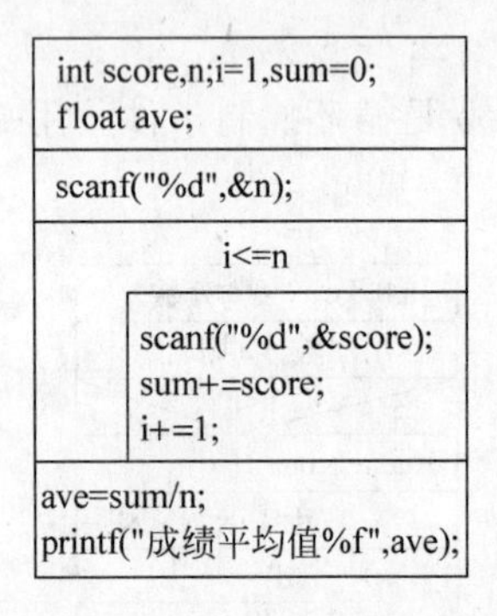

图 3-28 例 3-16 的计数式循环

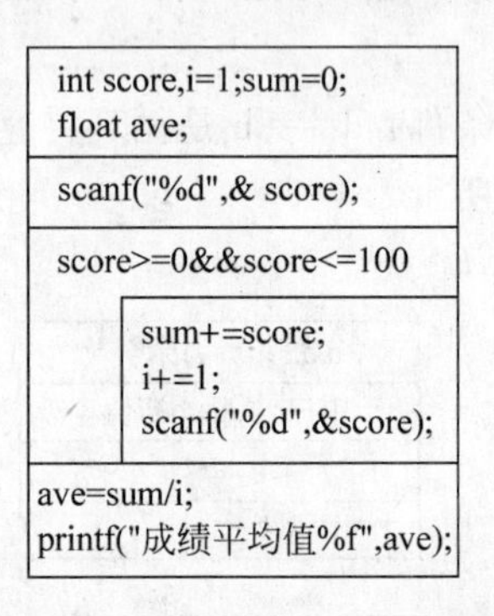

图 3-29 例 3-16 的不定数循环

① 循环变量及初值:循环控制变量为学生分数 score,进入循环前,读入第一个学生成绩值,scanf("%d",&score);,即循环变量的初值。

② 循环体:统计人数,累加成绩值,再读入下一个成绩。即语句块 i += 1; sum += score;scanf("%d",&score);为循环体。

③ 循环控制条件:出现异于正常考试分数的负数或大于 100 的数,结束循环。即只对正常数据形成循环,所以循环控制条件为 score >= 0&&score <= 100。

3.5.2 实现循环的三种语句

1. while 语句

while 语句也称为前测试循环语句,一般格式如下:

```
while(条件控制表达式)
    语句;
```

功能:先测试条件控制表达式,结果为真时,重复执行循环体子语句;否则结束循环语句,转去执行 while 语句的下一条语句。while 语句的执行流程如图 3-30 所示。

说明:

(1) while 是关键字。由于总是首先测试控制条件,所以也叫前测试循环语句。

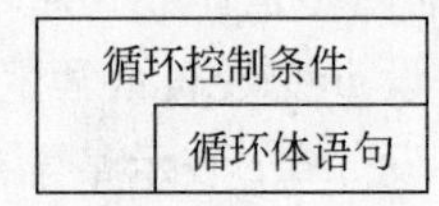

图 3-30 while 语句

(2) 控制表达式是 C 语言中任意合法的表达式,一般是条件表达式或逻辑表达式,其中圆括号是必须写的。

(3) 语法上,循环体是一条语句,可以是一个简单语句或复合语句。若是复合语句,必须有一对“{ }”。

【例 3-17】 用不定数标记式循环和 while 语句实现例 3-15,编码如下。

```
/* program ch3-17.c */
#include <stdio.h>
void main(void)
{   int a,b,r;
    printf("Please input two integers: ");
    scanf("%d%d",&a,&b);                  /*输入两个整型数*/
    if(a<b) { r=a; a=b; b=r; }            /*把大的数放前面*/
    r=a%b;                                /*循环变量置初值*/
    /*循环,直到两个数相除的余数为零*/
    while(r!=0)                           /*循环条件*/
    {  a=b; b=r;                          /*形成新数对,循环体*/
       r=a%b;                             /*求余数,修改循环条件*/
    }
    printf("最大公约数是%d",b);            /*打印出小的数,即最大公约数*/
}
```

【例 3-18】 用计数标记式循环和 while 语句实现例 3-16,编码如下。

```
/* program ch3-18.c */
#include<stdio.h>
void main(void)
{   int score, n, i=1, sum=0;             /*i=1,循环变量初值*/
    float ave;
    printf("请输入学生人数\n");
    scanf("%d",&n);                       /*形成循环变量的条件*/
    while(i<=n)                           /*循环条件*/
    {  printf("请输入第%d个学生成绩:\n",i);
       scanf("%d",&score);
       sum+=score;                        /*成绩累加求和*/
       i+=1;                              /*计数,修改循环变量*/
    }
    ave=sum/n;                            /*求平均成绩*/
    printf("成绩平均值%f",ave);            /*输出结果*/
}
```

程序剖析:

while 循环三要素及它们之间的关系如下。

进入 while 循环之前,应给循环变量(Loop Variable)赋初值,确保循环能够正确开始。循环控制变量的初值,可能会影响控制表达式的设计和循环体中的语序。

多数相乘叫累乘,结果叫累乘积。如求 10!。

设累乘器及其初值 s=1(把每次循环的中间结果累积起来),i 为循环控制变量,程序可编写如表 3-8 所示,仔细观察不同的循环变量初值对循环体语序和循环条件的影响。

表 3-8　不同程序比较

int s=1,i=0; while(i<10){i++;s=s*i;}	int s=1,i=1; while(i<=10){ s=s*i;i++;}	int s=1,i=10; while(i>0){ s=s*i; i--;}

比较表 3-8,会发现循环变量的初值不同,会影响控制表达式的构造和循环变量修正语句在循环体中的语序。

循环变量的初始值一般根据问题本身的特征选取,遵循下面的规则。

(1) 变量初值的选取,要符合问题规律及需要。例如,求阶乘计算中,要控制累乘 10 次,循环变量 i 的值从 1 递增到 10,初值为 1 更合适。

(2) 尽量与问题中所使用的被操作变量一致,减少变量个数。例如,【例 3-18】中 i 既是循环次数计数器,也统计了学生人数。

(3) 一般地,循环控制变量的初始值会影响循环控制条件表达式的选取。表 3-8 中,初值为 0,为保证 10 次循环,循环条件为 i<10。也影响循环中修改循环控制变量语句的语序,表 3-8 中先使 i 值递增,再求积。

【例 3-19】 用标记式循环和 while 语句实现例 3-16,编码如下。

```
#include "stdio.h"
void main(void)
{   int score, i = 1, sum = 0;
    float ave;
    printf("请输入第 1 个学生成绩: \n");
    scanf(" %d",&score);                        /* 循环变量置初值,形成循环变量的条件 */
    while(score>= 0&&score<= 100)
    {   sum += score;                           /* 累加求和 */
        i+= 1;                                  /* 统计学生人数 */
        printf("请输入第 %d 个学生成绩: ",i+1);
        scanf(" %d",&score);                    /* 输入学生成绩(更新循环变量) */
    }
    ave = sum/i;                                /* 求平均成绩 */
    printf("学生成绩平均值为: %f",ave);          /* 输出结果 */
}
```

【文本项目案例 3-2】 文本编辑软件小功能。统计从键盘输入的一段文字字符中各类字符的个数,以回车键作为段落结束标记。

分析如下。

(1) 问题描述:从键盘输入一段文字,以回车键(ASCII 码为 10)作为结束标记。假设输入的是英文,且把字符分类为空格、数字、英文字母和其他字符进行统计。

(2) 需求分析:假设 ch 代表输入的各字符,字符分为空格、数字、英文字母和其他字符,分别以变量 blank_cnt、digit_cnt、letter_cnt 和 other_cnt 表示各统计变量,程序输出统计结果。

(3) 处理流程:因输入语句的长短不一,所以使用基于标记值的 while 循环语句实现编程。选择回车键(ASCII 码值为 10)作为文章输入结束标志值。键盘输入的每个字符通过 ch 变量接收,对每次输入的字符分类统计。

① 循环变量设置及初值：循环变量即输入字符的变量ch，进入循环前，用ch = getchar();语句输入第一个字符，即得到循环变量初值。

② 循环体中的循环变量修正：对输入的每个字符分类统计（包括第一个字符），然后ch = getchar();继续输入下一个字符，即对循环变量进行修正。

③ 循环控制条件：若 ch!=10 继续循环；反之，循环结束。NS流程图如图3-31所示。

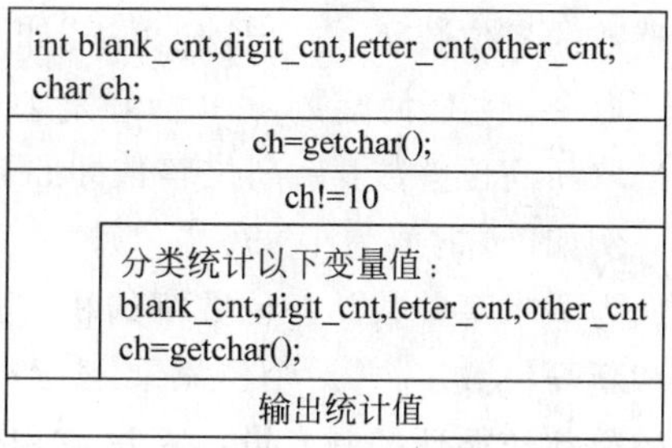

int blank_cnt,digit_cnt,letter_cnt,other_cnt;
char ch;

ch=getchar();

ch!=10

分类统计以下变量值：
blank_cnt,digit_cnt,letter_cnt,other_cnt
ch=getchar();

输出统计值

图 3-31 统计字符

(4) 程序如下。

```
#include <stdio.h>
void  main(void)
{    int blank_cnt = 0,digit_cnt = 0,letter_cnt = 0,other_cnt = 0; /* 统计变量定义 */
     char ch;                              /* 接收字符变量定义 */
     ch = getchar();                       /* 键盘输入字符初值，即循环控制变量初值 */
     while(ch!= 10)                        /* 若不是结束字符标记值，则继续循环 */
     {    if(ch == ' ')  ++blank_cnt;      /* 分类统计各类字符 */
          else  if(ch>= '0'&&ch<= '9')  ++digit_cnt;
                else  if(ch>= 'a'&&ch<= 'z' || ch>= 'A'&&ch<= 'Z')  ++letter_cnt;
                      else  ++other_cnt;
          ch = getchar();                  /* 继续输入下一个字符，即修改循环变量值 */
     }
     printf("%8s%8s%8s%8s%8s\n","blanks","digits","letts","others","total");
     printf("%8d%8d%8d%8d",blank_cnt,digit_cnt,lett_cnt,other_cnt);/* 结果 */
     printf("%8d\n", blank_cnt + digit_cnt + letter_cnt + other_cnt);
}
```

程序剖析：

(1) 使用while语句时，一定要确保循环控制条件最终会为假值，以便能退出循环。如果while的控制条件总是真，那么将执行一个无限循环（Infinite Loop）。

(2) 本题中，考虑在循环前、循环中和条件判断中均需要使用变量ch值，所以ch＝getchar()合并在条件中，程序段修改为：

```
while((ch = getchar())!= 10)          /* 若循环控制变量不是标记值，则继续循环 */
{    if(ch == ' ')  ++blank_cnt;      /* 分类统计 */
     else  if(ch>= '0'&&ch<= '9')  ++digit_cnt;
           else  if(ch>= 'a'&&ch<= 'z' || ch>= 'A'&&ch<= 'Z')  ++letter_cnt;
                 else  ++other_cnt;
}
```

【例 3-20】 某次抽奖时，设计的数据全部是正整数，如果抽出的多位整数各位数字之积等于1000则中奖。编程计算某个抽奖者是否中奖。

分析如下。

(1) 需求分析：本质是求整数各位数字的积。输入一个多位正整数，输出判断结果。

(2) 处理流程和算法设计：为了求整数的各位数字的积，首先要逐次拆分出整数中的各位数字，然后逐一累乘到积变量中。显然这是一个累乘循环结构。但不能事先确定这个整数有几位,所以不能用计数式循环。

(3)“个位分离法”求构成整数的各位数字。用“/”和“%”两个算术运算符可以拆分一个整数的各位数字。“个位分离法”如下。

取个位:任何整数%10 恰好是它的个位,表达式为 n%10。

取新高位整数:新高位整数即原数据除个位外的高位数据部分。表达式为 n/10。

例如:n 的值为 17896,“/”和“%”操作可以将它们分为两部分:1789 和 6。

为了求某整数的各位数字的积,每次循环中,将整数分离为个位和新高位数字,并对个位累乘,直到新高位数字是 0 为止。用输入的整数作循环控制变量。算法流程图如图 3-32 所示,其中变量 d 表示各位累乘积,n 表示不断更新的整数。

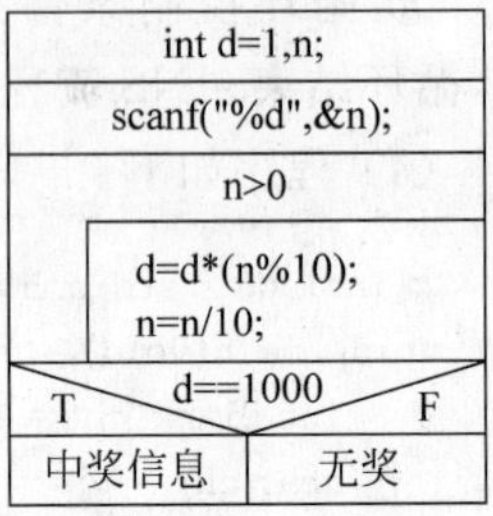

int d=1,n;
scanf("%d",&n);
n>0
d=d*(n%10);
n=n/10;
d==1000
T F
中奖信息 无奖

图 3-32 例 3-20 的算法流程图

(4)程序如下。

```
/* program ch3-20.c */
#include <stdio.h>
void main()
{   int d=1,n;
    printf("请输入一个正整数:\n");
    scanf("%d",&n);                      /*读入原始整数,即循环变量初值*/
    while(n>0)                           /*结束标记值为0,构成循环条件*/
    {  d=d*(n%10);                       /*取新个位,累乘求积*/
       n=n/10;                           /*形成新高位,修改循环控制变量*/
    }
    if(d==1000)         printf("恭贺您,中奖了.各位数字积=%d\n",d);
    else                printf("对不起,欢迎再来.各位数字积=%d\n",d);
}
```

小结:while 语句可实现计数式和非计数式循环。

循环如果写得不小心就会变成无限循环(Infinite Loop)或者叫死循环。如果 while 语句的控制表达式永远为真就成了一个死循环,例如 while (1) {…}。在写循环时要小心检查控制表达式有没有可能取值为假,除非故意写死循环(有时这是必要的)。

有时是不是死循环并不是那么一目了然,例如:

```
while(n!=^1)
{    if (n%2==0)  n=n/2;
     else n=n*3+1;
}
```

如果 n 为正整数,这个循环能跳出来吗?

循环体所做的事情是:如果 n 是偶数,就把 n 除以 2;如果 n 是奇数,就把 n 乘 3 加 1。一般来说循环变量要么递增要么递减,可是这个例子中的 n 一会儿变大一会儿变小,最终会不会变成 1 呢?可以找个数试试,例如一开始 n 等于 7,每次循环后 n 的值依次是 7、22、11、34、17、52、26、13、40、20、10、5、16、8、4、2、1。最后 n 确实等于 1 了。

可以再试几个数,结果都是如此。但无论试多少个数也不能代替证明,这个循环有没有可能对某些正整数 n 是死循环呢?至于这个循环有没有可能是死循环,这是著名的 $3x+1$ 问题,目前世界上还无人能证明。许多世界难题都是这样的:描述无比简单,连小学生都能看懂，但证明却无比困难。

2. do-while 语句

有时无论条件成立与否，需要先执行一次循环体语句，再对输入的条件进行判断，这是直到型循环。直到型循环用 do-while 语句来实现。do-while 语句的一般形式：

```
do
   语句;
while(表达式);
```

功能：首先执行 do 后面循环体语句一次，然后计算 while 后面条件表达式的值，若为真则继续执行循环体，否则退出循环。

说明：

(1) 语法上，do-while 是一条语句，do…while(表达式)之后的分号不可省略。

(2) do-while 的内嵌“语句”是循环体，它可以是一条语句，也可以是复合语句。若是复合语句则一对花括号“{}”不能省。

do-while 语句与 while 循环的主要区别是：while 循环先判断循环条件再执行循环体，循环体可能一次也不执行。do-while 语句的执行流程如图 3-33 所示。

例如，用 do-while 语句求 10!，NS 流程图如图 3-34 所示，程序如下。

```
int i = 1,s = 1;                  /* i = 1 循环变量初值,累乘积 s 置初值,i 兼做乘数 */
do
   s * = i++ ;                    /* 先累乘,后置加 i++ 修改循环变量,合并为一条语句 */
while(i <= 10);                   /* 控制条件满足,继续循环 */
```

循环语句;

循环控制条件

图 3-33 do-while 语句

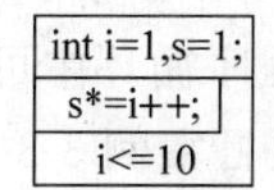

图 3-34 求 10!

由于循环变量 i 的初值为 1，所以第一个乘数被执行乘积。用 do-while 求 10!，此程序段循环体至少被执行一次。

若循环变量 i 初值为 0，循环体语句可修改为 s = s * ++ i;，循环条件应修改为 i＜10。

```
int i = 0,s = 1;                  /* 循环变量 i、累乘积 s 置初值,i 也是乘数 */
do   s * = ++ i; while(i < 10);   /* 前置加 i++ 先修改循环变量,后累乘 */
```

【学生项目案例 3-4】 “学生信息管理系统”菜单程序的再优化——循环显示。

分析如下。

(1) 问题背景：用户选择某菜单并执行相应功能后，菜单界面应循环再显示。

在学生项目案例 3-3 中，设计了软件的主菜单和二级菜单及相应的调用程序。但是用户只能做一次选择便退出了菜单界面返回操作系统。

用户使用某软件，在菜单中选择某功能并执行后，如果没有选择退出系统功能，软件应该再继续显示当前菜单，供用户进行其他选择。若是主菜单中选择退出，应返回操作系统；若是其他级菜单，应返回其上级菜单。

(2) 处理过程：选用各级菜单界面时，菜单至少应出现一次，用 do-while 语句实现。

一级界面再优化：学生项目案例 3-3 中，一级界面再优化后，设计了主函数 main()，主菜单函数 menu()。为了使主菜单多次显示且至少出现一次，修改 main()函数，其算法如图 3-35 所示。

二级界面再优化：二级界面再优化后，对应的二级“成绩管理子系统”设计了函数 mod_2()，该函数调用二级菜单函数 menu2_3()，为了使二级菜单多次显示且至少出现一次，修改 mod_2()函数，算法如图 3-35 所示。

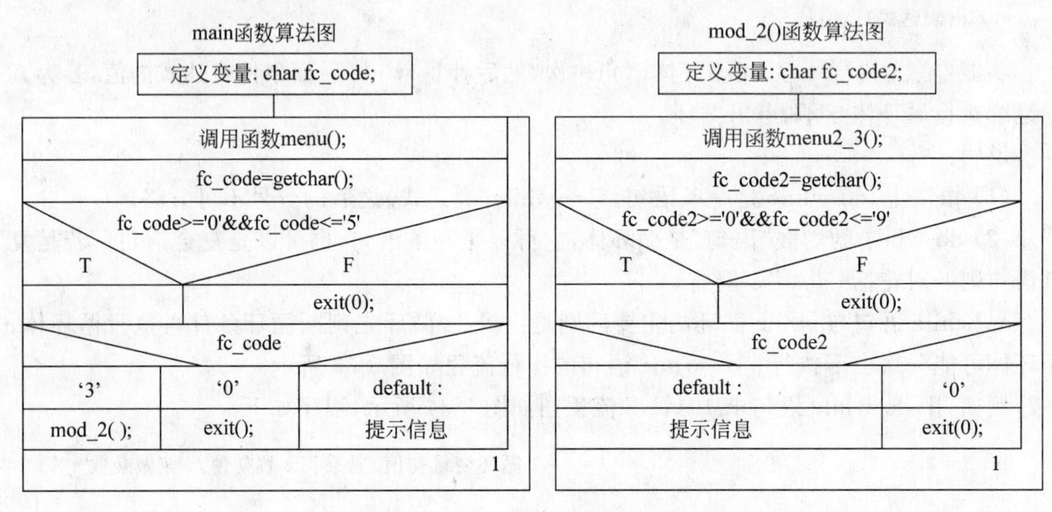

图 3-35　各级菜单循环算法图

算法中的 do-while 语句均使用了“永真式”循环，即循环条件永远为真值，例如值 1。这是一种无限循环。程序循环中可用 exit()函数、return 语句等退出循环。

(3) 利用学生项目案例 3-3 中的 menu()和 menu2_3 ()函数，程序修改优化如下。

```
#include "stdio.h"
#include "stdlib.h"                                 /* 包含 exit( )函数 */
void menu()                                         /* 用户自定义函数，一级菜单函数 */
{  printf("   欢迎使用学生信息管理系统!\n\n");
   printf(" ============================= \n");
   printf("‖1:用户身份验证    2:学籍管理子系统 ‖\n");
   printf("‖3:成绩管理子系统 4:作业管理子系统 ‖\n");
   printf("‖5:素质评价子系统 0: 退出子系统    ‖\n");
   printf("============================== \n");
}
void menu2_3()                                      /* 用户自定义函数，二级菜单函数 */
{  printf("欢迎使用成绩管理子系统!\n\n");
   printf(" =========================== \n");
   printf("1:   学生成绩录入 2:   学生成绩输出\n");
   printf("3:   学生成绩查询 4:   学生成绩修改\n");
   printf("5:   学生成绩插入 6:   学生成绩删除\n");
   printf("7:   班级成绩删除 8:   学生成绩排序\n");
   printf("9:   学生成绩统计 0:   退出子系统   \n");
   printf(" ============================= \n");
```

```
}
void mod_2()                                          /* 优化后的函数 */
{   char fc_code2;                                    /* 功能代码 */
    do{ system("CLS");                                /* 清屏 */
        menu2_3();                                    /* 调用二级菜单,至少出现一次 */
        printf("请你在上述功能编号中选择...\n");
        fc_code2 = getchar();                         /* 用户输入菜单码 */
        if(getchar()!= ^10)
        {  puts("对不起,你输入的功能模块号多于一位,是错的!!!\n");
           exit(0);                                   /* 选择错误,退出程序 */
        }
        if(fc_code2 >= '0'&&fc_code2 <= '9')          /* 功能号有效性判断 */
           switch(fc_code2) {
              case '0': puts("你选择退出本菜单.\n");return;     /* 返回调用程序 */
              default: printf("你正在使用第 %c 个功能模块.\n", fc_code2);
                   printf("请按回车键继续...\n");
                   getchar();break;
           }
        else{ puts("对不起,你选择的功能模块号是错的!!!\n");  exit(0);}
    }while(1);                                        /* 永真式循环 */
}
void main()                                           /* 优化程序 */
{   char fc_code;                                     /* 存放选择主选功能编码 */
    system("CLS");                                    /* 清屏 */
    do{ system("CLS");                                /* do-while 循环 */
        menu();                                       /* 函数调用,至少出现一次 */
        printf("请选择功能编号进入系统...\n");
        fc_code = getchar();
        if(getchar()!= ^10)
        {  puts("对不起,你输入的功能模块号多于一位,是错的!!!\n");
           exit(0);                                   /* 选择错误,退出程序 */
        }
        if(fc_code >= '0'&&fc_code <= '5')            /* 功能号有效性判断 */
             switch(fc_code)
              {   case '0': puts("你选择退出系统.\n");exit(0); /* 退出程序 */
                  case '3': mod_2(); break;           /* 调用二级函数 */
                  default: printf("你正在使用第 %c 个功能模块.\n", fc_code);
                       printf("请按回车键继续...\n");
                       getchar();break;
              }
        else{      printf("对不起,你选择的功能模块号是错的!!!\n"); exit(0);  }
    }while(1);                                        /* 永真式循环 */
}
```

程序剖析：

一般情况下,应避免死循环的发生,但也可巧妙利用这种语句现象处理一些特殊问题。本题中,若用户选择功能键正确且不选择退出,菜单界面循环应一直执行。

3. for 语句

for 语句是很重要的一个循环控制语句,功能更强,使用更广泛。for 循环格式特殊,能将循环三要素都放在for表达式中。常用for语句实现计数式循环,可简化程序。

for语句的一般格式如下:

```
for(表达式 1;表达式 2;表达式 3)
    语句;
```

for语句的执行过程如下,NS流程如图3-36所示。

(1) 首先计算表达式1的值一次,为循环控制变量赋初值。

(2) 判断表达式2,其值为真则执行循环体,否则退出循环,执行for语句之后的语句。

(3) 每次执行完循环体,计算表达式3。然后返回第(2)步,依次重复。

表达式1	
表达式2(循环条件)	
	循环体语句 表达式3

图3-36 for语句的NS图

说明:

(1) for是关键字,圆括号中的三个表达式用分号隔开。圆括号和两个分号必不可少。

例如,

```
for(i = 0,i < n,i += 3) sum += i;          /* 错.表达式 1、表达式 2、表达式 3 之间无分号 */
```

(2) 表达式1是循环变量赋初值表达式,只在循环开始前执行一次。

(3) 表达式2是循环控制条件表达式,其值为真,则执行循环体语句,否则退出循环。

(4) 表达式3是修改循环控制变量的表达式。

例如,用一个for语句求10!的程序段,可简化如下:

```
for(s = 1,i = 1;i <= 10;s = s * i,i++ );
```

其中,累乘积s和循环变量i置初值合并为逗号表达式1,循环体语句和循环变量修正合并为逗号表达式3,for循环体语句是空语句。

特殊情况下,如果for中的某表达式为空或与循环无关,则在for语句的外部或循环体内应设置相关的处理。看下面几个for语句的简单例子。

(1) 求"1~10的累加和"的for语句如下。

```
for(sum = 0,i = 1;i <= 10;i++ ) sum += i;  /* 表达式 1、表达式 2、表达式 3 都有 */
```

(2) 求"1~10的累加和"的代码如下,省略表达式1。

```
sum = 0,i = 1;                          /* 表达式 1 在 for 语句之前出现 */
for(;i <= 10;++ i)      sum += i;       /* 省略表达式 1,但分号不能省 */
```

(3) 求"1~10的累加和"的代码如下,省略表达式1和表达式3。

```
sum = 0, i = 1;          /* 表达式 1 在 for 语句之前 */
for(;i <= 10;)           /* 省略表达式 1 和表达式 3,但分号不能省 */
    sum += i++ ;         /* 等价于 sum += i,i++ ;."i++"是表达式 3,在循环体中出现 */
```

(4) 实现"1~10的累加和"的代码如下,省略表达式1、表达式2和表达式3。

```
sum = 0,i = 1;           /* 表达式 1 在 for 语句之前 */
for(; ;)                 /* 省略表达式 1、表达式 2 和表达式 3,但分号不能省 */
{   sum += i++ ;         /* 等价于 sum += i,i++ ;,i++ 是表达式 3 */
```

```
    if(i>10)  break; /*表达式2出现在条件语句中*/
}
```

注意：由于计算机中数据表示的限制，不可能求任意数的阶乘和累加和。

尽管C语言允许for表达式可省略，但建议不要采用，以提高程序的可读性和可维护性。

【例3-21】 常用数学公式编程。计算等差数列的和，并打印该等差数列。

分析如下。

(1) 问题描述：有许多数学公式可以编程实现计算。等差数列是类似4,7,10,13,16,…，的数据序列。

(2) 需求分析：程序设计应具有通用性。用户输入需计算数列的上、下限和步长，输出结果为等差数列与数列和。

(3) 算法设计：数列的上、下限和步长已知，则数列的个数确定，为已知次数的求和，宜用for语句实现。设i为循环控制变量，循环从数列下限开始加起求和，按步长控制循环变量的递变，用上限控制循环的结束。

① 循环体：设变量i、base、max、min分别表示数列数据、数列步长、上限和下限，sum表示数列数据累加和。则循环体语句为：

```
printf("%8d",i);sum+=i;
```

② for循环的三个表达式：表达式1为`i=min;`，表达式2为`i<=max;`，表达式3为`i+=base;`。

本题的NS流程如图3-37所示。

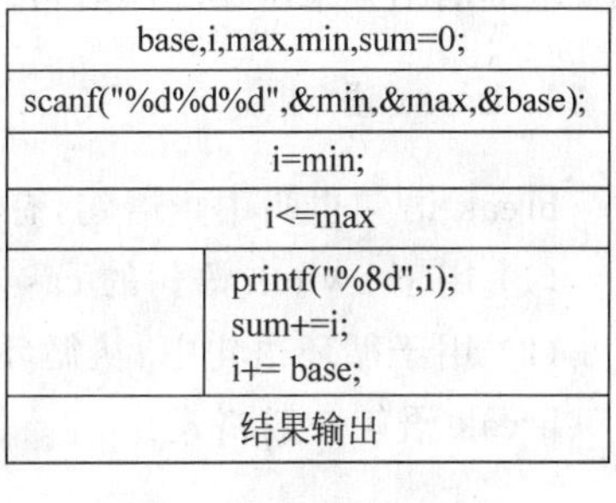

base,i,max,min,sum=0;	
scanf("%d%d%d",&min,&max,&base);	
i=min;	
i<=max	

	printf("%8d",i);
	sum+=i;
	i+= base;

结果输出	

图3-37 计算等差数列和

(4) 程序代码如下。

```
/* program ch3-21.c */
#include <stdio.h>
void main(void)
{   int base,i,max,min;
    float sum=0;
    /*程序数据输入部分*/
    printf("请输入数列的上、下限和步长值\n");
    scanf("%d%d%d",&min,&max,&base);
    for(i=min;i<=max;i+=base)
    {   printf("%8d",i);                    /*输出数列值,并控制输出格式*/
        sum+=i;                             /*累加求和*/
    }
    printf("\n\n%数列总和 sum=%f\n",sum);    /*结果输出*/
}
```

尽管for语句可以很轻易地用while语句改写，但在适当的情况下使用for是有好处的。在for语句中，关于将要被执行的循环的信息都包含在语句的控制行中。

通过以上例子，可以总结如下。

(1) for语句中的表达式1和表达式3可以是逗号表达式。建议在三个表达式中只出现与循环控制变量有关的表达式。

(2) 表达式3不仅可以自增，也可以自减，还可以是加(减)一个整数。例如：for(i=

10;i>=0;i-=2)表示循环控制变量从10变化到0,每次减少2。

(3) 当进行递增操作时,循环向上计数,表达式1的值要小于表达式2的值;当进行递减操作时,循环向下计数,表达式1的值要大于表达式2的值,否则将成为无限循环。

(4) for结构不是狭义上的计数式循环,而是广义上的循环,即可以处理循环次数已知的情况,也可以处理循环次数未知的情况。

如求某班学生某门课程的平均值程序,基于标记值的for循环语句程序段可设计为:

```
scanf("%f",&score);     /*读入第一个学生成绩,即循环变量置初值,是表达式1*/
for(;score>=0&&score<=100;count++)  /*count统计学生人数,并非修改循环变量*/
{   sum+=score;                          /*成绩累加*/
    scanf("%f",&score);    /*读入下一个学生成绩,即修改循环变量值,是表达式3*/
}
```

while、do-while和for三种循环语句形式不同,但主要结构成分都是循环三要素。三种语句都可以实现循环,但有一定区别,使用时可根据语句特点和实际问题需要选择合适的语句。

3.5.3 循环中的break和continue语句

为了使循环控制更加灵活,C语言提供了break语句和continue语句,用于修正循环。有时由于某种特殊情况的发生,要求提前终止循环退出循环执行,这需要break语句的配合。或要求提前结束某次循环体语句的执行,开始下一次循环,这需要continue语句的配合。

1. break语句

break语句也叫中止语句,有如下两种使用方法。

(1) 用于switch语句的case子句中,直接退出所在的switch语句。

(2) 用于循环语句中,从循环体内直接退出当前循环语句,结束循环的执行。

break语句一般格式:

```
break;
```

功能:用于循环语句,强行结束其所在的循环语句执行,转向执行循环语句的下一条语句。用于switch语句中,强行结束其所在的多分支语句执行。

注意:对于嵌套的循环语句和switch语句,break语句的执行只能退出直接包含break的那一层结构。

2. continue语句

continue语句叫接续语句,只能用于循环语句中,提前结束循环语句中循环体的本次循环,开始下一次循环体的执行。continue一般格式如下:

```
continue;
```

功能:对于for循环,跳过循环体其余语句,转向循环表达式3的计算;对于while和do-while循环,跳过循环体其余语句,但转向循环控制条件的判断。

continue 语句改变了某次循环的执行流程，作用是在该语句处提前结束本次循环体的执行，忽略循环体中该语句后的语句，开始下一次的循环，也叫短路语句。

continue 语句与 break 语句通常与 if 语句结合使用。break 语句是立即结束循环，而 continue 语句并不能结束循环，它只是结束当次循环，即忽略循环体中的剩余部分，而直接转到循环开头，执行下一次循环。

【例 3-22】 阅读并分析下列程序的运行结果，体会 break 语句和 continue 语句的使用。

```
#include <stdio.h>
void main(void)
{  int a,b = 1;
   for(a = 1;a <= 100;a++ )              /* for 循环可能执行 100 次 */
   {    if(b >= 10)  break;              /* 若条件满足,退出循环 */
        if(b % 3 == 2)  continue;        /* 条件满足,中止当次循环 */
        b += 3;
        printf("b = %d\t",b);
   }
   printf("\na = %d\n",a);
}
```

```
"D:\新建文件夹 (2)\Debug\Cpp1.
b=4      b=7      b=10
a=4
Press any key to continue_
```

图 3-38　程序运行结果

程序运行结果如图 3-38 所示。

程序剖析：

分析本程序中的 for 语句的三个表达式，循环体可能执行 100 次。如果 if(b >= 10) break;条件语句满足，break;将被执行，导致 for 循环语句提前结束，不能完成 100 次循环。若 if(b % 3 == 2) continue;条件语句满足，则循环体中的剩余语句 b += 3; printf(" %4d", b);不被执行，而直接开始下一次循环。

【例 3-23】 求一组任意正数的和。

分析如下。

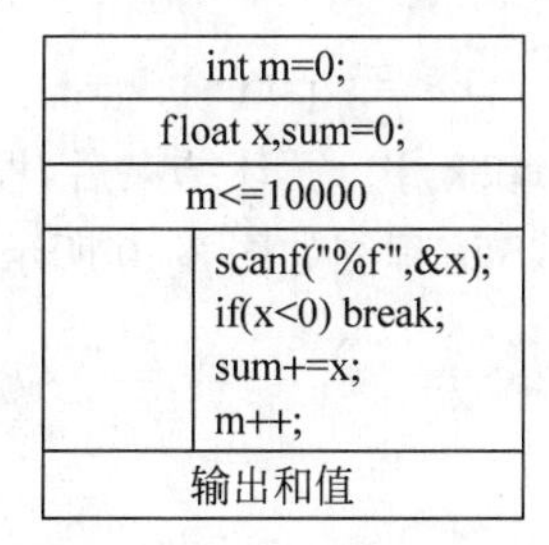

图 3-39　求一组正数的和

实际中经常求一组数据之和，但不知这组数据有多少个。可以假定这组数据有许多（如 10 000 个），选任意一个负数（或异常数据）作为循环结束标记值，构造符合条件的 break 语句，控制中途退出循环。这是循环中途退出问题。

选择 for 语句实现计数循环。循环体：读入被加数 scanf(" %f",&x);，然后判断被加数，if(x < 0) break;，否则被加数累加，即 sum += x;。NS 流程图如图 3-39 所示。程序设计如下。

```
/* program ch3 - 23.c */
#include <stdio.h>
void main(void)
{   int m;                               /* 循环控制变量 */
    float x, sum = 0;                    /* 被加数、累加和变量 */
    for(m = 0;m <= 10000;m++ )           /* for 计数式循环 */
    {   scanf(" %f",&x);                 /* 读入被加数 */
        if(x < 0)     break;             /* 控制退出 for 循环语句 */
        sum += x;                        /* 累加被加数 */
```

```
    }
    printf("\nThe number of values = %d\n",m);
    printf("sum = %f\n",sum);
}
```

【例 3-24】 素数判断问题：判断一个大于1的正整数是否为素数。

分析如下。

(1) 问题描述：所谓素数，也叫质数，是指除了1和本身外无其他因子的数。根据素数定义：对于大于1的数 N，若在$[2,N-1]$范围内没有因子，则 N 是素数。反之，N 不是素数。判断一个数是否为素数还可根据数学定律，提高判断素数的速度。有关数学定律如下：

自然数中只有一个偶数2是素数；根据因子的偶对性，若一个数 N 在$[2,\mathrm{sqrt}(N)]$范围内无因子，则该数为素数，否则不是素数。

(2) 需求分析：要求用户从键盘输入一个数 N，输出为判断结果。

(3) 处理流程：用$[2,\mathrm{sqrt}(N)]$范围内的所有数循环试除 N，如果 N 能被某一个数整除，说明该数有因子，则终止循环，不需再试除其后的数，说明此数非素数。设 N 的因子用 k 表示，则 k 的可能范围是$[2,\mathrm{sqrt}(N)]$。

"标记变量法"：若需要判断事物的某种状态，可设计一标记变量，用变量的不同取值代表事物的不同状态。可假设事物的初始状态为某状态，即标记变量取为某初值。处理过程中，若出现与假设不符的情况，立即修改标记变量值，最后根据标记变量对事物状态进行判断。

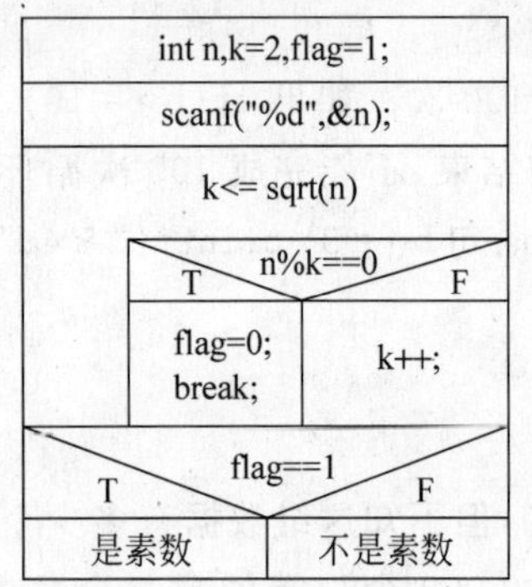

图 3-40 素数判断

整数n有素数和非素数两种状态。假设整数n是素数，初始状态为没有因子，用标记变量 flag=1 表示该状态。若找到该数n的一个因子，则修改标记变量状态 flag=0，并结束循环。

寻找因子k的for表达式：k = 2;k <= sqrt(n);k++。循环体：if(n%k) == 0 {flag = 0; break;}。循环结束后，根据flag的值来判断该数是否为素数。NS流程图如图 3-40 所示。

(4) 程序如下。

```
/* program ch3 - 24.c */
#include "stdio.h"
#include "math.h"
void main( )
{   int n,k,flag = 1;                  /*假设 n 是一个素数,则 flag = 1; k 为除数因子变量*/
    printf("请输入一个大于 1 的正整数");
    scanf("%d",&n);
    for(k = 2;k <= sqrt(n);k++ )       /*因子变量在判断范围变化*/
        if(n % k == 0)                 /*因子试除*/
        {  flag = 0; break; }          /*若有因子,改变标记,循环提前终止*/
    if(flag == 1) printf(" %d is a prime\n" ,n);      /*退出循环,根据标记判断*/
    else    printf(" %d is not a prime\n" ,n);
}
```

判断一个数是否为素数,还可以在退出循环后,判断最后一个试除因子的大小来确定该数是否为素数。因为若是正常退出循环,则循环变量(即试除因子)大于 sqrt(n),说明该数无因子,不是素数;否则,非正常退出循环,循环变量(即试除因子)一定小于或等于 sqrt(n),说明该数有因子,是素数。此法编写的判断素数程序如下。

```
#include "stdio.h"
#include "math.h"
void main()
{    int n,k;
     printf("请输入一个大于1的正整数");
     scanf("%d",&n);
     for(k=2;k<=sqrt(n);k++)                    /*在判断范围内无因子,循环正常终止*/
         if(n%k==0)  break;                      /*有因子则循环提前终止*/
     if(k>sqrt(n))  printf("%d is a prime\n",n);    /*循环变量判断法*/
     else   printf("%d is not a prime\n",n);
}
```

【文本项目案例 3-3】 文本编辑软件有各种统计功能,如统计某类字符或某个文字的个数。用指针指向一篇文章,编程统计该文章中指定字符的个数。

分析如下。

(1) 问题背景:文章段落一般以回车结束,一篇文章可以视为包含若干段落的字符串。

(2) 其他知识:字符型指针可以指向一个字符串常量,表示字符串常量的首地址。通过指针的加法运算可以改变指针的值,移动指针,使指针指向字符串中的下一个字符(在数组与指针章节中详述)。

在 stdio.h 中定义了 NULL 标准常量,表示"空"或 0。

(3) 算法分析如下。

① 定义字符指针指向字符串。

② 用户从键盘输入待统计的字符。

③ 判断指针指向字符串中的当前字符是否为待统计字符,若是,则计数;否则,指针加法运算指向下一个字符并判断。

④ 若字符串未结束,继续循环执行③。

⑤ 输出统计结果。

(4) 程序如下。

```
#include "stdio.h"
void main()
{   /*指针p指向字符串*/
    char *p="The furthest distance in the world\nIs not between life and death\nBut when I
             stand in front of you\nYet you don't know that I love you\n";
    char ch,*q=NULL;           /*ch是待统计的字符.指针q指向空,即不指向任何位置*/
    int count=0;               /*待统计字符计数器清零*/
    printf("打开并显示已有文件:\n");
    printf("%s\n",p);                    /*指针p指向字符串首地址*/
    printf("请输入待统计的字符:\n");
    scanf("%c",&ch);  getchar();         /*输入待统计的字符*/
```

```
    for(q = p; *q!= '\0'; q++ )
    {   if( *q!= ch)  continue;                    /* 当前字符不是待统计的字符,跳过后面语句 */
        count++ ;                                  /* if 条件不成立时执行,累计 */
    }
    printf(" %c 的个数是: %d\n",ch,count);          /* 输出结果 */
}
```

程序剖析:

(1) q=p,指针赋值操作,只有同类型指针变量才可以相互赋值。q 也指向字符串。

(2) q++的意思: 此处,字符指针变量自加 1,即地址加 1 个字符位置,指向字符串中的下一个字符。

(3) *q! ='\0'。*q 即取当前 q 指针指向的字符,并与串结束标记比较。

(4) continue;语句结束当次循环,开始下一次循环体的执行。

(5) 单斜杠\,用在语句末尾是续行符,表示下一行和上一行是同一语句。

3.5.4 循环嵌套

一个程序中的多个循环语句之间存在两种关系: 并列和嵌套。

循环之间不允许有交叉。循环语句之间的关系如图 3-41 所示。

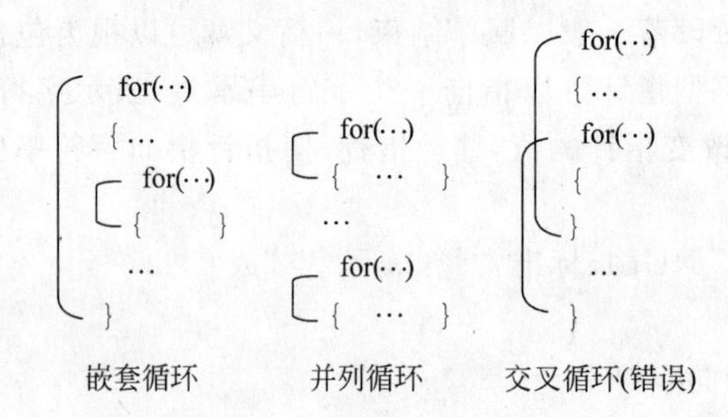

图 3-41 循环语句的关系

一个循环语句的循环体内完整地包含另一个完整的循环结构,称为循环嵌套。

这种嵌套的过程可以有很多层,一个循环的外面有一层循环叫双重循环,如果一个循环的外面有两层循环叫三重循环,……其中外层的循环称为外循环,嵌套在循环体内的循环称为内循环。

理论上嵌套可以是无限的,但一般使用两重或三重循环,若嵌套层数太多,就降低了程序的执行效率。

三种循环语句 while、do-while、for 可以互相嵌套,自由组合。外层循环体中可以包含一个或多个内层循环结构,每一层循环体都应该用{ }括起来。

【例 3-25】 寻找某数据范围中的所有素数。求 100 以内的所有素数。

分析如下。

结合例 3-24 算法分析,运用"枚举法"寻找 100 以内的所有素数。

"枚举法": 又称穷举法,是一一列举出问题的所有可能解,并在逐一列举过程中,检验可能解是否为问题真解。筛选真解过程中,列举的可能解既不能遗漏也不能重复。

在[3,100]范围内逐一枚举每个数据,利用例3-24中的算法判断每个数是否为素数,是素数则输出。显然,寻找某范围内的素数枚举法是计数式循环。设n变量表示被枚举的可能解变量,用for语句实现枚举,for语句的三个表达式分别为n=3,n<100,n++。而判断每个数是否为素数也是循环结构,所以这是一个双重循环结构程序。NS流程如图3-42所示,程序如下。

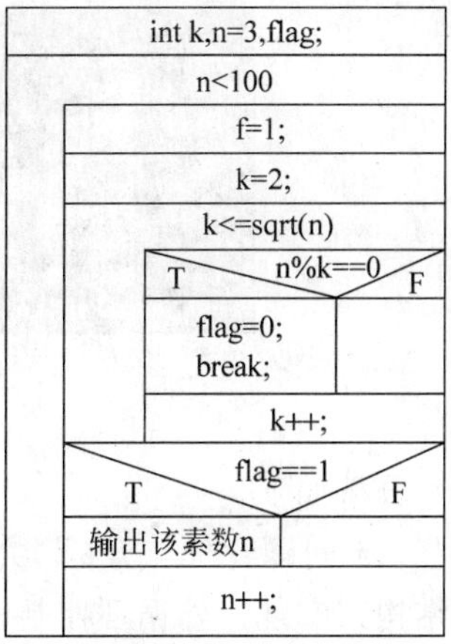

int k,n=3,flag;
n<100
f=1;
k=2;
k<=sqrt(n)
n%k==0 T F
flag=0;
break;
k++;
flag==1 T F
输出该素数n
n++;

图3-42 素数枚举法

```
/* program ch3-25.c */
#include "stdio.h"
#include "math.h"
void main()
{    int k,n,flag;
     /*外循环,枚举法*/
     for(n=3;n<100;n++)
     {    flag=1;             /*假设n为素数的标记变量*/
          /*内循环,判断某数n是否为素数*/
          for(k=2;k<=sqrt(n);k++)
               if(n%k==0)  {flag=0;break;}             /*找到因子,n不是素数*/
          if(flag)  printf("%5d",n);                   /*该数是素数,则输出*/
     }
}
```

程序剖析:

(1) 多重循环程序执行时,外循环每执行一次,内循环要完整执行一遍。

(2) 因为对n的每一个可能取值,都要先假设其为素数,所以程序中标记变量flag=1位置在外循环的循环体中,内循环之前。请注意这个位置。

(3) 嵌套关系中,内循环中的break语句使控制转移到外层循环体,不能把外层循环控制转移到内层循环。

(4) 多重循环编程时可以先将程序简化为单循环情况。

例如,求[2,100]间每个数的因子个数,可以先分析求某一个数x的因子个数,这样问题就变得简单了。求某数因子个数程序段如下。

```
n=0;      /*变量n存放某个数的因子个数,初值为0*/
for(k=1;k<=x;k++)
    if(x%k==0)  n++;
printf("n=%d",n);
```

然后,在上面程序段的外围加上数据的范围,就变成求一批数的因子个数,程序段如下。

```
for(x=2;x<=100;x++)                    /*注意{}的起始、终止位置*/
{  n=0;                                 /*变量n存放某个数的因子个数,初值为0*/
   for(k=1;k<=x;k++)
       if(x%k==0)  n++;
   printf("x=%d,因子个数n=%d",x,n);
}
```

【例 3-26】 图文表打印：打印如图 3-43 所示的九九乘法表。

```
1*1= 1
2*1= 2  2*2= 4
3*1= 3  3*2= 6  3*3= 9
4*1= 4  4*2= 8  4*3=12  4*4=16
5*1= 5  5*2=10  5*3=15  5*4=20  5*5=25
6*1= 6  6*2=12  6*3=18  6*4=24  6*5=30  6*6=36
7*1= 7  7*2=14  7*3=21  7*4=28  7*5=35  7*6=42  7*7=49
8*1= 8  8*2=16  8*3=24  8*4=32  8*5=40  8*6=48  8*7=56  8*8=64
9*1= 9  9*2=18  9*3=27  9*4=36  9*5=45  9*6=54  9*7=63  9*8=72  9*9=81
Press any key to continue
```

图 3-43 九九乘法表

分析如下。

(1) 问题背景与分析：九九乘法表是一个二维图文表。二维图表的处理常采用双重循环结构来实现。外循环控制输出行，内循环控制输出列(即某行中的所有内容)。编程实现此类问题的关键是分析图表的规律。九九乘法表的规律如下。

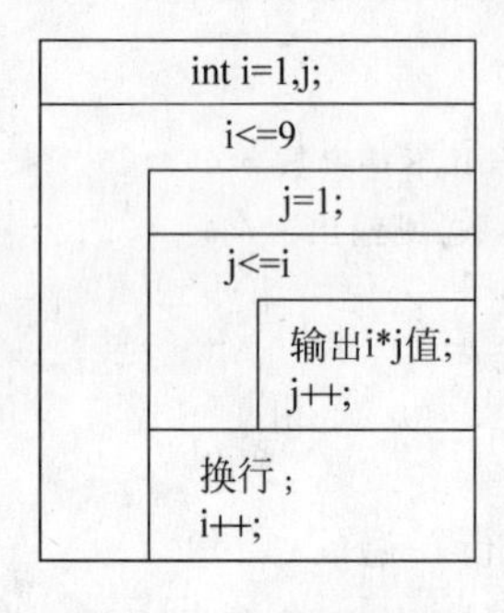

图 3-44 NS 流程图

① 乘法表共有 9 行。用外循环控制行输出，是定数式循环。

② 每行中列算式的个数规律：用内循环控制列算式输出(即某行中的所有算式)。因为第几行就有几列算式，所以，内循环执行次数＝外循环行变量的值。当行值固定时，内循环中的列也是定数式循环。

③ 每列算式都既与所在行有关，又与所在列有关，算式的数学模型：列＊行＝积。

(2) NS 流程图如图 3-44 所示。

(3) 编写程序代码如下。

```
/* program ch3-26.c */
#include<stdio.h>
void main(void)
{   int i,j;
    for(i=1;i<=9;i++)                  /*外循环,行输出 9 次*/
    {  for(j=1;j<=i;j++)               /*内循环次数为外循环变量的值*/
          printf(" %d* %d= %2d ",i,j,i*j);            /*输出乘法算式*/
       printf("\n");                                  /*换行*/
    }
}
```

提示：嵌套循环的内循环和外循环应选用不同的循环控制变量。

【例 3-27】 图形编制输出：输出如图 3-45 所示的图形。

分析如下。

(1) 图形和图表类似，也是二维的，采用双重循环编程实现。外循环控制输出行，内循环控制输出行中各列的符号。

观察图形中的每行，可视为由行前导空格和行中字符两部分构成，且把字符“＊”视为一个整体。行号与行中两部分(即符号和前导空格个数)有确定的对应关系，数学模型描述如下。

```
      *
    * * *
  * * * * *
* * * * * * *
```

图 3-45

行前导空格：第 i(1、2、3、4)行，对应的空格数为 8－2＊i(结果为 6、4、2、0)。

每行符号：每 i(1、2、3、4)行，对应的“＊”号个数为 2＊i－1(结果为 1、3、5、7)。

(2) 程序代码如下。

```
/* program ch3-27.c */
#include <stdio.h>
void main(void)
{   int i,j;
    for(i=1;i<=4;i++)                                          /*行,外层循环*/
    {   for(j=1;j<=8-2*i;j++) printf(" ");                     /*前导空格*/
        for(j=1;j<=2*i-1;j++) printf("* ");                    /*输出"*"*/
        printf("\n");                                          /*换行*/
    }
}
```

提示：*在使用循环嵌套时，内层循环与外层循环的循环控制变量不能相同，但是并列层的不同循环结构的循环控制变量可以相同。*

【例 3-28】 有时软件设计需要设计一些图形。在屏幕上用“＊”画一个空心的圆。

分析如下。

(1) 问题分析：对一般的显示器来说，只能按行输出，即输出第一行信息后，只能向下一行输出，不能再返回到上一行。因为每行与圆有两个交点，为了获得本题要求的图形就必须在一行中一次输出两个对称的“＊”。

(2) 算法设计：设圆半径为 r，已知屏幕是由行和列构成的矩阵。假设以屏幕上某点为原点，从当前行开始，取 2r＋1 行(包括横轴)，每行与圆交两点。由这些点就画出了圆形，如图 3-46 所示。NS 流程图如图 3-47 所示。

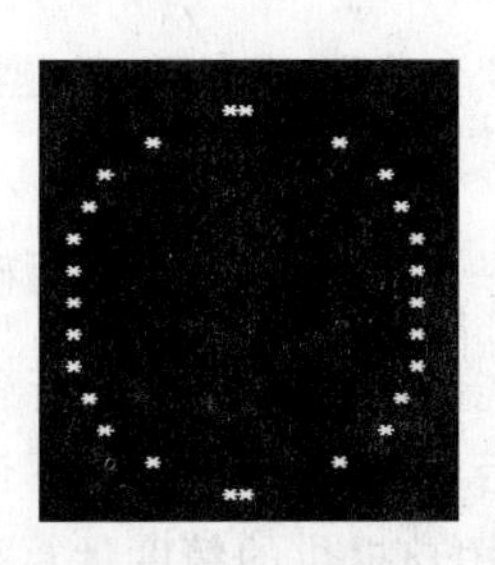

图 3-46　程序画的圆

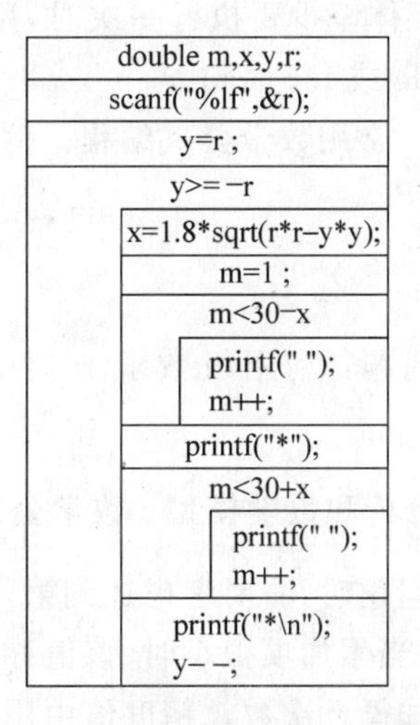

图 3-47　例 3-28 的 NS 流程图

为了同时得到圆形在一行上的两个点，考虑圆的左右对称性。打印圆可利用图形的左右对称性。根据圆的方程：

$$R*R=X*X+Y*Y$$

其中，X 和 Y 是坐标点，R 是半径。

可以算出圆上每一点行和列的对应关系。

(3) 程序如下。

```
#include<stdio.h>
#include<math.h>
void main(void)
{   double m,x,y,r;
    printf("请输入半径的值:\n");
    scanf("%lf",&r);
    for(y=r;y>=-r;y--)                 /*共取2r+1行,y即纵坐标值*/
    {  /*计算行y对应的交点横(即列)坐标m*/
       x=1.8*sqrt(r*r-y*y);       /*1.8是屏幕纵横比调节系数*/
       /*因屏幕的行距大于列距,若不调节显示出来的是椭圆.用户根据需要调整*/
       for(m=1;m<30-x;m++) printf(" ");              /*图形左侧空白控制*/
       printf("*");                                  /*圆形左侧"*"号*/
       for(;m<30+x;m++) printf(" ");                 /*图形的空心部分控制*/
       printf("*\n");                                /*圆形右侧"*"号*/
    }
}
```

循环嵌套是很重要的,在数组和许多问题处理中都要用到循环嵌套。

3.5.5 循环结构程序设计举例

选用循环语句的一般原则如下。

(1) 如果循环次数已定,一般用for语句;如果循环次数由循环体的执行情况来确定,则用while语句或do-while语句。

(2) 当循环体至少要执行一次时,用do-while语句;反之如果循环体可能一次也不执行,则选用while或for语句。

【例3-29】 常用数学公式编程。例如,利用级数公式求π的值,公式如下。

$$s=1-\frac{1}{3}+\frac{1}{5}-\frac{1}{7}+\cdots=\frac{\pi}{4}$$

分析如下。

(1) 陈述问题:利用级数求π值。这是一个求多个数的累加和问题。加数有一定规律。

(2) 需求分析和数学模型:数学公式 $s=1-\frac{1}{3}+\frac{1}{5}-\frac{1}{7}+\cdots$ 中没有明确的输入信息,但在实际解决问题时,需要考虑加到第几项就结束,不能无限加下去。分析各累加项,其绝对值依次减小,当累加项很小时(该值称为精度值),以后各项就可以忽略不计。因此,加数的精度决定累加循环次数。精度值由用户决定,程序按用户提供的精度计算,直到加数累加项满足精度要求,则循环结束。累加项精度是输入数据,输出π值。

(3) 确定算法:分析数学公式和加数特点,有以下规律和设计思考。

① 设累加和变量为s,初值为1,代表第一项加数值。

② 各累加项加数的符号正、负相间。设符号控制变量为sign,交替取1和-1两个值。

③ 设循环控制变量为i,初值为3。各加数分母变化步长为2,所以循环控制变量的变

化步长也为 2。从第 2 项加数起,加数的绝对值表示为 1.0/i。

④ 符号控制变量 sign 与加数绝对值的乘积形成参与累加运算的加数,即 s += sign * (1.0/i);。

⑤ 利用用户输入的精度值构造循环控制条件:若 fabs(1.0/i)>=eps,则进行循环累加。

注意:加数是实数,所以变量要确保各个分项及累加的运算结果为实数,所以将变量 s 和 sign 都定义为实型。

循环三要素表示如下。

① 循环体:累加加数;为形成下一加数分母作符号和值的修正。

② 循环条件:fabs(1.0/i)>=eps。

③ 循环变量初值和修正:i=3,i+=2。

(4) NS 流程图如图 3-48 所示。应用 do-while 语句编写程序如下。

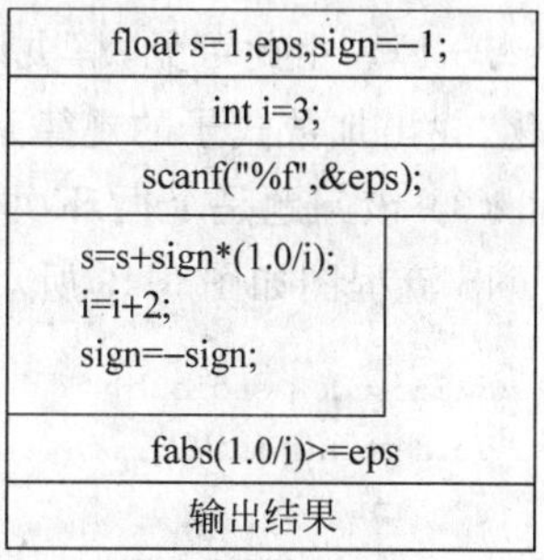

float s=1,eps,sign=-1;
int i=3;
scanf("%f",&eps);

s=s+sign*(1.0/i);
i=i+2;
sign=-sign;

fabs(1.0/i)>=eps
输出结果

图 3-48 例 3-29 的 NS 流程图

```
#include "stdio.h"
#include "math.h"
void main(void)
{   float s = 1,eps,sign = -1;
    int i = 3;                          /* i 表示循环控制变量和分母,初始值为 3 */
    printf("请输入精度值: ");
    scanf("%f",&eps);
    do{ s = s + sign * (1.0/i);         /* 累加,i 是整型,1/i 也是整型,应使用 1.0/i */
        i = i + 2;                      /* 计算下一项分母值 */
        sign = - sign;                  /* 符号位取反,为下个加数符号做准备 */
    } while(fabs(1.0/i)> = eps);        /* 若满足精度要求,则循环 */
    printf("PI = %f\n",s * 4);          /* 输出 π 的值 */
}
```

请同学们应用 while 语句编写程序。

【例 3-30】 复杂数学公式求和编程,求 e^x 的级数展开式的前 $n+1$ 项之和。

$$e^x \approx 1+x+\frac{x^2}{2!}+\frac{x^3}{3!}+\cdots+\frac{x^n}{n!}$$

分析如下。

(1) 数学模型和需求分析:要求出数学公式 $e^x \approx 1+x+\frac{x^2}{2!}+\frac{x^3}{3!}+\cdots+\frac{x^n}{n!}$ 前 $n+1$ 项的和,首先应该确定 n 的值。程序运行时由用户输入 n 和 x,程序输出计算结果。

(2) 算法设计与逐步细化。这是加数更为复杂的累加和问题,由于加数个数已知,是计数式循环。设累加和变量为 sum,初值为 1,代表第一项加数值;i 为循环控制变量,初值为 1,终值为 n,增量为 1。观察加数通项式 $\frac{x^i}{i!}$,分为分子 x^i 和分母 $i!$ 两项。分子和分母是求不同形式的累乘积问题。分子是 x 的累乘,分母是前项分母 $(i-1)!$ 乘以 i 的累乘。所以加数 $\frac{x^i}{i!}$ 是前项值 $\frac{x^{i-1}}{(i-1)!}$ 乘 $\frac{x}{i}$ 的结果。设 t 为加数分项式,初值为 1,则第 i 项加数为

$t*=x/i$。循环设计如下。

① for 计数循环表达式：for(i=1;i<=n;i++)。

② 循环体：计算第 i 项加数，再累加。即 t=t*x/i; sum=sum+t;。

实际应用中，有许多类似问题，如求解 $\sin(x)=x-\frac{x^3}{3!}+\frac{x^5}{5!}+\cdots+(-1)^n\frac{x^{2n+1}}{(2n+1)!}$。从第一项起，符号正负间隔，且第 i 项的分子总是前项的分子乘以 x^2，分母是前项分母乘以(2*i−2)*(2*i−1)。由此可见，解决该类问题的算法主要是分析循环体的细化，找出加数式子的规律是解决问题的关键。

(3) 该问题是个循环次数已知的循环，选用 for 语句编写程序，NS 流程图如图 3-49 所示，代码如下。

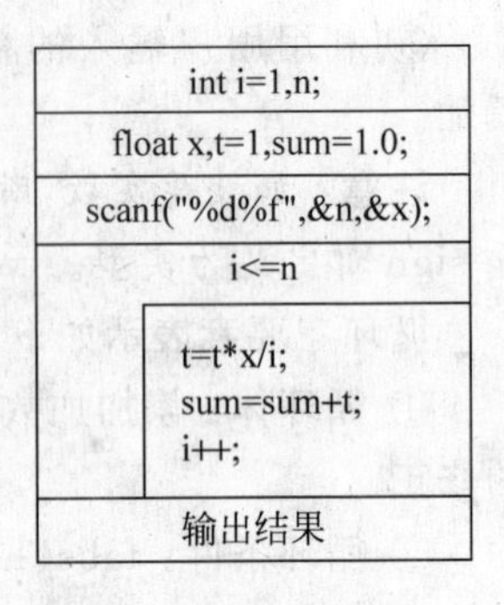

图 3-49　例 3-30 的 NS 流程图

```
#include <stdio.h>
void main(void)
{    int i,n;                           /* 循环控制变量 i */
     float x,t=1,sum=1.0;               /* sum 为累加和值; t 为加数分项式,初值为 1 */
     printf ("请输入项数 n 和 x 的值: ");
     scanf("%d%f",&n,&x);               /* 输入项数和自变量 */
     for(i=1;i<=n;i++)                  /* 循环 n 次 */
     {    t=t*x/i;                      /* 计算第 n 项 */
          sum=sum+t;                    /* 累加第 n 项 */
     }
     printf("级数和= %f\n",sum);         /* 输出前 n+1 项的和 */
}
```

【例 3-31】 趣味题解：打印所有的"水仙花数"。

分析如下。

(1) 要打印出 100～999 之间所有的水仙花数，用"枚举法"设计循环程序，对此范围内的数逐个判断是否为水仙花数，是则输出。

(2) 算法设计思想如下。

设 n 为可能解，初值为 100，终值为 999，增量为 1，逐一判断。这是循环次数已知的循环，用三种语句均可实现，在此选择 for 语句实现该问题。

对于 a、b、c 三位数字，有 a=n/100，b=n/10%10，c=n%10。

若有 n==a*a*a+b*b*b+c*c*c，则该数就是一个水仙花数，否则，继续下一个数的判断。NS 流程图如图 3-50 所示。

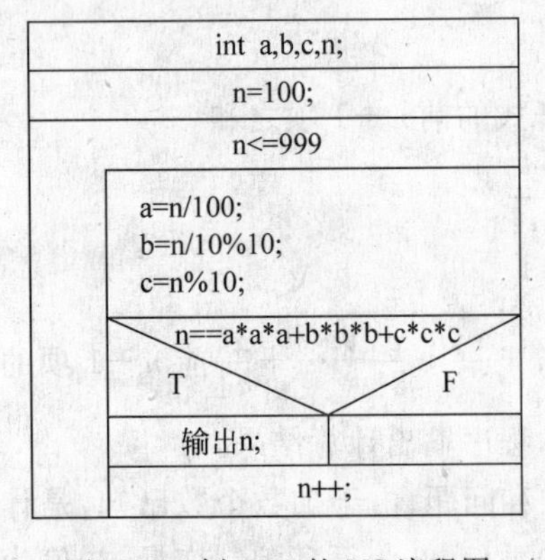

图 3-50　例 3-31 的 NS 流程图

(3) 程序如下。

```
#include <stdio.h>
void main(void)
```

```
{  int  a,b,c,n;                                  /*定义变量*/
   for(n=100;n<=999;n++)                          /*枚举可能解*/
   {  a=n/100;                                    /*取百位数字*/
      b=n/10%10;                                  /*取十位数字*/
      c=n%10;                                     /*取个位数字*/
      if(n==a*a*a+b*b*b+c*c*c)  printf("%5d",n);  /*判断是否是水仙花数*/
   }
}
```

【例 3-32】 名题编程求解：求裴波那契(Fibonacci)数列的前 30 项，每行输出 5 个数。

分析如下。

(1) 问题背景：斐波那契是中世纪意大利数学家，他在《算盘书》中提出了 1 对兔子的繁殖问题：如果每对大兔子成长后每月能生 1 对小兔子，而每对小兔子在出生后的第 3 个月后开始，每月再生 1 对小兔子，假定在不发生死亡的情况下，最初的 1 对兔子在一年末能繁殖成多少对兔子？(假定兔子都是雌雄成对，小兔子一个月长成大兔子).

(2) 数学模型：假定最初的 1 对兔子在去年 12 月出生，今年 1 月应该还只有 1 对兔子。到 2 月，这对兔子生了 1 对小兔子，总共是 2 对。到 3 月，仍然只有最初的那对兔子能生小兔子，所以总共是 3 对。到 4 月，因为 2 月份出生的兔子也能生小兔子，所以一共生了 2 对小兔子，加上原来的 3 对，总共是 5 对。到 5 月，又增加了 3 月份出生的兔子所生的小兔子，所以新生的 3 对加原来的 5 对，总共是 8 对。以此类推，以后每个月的兔子的对数总是等于上个月的兔子对数加上前两个月的兔子对数，因此可以得到下面的数列：

1 1 2 3 5 8 13 21 34 55 89 144 233 …

第 i 个月兔子的对数，就是数列中第 i 项的值。该问题数学模型如下。

设 f3 表示第 i 个月兔子对数，f2 表示第 i－1 个月兔子对数，f1 表示第 i－2 个月兔子对数，则 f3＝f1＋f2。这是典型的“递推”问题。

所谓递推法就是从初值出发，归纳出新值与旧值的关系，直到求出所需值为止。新值的求出依赖于旧值，不知道旧值，无法推导出新值。数学上的递推公式正是这一类问题。

(3) 算法设计思想如下，NS 流程图如图 3-51 所示。

① f1 和 f2 的初值皆为 1，据此计算第三项 f3＝f1＋f2，输出 f3。

② 为了计算第四项，原 f2 成为本组 f1，即 f1＝f2；原 f3 成为本组的第二项，即 f2＝f3；则第四项 f3＝f1＋f2，输出 f3(第四项)。

③ 计算第五项，原 f2 成为本组 f1，即 f1＝f2；原 f3 成为本组的第二项，即 f2＝f3；则第五项 f3＝f1＋f2，输出 f3(第五项)。

以此类推，要计算数列的前 30 项，加上前两项已知量，则语句组“f3 = f1 + f2;f1 = f2;f2 = f3”要重复执行 28 次。

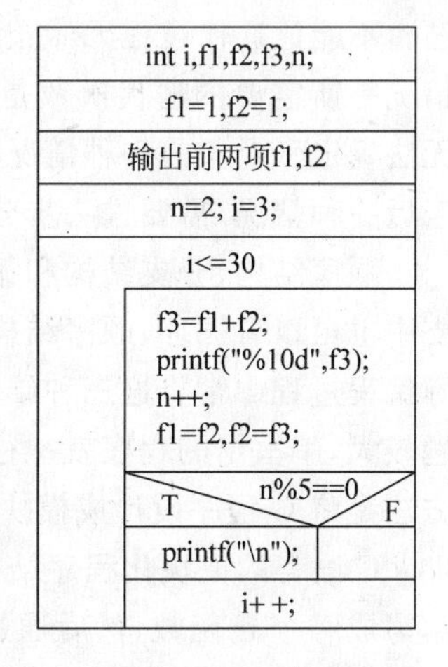

图 3-51 求裴波那契数列

数列初值的两个数据为 f1＝1，f2＝1，设循环变量为 i，初值为 2，终值为 28，循环体语句“f3 = f1 + f2;f1 = f2;f2 = f3”执行 28 次，每次循环中根据前两项求出下一项并输出，然后为求下一个数据做准备,程序代码如下。

```
#include <stdio.h>
void main(void)
{   long i,f1,f2,f3,n;                    /*变量n控制每行输出数据的个数*/
    f1 = 1,f2 = 1;                        /*数列前两项初值*/
    printf("%10d%10d",f1,f2);             /*输出前两项*/
    n = 2;                                /*已输出两项,列数初值为2*/
    /*从第三项开始计算并输出,i控制迭代结束*/
    for(i = 3;i <= 30;i++)
    {   f3 = f1 + f2;                     /*迭代计算f3*/
        printf("%10d",f3);                /*在当前行当前列输出第n项*/
        n++;                              /*列数加1*/
        f1 = f2,f2 = f3;                  /*为下一次迭代(递推)计算做准备*/
        if(n%5 == 0) printf("\n");        /*每行输出5列数据后换行*/
    }
}
```

程序剖析:

(1) 为了控制每行输出的个数,引入列控制变量n。当n%5==0时,输出一个换行符,每行输出5列数据。

(2) 递推算法,也称为“迭代法”。迭代算法是用计算机解决问题的一种基本方法。它利用计算机运算速度快,适合做重复性操作的特点,让计算机对一组指令(或一定步骤)进行重复执行,在每次执行这组指令(或步骤)时,都从变量的原值推出它的一个新值。

利用迭代算法解决问题,需要做好以下3个方面的工作。

① 确定迭代变量。在可以用迭代算法解决的问题中,至少存在一个直接或间接地不断由旧值递推出新值的变量,这个变量就是迭代变量。

② 建立迭代关系式。所谓迭代关系式,是指如何从变量的旧值推出其新值的公式(或关系)。迭代关系式的建立是解决迭代问题的关键,通常可以使用递推或倒推的方法来完成。

③ 对迭代过程进行控制。什么时候结束迭代过程?这是编写迭代程序必须考虑的问题。不能让迭代过程无休止地重复执行下去。迭代过程的控制通常可分为两种情况:一种情况是所需要的迭代次数是个确定的值,可以计算出来;另一种情况是所需要的迭代次数无法确定。对于前一种情况,可以构建一个固定次数的循环来实现对迭代过程的控制;对于后一种情况,需要进一步分析出用来结束迭代过程的条件。

顺序结构、分支结构和循环结构并不是彼此孤立的,在循环中可以有分支、顺序结构,分支中也可以有循环、顺序结构。其实不管哪种结构,均可广义地把它们看成一个语句。在实际编程过程中常将这三种结构相互结合以实现各种算法,设计出相应程序,但是要编程的问题较大,编写出的程序就往往很长,结构重复多,造成可读性差,难以理解,解决这个问题的方法是将C程序设计成模块化结构。

C语言的模块化程序结构用函数来实现,即将复杂的C程序分为若干模块,每个模块都编写成一个C函数,然后通过主函数调用函数及函数调用函数来实现大型问题的C程序编写,因此常说:C程序=主函数+子函数。因此,对函数的定义、调用、值的返回等要尤其注重理解和应用,并通过上机调试加以巩固。

3.6　数据文件

到目前为止,编写的C程序都有一个共同特点:程序运行时,用户输入的数据或运行过程中产生的数据和结果,一旦程序运行结束,这些数据将不再在内存中存储而被释放。若再次查询结果或使用这些数据,需要再次运行程序。这是由于程序和数据没有独立,数据和程序融为一体,数据存储在程序的变量中,而变量使用内存单元存储数据。程序运行结束退出内存,所有变量数据也立即从内存释放。如果程序所需输入输出数据量较大,将给用户带来不便。

数据文件(Data File)是解决该问题的有效办法。数据存储在磁盘文件中,可以永久保存。程序从数据文件中读取数据,不需要用户反复从键盘输入;结果也可存入磁盘文件,用户可以随时查询,不必反复运行程序。C语言可对数据文件进行管理,提供了数据文件的读写语句。

调试程序时,从数据文件中读取信息(对应从键盘读入),会在屏幕回显出这些信息,以确保数据已被正确读取。如果读入的数据值全部为零,或者不是正常的数字,有可能表示调试程序无法找到该文件,例如文件处于程序无法访问的目录中。要解决此问题,将该文件移到程序可以访问的目录中,或者更改操作系统的某些参数,使程序可以找到该数据文件。

工程问题解决方案通常涉及大量的数据。这些数据可以是程序生成的输出数据,也可以是程序所使用的输入数据。一般使用数据文件存储这些数据。数据文件与创建并用于存储C程序的文件类似。事实上,C程序文件对于C编译器来说就是输入数据文件。目标程序是从C编译器中得到的输出文件。本节将讨论几个操作数据文件的C函数,并举例说明如何从数据文件中读取和向数据文件输出信息。

3.6.1　C语言文件系统概述

存储在内存的信息集合,一般称为表,如数组。存储在外部存储介质上的信息集合称为文件,如磁盘文件。

所谓文件是指一组相关数据的有序集合。这个数据集有一个名称,叫文件名。前面各章中使用的文件有源程序文件(.c)、目标文件(.obj)、可执行文件(.exe)、库文件(也叫头文件)(.h)等。文件通常驻留在外部存储介质(如磁盘等)上,在使用时才调入内存来。从不同的角度可对文件作不同的分类。

C语言文件是一个字符(字节)的序列,称字节流(Stream),是一种流式文件。文件以字节为单位访问,输入输出的数据流的开始和结束仅受程序控制而不受物理符号(如回车换行符)控制。

(1) 从用户角度来看,按存储介质,文件可分为普通文件和设备文件两种。

① 普通文件是指存储驻留在磁盘或其他外部介质(磁带等)上的一个有序数据集,可以是源文件、目标文件、可执行程序,它们称作程序文件;也可以是一组待处理的原始数据,或者是一组输出的结果,这些文件称为数据文件。使用数据文件使程序与数据分离——数据

文件的改动不引起程序的改动；不同程序可以访问同一数据文件中的数据——数据共享；能长期保存程序运行的中间数据或结果数据。

数据文件有下面一些特点：文件中的数据是持久性数据，可以永久保存，反复使用；文件中的数据按实际需要有规律地存放，不是杂乱无章的；文件中的数据数量只受外存空间的限制，与程序无关；数据文件必须有一个文件名，存放在外存中某个特定的目录下。

② 设备文件是指与主机相连的各种外部设备，即非存储介质（键盘、显示器、打印机等）。在操作系统中，把外部设备也看作是一个文件来进行统一管理，把它们的输入、输出等同于对磁盘文件的读和写。通常把显示器定义为标准输出文件，一般情况下，在屏幕上显示有关信息就是向标准输出文件输出。如前面经常使用的 printf、putchar 函数就是这类输出。键盘通常被指定为标准的输入文件，从键盘上输入就意味着从标准输入文件上输入数据。scanf、getchar 函数就属于这类输入。文件(File)是存储在外部介质上的信息集合。磁盘既可作为输入设备，也可作为输出设备，因此，有磁盘输入文件和磁盘输出文件。

(2) 按文件中数据的组织形式，分文本文件和二进制文件。一般高级语言都能提供文本文件和二进制文件，使用不同的方法读写这两种文件。

① 文本文件是字符的有序序列，每一个字符用一个代码表示，一般用 ASCII 代码。一个文本文件又分为若干个文本行，每一个文本行包含若干个字符并以换行符'\n'结尾。文本文件在磁盘中存放时每个字符对应一个字节，用于存放对应的 ASCII 码。文本文件的后缀是.txt。文本文件可通过"记事本"等编辑工具对文件内容进行浏览或修改，可在屏幕上按字符显示。ASCII 码文件是以字符形式存储在外存，读写需要转换，传输效率低，占用外存空间较大。

② 二进制文件中的各种数据以二进制代码存储输出到磁盘上，如 1.234 在内存中以浮点形式存储，占 4 个字节，而不像文本文件中的 5 个字节。二进制文件的后缀是.dat。一般情况，中间结果或数据需要暂时保存在外存上，以后又需要输入内存的，常用二进制文件。

二进制文件也可以看成是有序字符序列，但这些字节不像文本文件中那样分成若干行。二进制文件中可以处理包含各种控制字符在内的所有字符。二进制文件内容显示在屏幕上无法读懂。二进制文件中的数据在外存的存储形式与内存中的存储形式相同，读写是位操作，在输入输出时不需要进行二进制与字符代码的转换，因而输入输出速度快，节省外存空间。

例如，整数 int a=1025，该数据在这两种文件中的存储形式是不同的，如图 3-52 所示。

内存中的存储形式

0	0	0	0	0	1	0	0	0	0	0	0	0	0	0	1

二进制文件的存储形式

0	0	0	0	0	1	0	0	0	0	0	0	0	0	0	1

ASCII码文件的存储形式

1	0	2	5
00110001	00110000	00110010	00110101

图 3-52 内存和两种文件中的数据存储形式

C 语言系统在处理这些文件时，并不区分类型，都看成是字符流，按字节进行处理。输入输出字符流的开始和结束只由程序控制而不受物理符号(如回车符)的控制。因此也把这种文件称作"流式文件"。作为"流式文件"，它通过一个结束符"EOF"(即－1)表示文件的结束。EOF 在头文件“stdio.h”中定义为一个值为-1 的符号常量。

(3) 从文件的处理方法看,分为标准文件系统和非标准文件系统。标准文件系统又称为缓冲型文件系统,非标准文件系统又称为非缓冲型文件系统。

所谓标准文件系统是指系统自动地在内存中为每个正在使用的文件开辟一个缓冲区,这个缓冲区是 C 程序与磁盘文件数据交流的中间媒介。从磁盘文件输入的数据先送到“缓冲区”中,然后再从缓冲区依次将数据送给 C 程序中的变量;在向磁盘文件输出数据时,先将程序中的数据送到“缓冲区”中,等待“缓冲区”满或程序结束时才一起输出到磁盘文件,以减少磁盘读写的次数。用“缓冲文件系统”进行的输入输出又叫“高级磁盘输入输出”。ANSI C 中只用缓冲文件系统处理文本文件和二进制文件。

“非标准文件系统(非缓冲文件系统)”是指系统不会自动设置缓冲区的大小,而由程序为每个文件设定缓冲区的大小,非标准文件系统进行的输入输出又叫“低级磁盘输入输出”。

(4) 文件的存取方式。C 语言中,用户对文件进行操作时,由一个指针指向文件当前读写的位置。根据控制指针的移动方式,文件有顺序存取和随机存取两种。

如果这个当前位置只能顺序地往后移动,不能往前或是转移到文件的任意位置,则该存取方式为顺序存取。如果当前位置指针可以转移到任意位置,数据不一定要被顺序地存取,则该存取方式为随机存取。

3.6.2 C 数据文件的基本操作

C 语言中,数据文件独立于程序而存在。和其他系统中使用的文件相同,C 程序使用数据文件也必须遵循三个基本过程:打开文件,读或写文件中的数据,关闭文件。

为了操作文件,stdio.h 文件中专门定义了 FILE 文件结构数据类型(不是 C 语言基本数据类型),描述文件和文件缓冲区的相关信息。

通过定义 FILE 结构体类型的文件指针变量访问文件缓冲区,与一个具体的数据文件名关联起来,即该指针指向一个文件,这个指针称为文件指针(File Pointer)。通过文件指针对它所指向的文件进行各种操作。文件指针变量也必须先定义后使用。定义文件类型指针变量的一般形式为:

```
FILE  *文件指针标识符;        /*定义了一个指向文件类型的指针*/
```

说明:

(1) 关键字 FILE 必须大写。

(2) 标识符前面的星号规定该标识符是一个指针。该指针是一个文件类型的指针变量。

例:

```
FILE *fp;                     /*定义了一个指向文件类型的指针 fp*/
```

文件指针被定义后,并没有指向任何数据文件。必须和一个指定的数据文件关联起来,从而可以通过该文件指针找到相应的数据文件,进而实现对该数据文件的读写等操作。

一个文件类型指针只能存放一个文件的信息,若存在多个文件,则应定义多个文件类型的指针变量。

1. 标准数据文件的打开

一个文件在使用之前,必须先打开。所谓打开文件,实际上是建立文件的各种有关信息,并使文件指针指向该文件,以便进行其他操作,即建立文件类型指针与文件名之间的关联。

C语言中使用fopen库函数打开标准文件,其一般调用形式为:

```
文件指针标识符 = fopen("文件名","文件使用方式")
```

功能:以指定的"文件使用方式"打开"文件名"指定的文件,并请求系统为此文件分配相应的文件缓冲区。函数返回包含文件缓冲区信息的FILE结构体地址,保存到"文件指针标识符"指定的指针变量中。如果发生一些意外的情况,导致文件无法正常打开,则函数返回空指针NULL。

说明:"文件名"和"文件使用方式"的标识字符都必须用双引号引起来。文件名可以是字符串常量、字符数组或字符串。使用字符串常量时,一定要用双引号将它括起来。文件名字符串中需要指明文件的路径,如果省略路径,则要求此数据文件必须与程序文件处于同一个目录下,即当前目录。

常用的文件使用方式标识符及其含义如表3-9所示。

表3-9 文件使用方式标识符及其含义

文本文件		二进制文件	
使用方式	含义	使用方式	含义
"r"	以只读方式打开文本文件	"rb"	以只读方式打开二进制文件
"w"	以只写方式打开文本文件	"wb"	以只写方式打开二进制文件
"a"	以追加方式打开文本文件	"ab"	以追加方式打开二进制文件
"r+"	打开文本文件,可读写	"rb+"	打开二进制文件,可读写
"w+"	读写打开或建立文本文件,可读写	"wb+"	读写打开或建立二进制文件,可读写
"a+"	打开文本文件,可读、追加	"ab+"	读写打开二进制文件,可读、追加

说明:r:read,读。w:write,写。b:banary,二进制文件。t:text,文本文件。a:append,追加。+:读和写。

从表中可以看出,后三行使用方式是在前三行方式基础上加上一个"+"符号。没有"+"符号,表示执行读或写操作,有"+"号,表示既能执行读操作,也能执行写操作。

读写模式打开文件时,当前文件指针指向文件开始位置。追加模式打开文件时,当前文件指针指向文件末尾位置。要特别注意,打开已存在文件,如果错选w模式或wb模式,文件中的数据全部丢失。

对于文件使用方式有以下3点说明。

(1) 凡用r打开文件时,该文件必须已经存在,且只能从文件读出。打开文件时,文件位置指针指向文件的开始处,表示从此处读写数据。读完一个数据后,指针自动后移。

(2) 用w打开的文件只能向该文件写入。若打开的文件不存在,则以指定的文件名建立该文件;若打开的文件已存在,则将该文件删去,重建一个新文件。

(3) 若要向一个已存在的文件追加新的信息,只能用a方式打开文件。但此时该文件必须是存在的,否则将会出错。文件指针指向文件的尾部。

例如：

```
FILE   *fp;                        /* 定义了一个指向 FILE 文件类型的指针 fp */
fp = fopen("stu.txt", "r");        /* 以只读方式打开当前目录下的文本文件 stu.txt,文件指针 fp
                                      指向该文件 stu.txt */
```

在数据文件被关闭前，文件指针 fp 就代表指定的文件。例如下面的语句：

```
FILE * sensor, * fp;               /* 定义文件指针 sensor */
sensor = fopen("f.txt", "w");      /* 以只读方式打开当前目录下 f.txt 文件,与文件指针 sensor
关联 */
fp = fopen("d:\\data\\mydata.dat","rb");     /* 以只读方式打开指定目录下的二进制文件,并使
                                                文件指针 fp 指向该文件 */
```

表示通过文件指针 sensor 打开当前目录下名为 f.txt 的文件，打开方式为只写。

如果无法打开数据文件，fopen 函数就会返回 NULL 值。NULL 是在 stdio.h 头文件中定义的符号常量。程序不能打开数据文件的常见原因是程序找不到该文件。因此，为了确保程序可以找到数据文件，需要检查 fopen 函数的返回值以确保已成功打开该文件。下列语句将打开由 sensor 引用的文件。如果没有成功找到该文件，就会打印一条错误信息，同时 if 语句其余部分就不会执行。

```
sensor = fopen("f.txt", "r");
if(sensor == NULL)  {    printf("打开文件错误\n");    exit(1);    }
else    {  … }
```

为了确保程序可以找到数据文件，可以将数据文件存放在与程序文件相同的文件夹中。

2. 标准文件的关闭

数据文件使用完毕后，应该及时关闭。从而禁止再对该文件进行操作。关闭文件库函数为 fclose，其调用的一般形式为：

```
fclose(文件指针);
```

功能：关闭文件指针所指向的文件。把缓冲区内最后剩余的数据输出到磁盘文件中，并释放文件指针和有关的缓冲区。文件能正常关闭，fclose 函数返回 0，否则返回非 0。

为保证程序的健壮性，确保文件的正常关闭，关闭文件一般也采取如下形式：

```
if(fclose(fp))  {  printf("File close error "); exit(1); }
```

3. 文件结束的检测

C 语言还提供了函数 feof()，其调用的一般形式是：

```
feof(文件指针);
```

功能：判断文件指针 fp 代表的文件是否处于结束位置，如果处于结束位置，函数返回值为 1，否则为 0。

feof()根据上一次对文件操作读取的内容来判断是否结尾。feof()读取完文件内最后一个字符后，还要继续执行操作，读取下一个位置的内容，如果为空说明已到了文件尾。

3.6.3 数据文件常用读写方式

文件的读写是整个文件操作的核心,也是最灵活多变的部分。可对文件按字符、字符串或格式化或成块等方式读写。各种 C 语言都提供了丰富的读写函数,有一些库函数事实上已成标准。

常用文件读写函数如下。

- 字符读写函数:fgetc 和 fputc。
- 格式化读写函数:fscanf 和 fprintf。
- 字符串读写函数:fgets 和 fputs。
- 数据块读写函数:fread 和 fwrite。

1. 文件的字符读写函数

字符读写函数是以字符(字节)为单位,每次可从文件读出或向文件写入一个字符。fgetc 是从指定文件中读入一个字符,fputc 函数是将一个字符写入指定文件中。它们调用的一般形式为:

```
字符变量 = fgetc(文件指针);
fputc(字符量,文件指针);
```

例如,

```
ch = fgetc(fp);
fputc('a',fp);
fputc('\n',fp);
```

2. 格式化读写文件函数

fprintf 函数是格式化写函数,fscanf 函数是格式化读函数,调用的一般形式为:

```
fprintf(文件指针,格式字符串,输出项列表);
fscanf(文件指针,格式字符串,输入地址列表);
```

与 printf 和 scanf 函数类似,唯一不同的是:fscanf 和 fprintf 读写的对象不是终端键盘或显示器而是文件。

fprintf 功能:将输出项列表中的数据,按格式字符串规定的格式,写入“文件指针”指向的磁盘文件中的当前位置。

fscanf 功能:从文件指针指向数据文件的当前位置,按照格式字符串规定的格式,依次读取数据,赋给输入地址列表中的变量。

例如,

```
fprintf(sensor, " %d  %d\n", math,phy);
```

表示将变量 math 和 phy 的值以"%d %d\n"的格式写入文件指针 sensor 指向的文件当前行位置。

说明:fprintf 函数适合各种类型数据的输出。

注意：fpirntf 函数的第一个参数是文件指针，输出终端是数据文件，其他用法和 printf 函数完全相同。

例如，

```
fscanf(fp,"%f%f%f\n",&sc1,&sc2,&sc3);
```

表示从 fp 指向的文件按格式"%f%f%f\n"读入三个数据，并写入变量 sc1、sc2、sc3 中。fprintf 函数和 fscanf 函数能对文本文件和二进制文件读写。

【学生项目案例 3-5】 学生信息管理系统中，成绩管理子系统二级菜单中有"学生成绩录入和输出"功能。试编写程序，将 n 个学生的 m 门课程成绩录入并写入成绩数据文件中，再从数据文件读出并显示在屏幕上。

分析如下。

(1) 问题描述：把批量数据存入数据文件中或读出。若干个学生成绩值可编程录入，并存入数据文件中；也可从数据文件读出数据并显示。

(2) 定义自定义成绩输入和输出函数，函数原型如下：

```
void in _score(void);                /*输入函数*/
```

功能：实现 n 个学生 m 门课程成绩的输入，并存入数据文件。

```
void output_score(void);             /*输出函数*/
```

功能：实现 n 个学生 m 门课程成绩的读出并显示。

(3) 定义主函数 main()，调用 in_score()和 output_score()函数调试。

(4) 程序如下。

```
#include "stdio.h"
#include "stdlib.h"
void in_score(void)                                     /*输入函数*/
{   int i,j,n,m;                                        /*n为学生人数*/
    float sc;                                           /*各课程成绩*/
    FILE *fp;                                           /*定义一个文件指针*/
    system("cls");                                      /*清除屏幕*/
    fp=fopen("stu.txt","w");                            /*以写方式打开文件 stu.txt */
    if(fp==NULL) {   printf("打开文件错误\n");   exit(1);   }
    printf("请输入学生实际人数: ");          scanf("%d",&n);
    printf("请输入实际课程数: ");              scanf("%d",&m);
    for(i=1;i<=n;i++){                                  /*循环输入n个学生的成绩*/
         printf("\n请输入第%d个学生成绩:\n",i);
         for(j=1;j<=m;j++){                             /*循环输入每个学生的m门课程成绩*/
             printf("\t\t第%d门成绩:\n",j);
             scanf("%f",&sc);                           /*从键盘读入学生成绩给内存变量*/
             fprintf(fp," %.2f  ",sc);                  /*向数据文件输出数据*/
         }
         fputc('\n',fp);                                /*输出字符回车到文件,换行*/
    }
     fclose(fp);                                        /*关闭文件*/
    }
void output_score(void)                                 /*输出函数*/
    {   int i,j,n,m;                                    /*n为学生人数*/
```

```
        float sc;                                    /*各课程成绩*/
        FILE *fp;                                    /*定义一个文件指针*/
        system("cls");                               /*清除屏幕*/
    fp=fopen("stu.txt","r");                         /*以只读方式打开文件 stu.txt */
    if(fp==NULL) {printf("打开文件错误\n"); exit(0); }
    printf("请输入输出成绩册的学生实际人数: ");          scanf("%d",&n);
    printf("请输入成绩册的实际课程数: ");                scanf("%d",&m);
    for(i=1;i<=n;i++)                                /*循环从文件读 n 个学生成绩*/
    {   for(j=1;j<=m;j++)                            /*循环从文件读每个学生的 m 门课程成绩*/
        {   fscanf(fp,"%f",&sc);                     /*从文件读入一个数据到内存变量*/
            printf("  %.2f  ",sc);                   /*输出到屏幕*/
        }
        printf("\n");                                /*换行*/
        fgetc(fp);
    }
    fclose(fp);                                      /*关闭文件*/
}
void main()                                          /*主函数*/
{   in_score();                                      /*调用函数*/
    output_score();                                  /*调用函数*/
}
```

有时,某些文件中有某些特殊的信息,能够确定该数据文件中存放的数据的数量。如有些文件的第一行数据标明了文件中记录的行数,第二行开始是数据记录信息。要从该类文件中读取数据,可以从读取文件第一行值开始,然后使用 for 循环读取其余的信息,即计数器控制循环。

【例 3-33】 读取某传感器数据信息,并显示和产生一个摘要报告。

分析如下。

(1) 问题背景和描述:传感器(Transducer)是能感受规定的被测量并按照一定的规律转换成可用信号的器件或装置,通常由敏感元件和转换元件组成。假设传感器是一个测震仪。测震仪通常埋在地表附件,用于记录地面的运动状况。这些传感器非常灵敏,即使埋在距离海洋表面几百英里的地方,也能记录下潮汐运动。测震仪数据是从世界各地的传感器收集起来的,然后通过卫星传送到中央控制室进行收集和分析。通过研究这种运动,有朝一日,科学家和工程师们就有可能根据测震仪数据来预测地震。

本题目要求读取传感器数据信息并显示一个摘要报告,报告文件最基本应该包括数据信息点数、平均值、最大值和最小值。

(2) 需求分析:传感器数据一般信息量较大,因此一般使用其他编辑软件把数据存入文件,程序再从数据文件读入信息。程序显示和产生的报告文件中要包含传感器读取的信息数目、平均值、最大值以及最小值等信息。

(3) 处理流程和算法分析:假设在文件名为 sensor1.txt 的文件中,第一行数据指定了下面信息记录条数。从第二行开始,每行数据都包含时间值和传感器读数,部分数据如下。

```
100
0.0  132.5
0.1  147.2
0.2  148.3
0.3  157.3
```

```
0.4  163.2
0.5  158.2
0.6  169.3
0.7  148.2
0.8  137.6
0.9  135.9
⋮
```

(4) 算法设计如下。

① 先从数据文件读取采集的数据点的数目。

② 再利用该数字构成计数式循环,逐行读取文件中的数据,编写程序如下。

```
#include<stdio.h>
#include<stdlib.h>
void main()
{   int count,i;
    float max,min,ave,sum=0,time,motion;
    FILE *sensor,*fout;                            /*定义文件类型指针*/
    sensor=fopen("sensor1.txt","r");               /*以只读方式打开数据文件*/
    if(sensor==NULL) { printf("文件打开错误!\n");exit(1);}
    fscanf(sensor,"%d",&count);                    /*读取信息点的数目count*/
    fscanf(sensor,"%f%f",&time,&motion);           /*读取第一条记录*/
    min = max=motion;                              /*假设第一个数据既是最大值,也是最小值*/
    sum=sum+motion;                                /*求传感器读数累加和*/
    for(i=2;i<=count;i++)
    {       fscanf(sensor,"%f %f",&time,&motion);  /*读取第i条记录*/
            sum=sum+motion;
            if(max<motion)  max=motion;
            if(min>motion)  min=motion;
    }
   ave=sum/count;
   printf("count=%d\nmax=%.2f\nmin=%.2f\nave=%.2f\n",count,max,min,ave);
   fclose(sensor);                                 /*及时关闭文件*/
   fout=fopen("report1.txt","w");                  /*以只写方式打开数据文件*/
   fprintf(fout,"%d   %f  %f  %f",count,max,min,ave); /*输出数据到文件*/
   fclose(fout);
}
```

程序剖析:

产生的报告文件如图 3-53 所示。

report1 - 记事本

文件(F)　编辑(E)　格式(O)　帮助(H)

100　169.300003　132.500000　148.993011

图 3-53　例 3-33 的报告文件

系统自动在每个数据文件的末尾插入一个特殊的文件结束指示符。如果在文件首部或尾部没有明确给出有关文件的数据记录条数信息,还可直接用 feof 函数来检测是否到达数据文件结束。

处理数据文件时,了解数据文件使用哪种类型的结构非常重要。如果做了错误的假设,就有可能得到错误的答案,而不仅仅是得到错误信息。有时确认文件结构的唯一方法就是打印文件的头几行和最后几行。

程序设计题

(1) 编写程序,输入一位学生的生日(年 $y0$、月 $m0$、日 $d0$)和当前日期(年 $y1$、月 $m1$、日 $d1$),计算并输出该学生的实际年龄。

(2) 编写程序,输出 1600～2000 年所有闰年的年号,每行输出 5 个。

(3) 编写程序,统计用 0～9 这 10 个数字可以组成多少个无重复数字的三位数,并且输出满足条件的数据。

(4) "百鸡百钱问题"。中国古代数学家张丘建在他的《算经》中提出了著名的"百钱买百鸡"问题:鸡翁一,值钱五,鸡母一,值钱三,鸡雏三,值钱一,百钱买百鸡,问翁、母、雏各几何?现要求编写程序解决这个问题。

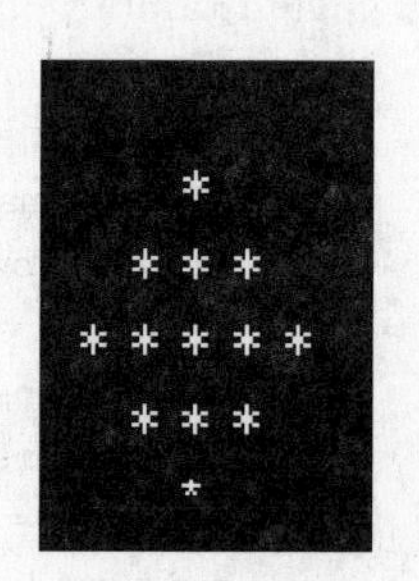

(5) 如果一个数恰好等于它的真因子之和,则称该数为"完全数"。编写程序,输出 1000 以内的所有完全数,并统计个数。

(6) 输出右图所示的图形。

小组讨论题和项目工作

(1) 为了避免别有用心的人使用某系统,可以设置进入系统的用户名和密码,验证用户的身份合法性。如果要为"学生信息管理系统"设置用户名和密码,并且在三次错误输出后退出程序,如何来实现?

(2) 结合你所选择的项目,利用选择和循环结构,设计一些无参的自定义函数,优化你的各级菜单选择程序的设计。

第2部分

中 级 篇

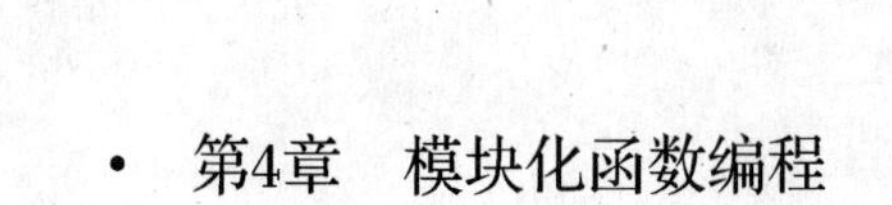

第4章 模块化函数编程

——不管努力的目标是什么，不管干什么，单枪匹马总是没有力量的。合作永远是一切善良思想的人的最高需要。

学时分配

课堂教学：10学时。自学：8学时。自我上机练习：6学时。

本章教学目标

(1) 应用标准库中的库函数。
(2) 理解模块化程序设计思想。
(3) 应用自定义函数编程。
(4) 理解递归函数。
(5) 应用编译预处理命令。
(6) 理解变量的存储属性。

本章项目任务

实现项目各子模块的定义划分和部分模块的初始实现，综合调试程序。

4.1 模块化程序设计

4.1.1 模块化程序设计思想

把一个较大的软件工程项目分解成若干个功能集中、易于实现的子系统(也称模块)，每个模块实现单一完整的功能，这种方法叫模块化程序设计(Model Designing)。

模块化程序设计是将一个复杂的问题分解为若干个简单的问题来求解。一个较大的应用程序一般由若干个程序模块组成，其中有一个是主模块(包含主函数)，而每一个模块都实现特定的功能。C语言中，程序模块是由函数实现的。

制定问题解决方案的过程通常是一个"分而治之"的过程。把问题解决方案细分成一系列完成一个特定任务的模块，能撇开其他部分而单独编写和测试，同一项目的开发工作可以在若干程序员之间同时展开，节省大量的开发时间。

在制定模块解决方案时，只确定输入输出信息，无须给出如何计算处理信息的细节。用于完成特定任务的模块支持抽象的概念，把模块当作"黑匣子"，而在模块内的函数或语句包含了实现任务的具体细节，其他程序员无须关注这些细节就可以直接引用已经仔细测试的模块。

4.1.2 模块设计原则

应用模块化程序设计思想解决问题时，各子模块划分的规模、模块之间的关系等是应重点考虑的问题。一般来说,模块化程序设计原则(Principle of Module Designing)如下。

1. 模块独立性

(1) 模块实现相对独立的特定子功能。模块功能单一,任务明确,对应函数的定义相互独立,一个函数不从属于另一个函数,但可以相互调用。

(2) 模块之间关系简单。模块之间没有过多的相互作用,只通过数据传递发生联系,并且函数传递的数据个数越少越好。

(3) 模块内数据的局部化。模块内使用的数据具有独立性,一个模块不允许使用其他模块的数据,且一个模块的数据也不能影响其他模块中的数据。

2. 模块大小适中

经验表明,一个模块的规模不能过大,规模过大往往分解不充分,导致函数过大,处理的任务复杂,程序结构复杂,影响程序的阅读和修改;模块的规模也不能过小,规模过小导致函数过小,函数之间调用关系烦琐,开销大于有效操作,降低程序的执行效率。

3. 模块分解层次清楚

模块化程序设计要求对问题进行逐层分解、逐步细化,形成模块的层次结构。因此,分解问题时要注意对问题进行抽象,将问题中的相似部分集中和概括起来,暂时忽略它们之间的差异,采用自上而下、逐步求精的方法实现。

4.1.3 项目案例

【学生项目案例 4-1】 “学生信息管理系统”项目模块化设计与划分。

分析:调查用户需求并进行认真分析,某高校“学生信息管理系统”初步划分为 6 个一级模块,如图 4-1 所示。其中“学生成绩管理”一级模块继续细化为 7 个二级功能模块:学生成绩录入、输出、查询、修改、插入、删除和统计。虚线框中的模块是待开发模块,根据实际应用继续设计和细化,在此不一一列举。

【文本项目案例 4-1】 “文本编辑器”项目模块划分。

分析:结合平时使用的文字处理软件及用户对文本处理的需求,将“文本编辑器”划分为 5 个一级模块,各一级功能模块继续细化并设计相应的二级功能模块,如图 4-2 所示。

对项目进行模块划分时,应该使得每个模块的实现具有可行性,上面所划分的每个模块都是符合模块的划分原则的。

4.1.4 工程文件的建立

1. 项目文件

C 语言中,较简单的小程序存储为 *.c 文件直接调试。但较大软件项目常被分成多个模块,多人合作,各自编写、编辑、编译和测试自己的模块程序,最后把多个源程序连接成一个完整的项目文件程序。

项目文件也叫工程(Project)文件。项目的创建是使用集成开发环境编写程序的第一

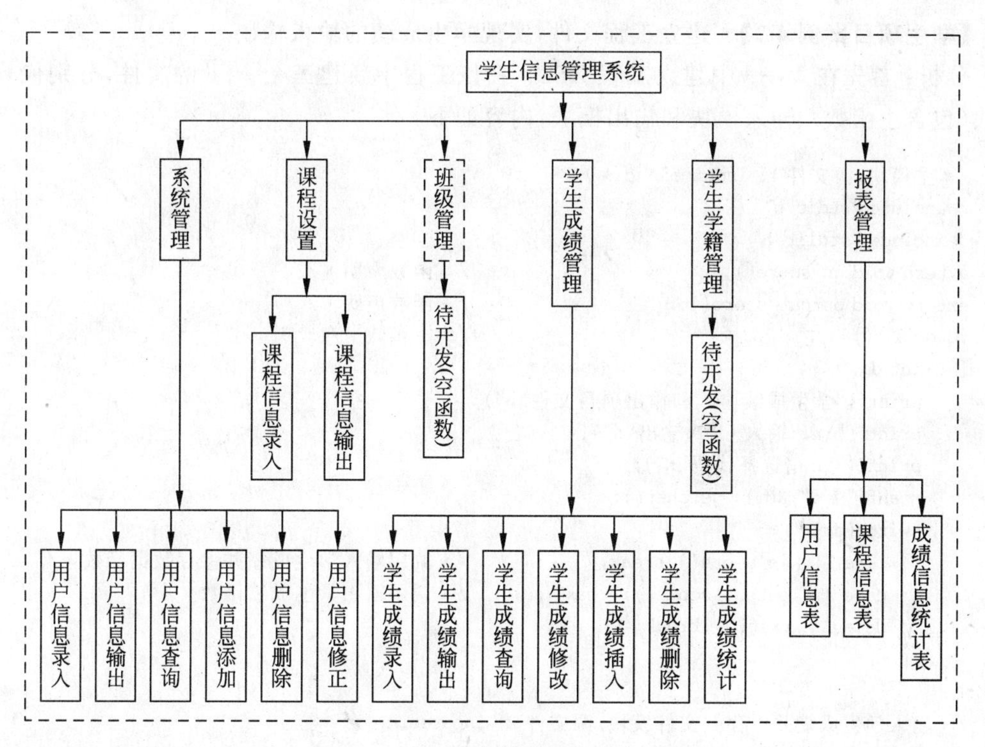

图 4-1 学生信息管理系统模块图

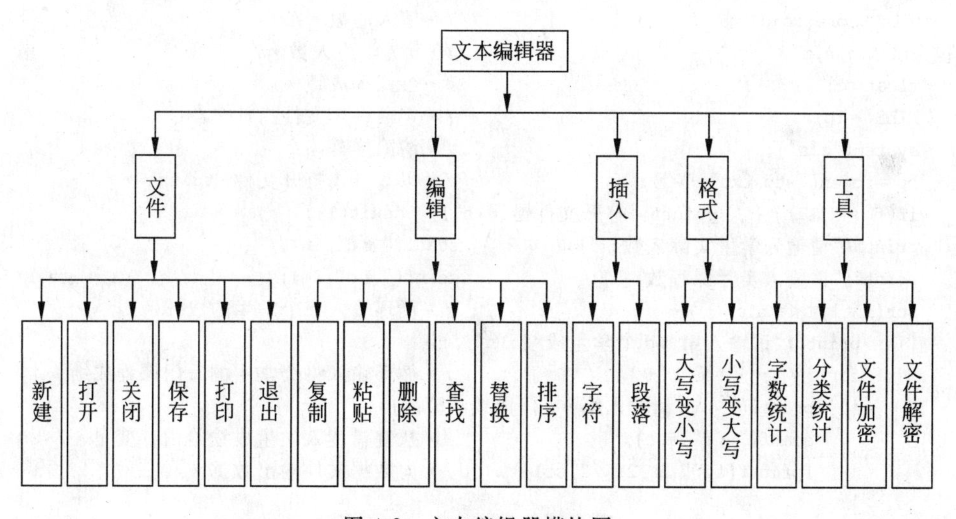

图 4-2 文本编辑器模块图

步,一个项目文件由一组相关联的文件组成,包括用户将来自己编写的源程序文件和系统自动创建的一系列文件(用于调试程序,浏览程序中各种信息、目标文件等),它们被放置在某个目录下,由开发环境进行管理。

2. 项目文件的建立

建立项目文件的详细步骤参见实验指导教材。

【学生项目案例 4-2】 建立工程文件,实现学生成绩的输入输出。

分析:首先在 VC++中建立工程 XSCJ,在该工程中新建三个 *.c 的文件,分别代表主模块(包含主函数)、输入模块和输出模块,内容如下。

```
/* 主模块,源文件 1: inoutmain.c */
#include "stdio.h"
#include "stdlib.h"
extern void in_score();                              /* 函数声明 */
extern void output_score();                          /* 函数声明 */
void main()                                          /* 主函数 */
{   int dm;
    printf("学生成绩输入和输出项目文件\n");
    printf("\n1:输入    2:输出\n");
    printf("\n 请选择代码\n");
    scanf("%d",&dm); getchar();
    switch(dm)
    {  case 1:  in_score();break;                    /* 调用输入学生成绩并保存数据函数 */
       case 2:  output_score();break;                /* 调用输出学生成绩函数 */
       default: exit(0);break;
    }
}
/* 输入学生成绩并保存到文件模块,源文件 2: inputsc.c */
#include "stdio.h"
#include "stdlib.h"
void in_score(void)                                  /* 输入函数 */
{  int i,j,n,m;                                      /* n 为学生人数 */
   float sc;                                         /* 各课程成绩 */
   FILE *fp;                                         /* 定义一个文件指针 */
   system("cls");                                    /* 清除屏幕 */
   fp=fopen("stu.txt","w");                          /* 以写方式打开文件 stu.txt */
   if(fp==NULL) {    printf("打开文件错误\n");   exit(1);   }
   printf("请输入学生实际人数: ");                   scanf("%d",&n);
   printf("请输入实际课程数: ");                     scanf("%d",&m);
   for(i=1;i<=n;i++)                                 /* 循环输入 n 个学生的成绩 */
   {     printf("请输入第%d个学生成绩:\n",i);
         for(j=1;j<=m;j++)                           /* 循环输入每个学生的 m 门课程成绩 */
         {  printf("\t\t 请输入第%d门成绩:\n",j);
            scanf("%f",&sc);                         /* 从键盘读入学生成绩给内存变量 */
            fprintf(fp,"%.2f  ",sc);                 /* 向数据文件输出数据 */
         }
         fputc('\n',fp);                             /* 输出字符回车到文件,换行 */
   }
   fclose(fp);                                       /* 关闭文件 */
}
/* 输出学生成绩模块,源文件 3: outputsc.c */
#include "stdio.h"
#include "stdlib.h"
void output_score(void)                              /* 输出函数 */
{  int i,j,n,m;                                      /* n 为学生人数 */
   float sc;                                         /* 各课程成绩 */
```

```
    FILE *fp;                                        /*定义一个文件指针*/
    system("cls");                                   /*清除屏幕*/
    fp=fopen("stu.txt","r");                         /*以只读方式打开文件 stu.txt */
    if(fp==NULL) {printf("打开文件错误\n"); exit(0); }
    printf("输出成绩册的学生实际人数?");  scanf("%d",&n);
    printf("请输入成绩册的实际课程数: ");          scanf("%d",&m);
    for(i=1;i<=n;i++)                                /*循环从文件读 n 个学生成绩*/
    {   for(j=1;j<=m;j++)                            /*循环从文件读每个学生的 m 门课程成绩*/
        {   fscanf(fp,"%f",&sc);                     /*从文件读入一个数据到内存变量*/
            printf("  %.2f  ",sc);                   /*输出到屏幕*/
        }
        printf("\n");                                /*换行*/
        fgetc(fp);
    }
    fclose(fp);                                      /*关闭文件*/
}
```

建立工程文件中，*.dsp (Developer Studio Project)是项目文件，文本格式，一般不要修改。*.dsw 是工作区(Workspace)文件，一个工作区可以包含多个工程，也可以只有一个工程，但只有一个工程处于 Active 状态，各个 Project 之间可以有依赖关系。

4.2 函数定义和声明

C 程序的全部工作都是由函数完成的，函数是实现模块化程序设计的工具。一般地，C 语言系统软件不仅提供了极为丰富的库函数，如 printf、scanf、sqrt 函数等，满足了用户的各种特殊需要，还允许用户建立自己定义的函数，实现特定的功能。

4.2.1 函数概念及函数定义

1. 函数概念

数学中的函数(Function)是预设自变量，定义自变量与因变量的关系，求解因变量的结果。C 语言的函数用于封装功能相对独立的程序段。开发软件时，将程序中反复使用、完成特定功能或计算的程序段设计并定义为函数。函数实现了代码的复用，提高了编程效率。

从函数定义的角度，函数分为系统定义的标准库函数和用户定义的自定义函数。

2. 函数定义形式

函数必须先进行函数定义(Function Definition)才能使用。函数定义时又必须清楚函数结构才能使用。

函数定义的编写有严格的语法形式。函数定义形式有现代格式和传统格式两种。

现代格式的函数定义一般形式为：

```
函数返回值类型 函数名(类型名 形式参数 1,类型名 形式参数 2,… )
{   说明语句
    执行语句
```

```
}
```

例如：

```
int max(int x, int y)
{    return(x > y?x : y; );  }
```

传统格式的函数定义形式写为如下形式：

```
[存储类型] 数据类型 函数名(形式参数表)
形式参数类型说明;
{    函数体;    }
```

例如：

```
int max(x,y)
int x,y;                                    /*形参类型说明*/
{    return(x > y?x : y; );  }
```

3. 函数结构

函数定义中,包括函数首部和函数体。

1) 函数首部

函数首部定义包括函数名、函数的返回值类型和函数的形式参数(Formal Parameter)。

① 函数名：函数名代表函数的内存入口地址。为了提高程序的可读性,函数名应尽量反映函数的功能,如函数名 add 表示求和。函数名后的一对圆括号"()"必不可少,是函数标志。

② 函数形式参数：定义函数时,放在函数名后一对圆括号中的参数叫形式参数简称形参。

形参要求：形参必须是变量,不能是表达式,可以没有一个也可以有多个,多个形参间用逗号分隔,每个形参变量必须独立说明。

形参取值范围：由参数本身的数据类型和实际问题决定。

选用形参：形参是函数的重要接口参数,传递函数间被处理的数据,类似数学中的自定义变量,可以根据问题灵活选择和确定。

若函数没有形参,称为无参函数(Functions with No Parameters)。

无参函数不需进行数据传递,无形参要求与说明,此类函数的声明及调用中均不带参数。无参函数一般用来执行一组指定的操作,可以返回或不返回函数值。如 void main (void)、getchar()函数。无参函数参数项写为 void,一般形式为：

```
函数值类型名 函数名(void){ …}
```

若函数有形参,称为有参函数(Functions with Parameters)。有参函数定义的一般形式为：

```
函数值类型名 函数名(形参表){ …}
```

注意：函数定义中声明的每一个变量(包括形参)仅在声明它们的函数中起作用,因此被称为局部变量(Local Variable)。

③ 函数返回值(Return Value)的类型

函数可以把某个计算结果或某种状态返回给调用它的函数。一个函数最多只能有一个返回值,也可以没有返回值。

如果C函数有一个运算结果返回,该值叫函数的返回值,返回值类型即函数的类型。

如果函数无运算结果返回,称为无返回值函数,无返回值函数类型应明确定义为void。

2) 函数体

函数体(Function Body)由一组语句组成,用"{}"括起来,位于函数首部之后。函数体中,使用形参,编写相应的函数体语句实现函数需要的信息处理或计算任务,是函数实现的细节。

函数体中一般包括说明语句、执行语句和返回语句。说明语句用于定义函数中所用的其他变量,函数体内定义的变量不能与形参同名。

函数通过return语句确定函数的返回值。return语句的一般格式为:

```
return 表达式;
```

或

```
return (表达式);
```

或

```
return;                                          /* 不带表达式 */
```

return语句功能:首先计算表达式的值,并立即结束当前函数的执行,然后程序控制流程返回到调用环境(Calling Environment),最后表达式的值被传回到调用者,并且返回值会被转换为函数定义中的返回值类型。注意:函数值类型和函数定义中的返回类型应保持一致。如果两者不一致,则以函数定义类型为准,自动进行类型转换。

如函数定义中没有return语句,函数会直接"跌到终点(Falling Off The End)"。也可以用不带表达式的return语句强制从函数中某处立即返回。

若函数没有返回值,return;语句可以省略。

从函数返回值看,函数分为有返回值函数和无返回值函数。

有返回值函数:如果C函数有一个运算结果返回,该值叫函数的返回值,返回值类型即函数的类型,这样的函数称为有返回值函数。

函数定义时,首部应明确返回值的类型。有返回值函数体内都至少包含一条return语句。函数返回值类型可以是int、long、float、char、void、指针、结构等合法数据类型,不能是数组和函数。

如函数值类型为整型,在函数定义时可以省去类型说明。或者说不指明函数返回值类型时,系统默认函数返回值类型为int型。

如自定义函数add可表示为:

```
add(int a, int b)   {   return (a + b);   }        /* 返回值默认为 int 型 */
```

无返回值函数:如果函数无运算结果返回,称为无返回值函数,但该函数执行了某种操作功能,执行完后不向调用者返回函数结果值。

4. 函数调用

函数遵循先定义后使用的原则。函数定义后,才可以被调用执行。函数的一次执行,完成一次具体的特定功能。

从函数调用角度看,函数分为主调函数和被调函数。

程序执行中,遇到函数名时,产生函数调用。函数调用使程序控制流程转到被调函数内部。被调函数执行结束后,程序控制流程再返回到主调函数断点继续执行,这个过程称为函数调用与返回。产生调用的函数叫主调函数,被调用的函数叫被调函数。

main 函数只能作为主调函数,用户自定义函数既可作为被调函数也可以作为主调函数。

调用函数时的参数叫实际参数(Actual Parameter),简称实参。调用函数时,程序通过"堆栈"把实参值从函数外部传入函数内部。

【例 4-1】 设计自定义函数,实现求两数和,理解函数定义和调用。

分析如下。

(1) 用户自定义函数(User-defined Functions)是编程者根据实际需要定义的函数。

(2) 定义任意两变量 int a 和 int b 为形参,两变量和为 int 型是返回值类型。定义自定义函数首部为 int add(int a, int b);,函数功能为求任意两整数的和。

(3) 设计在 main 函数中调用该自定义函数求具体某两数之和,再输出两数的和结果。

(4) 程序代码如下。

```
/* program ch4-1.c */
#include <stdio.h>                          /* 包含头文件 */
/* 函数定义,求两数和.用户自定义函数 */
int add(int a, int b)                       /* 函数首部,有两个形式参数表示任意两数 */
{  return (a+b);   }                        /* 函数体,返回语句返回结果 */
void main()                                 /* 主函数首部 */
{  int x,y,sum;                             /* 说明变量 */
   printf("Please input x and y: ");
   scanf("%d%d",&x,&y);                     /* 标准库函数调用 */
   sum=add(x,y);                            /* 调用函数 add,求实参 x、y 的和并赋给 sum */
   printf("The Summer of x,y is %d\n",sum); /* 输出结果 */
}
```

4.2.2 函数原型、头文件和函数库

1. 函数原型

编译器遇到一个函数调用时,需要判断该函数调用是否正确,该函数定义是否存在,该机制即函数原型(Function Prototype)或函数原型声明。

为了能使函数在定义位置之前被调用,C 规定可以在函数定义位置前先说明函数原型,然后就可以调用函数。函数定义可放在函数调用之后或其他程序中。

例如,系统标准库函数并没有在包含文件中定义,包含文件只是提供了函数原型。在调

用函数时，系统会正确地调用库函数。

函数原型是一条语句，必须以分号结束，说明函数的定义和调用方式。函数原型由函数返回类型、函数名和参数表组成，它与函数定义的返回类型、函数名和参数表必须一致。否则会引起编译错误。函数原型语句形式为：

```
函数返回类型 函数名(形参类型列表);
```

说明：

(1) 形参表是用逗号分开的数据类型。形参名字是可选项，不影响函数原型。

(2) 若主调函数和被调函数在同一个源程序文件中，且被调函数定义放在主调函数之前，已遵循先定义后调用原则，函数声明可以省略。

(3) 若主调函数和被调函数在同一个源程序文件中，但被调函数的定义出现在主调函数之后，被调函数需经声明才能使用。若主调函数和被调函数不在同一个源程序文件中，被调函数需经声明才能使用。

函数原型语句不必包含参数的名字，可只包含参数的类型。

例如：int area (int, int);等价于 int area(int a,int b); 。

同一程序中，函数只能定义一次，但可以用函数原型多次声明函数，也可以多次被调用。

函数原型告诉编译器传递给函数的参数个数和类型，以及函数的返回值类型。从原型中看不出定义函数的实现语句，甚至看不出函数要干什么。函数的确切功能是通过函数名和相关的文档告诉程序员的。

例如：主调和被调函数在同一源程序文件中。

```
/* 源程序文件 f1.c */
float inputdata(int x, int y);                  /* 函数声明 */
void main(void)
{   …
    inputdata(a, b);                            /* 函数调用 */
}
/* 函数定义 */
float inputdata(int x, int y)
{    …      }
```

在一个程序中，函数定义、函数声明和函数调用应该一致。

例如：主调和被调函数不在同一源程序文件中。

```
/* 源程序文件 f2.c */
extern float inputdata(int x, int y);           /* 函数声明 */
void main(void)
{   …
    inputdata(a, b);                            /* 函数调用 */
}
/* 源程序文件 f3.c */
float inputdata(int x, int y)                   /* 函数定义 */
{    …  }
```

若函数定义和函数调用不在同一源程序文件中，函数声明时应该加入 extern。

2. 头文件

C语言程序中,头文件被大量使用。一般而言,每个C/C++程序通常由头文件(Header Files)和定义文件(Definition Files)组成。定义文件用于保存程序的实现(implementation)。而头文件会通过编译器指令被自动包含进其他源条件(或头部)。

头文件扩展名是".h",作为一种包含功能函数、数据接口声明的载体文件,用于保存函数声明(Declaration),包含类、变量和其他标识符的前置声明;并告诉应用程序通过相应途径寻找相应功能函数的真正逻辑实现代码。用户程序只需要按照头文件中的接口声明来调用库功能,编译器会从库中提取相应的代码。

头文件是用户应用程序和函数库之间的桥梁和纽带。需要在一个以上源文件中被声明的标识符可以被放在一个头文件中,并在需要的地方用#include命令包含这个头文件。

当一个函数在定义文件以外的地方被使用时,需要使用函数原型声明。例如,一个函数在一个源文件中有如下定义:

```
/*f1.c*/
int add(int a, int b)
{    return a + b;   }
```

在另一个源文件中引用时加以声明:

```
/*f2.c*/
int add(int, int);
int triple(int x)
{     return add(x, add(x, x));   }
```

但是,这个简单的方法需要程序员为add在两个地方维护函数声明,一个是包含函数实现的文件,以及使用该函数的文件。如果函数定义改变了,必须更改散布在程序中的所有函数原型。头文件提供了解决办法。

例如,下面情况下,头文件仅包含函数add的声明。只要使用#include来包含头文件,每一个源文件均可引用函数add。

```
/*头文件:hadd.h */
#ifndef HADD_H                              /*如果没有定义 HADD_H 标识符 */
#define HADD_H
int add(int, int);                          /*add 函数声明*/
#endif                                      /*HADD_H */
/*源文件 f3.c */
#include "add.h"                            /*包含自定义头文件*/
int triple(int x)
{    return add(x, x);                      /*调用 add 函数*/   }
/*主模块,ff.c */
#include "stdio.h"
void main()                                 /*主函数*/
{    printf("3+3= %d",triple(3));   }
/*源文件,add.c */
int add(int a, int b)                       /*定义 add 函数*/
{     return a + b;   }
```

这样就减少了维护的负担：当函数定义改变时，只需更新声明的一个独立副本(在头文件中的那个)。在包含对应的定义的源文件中也可以包含头文件，这给了编译器一个检查声明和定义一致性的机会。

通常，头文件被用来唯一指定接口，且多少提供一些文档来说明如何使用在该文件中声明的组件。在这个例子中，子程序的实现放在一个单独的源文件中，这个源文件被单独编译。

在整个软件中，头文件不是最重要的部分，但它是C语言家族中不可缺少的组成部分。用户程序通过头文件，可以很方便查阅需要的函数库。

例如，标准输入输出头文件 stdio.h 片段如下：

```
…
_CRTIMP int _cdecl printf(const char *, ...);
_CRTIMP int _cdecl putc(int, FILE *);
_CRTIMP int _cdecl putchar(int);
_CRTIMP int _cdecl puts(const char *);
_CRTIMP int _cdecl _putw(int, FILE *);
…
```

调用库函数时，用户无须关注实现库函数任务的具体细节，只需明确库函数的功能、入口调用参数和返回值，如图4-3所示。

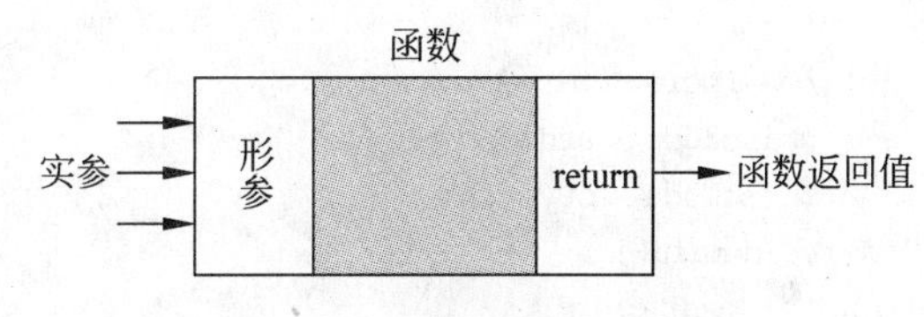

图4-3 函数的"黑箱"观点

函数输入是以参数的形式传递给函数的。函数的输出以函数值的形式返回。

Visual C++ 6.0 中常用标准C头文件如下。

① stdio.h——标准输入输出头文件：提供了标准输入输出所用的常量、结构、宏定义、函数类型、参数个数与类型描述等。

② math.h——数学函数(The Mathematical Function)头文件：包括各种常用的三角函数、双曲线函数、指数和对数函数等。

③ 字符串、内存和字符函数头文件：包括对字符串和字符进行各种操作的函数。相关的头文件有 string.h、memory.h、ctype.h。其中 ctype.h 文件提供了与字符检查函数有关的常量、宏定义以及相应字符转换函数的类型和参数描述。常用的宏定义有 isalpha、isdigit、isspace、iscntrl 等。

④ 时间、日期和与系统有关的头文件：对时间、日期的操作和设置计算机系统状态等，需要包含文件 time.h。

⑤ 动态存储分配头文件：包括"申请分配"和"释放"内存空间的函数。包含的头文件有 malloc.h、stdlib.h 和 dos.h。stdlib.h 文件给出了与存储分配、转换、随机数产生等有关的常量、结构以及相应函数的类型描述和参数描述。常用的函数有 calloc、malloc、free、realloc、rand 和 srand 等。

3. 函数库和库函数应用

标准函数库是由系统建立的具有一定功能的库函数集合，一般是 lib 文件夹中的文件或.lib 文件。函数库中包含编译好的库函数(Library Functions)代码和数据，可供其他程序使用。

【**例 4-2**】 头文件和库函数应用举例。判断从键盘上输入的字符是否为可打印字符，若输入字符多于一个则退出系统。

分析如下。

(1) 程序中包含头文件 stdio. h 和 ctype. h。ctype. h 文件包含 isprint()和 isspace()等字符型函数的声明。

函数原型：int isprint(int c);

功能：判断字符 c 是否为可打印字符(含空格)。当 c 为可打印字符(0x20-0x7e)时，返回非零值，否则返回零。

函数原型：int isspace(int c);

功能：判断字符 c 是否为空白符。当 c 为空白符时，返回非零值，否则返回零。空白符指空格、水平制表、垂直制表、换页、回车和换行符。

(2) NS 算法如图 4-4 所示。

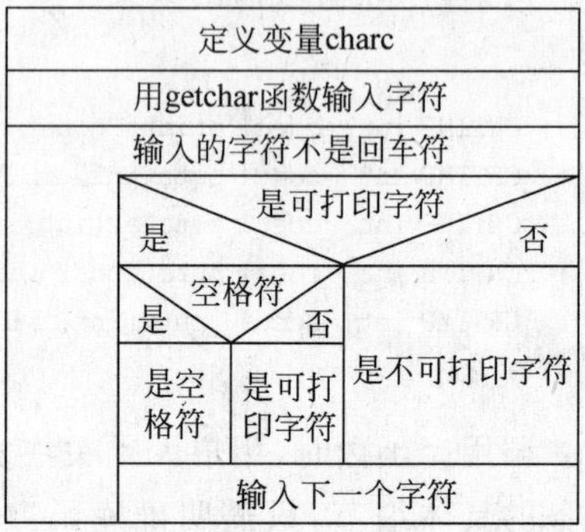

(3) 程序代码如下。

定义变量charc
用getchar函数输入字符
输入的字符不是回车符
是可打印字符
是
否
空格符
是
否
是空格符
是可打印字符
是不可打印字符
输入下一个字符

图 4-4 例 4-2 的 NS 算法图

```
/ * program ch4 - 2.c * /
#include < stdio.h>
#include < ctype.h>
void main()
{   char c;
    printf("直接输入回车符退出程序.\n 请输入字符\n");
    c = getchar();
    while(c!= 10&&getchar() == 10)                    / * 注意逻辑表达式的顺序 * /
    {   if(isprint(c))
        {  if(isspace(c))       printf("这是空格符\n");
           else         printf("这是可打印字符 % c\n",c);
        }
        else    printf("这是不可打印字符 % c\n",c);
        printf("请输入下一个字符:\n");     c = getchar();
    }
}
```

【**例 4-3**】 猜数游戏。由程序产生一个 1～100 之间的随机整数，由用户猜想此数并从键盘输入，程序将告诉用户是猜大了还是小了，10 次以内猜对，用户获胜；否则，告诉用户该数是多少，并继续下一轮猜数游戏。

分析如下。

(1) 随机数序列的产生：随机数序列是有某些定义特征的，如最小值、最大值和平均值；可能的值是否有同等的出现机会；一些值比其他值更有可能出现。随机数可以从实验中生成，如掷硬币、掷骰子或选择带编号的小球。随机数序列也可以通过计算机模拟生成。

许多工程问题都需要用到随机数。有些情况下，可用随机数来模拟一个复杂的问题。这种模拟可以反复进行并分析其结果，每次运行都表示该实验的一次重复。例如，使用随机数来逼近噪音序列。在收音机中听到的静电噪音就是一个噪音序列。如果程序使用随机数据表示一个噪音序列，并把它添加到一个语音信号或者音乐信号之中，就可得到一个更加逼真的信号。

应用中常常会用到分布在指定值之间的随机数，例如，生成1～100之间的随机整数。

(2) 随机函数包含在stdlib.h中。随机函数原型为：

```
int rand(void);
```

功能：返回一个随机数值，范围在0至RAND_MAX间。RAND_MAX是在stdlib.h头文件中定义的一个符号常量。RAND_MAX的范围最少是在0～32 767之间(short)，即双字节(16位数)。若用unsigned short双字节是65 535，四字节是4 294 967 295的整数范围。

(3) 设置随机数种子函数，原型为：

```
void srand (unsigned int seed);
```

srand()设置rand()产生随机数时的随机数种子。参数seed必须是个整数，如果每次seed都设置为相同值，rand()所产生的随机数值每次就都会一样。通常可以利用time(0)的返回值来当作seed，例如：srand((int)time(0))。这样每次程序运行会产生不同的随机数序列。

其中time()函数的原型为：

```
time_t time(time_t *t);
```

返回值：成功，返回秒数，失败则返回((time_t)－1)值。参数为空时得到机器的日历时间。

(4) 如何产生介于整数M到N间的随机数值，如[10,100]？

rand()%M可以得到[0,M－1]的随机数。

1＋rand()%M产生[1,M]的随机数。

M＋rand()%(N－M＋1)产生[M,N]的随机数。

(5) 算法分析及描述如下。

"多轮猜数"是循环产生多个随机数的过程。对每个数"可连续猜10次直到正确"是循环输入操作。显然这是一个双循环嵌套。

假设输入数据－1(结束标记)时，猜数游戏结束。

(6) 程序代码如下。

```
/* program ch4-3.c */
#include <stdio.h>
#include <stdlib.h>                           /*包含了随机函数*/
#include <time.h>                             /*时间、日期和与系统有关的函数*/
void main()
{ int num,x,i;
  printf("如果输入数据-1,则游戏结束!请开始...\n");
  do{  srand((unsigned)time(NULL));           /*循环产生不同的随机数*/
       num = 1 + rand() % 100;                /*产生[1,100]的随机数*/
       printf("开始新一轮猜数据游戏.请输入:x\n");
       for(i=1;i<=10;i++)                     /*循环猜10次*/
       {  scanf("%d",&x);                     /*输入所猜想的数x*/
          if(x== -1) exit(1);                 /*结束标记,则输出*/
          if (!(x<=1 || x>=100))              /*数据在正确范围内*/
```

```
            if(x == num)  {    printf("你猜对了.请继续...\n");break;  }
            else  if(x > num)    printf("大了.请继续...\n");
                  else  if(x < num)    printf("小了.请继续...\n");
        }                                    /* for 语句结束 */
    }while(1);
}
```

【例 4-4】 设计编写自定义函数。寻找素数,求 100 以内的所有素数。

分析如下。

(1) 函数设计及功能:设 int n 表示待判断的任意正整数,若 n 为素数,自定义函数返回整型数据 1,否则返回 0。所以,定义函数原型如下:

```
int  prime_number(int n);
```

(2) 在 main 函数中调用 prime_number 函数,用枚举法对 2～100 的所有整数进行是否为素数的判断,如果是素数则输出该数。

(3) 程序代码如下。

```
/* program ch4 - 4.c */
#include "stdio.h"
#include "math.h"
/* 函数功能:判断正整数 n 是否为素数 */
int  prime_number(int n)                    /* 函数定义首部,形参 n 表示任意正整数 */
{   int j,flag = 1;                         /* flag 标记为 1,假设该数为素数 */
    if(n == 2)  return 1;                   /* 返回 1 */
    for(j = 2;j <= sqrt(n)&&flag;j++)
       if(n % j == 0) {flag = 0;break;}     /* 找到因子,n 不是素数,修改 flag 退出循环 */
    return flag;                            /* 返回 */
}
void main()                                 /* 主函数 */
{   int n,f;
    for(n = 2;n < 100;n++)
    {  f = prime_number(n);                 /* 用每个 n 作实参,调用 prime_number 函数判断 */
       if(f)  printf(" %5d",n);             /* 返回值表示该数是否为素数,是则输出 */
    }
}
```

【例 4-5】 编写自定义函数实现求三个数中的最大值,再求任意个数的最大值。

分析如下。

(1) 工程中常有求极值问题。一个函数的设计方法一般也不止一种。

方法一:可以设计三个整型变量 int a、int b、int c 表示任意的三个数,函数中求出三个数的最大值并返回,返回值也是 int 型。在主调函数中一次调用后求得三个数中最大值。此时,定义函数原型如下:

```
int GetMax3(int a,int b,int c);
```

方法二:可以设计两个整型变量 int x、int y 表示任意的两个数,函数中求出两个数的较大值并返回,返回值也是 int 型。在主调函数中两次调用后求得三个数中最大值。此时,定义函数原型如下：

```
int Get Max2(int x,int y);
```

(2) 打擂法算法设计

求多个数的极值时，可以先确定某一基准变量，如设最大值基准变量为 ma，初值为第一个数。将基准变量和其他数据依次比较，如果遇到比基准变量更大的元素，则记忆新的最大值，直到所有的数据均被扫描。最后，基准变量的值是数据中的最大值。设有 n 个数据，定义求 n 个数的最大值函数原型为 int N_Max(int n);。

其中，形参表示数据个数，返回值是最大的数。

(3) 程序代码如下。

```
/* program ch4-5.c */
#include <stdio.h>                          /* 包含头文件 */
int  GetMax2 (int ,int);                    /* 函数声明 */
int GetMax3(int,int,int);
int N_Max(int n);                           /* 函数声明 */
void  main(void)                            /* 主函数名由系统规定，主调函数 */
{   int a,b,c,n,max;                        /* 变量说明 */
    printf("请输入三个数据个数");
    scanf("%d%d%d",&a,&b,&c);               /* 标准库函数调用 */
    max = GetMax3(a,b,c);                   /* 被调函数 GetMax3 求 a、b、c 的最大值 */
    printf("三个数 a,b,c 中的最大数是 %d\n",max);
    printf("请输入数据个数");    scanf("%d",&n);
    max = N_Max(n);                         /* 被调函数求 n 个数的最大值并返回 */
    printf("最大的数是: %d\n",max);
}
int GetMax2(int x,int y)                    /* 自定义函数首部 */
{   if(x > y)    return x;                  /* 函数返回语句 */
    else         return y;
}
int GetMax3(int a,int b,int c)              /* 函数首部 */
{   int max = a;
    if(max < b) max = b;
    if(max < c) max = c;
    return max;
}
int N_Max(int n)                            /* 自定义函数首部 */
{   int i,a,b,max;
    printf("请输入一个任意两数");
    scanf("%d%d",&a,&b);                    /* 输入前两个数 */
    max = a;                                /* max 总是当前数中最大的数 */
    for(i = 2;i <= n;i++)                   /* 从第二个数继续打擂比较 */
    {   printf("请输入第%d个任意数",i);    scanf("%d",&a);
        max = GetMax2(a,max);               /* max 总是当前最大的数 */
    }
    return max;                             /* 函数返回语句 */
}
```

4.3 函数调用过程

4.3.1 函数调用形式

程序中,通过主调函数对被调函数的调用来执行函数体。执行过程中遇到一个函数名时,即产生了函数调用(Call 或者 Invoke)。

有参函数调用的一般表达式为:

```
函数名(实际参数列表)
```

无参函数调用的一般表达式为:

```
函数名()
```

有参函数调用时,实参与形参应保持个数、次序及类型的一致性,实参间以","分隔,以确保实参与形参之间数据的正确传递。实参一般为C语言表达式,可以是常量、变量(调用时必须有确定的值或确定的地址)。

函数调用分为表达式函数调用、函数语句调用和函数实参调用三种形式。

1. 表达式函数调用

函数表达式调用是大多数函数的调用形式,被调函数向主调函数返回一个结果值,主调函数通过表达式接收值,如 y=sqrt(x)。

2. 函数语句调用

在函数调用后加";"构成一个函数语句调用。函数语句调用的目的是执行一个动作或完成特定的功能,如函数调用语句 printf("hello! ");输出一个字符串。

3. 函数实参调用

函数实参调用是被调函数作为某个函数的实参,如 GetMax(GetMax(a,b),c)。

4.3.2 函数调用过程及函数间数据传递

1. 函数调用过程

当一个函数运行期间调用另一个函数时,在执行被调函数之前,系统需先完成如下三件事:

(1) 主调函数计算实参值,将主调函数中的变量、返回地址、环境变量等信息压栈保存。

(2) 为被调函数的局部变量分配存储空间,并传递实参值给被调函数的形参变量。

(3) 将程序控制流程从主调函数转到被调函数入口使程序继续执行。

从被调函数的执行过程返回主调函数的过程:

(1) 若遇到被调函数中的 return 语句,计算返回结果,向主调函数返回函数值。

（2）释放被调函数的数据区。

（3）依照栈中保存的返回地址将控制流程转移到主调函数继续执行。

函数调用流程如图 4-5 所示。（有关堆栈概念参阅其他参考书）

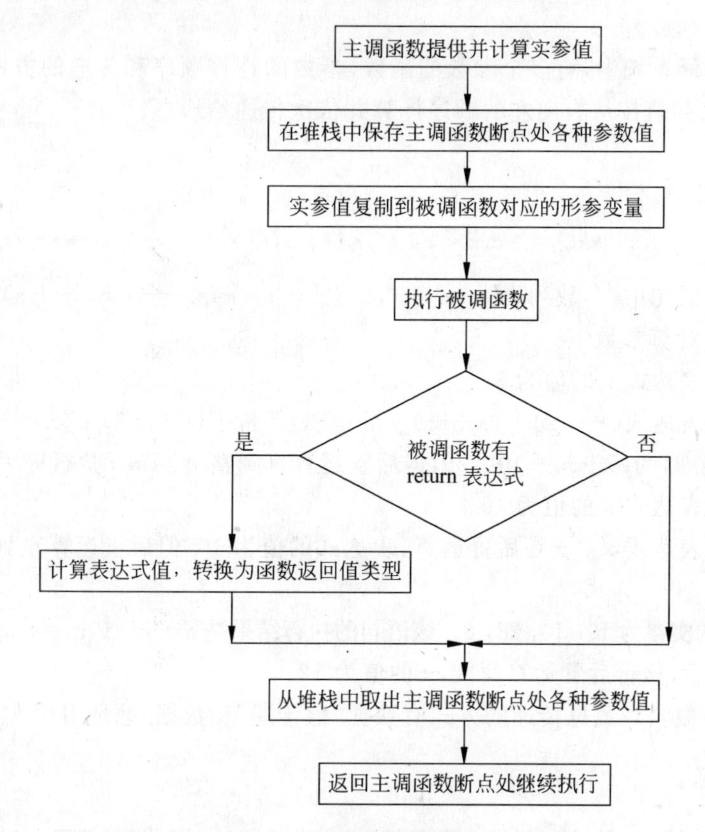

图 4-5　函数调用流程图

2. 函数间数据的传递

主调函数和被调函数间的数据传递渠道，叫数据接口。

被调函数形参接收主调函数环境提供的实参数据，被调函数中的 return 语句将处理结果即函数返回值传递到主调函数环境中的主调变量，如图 4-6 所示。

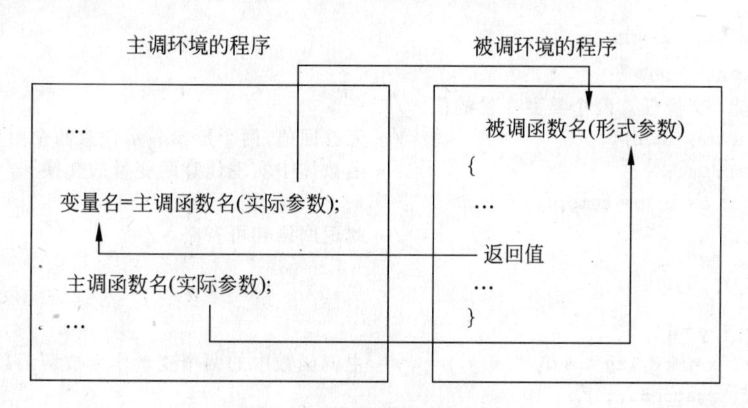

图 4-6　函数间数据的传递

被调函数所在语句未被调用执行到时,相应被调函数的代码不在内存,其形参变量也没有分配存储单元。当函数被调用执行时,形参被分配相应独立于实参的内存空间(栈中),被调函数执行中将使用该形参所复制到的值计算处理函数体,函数调用执行结束后,形参所占的存储单元将被释放。

在不同的编译系统中,有多个参数的函数,参数的计算顺序和传递的方向会有所不同。VC++ 6.0 中,实参值按从右向左的顺序计算并依次传递给形参。

如,

```
int  x = 8;
printf("x++= % d,x = % d,y = % d,x = % d\n",x++ ,x,(++ x) + (x++ ) + (++ x),x);
```

在该 printf 语句中,参数列表为“x++,x,(++x)+(x++)+(++x),x”,从右往左扫描各实参值并计算参数值。

(1) 第一个表达式 x 的值为 8。

(2) 第二个表达式(++x)+(x++)+(++x)等价于((++x)+(x++))+(++x),按前面学过的规则,为(9+9)+10=28,但后置运算直到整个 printf 执行完后再计算。

(3) 第三个表达式 x 的值为 10。

(4) 第四个表达式 x++是后置运算,表达式的值为 10,但后置运算直到整个 printf 执行完后再计算。

所以,相应的实参为 10, 10, 28, 8。该语句的执行结果是 x++=10,x=10,y=28,x=8。printf 语句后,执行后置运算两次,x 的值为 12。

函数通过参数实现数据传递的方式有数据“值传递”和数据“地址引用传递”两种形式。

3. 按值传递

C 语言中,数据(常量、变量)有“数据值”和“数据地址(即指针)”两个概念。数据地址(即指针)指向数据值。

按值传递(Call-by-value)方式下,主调函数实参值复制给被调函数的形参变量;而在被调函数中,只处理或计算形参变量本身,不处理计算形参变量(或者指针)所指向的数据基值。

【例 4-6】 阅读程序,分析程序中的函数调用和参数数据传递方式。

```
/* program ch4 - 6.c */
# include < stdio.h>
/* 函数功能: 交换任意两个整型变量的值 */
void swap( int a, int b)              /* 无返回值,两个形参表示任意两个整型变量 */
{   int temp;                         /* 函数体中实现任意两变量的交换 */
    temp = a; a = b; b = temp;
    return;                           /* 此返回语句可省略 */
}
void main()
{   int x = 7, y = 11;
    printf("x = % d,\ty = % d\n", x, y);   /* 主调函数中的两个变量作为被调函数的实参 */
    printf("swapped:\n");
    swap(x, y);                        /* 调用被调函数,实参 x、y 的值被复制给形参 a、b */
```

```
    printf("x = %d,\ty = %d\n",x,y);
}
```

程序剖析：

(1) 程序执行过程中，主程序 main 中调用函数 swap，实参 y 的值 11 复制给形参变量 b，实参 x 的值 7 复制给形参变量 a。

(2) 然后程序控制流程转移到被调函数 swap 中执行，被调函数中，通过中间变量 temp 实现了形参变量 a 的值与 b 的值的交换，a 值为 11，b 值为 7，return；语句使程序控制流程从被调函数返回主调函数 main，调用结束后，形参变量 a 和 b 所占的存储单元被释放，其值也随之丢失。

(3) 程序控制继续在主调函数中输出的 x 和 y 值，仍为 7 和 11。

(4) 该程序中，函数调用传递的是实参的值，被调函数中处理的是形参值，属于值传递方式。

(5) 观察函数调用，被调函数中形参值的变化不会影响主调函数中的实参值。即值传递中，被调函数中对形参变量的任何改变都不会影响实参的值，数据是单向值传递。

【例 4-7】 简单指针变量作函数参数。阅读并理解程序中的指针参数的按值传递。

```
/* program ch4-7.c */
#include  "stdio.h"
/* 函数功能：交换两个指针值 */
void swap(int *a , int *b)              /* 形参为任意两个指针变量 */
{  int   *t;
   t = a;  a = b;  b = t;               /* 交换两个形参指针值 */
}
void main()                             /* 主调函数 */
{  int   x = 30, y = 20, *p = &x, *q = &y;
   swap(p,q);                           /* 函数调用，实参为指针 */
   printf("x = %d, y = %d\n",x,y);
}
```

程序剖析：

(1) 程序执行过程中，主程序 main 中调用函数 swap，实参指针 p 和 q 的值复制给形参指针变量 a 和 b，使得 a 和 b 分别指向主调函数中的 x 和 y。

(2) 然后程序控制流程转移到被调函数 swap 中执行，被调函数中，通过中间指针变量 t 实现了形参指针变量 a 的值与 b 的值的交换，a 和 b 交换后分别指向主调函数中的 y 和 x（注意，没有交换 x 和 y）。程序控制流程从被调函数返回主调函数 main，调用结束后，形参指针变量 a 和 b 被释放，其值也随之丢失。

(3) 程序控制继续在主调函数中输出的 x 和 y 值，仍为 30 和 20。

(4) 该程序中，函数调用传递的是实参指针值，被调函数中处理的是形参指针值（不是形参指针指向对象的值），属于值传递方式。

(5) 观察函数调用，被调函数中形参值的变化不会影响主调函数中的实参值。即值传递中，被调函数中对形参变量的任何改变都不会影响实参的值，数据是单向值传递。

【例 4-8】 值传递程序举例。编写自定义函数，求 x 的 n 次方。

分析如下。

定义函数原型：long power(int x, int n);，返回值为 x 的 n 次方的结果，程序如下。

```
/* program ch4-8.c */
#include <stdio.h>
long power(int,int);                    /* 函数声明,被调函数在主调函数后定义 */
void main( )
{   int x,n;
    printf("请输入 x 和 n 的值: \n");
    scanf("%d%d",&x,&n);                                     /* 输入实参值 */
    printf("调用前: x= %d ,n= %d\n",x,n);
    printf("第一次,用变量调用函数 power(x,n)\n");
    printf("power(x,n) = %d\n",power(x,n));                  /* 值传递,调用函数 */
    printf("第二次,用表达式调用函数 power(x,n)\n");
    printf("power(x+2,n+3) = %d\n",power(x+2,n+3));          /* 调用函数 */
    printf("第三次,用常量调用函数 power(x,n)\n");
    printf("power(2,3) = %d\n",power(2,3));                  /* 调用函数 */
}
long power(int m, int n)                                     /* 形参为简单整型变量 */
{   int j=1;
    long p=1;
    for( ;j<=n;j++)    p*=x;                                 /* 根据形参计算结果 */
    return p;                                                /* 返回结果值,形参不影响实参 */
}
```

运行结果如下：

```
请输入x和n的值:
2 3
调用前: x=2 ,n=3
第一次, 用变量调用函数 power(x,n)
power(x,n)=8
第二次, 用表达式调用函数 power(x,n)
power(x+2,n+3)=4096
第三次, 用常量调用函数 power(x,n)
power(2,3)=8
Press any key to continue_
```

4. 地址引用方式传递数据

地址引用(Pass-by-address)传递方式是指形参定义为指针变量，实参也是指针或内存数据的地址，函数调用时将实参指针值传递给形参指针变量。而在被调函数中，通过参数传递的地址，引用了该地址指向的地址空间的数据。此时，因为形参和实参指向共同的内存空间，因此对形参引用空间的任何修改，就是对实参空间的修改。

【例 4-9】 简单指针变量作函数参数。阅读并理解程序中的指针参数。

```
/* program ch4-9.c */
#include  "stdio.h"
void swap(int *a , int *b)                  /* 形参为指针变量 */
{  int   t;
   t=*a; *a=*b; *b=t;      /* 交换形参指针变量的基数据,即引用了形参指针对象空间 */
}
void main()
{  int   x=30,y=20,*p=&x,*q=&y;
```

```
    swap(p,q);                          /*实参为指针变量*/
    printf("%d,%d",x,y);
}
```

程序剖析：

本例是如何实现 x 和 y 值的交换呢？其分析过程如图 4-7 所示。

(1) 本程序的主函数中 p 指向 x，q 指向 y，如图 4-7(a)所示。

(2) 调用 swap 函数，将 p 的值传给 a，q 的值传给 b，即 a=&x，b=&y。此时依然是值传递，也就是说，p 和 a 同时指向 x，q 和 b 同时指向 y，如图 4-7(b)所示。

(3) 函数 swap 执行过程中，通过引用指针变量 a、b 来交换 x、y 两变量的值，即 *a 和 *b 值互换，也就是 x 和 y 的值互换，如图 4-7(c)所示。

(4) 调用函数 swap 结束后，返回主函数，p 仍然指向 x，q 仍然指向 y，但 x、y 两变量的值已经交换了，如图 4-7(d)所示。

该程序中使用指针变量 p、q 作为函数实参进行数据传递，实参传给形参的是地址值，这样使得被调函数与主调函数访问的是同一存储单元，从而影响主调函数中多个变量的值。可见，在被调函数中，通过指向同一空间的实参和形参地址，控制主调函数中的数据。

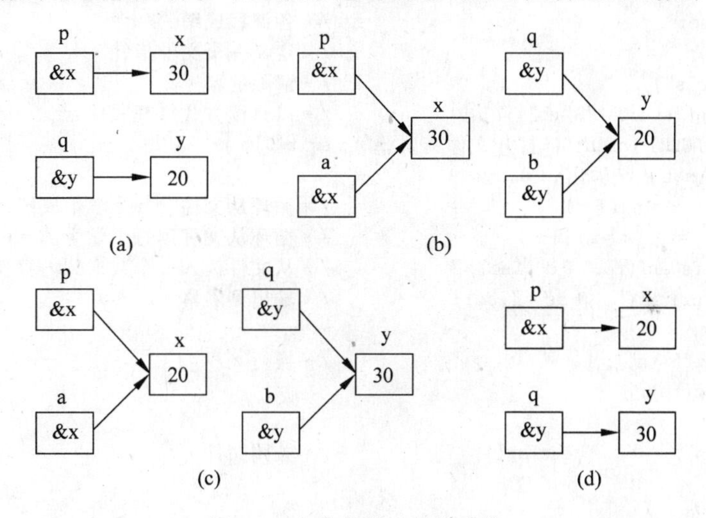

图 4-7 参数传递和数据交换

【学生项目案例 4-3】 利用有参函数等概念，编程实现一个班级学生成绩的输入和输出函数，并存入数据。

分析如下。

(1) 设班级中有 m 个学生，n 门课程。设计成绩输入和输出函数原型如下：

```
成绩输入函数原型：void Input(int n,int m);     /*形参表示学生人数和课程数*/
成绩输出函数原型：void Output(int n,int m);    /*形参表示学生人数和课程数*/
```

(2) 程序如下。

```
/*输入模块文件*/
#include "stdio.h"
#include "stdlib.h"
```

```
void Input(int n,int m)                     /* 形参 n:学生人数.形参 m:课程数 */
{  int i,j,sc;                              /* 课程成绩 */
   FILE *fp;                                /* 定义一个文件指针 */
   system("cls");                           /* 清除屏幕 */
   fp=fopen("stu.dat","wb");                /* 以只写方式打开文件 stu.dat */
   if(fp==NULL) {   printf("打开文件错误\n");   exit(1);   }
   printf("\n\t 成绩册输入\n");
   for(i=1;i<=n;i++)                        /* 循环输入 n 个学生的成绩 */
   {   printf("请输入第 %d 个学生成绩:\n",i);
       for(j=1;j<=m;j++)                    /* 循环输入每个学生的 m 门课程成绩 */
       {   printf("\t\t 请输入第 %d 门成绩:\n",j);
           scanf("%d",&sc);                 /* 从键盘读入学生成绩给内存变量 */
           fprintf(fp," %d ",sc);           /* 向数据文件输出数据 */
       }
       fputc('\n',fp);                      /* 输出字符回车到文件,换行 */
   }
   fclose(fp);   getchar();                 /* 关闭文件 */
}
/* 输出模块文件 */
void Output(int n,int m)                    /* 形参 n:学生人数.形参 m:课程数 */
{  int i,j,sc;                              /* 各课程成绩 */
   FILE *fp;                                /* 定义一个文件指针 */
   system("cls");                           /* 清除屏幕 */
   fp=fopen("stu.dat","rb");                /* 以只读方式打开文件 stu.txt */
   if(fp==NULL) {printf("打开文件错误\n"); exit(0); }
   printf("\n\t 成绩输出\n");
   for(i=1;i<=n;i++)                        /* 循环从文件读 n 个学生成绩 */
   {   for(j=1;j<=m;j++)                    /* 循环从文件读每个学生的 m 门课程成绩 */
       {   fscanf(fp,"%d",&sc);             /* 从文件读入一个数据到内存变量 */
           printf("  %5d ",sc);             /* 输出到屏幕 */
       }
       printf("\n");                        /* 换行 */
       fgetc(fp);
   }
   fclose(fp);      getchar();              /* 关闭文件 */
}
/* 主模块文件 */
void main()                                 /* 主函数 */
{   int a,b;
    printf("请输入学生实际人数: ");   scanf("%d",&a);
    printf("请输入实际课程数: ");     scanf("%d",&b);
    Input(a,b);                             /* 调用函数 */
    Output(a,b);                            /* 调用函数 */
}
```

4.4 函数的嵌套调用与递归函数

4.4.1 函数的嵌套调用

C语言的函数定义中不能出现另外一个函数的定义,即函数定义不允许嵌套。因此,所有函数是平行的,不存在上级函数和下级函数的问题。但是C语言允许在函数定义中出现函数调用,从而形成函数嵌套调用,即在被调函数中又调用其他函数。

【例 4-10】 利用函数嵌套编写程序,求出所有的两位绝对素数。

分析如下。

(1) 问题描述:绝对素数是指本身是素数,其逆序数也是素数的数。例如:10321与12301是绝对素数。两位绝对素数是将一个素数的个位和十位交换位置后仍为素数。

(2) 需求分析和处理流程:用枚举法逐个判断所有两位数是否为绝对素数,输出绝对素数。设计用户自定义函数如下。

① 函数功能:判断某数是否为素数,若n是素数,返回值为1,否则返回值为0。

```
函数原型: int prime(int n);                 /*形参为任意整型变量*/
```

② 函数功能:交换一个两位数的个位和十位,返回值为对换位置后的数。

```
函数原型: int invert(int n);                /*形参为任意两位整型变量*/
```

③ 函数功能:判断某数是否为绝对素数,若n是绝对素数,返回值为1,否则返回值为0。

```
函数原型: int absoluteprime (int n);        /*形参为任意整型变量*/
```

其中,absoluteprime(int n)函数的算法描述如图4-8所示。主函数main()算法设计如图4-9所示。

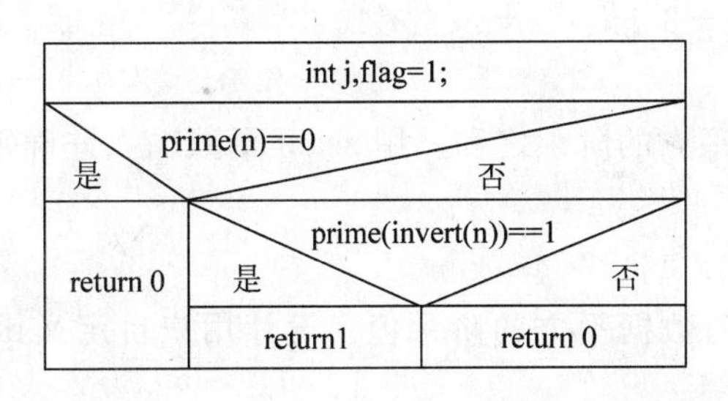

图 4-8 例 4-10 的 absoluteprime(int n)函数的算法 NS 图

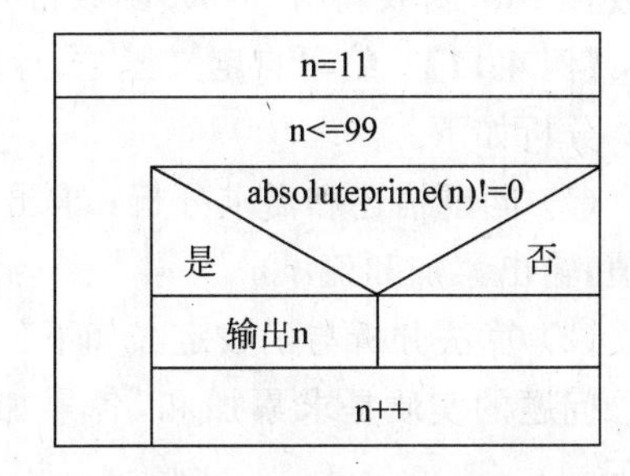

图 4-9 例 4-10 的主函数 main()的算法 NS 图

(3) 程序编码如下。

```
/* program ch4-10.c */
#include <stdio.h>
#include <math.h>
void main()
{   int n;
    int  prime(int n),absoluteprime(int n),invert(int n);        /*函数的原型声明*/
    for(n=11;n<=99;n++)
        if(absoluteprime(n))  printf("%d\t",n);
}
/*判断一个数是否为素数*/
int  prime(int n)                              /*函数定义*/
{   int j,flag=1;
    if(n==2) return 1;
```

```
    for(j = 2;j <= (int)sqrt(n);j++)
        if(n % j == 0) {flag = 0;break;}        /* 不是素数,提前结束循环 */
    return flag;
}
/* 对换一个两位数的个位和十位 */
int invert(int n)
{   int m1,m2;
    m1 = n/10;
    m2 = n % 10;
    return (m2 * 10 + m1);
}
/* 判断一个数是否为绝对素数 */
int  absoluteprime(int n)                      /* 函数定义 */
{    int j,flag = 1;                           /* flag 标注变量 */
     if(prime(n) == 0) return 0;
     else  if(prime(invert(n)) == 1) return 1;
           else return 0;
}
```

程序剖析：

(1) main 函数定义中调用 absoluteprime 函数,absoluteprime 函数定义中调用 prime 函数和 invert 函数。各函数独立定义,互不从属。

(2) 程序执行中,main 函数调用 absoluteprime 函数,而 absoluteprime 函数调用 prime 函数,prime 函数调用 invert 函数,构成了函数的嵌套调用。

【例 4-11】 编写自定义函数,计算 $s=2^2!+3^2!+4^2!+\cdots+n^2!$。

分析如下。

(1) 问题描述和需求分析：求出 2～n 的平方的阶乘之和。用 scanf 函数输入并确定 n 的值,输出累加和值 s。

(2) 算法分析与函数定义如下。

问题的实质是求累加和,各累加项为数列数据平方的阶乘值。设计用户自定义函数如下。

① 求整数平方值函数。函数原型：long f1(int x);,函数返回值为 x 的平方。

② 求阶乘函数。函数原型：long f2(int x);,函数返回值为 x 的阶乘。

③ 求累加和函数。函数原型：long f3(int x);。

(3) 各函数嵌套调用关系如图 4-10 所示。

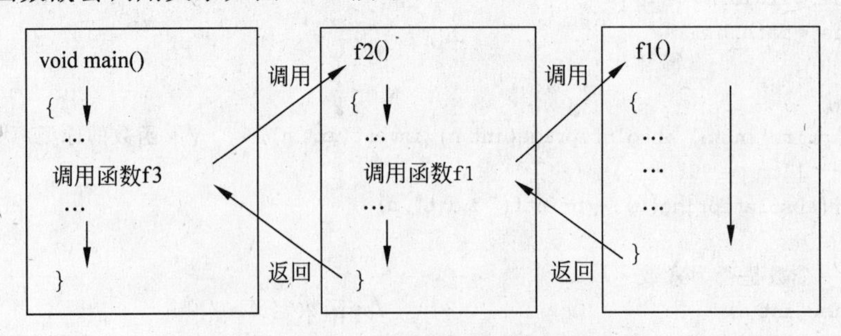

图 4-10　例 4-11 的各函数嵌套调用关系

(4) 编写程序代码如下。

```
/* program ch4-11.c */
#include <stdio.h>
long f1(int x)                                  /*求整数平方值函数*/
{   return (x*x);  }
long f2(int x)                                  /*求阶乘函数*/
{   long c=1,b;
    int i;
    long f1(int x);                             /*f1 函数原型声明*/
    b=f1(x);                                    /*嵌套调用 f1 函数求 x 的平方*/
    for(i=1;i<=b;i++)  c=c*i;
    return c;
}
long f3(int x)                                  /*求累加和函数*/
{   int i;
    long f2(int x);
    long s=0;
    for (i=2;i<=x;i++) s=s+f2(i);               /*调用 f2 函数求 i 的阶乘*/
    return s;
}
#include <stdio.h>
void main()
{   int n;
    long s;
    printf("请输入一个小于 5 的整数:\n");
    scanf("%d",&n);
    s=f3(n);                                    /*调用 f3 函数求累加和*/
    printf("\ns=%ld\n",s);
}
```

程序剖析：

程序执行时，在 main 函数中调用 f3 函数，在 f3 函数中调用 f2 函数，在 f2 函数中调用 f1 函数，构成函数的嵌套调用。

4.4.2　函数的递归调用

递归算法在程序设计语言中广泛应用，是计算机科学的一个重要概念。

一个函数在其定义中又直接或间接调用自身的一种方法称为递归。这种特殊的函数称为递归函数(Recursive Functions)。递归方法通常把一个大型复杂的问题层层转化为一个与原问题相似的规模较小的问题来求解，递归策略只需少量的程序就可描述出解题过程所需要的多次重复计算或处理，大大地减少了程序的代码量。递归的能力在于用有限的语句来定义对象的无限集合。

递归函数在运行过程中直接或间接调用自身而产生了(函数的)重入现象。

具体地说，递归是在执行某一处理过程时，该过程的某一步要用到它自身的前一步(或前几步)的结果。C 语言允许函数的递归调用，在递归调用中，主调函数又是被调函数，执行递归函数将反复调用其自身，每调用一次就进入新的一层。

有两种递归：直接递归和间接递归调用。直接递归是函数直接调用函数自身。间接递归是函数调用其他函数，而其他函数又调用该函数自身。

一般来说，构造递归需要有边界条件、递归前进段和递归返回段。当边界条件不满足时，递归前进；当边界条件满足时，递归返回。

注释：将一个问题求解转化为对新问题的求解，而求解原问题的方法与求解新问题的方法相同。通过这种转化过程能达到最终求解原问题的目标。递归算法必须有结束递归的条件，否则会产生死循环现象。

例如，有函数 f 如下：

```
int f(int x)
{    int y;
     z = f(y);                                    /* 递归调用自身 */
     return z;
}
```

这是一个递归函数，但函数将无休止地调用自身，这是应该避免的。为了防止这种情况出现，常用条件判断在函数内终止递归调用。满足条件后不再作递归调用，然后逐层返回。

递归算法一般用于解决三类问题。

(1) 数据的定义是按递归定义的。如此的定义在数学中十分常见，如 Fibonacci 数列。基本情况：Fib(0) = 0，Fib(1) = 1。递归定义：对所有 $n>1$ 的整数，Fib(n)=(Fib($n-1$) + Fib($n-2$))。

如集合论对自然数的正式定义是：1 是一个自然数，每个自然数都有一个后继，这一个后继也是自然数。

(2) 问题解法按递归算法实现。(回溯法)

(3) 数据的结构形式是按递归定义的。(树的遍历，图的搜索)

采用递归编写程序简洁和清晰。递归调用过程中系统开辟栈区存储每一层的返回点、局部量等，递归次数过多容易造成栈溢出等，占用内存空间较大，运行效率较低。

【例 4-12】 编写递归函数，计算 $n!$。

分析如下。

(1) 用递归法计算 $n!$，可用下述公式表示。

$$f(n)=\begin{cases} n\times(n-1)!, & n>1 \\ 1, & n=0,1 \end{cases}$$

(2) 用递归函数可将 $n!$ 表示为：

$$f(n)=\begin{cases} n\times f(n-1), & n>1 \\ 1, & n=0,1 \end{cases}$$

从递归的角度来看，求 $n!$ 需要调用函数 $f(n)$。当 $n>1$ 时，需要计算表达式 $n\times f(n-1)$ 的值，该表达式中包含对 f 函数的更小规模(参数为 $n-1$)的递归调用。如此递归，直到调用函数参数是 1 时，则递归调用终结，函数开始逐级返回，最后得到 $n!$。

(3) 程序代码如下。

```
/* program ch4 - 12.c */
```

```
#include < stdio.h>
void main()
{   int n;
    long y;
    printf("\ninput a inteager number:\n");      scanf(" %d",&n);
    y = ff(n);
    printf(" %d!= %ld\n",n,y);
}
long ff(int n)                                    /*递归函数定义*/
{   long f;
    if(n<0) printf("n<0,input error");          /*递归终止条件*/
    else if(n == 0 || n == 1) f = 1;
        else f = ff(n-1) * n;                     /*递归调用*/
    return(f);
}
```

模拟计算机执行程序过程如下。

(1) ff 函数中的语句 f = n * ff(n-1);调用了 ff 函数自身,是典型的直接递归调用。

(2) 主函数每次调用 ff 函数,ff 函数的局部变量 n 和 f 值随着递归调用的深入在随之改变,直到终止条件。随着调用的返回,n 和 f 的值又层层恢复。

(3) 下面以求 4!为例,分析该递归函数的执行过程。

在主函数中输入 n 的值 4,执行语句 y = ff(n);,以 ff(4)进入函数 ff 中。

第一次进入 ff 函数时,n=4,由于不满足条件(n==0 || n==1),执行 else 子句 f=n * ff(n-1),此时为 f=4 * ff(3)。这里需要以 ff(3)第二次调用 ff 函数,从而开始第二次调用该函数。

第二次进入 ff 时,仍不满足条件(n==0 || n==1),所以执行 f=3 * ff(2)。

第三次进入 ff 函数时 n=2,仍然执行 f=2 * ff(1)。

第四次调用 ff 函数时,n=1 满足 n==0 || n==1 的条件。执行 f=1,再执行 return(f)操作,以返回并退出第四次调用过程,从而返回到第三次调用过程中。

在第三次调用过程中将第四次调用返回的值代入 f=2 * ff(1)中,计算出 f=2 * 1=2,执行 return(f)语句,以返回值 2 退出第三次调用过程,返回到第二次调用过程。

这样程序逐步返回,不断用返回值乘以 n 的当前值,并将结果作为本次调用的返回值返回到上次调用。最后返回到第一次调用,计算出 ff(4)的返回值为 24。

从上述递归函数的执行过程中可看到:每次 ff 函数被递归调用时,局部变量 n 和 f 的值随着调用的深入,也随之变化,直到终止条件。随着调用的返回,n 和 f 的值又层层恢复。

编写递归函数时,必须使用 if 语句建立递归的结束条件,使程序能够在满足一定条件时结束递归,逐层返回。如果没有这种 if 语句,进入递归调用后,就会形成“死循环”不会返回,这是编写递归程序时常发生的错误。本题中,if(n==0 || n==1)就是递归的结束条件。

计算机所求解的问题分为数值问题和非数值问题。两类问题具有不同的性质,用递归方法解决问题时也是不同的。

编写数值问题递归程序的一般方法如下。

(1) 找出问题的递归定义,建立递归数学模型。

(2) 确定问题的边界条件,确立递归终止条件。

(3) 将递归数学模型转换为递归程序。

【例 4-13】 编写递归函数,计算函数 $p(x,n)=x-x^2+x^3-x^4+\cdots+(-1)^{n-1}x^n(n>0)$ 的值。

分析如下。

(1) 这是一个数值型问题。对原来的定义进行数学变换:

$$p(x,n)=x-x^2+x^3-x^4+\cdots+(-1)^{n-1}x^n=x*(1-x+x^2-x^3+x^4-\cdots+(-1)^{n-2}x^{n-1})$$

$$=x*(1-x-x^2+x^3-\cdots+(-1)^{n-2}x^{n-1})=x*(1-p(x,n-1))$$

等价的递归定义如下:

$$p(x,n)=\begin{cases}x\times(1-p)(x,n-1), & n>1\\ x, & n=1\end{cases}$$

(2) 需求分析:自变量 x 和 n 是需要用户输入的数据,输出是函数值。

(3) 根据递归数学模型,编写程序代码如下。

```
/* program ch4-13.c */
#include <stdio.h>
double p(double x, int n)                          /* 函数定义 */
{ if(n==1)    return(x);                           /* 递归终止条件 */
  else   return(x*(1-p(x,n-1)));                   /* 递归调用 */
}
void main()
{   double x; int n;
    printf("Enter x and n:");
    scanf("%lf%d",&x,&n);
    printf("p=%f\n",p(x,n));
}
```

非数值型问题本身难于用数学公式表达。求解非数值问题的一般方法是要设计一种算法,找到解决问题的一系列操作步骤。如果能够找到解决问题的一系列递归的操作步骤,同样可以用递归的方法解决这些非数值问题。寻找非数值问题的递归算法可从分析问题本身的规律入手,按照下列步骤进行分析。

(1) 化简问题。将问题规模缩到最小,分析问题在最简时(结束条件)的操作方法。

(2) 对于一般的问题,可将大问题分解为两个(或若干个)小问题,使原来的大问题变成这两个(或若干个)小问题的组合,其中至少有一个小问题与原来的问题有相同的性质,只是在问题的规模上与原来的问题相比较有所缩小。

(3) 将分解后的每个小问题作为一个整体,描述用这些较小的问题来解决原来大问题的算法(递归算法)。

由第(3)步得到的算法就是一个解决原来问题的递归算法。由第(1)步将问题的规模缩到最小时的条件就是该递归算法的递归结束条件。

【例 4-14】 斐波那契数列的递归方法实现:计算并输出斐波那契数列的前 7 个数据。

根据斐波那契数列的定义:

$$\mathrm{fib}(n)=\begin{cases}(\mathrm{fib}(n-1)+\mathrm{fib}(n-2)), & n>1\\ 1, & n=0,1\end{cases}$$

编写递归代码如下。

方法一：

```
#include <stdio.h>
int fib(int n)                                    /*形参为数列的个数*/
{   if (n == 0 || n == 1)       return 1;
    else return  fib(n-1) + fib(n-2);
}
void main()
{   int i;
    for(i = 0;i <= 6;i++ )                        /*前7个数据*/
        printf(" %d\t",fib(i));
}
```

假设i=5，那么要计算fib(5)就得计算fib(4)和fib(3)，依次类推。这种方式被称为树型递归，也被称为线性递归。这种递归方式非常好理解，但是缺点也是很明显的。从其计算过程可以看出，经过了很多冗余的计算，并且消耗了大量的调用堆栈。这个消耗是指数级增长的，经常有人说调用堆栈很容易在很短的递归过程就耗光了，多半就是采用了线性递归造成的。

方法二：从正常产生数列的过程入手来实现。第0、1次的原始情况直接返回，之后的计算过程就是累加。在递归的过程中要保持三个状态数据，即“上两个数b1、b2和迭代的步数n”。代码如下。

```
#include <stdio.h>
int fib(int n,int b1,int b2)
{   if(n == 0 || n == 1) return 1;                /*递归终结*/
    else  if(n == 2) return b1 + b2;              /*求新数计算*/
    else { n--;  /*为累加准备工作*/
           return fib(n,b2,b1 + b2); }            /*递归调用,实现累加*/
}
void main()
{   int i,b1 = 1,b2 = 1;
    printf(" %d      %d\n\n\n",6,fib(6,1,1));
}
```

每一次递归的过程中保持了上一次计算的状态，所以称为“线性迭代过程”，也就是俗称的尾递归。由于每一步计算都保持了状态所以消除了冗余计算，因此这种方式的效率明显高于前一种。

【例4-15】 输入一个正整数，要求以相反的顺序输出。用递归方法实现。

分析如下。

(1) 问题描述：把这个问题看作非数值问题，就是实现数据的反向输出。

(2) 递归算法处理。

① 问题最简化。假设要输出的正整数只有一位，则该问题就简化为反向输出一位正整数。对一位整数无所谓正与反，问题简化为输出一位整数。

② 问题分解：对于任何一个大于10的正整数，在逻辑上可以将它分为两部分，即个位数字和个位以前的全部数字。

③ 子问题递归算法。将个位以前的全部数字看成一个整体,则为了反向输出这个大于10 的正整数,可以按如下步骤进行操作:首先输出个位上的数字,然后反向输出个位以前的全部数字(子问题出现)。

本题目递归算法描述如图 4-11 所示。

输入的整数只有一位	
是	否
输出该整数	输出整数的个位数字
	反向输出除个位以外的全部数字

图 4-11　例 4-15 的算法 NS 图

(3) 程序代码如下。

```
/* program ch4 - 15.c */
#include <stdio.h>
void main( )
{ int num;
  void printn(n);          /* 函数声明 */
  printf("Enter a number:");
  scanf("%d", &num);
  printn(num);
}
void printn(int n)                              /* 函数定义 */
{    if(0 <= n&&n <= 9 ) printf("%d\n",n);     /* 递归出口,结束条件 */
     else
     {    printf("%d",n%10);
          printn(n/10);                         /* 递归处理 */
     }
}
```

【例 4-16*】 Hanoi 塔问题。

汉诺塔(Hanoi)问题是个著名的问题。这个故事来源于古代印度布拉玛神庙。后来,约 19 世纪末,在欧洲的商店中出售这种智力玩具,在一块铜板上有三根杆,最左边的杆自上而下、由小到大顺序串着 64 个圆盘,构成塔。智力玩具的初始装置如图 4-12 所示。游戏的目的是将最左边 A 杆上的圆盘,借助最右边的 C 杆,全部移到中间的 B 杆上。条件是一次仅能移动一个盘,且不允许大盘放在小盘的上面。求移动的次数。

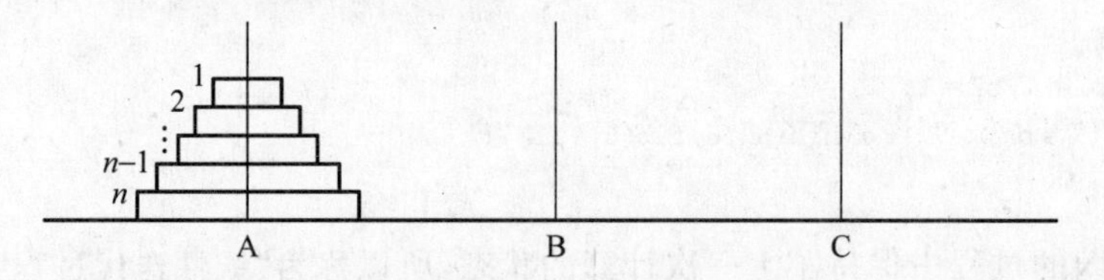

图 4-12　汉诺塔示意图

要求每次只能移动一个盘,且不允许大盘放在小盘的上面。据说,当 64 个圆盘全部从一根杆上移到另一根杆上的那一天就是世界的末日。故汉诺塔问题又被称为"世界末日问题"。64 个圆盘的移动总次数是 18446744073709551616,这是一个天文数字,若每微秒移动一次圆盘,那也需要几乎一百万年。

分析如下。

假设用 N 表示盘片的个数,则 $N=1$ 时,Hanoi(1)可解(移动 1 次)。若 Hanoi($N-1$)可解,则 Hanoi(N)易解。

可用上面的方法找出移动圆盘的递归算法:设要移动的汉诺塔共有 N 个圆盘,对 A 杆上的全部 N 个圆盘从小到大顺序编号,最小的圆盘为 1 号,次之为 2 号,依次类推,最下面

最大的圆盘编号为 N。

(1) 简化问题。假设A杆上只有一个圆盘,即汉诺塔只有一层 $N=1$,将1号盘从A杆上移到B杆上即可。(移动1次,为递归结束条件)

(2) 分解问题。将 $N(N>1)$ 个圆盘的汉诺塔分为两部分:上面的 $N-1$ 个圆盘和最下面的 N 号圆盘。

为了移动 N 个圆盘的汉诺塔,可以按如下递归方式进行操作(递归算法)。

① A杆上面的 $N-1$ 个盘子,借助B杆,移到C杆上。

② A杆上剩下的 N 号盘子移到B杆上。(移动1次,终结)

③ C杆上的 $N-1$ 个盘子,借助A杆,移到B杆上。(子问题)

(3) 定义移动函数(事务处理基本动作)。

```
void movedisc(n,fromneedle,toneedle,usingneedle)
```

其中的参数含义如下。

① fromneedle:表示将要被移动圆盘的原始杆。

② toneedle:当前圆盘要移动过去的目标杆。

③ usingneedle:当前可以借用的杆。

④ n:当前需移动的圆盘个数。

函数功能是将 fromneedle 杆上的 N 个圆盘,借助 usingneedle 杆,移到 toneedle 杆上。

移动 N 个圆盘的递归算法描述如下。

```
void  movedisc(n,fromneedle,toneedle,usingneedle)
{    if(n==1)  则将该圆盘从 fromneedle 上移到 toneedle;          /*移动1次问题终结*/
     else
     {       movedisc(n-1,fromneedle,usingneedle,toneedle);
             将n号圆盘从 fromneedle 上移到 toneedle;              /*移动1次*/
             movedisc(n-1,usingneedle,toneedle,fromneedle);    /*问题复原*/
     }
}
```

统计移动的次数的程序如下。

```
/* program ch4-16.c* /
#include <stdio.h>
void movedisc(unsigned ,char,char,char);
int i=0;
void main( )
{ unsigned n;
  printf("Please enter the number of discs:");
  scanf("%d", &n);
  movedisc(n, 'a', 'b', 'c');
  printf("\t Total: %d\n", i);
}
void movedisc(unsigned n,char fromneedle,char toneedle,char usingneedle)
        /*将 fromneedle 杆上的n个圆盘借助 usingneedle 杆移动到 toneedle 杆上*/
{ if(n==1)  printf("%2d-(%2d):%c==> %c\n", ++i, n,fromneedle,toneedle);
         /* 将 fromneedle 上的一个圆盘移到 toneedle 上  */
```

```
    else
    {   movedisc(n-1,fromneedle, usingneedle, toneedle);
            /*将 fromneedle 上的 N-1 个圆盘借助 toneedle 移到 usingneedle 上 */
        printf("%2d-(%2d):%c==>%c\n", ++i, n,fromneedle,toneedle);
            /*将 fromneedle 上的一个圆盘移到 toneedle 上 */
        movedisc(n-1,usingneedle,toneedle,fromneedle);
            /* 将 usingneedle 上的 N-1 个圆盘借助 fromneedle 移到 toneedle 上 */
    }
}
```

4.5 内部函数和外部函数

当一个程序由多个源程序文件组成时,C 语言根据函数能否被其他源文件中的函数调用,将函数分为内部函数和外部函数。

4.5.1 内部函数

如果在一个源文件中定义的函数,只能被本文件中的函数调用,而不能被同一程序中的其他源程序文件中的函数调用,这种函数称为内部函数。内部函数又称静态函数,作用域仅限于本文件。使用内部函数可使不同的人编写不同的函数时,不用担心自己定义的函数是否会与其他文件中的函数同名。不同文件中的静态函数同名也互不影响。

定义内部函数的一般形式为:

static 类型说明符　函数名(形参表){…}

例如,

```
static f(int a,int b);
```

4.5.2 外部函数

外部函数是在整个程序中都有效的函数。其定义的一般形式为:

extern 类型说明符　函数名(形参表){…}

例如,

```
extern float fun(int a,int b);
```

如在函数定义时,没有明确说明为 extern 或 static,则函数隐含指定为 extern 外部函数。外部函数允许被其他源程序文件中的函数调用,使用时应遵循的规则如下。

(1) 定义可在其他源程序文件中被调用的函数时,应用 extern 说明为外部函数。

(2) 在调用外部函数的源程序文件中,对被调用的外部函数加以声明。

例如:

```
F1.c(源文件一)
#include "stdio.h"
```

```
void main()
{   extern int fun1(int a,int b,int c);     \\外部函数声明
    int x,y,z,sum;
    printf("Please intput x,y,z");
    scanf("%d%d%d",&x,&y,&z);
    sum=fun(x,y,z);
    printf("The sum of x,y,z is %d\n",sum);
}
F2.c(源文件二)
extern int fun1(int a,int b,int c)          \\外部函数定义
{   int sum;
    sum= fun2(a,b)+c;
    return sum;
}
static int fun2(int a,int b)                \\内部函数定义
{   int sum;
    sum=a+b;
    return sum;
}
```

程序中 F2 文件中的 fun 函数是一个外部函数,定义时用 extern 进行说明。在调用 fun 函数的文件 F1 中对 fun 函数进行了说明。

【学生项目案例 4-4】 建立工程文件,实现"学生信息管理系统"的初次综合调试,并对相应模块程序函数进行合理修改。

分析如下。

(1) 问题陈述:学生项目案例 3-4 实现了"学生信息管理系统"各级菜单的循环优化显示,但其中的各个功能模块没有开发并进行调试。

学生项目案例 2-1 实现了简单的学生信息查询;学生项目案例 3-2 实现了简单的学生成绩评定;学生项目案例 4-3 实现了学生成绩的输入并保存到文件中,以及从文件读取学生成绩并显示在屏幕上。这些简单功能在实现时均定义了临时主函数用于分开调试。

(2) 本题任务:实现以上程序的综合调试。

(3) 综合调试过程如下。

在 VC++中建立一个 STU 工程,在该工程中综合调试各程序。

```
/*主模块函数 fmain.c*/
#include "stdio.h"
#include "stdlib.h"                          /*包含 exit( )函数*/
extern xxchaxun();                           /*包含外部函数,定义在学生项目案例 2-1 中*/
extern void cjpd1();                         /*包含外部函数,定义在学生项目案例 3-2*/
extern void Input(int n,int m);              /*包含外部函数,定义在学生项目案例 3-5 中*/
extern void Output(int n,int m);             /*包含外部函数*/
void menu()                                  /*主菜单函数*/
{   printf("   欢迎使用学生信息管理系统!\n\n");
    printf(" ============================\n");
    printf("‖1:用户身份验证    2:学籍管理子系统‖\n");
    printf("‖3:成绩管理子系统 4:作业管理子系统‖\n");
    printf("‖5:素质评价子系统 0: 退出子系统    ‖\n");
```

```
    printf("==============================\n");
}
void menu2_3()                                  /*二级菜单(3)函数*/
{   printf("                欢迎使用成绩管理子系统!\n\n");
    printf(" ===========================\n");
    printf("1:  学生成绩录入 2:  学生成绩输出\n");
    printf("3:  学生成绩查询 4:  学生成绩修改\n");
    printf("5:  学生成绩插入 6:  学生成绩删除\n");
    printf("7:  班级成绩删除 8:  学生成绩排序\n");
    printf("9:  学生成绩统计 0:  退出子系统  \n");
    printf("==============================\n");
}
void mod_2()                                    /*二级模块函数*/
{    char fc_code2;
     do{ system("CLS");
         menu2_3();                             /*调用二级菜单(3)*/
         printf("请你在上述功能编号中选择...\n");
         fc_code2 = getchar();
         if(getchar()!= 10)
         {    puts("对不起,你输入的功能模块号多于一位,是错的!!!\n");
              exit(0);                          /*选择错误,退出程序*/
         }
         if(fc_code2 >= '0'&&fc_code2 <= '9')  /*功能号有效性判断*/
              switch(fc_code2)
              { case '0': puts("你选择退出本菜单.\n");return;        /*返回上级菜单*/
                case '1':{                      /*输入成绩 */
                     int a,b;                   /*复合语句中的变量定义*/
                     printf("请输入学生实际人数: ");  scanf("%d",&a);
                     printf("请输入实际课程数: ");   scanf("%d",&b);
                     Input(a,b);
                     printf("请按回车键继续...\n");getchar();  }
                     break;
                case '2':{                      /*输出成绩 */
                     int a, b;                  /*复合语句中的变量定义*/
                     printf("请输入学生实际人数: ");  scanf("%d",&a);
                     printf("请输入实际课程数: ");   scanf("%d",&b);
                     Output(a,b);
                     printf("请按回车键继续...\n");getchar();    }
                     break;
                case '3': xxchaxun();           /*简单查询函数调用*/
                     printf("请按回车键继续...\n");getchar();break;
                default:  printf("你正在使用第%c个功能模块.\n", fc_code2);
                     printf("请按回车键继续...\n");getchar();break;
              }
         else{    puts("对不起,你选择的功能模块号是错的!!!\n");
                  exit(0);                      /*选择错误,退出程序*/
         }
     }while(1);                                 /*永真式循环*/
}
void main()                                     /*主模块主函数*/
{    char fc_code;                              /*存放主选功能编码*/
```

```
    do{ system("CLS");                          /* do - while 循环 */
        menu();                                 /* 主菜单函数调用 */
        printf("请选择功能编号进入系统...\n");
        fc_code = getchar();
        if(getchar()!= 10)                      /* 判断用户输入 */
        {   puts("对不起,你输入的功能模块号多于一位,是错的!!!\n");
            exit(0);                            /* 选择错误,退出程序 */
        }
        if(fc_code >= '0'&&fc_code <= '5')      /* 判断功能号的有效性 */
              switch(fc_code)                   ./* 执行不同的模块函数 */
              { case '0': puts("你选择退出系统.\n");exit(0);     /* 退出程序 */
                case '3': mod_2(); break;    /* 调用二级模块函数 */
                case '5': puts("你正在使用素质评价功能...\n");
                          cjpd1();getchar();break;
                default: printf("你正在使用第 %c 个功能模块.\n", fc_code);
                          printf("请按回车键继续...\n");getchar();break;
              }
        else {          printf("对不起,你选择的功能模块号是错的!!!\n");
                    exit(0);                    /* 退出程序 */
        }
    }   while(1);                               /* 永真式循环 */
}
/* f2.c */
void xxchaxun()
{   char * pnum = "20080901", * pname = "汪涵"; /* 指针变量是字符串常量的首地址 */
    char x = 'm';                               /* 字符变量 */
    float c1 = 70,c2 = 82.5;                    /* 实型变量 */
    printf("学号: %s, 姓名: %s, 性别: %c, 成绩 1: %4.1f, 成绩 2: % 4.1f\n",pnum,pname,x,c1,c2);
}
/* f3.c */
void cjpd1()                                    /* cjpd()自定义函数的定义 */
{   float score;
    printf("请输入学生成绩: ");    scanf(" %f",&score);
    if(score < 0 || score > 100)   printf("输入成绩错误!\n");  /* 成绩有效性判断 */
    else   switch((int)score/10)                /* 数据转换 */
          { case 10:                            /* case 10 和 9 是同一等,对应同一语句序列 */
           case 9: printf("成绩 A 级,请继续!\n"); getchar();break;
           case 8: printf("成绩 B 级,请继续!\n"); getchar();break;
           case 7: printf("成绩 C 级,请继续!\n"); getchar();break;
           case 6: printf("成绩 D 级,请继续!\n"); getchar();break;
           default: printf("成绩 E 级,请继续!\n"); getchar();break; /* 其他为不及格 */
          }
}
/* f4.c */
#include <stdio.h>
#include <stdlib.h>
void Input(int n, int m)                        /* 形参 n:学生人数.形参 m:课程数 */
{   int i,j;
    int sc;                                     /* 课程成绩 */
    FILE * fp;                                  /* 定义一个文件指针 */
    system("cls");                              /* 清除屏幕 */
```

```
    fp = fopen("stu.dat","wb");                    /* 以只写方式打开文件 stu.dat */
    if(fp == NULL) {   printf("打开文件错误\n");    exit(1);    }
    printf("\n\t 成绩册输入\n");
    for(i = 1;i <= n;i++ )                         /* 循环输入 n 个学生的成绩 */
    {     printf("请输入第 %d 个学生成绩:\n",i);
          for(j = 1;j <= m;j++ )                   /* 循环输入每个学生的 m 门课程成绩 */
          {    printf("\t\t 请输入第 %d 门成绩:\n",j);
               scanf("%d",&sc);                    /* 从键盘读入学生成绩给内存变量 */
               fprintf(fp," %d  ",sc);             /* 向数据文件输出数据 */
          }
          fputc('\n',fp);                          /* 输出字符回车到文件,换行 */
    }
    fclose(fp);    getchar();                      /* 关闭文件 */
}
/* 输出模块文件 */
void Output(int n,int m)                           /* 形参 n:学生人数.形参 m:课程数 */
{   int i,j;
    int sc;                                        /* 各课程成绩 */
    FILE *fp;                                      /* 定义一个文件指针 */
    system("cls");                                 /* 清除屏幕 */
    fp = fopen("stu.dat","rb");                    /* 以只读方式打开文件 stu.txt */
    if(fp == NULL) {printf("打开文件错误\n"); exit(0); }
    printf("\n\t 成绩册输出\n");
    for(i = 1;i <= n;i++ )                         /* 循环从文件读 n 个学生成绩 */
    {    for(j = 1;j <= m;j++ )                    /* 循环从文件读每个学生的 m 门课程成绩 */
         {    fscanf(fp,"%d",&sc);                 /* 从文件读入一个数据到内存变量 */
              printf("   %5d  ",sc);               /* 输出到屏幕 */
         }
         printf("\n");                             /* 换行 */
         fgetc(fp);
    }
    fclose(fp);         getchar();                 /* 关闭文件 */
}
```

所有文件编辑保存之后,对工程进行编译连接运行,可实现项目相应的功能。

4.6 软件项目的需求分析

4.6.1 软件需求分析与管理概念

需求开发与管理是软件项目中一项十分重要的工作。“需求”就是用户的需要,它包括用户要处理的问题、达到的目标,以及实现这些目标所需要的条件。它是一个程序或系统开发工作的说明,一般表现为文档形式。

在 IEEE 软件工程标准词汇表(1997 年)中定义软件需求如下。

(1) 用户处理问题或达到目标所需要的条件或能力。

(2) 系统或系统部件要满足合同、标准、规范或其他正式规定文档所需具有的条件或能力。

(3) 一种反映以上(1)或(2)所描述的条件或能力的文档说明。

良好的软件需求分析是软件开发成功的基础。一般,软件需求分析包括业务需求分析、用户需求分析、功能需求分析等。

业务需求(Business Requirement)分析反映了组织机构或客户对系统、产品高层次的目的要求,它们在项目视图与范围文档中予以说明。

用户需求(User Requirement)分析文档描述了用户使用软件产品时必须要完成的任务。这在使用实例或方案脚本说明中予以说明。

功能需求(Functional Requirement)定义了开发人员必须实现的软件功能,使得用户能完成他们的任务,从而满足业务需求。

4.6.2 需求开发与管理的一些方法

需求开发是一项复杂的工作,使用的方法也很多,不同的开发方式有不同的方法。

1. 需求开发的相关方法

(1) 绘制关联图:绘制系统关联图是用于定义系统与系统外部实体间的界限和接口的简单模型。

(2) 可行性分析:在允许的成本、性能要求下,分析每项需求实施的可行性,提出需求实现相关风险,包括与其他需求的冲突,对外界因素的依赖和技术障碍。

(3) 需求优先级:确定使用实例、产品特性或单项需求实现的优先级别。以优先级为基础确定产品版本将包括哪些特性或哪类需求。

(4) 系统原型:当用户本身对有的需求不十分清楚时,能够建立一个系统原型,用户通过评价原型更好地理解所要处理的问题……

(5) 图形分析模型:绘制图形分析模型是编制软件需求规格说明的重要手段。它们能协助分析人员理清数据、业务模式、工作流程以及它们之间的关系,找出遗漏、冗余和不一致的需求。这样的模型包括数据流图、实体关系图、状态变换图、对话框图、对象类及交互作用图。

(6) 数据字典:数据字典是对系统用到的所有数据项和结构的定义,以确保开发人员使用统一的数据定义。在需求阶段,数据字典至少应定义客户数据项,确保客户与开发小组是使用一致的定义和术语。

(7) 质量功能调配:质量功能调配是一种高级系统技术,它将产品特性、属性与对客户的重要性联系起来。该技术提供了一种分析方法以明确哪些是客户最为关心的特性。它将需求分为三类:期望需求、普通需求、兴奋需求。

需求管理的目的就是要控制和维持需求事先约定,保证项目开发过程的一致性,使用户得到他们最终想要的产品。

2. 需求管理的方法

(1) 确定需求变更控制过程。制定一个选择、分析和决策需求变更的过程,所有的需求变更都需遵照此过程。

(2) 进行需求变更影响分析。评估每项需求变更,以确定它对项目计划安排和其他需求的影响,明确与变更相关的任务并评估完成这些任务需要的工作量。通过这些分析将有助于需求变更控制部门做出更好的决策。

(3) 建立需求基准版本和需求控制版本文档。确定需求基准,这是项目各方对需求达成一致认识时的一个快照,之后的需求变更遵照变更控制过程即可。每个版本的需求规格说明都必须是独立说明,以避免将底稿和基准或新旧版本相混淆。

(4) 维护需求变更的历史记录。将需求变更情况写成文档,记录变更日期、原因、担任人、版本号等内容,及时通知到项目开发所涉及的人员。为了尽量减少迷惑、冲突、误传,应指定专人来担任更新需求。

(5) 跟踪每项需求的状态。能够把每一项需求的状态属性(如已推荐的,已通过的,已实施的,或已验证的)保存到数据库中,这样能够在任何时候得到每个状态类的需求数量。

(6) 衡量需求稳定性。能够定期把需求数量和需求变更(添加、修改、删除)数量进行比较。过多的需求变更"是一个报警信号",意味着问题并未真正弄清楚。

【学生项目案例 4-5】 "学生成绩管理系统"的需求分析。

分析如下。

"学生成绩管理系统"中,根据不同用户类型分配不同的权限,按各自的权限应方便地选择执行以下不同的管理或操作。

(1) 用户分析:软件用户分为软件系统管理用户、教学管理人员用户、普通教师用户和学生用户。

(2) 需求分析(开发目的)初步定义如下。

对于软件系统管理用户,可完成的任务(操作)是加入、删除各种用户信息。

对于教学管理人员用户,可完成的任务(操作)如下。

① 课程信息的录入、添加、删除、修改、查询等操作。

② 能计算每个学生的平均成绩以及各门功课的平均成绩,查询学生的成绩,错误数据修改,删除指定学生的所有信息,能根据每个学生的平均成绩进行排序等操作。

对于普通教师用户,可完成的任务(操作)如下。

① 能对成绩进行指定形式的录入、成绩册显示打印。

② 能计算指定功课的平均成绩。

③ 能对错误数据进行修改。

④ 能删除指定学生的某个或多个成绩记录。

⑤ 能根据某门课程成绩进行排序。

对于学生用户,可完成的任务(操作)是:能根据学生的学号来查询该学生的成绩。

(3) 数据字典如下。

学生数据信息包括学号、姓名、性别、所在班级、各门课程成绩、出生年月、家庭住址、邮政编码、联系电话、入学时间、备注等。

教师数据信息包括姓名、性别、教师编码、所任课程、职称、职务等。

管理员数据信息包括姓名、性别、管理权限等。

课程数据信息包括课程名、课程编号、学分、课程类别等。

另外,需要定义一些反映数据之间关系的数据信息,如"学生-课程"数据信息,反映学生和所选课程的关系；"教师-课程"数据信息，反映教师和所任课程的关系；等等。

【学生项目案例 4-6】 根据【学生项目案例 4-5】的需求分析，结合【学生项目案例 4-1】，各模块关系设计如图 4-13 所示。

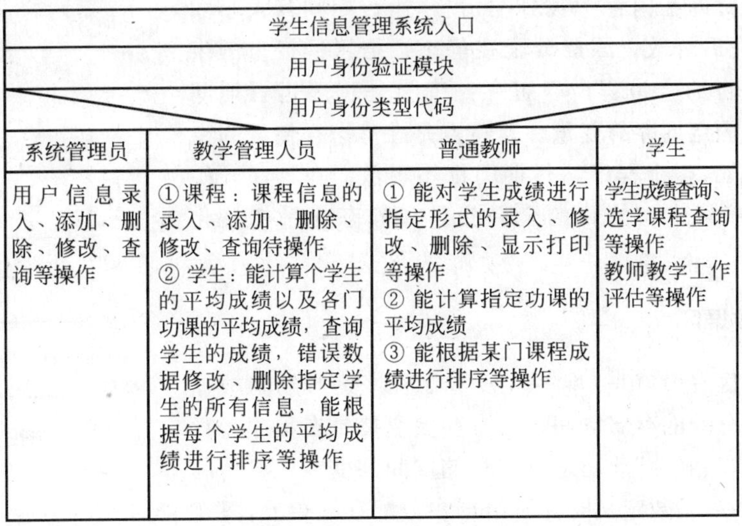

学生信息管理系统入口			
用户身份验证模块			
用户身份类型代码			
系统管理员	教学管理人员	普通教师	学生
用户信息录入、添加、删除、修改、查询等操作	①课程：课程信息的录入、添加、删除、修改、查询待操作 ② 学生：能计算个学生的平均成绩以及各门功课的平均成绩，查询学生的成绩，错误数据修改、删除指定学生的所有信息，能根据每个学生的平均成绩进行排序等操作	① 能对学生成绩进行指定形式的录入、修改、删除、显示打印等操作 ② 能计算指定功课的平均成绩 ③ 能根据某门课程成绩进行排序等操作	学生成绩查询、选学课程查询等操作 教师教学工作评估等操作

图 4-13　模块关系设计

4.7　变量的作用域与生存期

变量类型决定了变量在内存中所占的字节数及数据的表示形式，也决定了系统在什么时间什么空间为变量分配或释放内存单元。这是变量的生存期(Lifetime)和作用域(Scope)。

变量的生存期指变量在运行过程中，建立到释放消亡的时间。变量的作用域指变量的作用代码范围，即在程序的什么代码范围内可以被引用，什么代码范围不可以被引用。这两个特征是由变量的定义位置以及变量的存储类别所决定的。

4.7.1* 变量的存储空间分配概念

在程序中定义了一个变量，程序被加载装入内存执行时，会给变量预留内存空间。这种预留内存空间的过程就叫分配(Allocation)。变量分配的存储空间有两类：内存和 CPU 中的寄存器。C 程序空间由下面几部分组成。

1. 代码区(正文段)

用来存放运行程序的代码，即 CPU 执行的机器指令部分。通常，正文段是可共享的，在存储器中只需有程序的一个副本。另外，正文段常常是只读的，以防止程序由于意外事故而修改其自身的指令。

对于一个进程(可理解为在运行状态中的程序或函数的一次执行)的内存空间分配而言，可以在逻辑上分成 3 个部分：代码区，静态数据区和动态数据区，如图 4-14 所示。

2. 静态数据区

静态数据区也叫静态存储区,包括未初始化的数据段和初始化的数据段。该数据区在程序开始执行时即在内存中被分配,程序运行期间其大小固定,程序执行完后释放。因此分配在静态数据区的变量的生存期是程序运行的全过程。静态存储变量是程序运行期间"永久性"占用固定内存的变量。其特点是在静态存储区为变量分配存储单元,整个程序运行期间都不释放。在程序开始执行之前,内核将未初始化的全局变量和静态变量初始化为0。

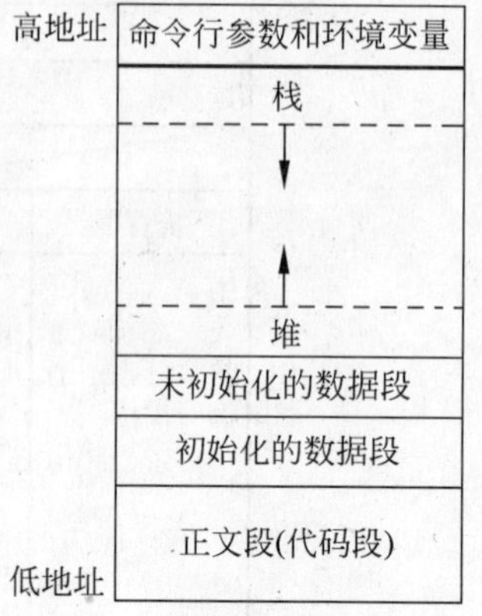

图 4-14 典型的C程序的存储空间布局

3. 动态数据区

动态数据区一般就是"堆"和"栈",在程序运行期间根据需要进行动态分配的存储空间。动态存储变量是在程序运行期间根据需要"临时性"地动态分配存储空间的变量。典型的例子是函数形参,函数定义时并不给形参分配存储单元,只在函数被调用时,才予以分配,函数调用完立即释放。如果一个函数被多次调用,则反复地分配、释放形参变量的存储单元。

栈区(Stack)由编译器自动分配释放管理。局部变量、每次函数调用时的返回地址以及主调者的环境信息(例如某些机器寄存器)都存放在栈中。新被调用的函数在栈上为其自动和临时变量分配存储空间。通过这种方式使用栈,C函数可以递归调用。递归函数每次调用自身时,就使用一个新的栈帧,因此一个函数调用实例中的变量集不会影响另一个函数调用实例中的变量。

堆区(Heap)一般由程序员分配释放管理,若程序员不释放,程序结束时可能由OS回收。通常在堆中进行动态存储分配。如程序中的malloc、calloc、realloc等函数都从这里面分配。堆是从下向上分配的。

程序中变量的本质主要表现在生存期和作用域两方面。

程序运行期间,静态存储变量一直存在,动态存储变量则时而存在时而消失。把这种由于变量存储方式不同产生的特性称为变量的生存期(Lifetime)。生存期表示了变量存在的时间范围,即变量值保留的期限。

变量的作用域是指可以存取变量的代码范围。这与变量定义语句和声明语句在程序中出现的位置有关。

生存期和作用域是从时间和空间这两个不同的角度来描述变量的特性,两者既有联系又有区别。变量生存期不一定就是变量的可存取期。

4.7.2 变量的作用域——局部变量和全局变量

变量的作用域也称为变量的可见性。C语言中所有的变量都有自己的作用域。变量定义、说明的方式和位置不同,其作用域也不同。C语言中的变量,按作用域的代码范围可分为局部变量和全局变量。

1. 局部变量

局部变量是定义在函数或复合语句内部的变量。局部变量定义的位置有三种。

(1) 在函数体的数据说明部分定义，作用域为所在的函数。

(2) 在函数的形参部分定义，其作用域为所在的函数。

(3) 在某个复合语句的数据说明部分定义，其作用域为所在的复合语句。

局部变量在定义时不初始化则初始值是不确定的，如果基于一个不确定的值做后续计算会引入 Bug。离开局部变量的作用域后再使用这种变量是非法的。程序中常用局部变量存放被当前函数直接使用的数据。常用的局部变量有计数器、形参、指针以及其他短周期信息。

局部变量分配在动态区。编译时，编译系统不为局部变量分配内存单元，在程序运行时，当局部变量所在的函数或复合程序段被调用时，编译系统根据需要临时分配内存，调用结束，空间释放。

【例 4-17】 下列程序要实现一个简单的四则算术运算器，分析程序出错的原因。

```
#include <stdio.h>
int calculator(void);
void main()
{   char op;                                   /* 局部变量作用域在本函数 */
    int a,b,result;                            /* 局部变量作用域在本函数 */
    scanf("%d%c%d",&a,&op,&b);
    result = calculator();
    printf("%d%c%d = %d\n",a,op,b,result);
}
int calculator(void)                           /* 无参函数 */
{  switch(op)                                  /* 局部变量未定义 */
    {   case '+':  result = a + b;break;
        case '-':  result = a - b;break;
        case '*':  result = a * b;break;
        case '/':  if(b!=^0)   result = a/b;
        else       printf("error!");
    }
    return(result);
}
```

程序剖析：

(1) 函数 main 中的变量 op、a、b 和 result 定义在函数体内的数据说明部分，是局部变量，作用域是 main 函数中。

(2) 在函数 calculator 中，用到变量 op、a、b 和 result，编程者所要用的数据应为 main 函数中输入的值。在该函数中这些变量没有定义，不能使用，所以程序出错。

程序修改如下：

```
#include <stdio.h>
int calculator( char op, int a, int b );       /* 函数声明 */
void main()
{   char op;                                   /* 存放运算符 */
```

```
    int a,b,result;
    scanf("%d%c%d",&a,&op,&b);                 /*输入运算数和运算符*/
    result = calculator(op,a,b);               /*调用函数*/
    printf("%d%c%d = %d\n",a,op,b,result);
}
int calculator( char op,int a,int b )          /*形参是局部变量,接收主调函数的数据*/
{   int result;
    switch(op)
    {   case '+':  result = a + b;    break;
        case '-':  result = a - b;    break;
        case '*':  result = a * b;    break;
        case '/':  if(b!=0)           result = a/b;
                   else               printf("error!");
    }
    return(result);
}
```

局部变量使用说明:

(1) 形参变量是属于被调函数的局部变量,实参变量是属于主调函数的局部变量。

(2) 主函数与其他函数是平行关系,主函数中定义的变量也只局部于主函数。

(3) 允许不同函数(或复合语句)中使用同名变量,它们代表不同的局部变量,分配不同的存储单元,互不干扰,也不会发生混淆。

(4) 同一函数(或复合语句)中不能定义两个同名的局部变量(包括形参)。

(5) 利用形参局部变量的值传递接收数据,处理主调函数中的数据,返回处理结果。

【例 4-18】 阅读程序,分析复合语句的局部变量使用。

```
/* program ch4-18.c */
#include <stdio.h>
void main()
{   int a,b;                                   /*函数体定义,局部变量a、b作用域*/
    printf("提示:请输入a和b的值,b为非零值\n");
    scanf("%d%d",&a,&b);  getchar();
    {   char op;                               /*复合语句定义,局部变量op作用域*/
        printf("请输入+、-、/、%%操作符号\n");
        op = getchar();
        {   int result;                        /*复合语句定义,局部变量result作用域*/
            switch(op)
            {   case '+': result = a + b;printf("\nresult = %d",result);break;
                case '-': result = a - b;break;
                case '/' : result = a/b;break;
                case '%': result = a%b;break;
            }
            printf("你选择的运算是:\n%d%c%d = %d\n",a,op,b,result);
        }                                      /*局部变量result作用域结束*/
    }                                          /*局部变量op作用域结束*/
    {   int op;                                /*复合语句定义,局部变量op作用域*/
        op = a,a = b,b = op;
    }                                          /*局部变量op作用域结束*/
    printf("\n交换后:a = %d,b = %d\n",a,b);
```

```
}                                              /* 局部变量 a,b 作用域结束 */
```

2. 全局变量

通常找到并标记出程序中的全局变量对于理解程序是非常必要的。

全局变量(Global Variables)也称为外部变量,它是在函数外部定义的变量。它不属于哪一个函数,它属于一个源程序文件。其作用域是从全局变量的定义位置开始,到本源程序文件结束为止。

全局变量可被作用域内的所有函数直接引用,形成数据共享。在一个函数之前定义的全局变量,在该函数内使用可不再加以说明。在全局变量定义之前的函数使用该全局变量,一般应作全局变量说明,以扩大全局变量的作用域。定义或声明全局变量的一般形式为:

```
[extern] 类型说明符 变量名,变量名,…
```

其中方括号内的 extern 为全局变量定义声明关键词,定义时可以省去不写,声明时应该使用。

程序开始运行时要用适当的值来初始化全局变量,全局变量只能用常量表达式(Constant Expression)初始化。如果全局变量在定义时不初始化则初始值是 0。

全局变量的存在主要有以下一些原因。

(1) 使用全局变量会占用更多的内存(因为其生命期长),不过在计算机配置很高的今天,这已不成为什么问题,除非使用的是巨大对象的全局变量,能避免就一定要避免。

(2) 使用全局变量,程序运行时速度更快一些(因为内存不需要再分配),同样现在也快不了多少。

全局变量可以使用,但是全局变量使用时应注意的是尽可能使其名字易于理解,而且不能太短;避免使用巨大对象的全局变量。

【例 4-19】 用全局变量求以下算术公式的值。

```
fact = n!
fact_sum = 1! + 2! + 3! + … + n!
fact_prod = 1!^2 + 2!^2 + 3!^2 … + n!^2
```

分析:用全局变量编程求解,程序如下。

```
/* program ch4 - 19.c */
#include <stdio.h>
float result = 1;                    /* 全局变量定义位置,在所有函数中起作用 */
extern int n;                        /* 全局变量声明位置,扩大作用域 */
void fact()                          /* 函数定义 */
{    n++ ;                           /* n 的累加和 */
     result * = n;                   /* n 的阶乘 */
}
void main()
{    int i = 1,n;                    /* 局部变量定义位置 */
     float fact_sum = 0,fact_prod = 0;
     printf("请从键盘输入 n 的值\n");          scanf(" % d",&n);
     for(;i<= n;i++ )                /* 局部变量 n 起作用 */
```

```
    {   fact();                           /* 修改全局变量的值 */
        fact_sum += result;               /* 利用全局变量累加阶乘 */
        fact_prod += result * result;     /* 利用全局变量累加阶乘平方 */
    }
    printf("%d的阶乘 = %f\n",n,result);
    printf("%d的阶乘之和 = %f\n",n,fact_sum);
    printf("%d的阶乘平方之和 = %f\n",n,fact_prod);
}
int n = 0;                                /* 全局变量定义位置 */
```

总结:

(1) 全局变量被其后的所有函数所共享,函数对全局变量的改变会在其他函数中可见。

(2) 当全局变量与某个局部变量同名时,局部变量将"覆盖"同名的全局变量,即全局变量暂时隐藏,该局部变量起作用。

从程序设计的观点看,使用全局变量有下面一些优点。

(1) 增加了函数间的数据传递联系。

(2) 同一文件中的若干函数引用全局变量,可以在多个函数间传递变量值的变化。

(3) 函数通过全局变量可以得到多个返回值。

全局变量在使用时有下面的一些缺点。

(1) 全局变量在程序的全部执行过程中都占用存储单元。

(2) 使用全局变量不符合程序设计中要求模块间"强内聚性、弱耦合性"的原则。

(3) 全局变量过多,会降低程序的可读性和可维护性,所以要慎用、少用全局变量。

(4) 某函数对全局变量的引用出错,会导致系统难以维护。

4.7.3 存储类型——动态存储与静态存储

C语言提供了4种变量存储类型,分别用关键字表示如下:auto——自动存储类别,register——寄存器存储类别,extern——外部存储类别,static——静态存储类别。

(1) 静态存储变量类别。程序编译时,静态变量被分配在静态存储区,整个程序运行期间,静态存储变量占有固定的存储单元,直到程序运行结束后才被释放。这类变量的生存期为整个程序。

(2) 动态存储变量类别。动态变量被分配存储在动态存储区,在程序运行过程中,只有当变量所在程序段(函数、复合语句)被调用或执行时,编译系统才临时为动态变量分配内存空间,程序段(函数、复合语句)调用或执行结束后,变量空间立即释放。这类变量的生存期仅在函数调用期间。

自动存储变量和寄存器存储变量均属于动态存储类别。外部存储变量(即全局变量)和静态存储变量均属于静态存储方式。对一个变量的定义或说明不仅应说明其数据类型,还应说明其存储类型。因此一个变量说明的完整形式应为:

存储类型说明符 数据类型说明符 变量名,变量名,…;

例如:

```
static int a,b;                 /* a、b为静态类型变量 */
```

```
auto char c1,c2;                    /* c1、c2为自动字符变量 */
static int a[5] = {1,2,3,4,5};      /* a为静态整型数组 */
extern int x,y;                     /* x、y为全局整型变量 */
```

auto、register只能说明局部变量，static既可以说明局部变量，也可以说明全局变量，extern只能说明全局变量。

局部变量默认存储类别是auto型，全局变量默认存储类别是static型。

1. auto(自动)存储类别变量

自动变量是C语言程序中使用最广泛的一种类型。C语言规定，函数内凡未加存储类型说明的变量均视为自动变量。前面各章函数中定义的变量均是自动变量。例如：

```
{   int i,j,k;                      /* 等价于auto int i,j,k; */
    char c;                         /* 等价于auto char c; */
    …
}
```

自动变量有以下特点。

(1) 自动变量说明必须在一个函数体内或复合语句中，函数形参也是自动变量。例如：

```
int kv(int a)
{  auto int x,y;
   { auto char c;
   …

   }                                /* c的作用域 */
   …
}                                   /* a,x,y的作用域 */
```

(2) 自动变量是局部变量。在函数的两次调用之间自动变量不会保持变量值，因此函数每次调用时都必须为自动变量赋值后才能使用。如果不置初值，则变量的值为随机值。

(3) 由于自动变量的作用域和生存期都局限于定义它的个体内(函数或复合语句内)，因此不同的个体中允许使用同名的变量而不会混淆。即使在函数内定义的自动变量也可与该函数内部的复合语句中定义的自动变量同名。

【例4-20】 分析程序输出结果，注意auto类型变量的作用域和生存期。

```
#include  <stdio.h>
void f1(void)
{  int x = 3;                       /* 函数f1中定义的自动变量x */
   printf ("x = %d\t", x);
}
void f2(int  x)                     /* 函数f2中的形参x是自动变量 */
{  printf ("x = %d\t", ++x);  }
void main()
{  int x = 1;                       /* 函数main中定义的自动变量x */
   f1();
   f2(x);                           /* 分别调用函数f1和f2 */
   printf ("x = %d\n", x);
}
```

程序中有三个 x 分别定义在三个不同的函数中,均是自动变量,分别局部于三个不同的函数,在三个函数中对 x 的操作互不影响,故运行程序打印出如下结果:

```
x = 3    x = 2    x = 1
```

自动变量赋初值是在程序运行过程中进行的。每执行函数体或复合语句一次,自动变量被重新赋初值一次。使用局部变量可在各函数之间造成信息隔离,不同函数中使用同名局部变量也不会相互影响,从而避免因不慎赋值导致的错误影响到其他函数。

2. static(静态)存储类别变量

static 说明的变量为静态变量,分为静态局部变量和静态全局变量。

静态变量定义的形式是:

```
static 类型标识符 变量名;
```

编译系统在内存的静态数据区为静态变量分配存储空间。程序运行期间,静态区的数据可以保存,不随函数的调用结束而撤销。所以,静态变量的生存期是整个程序的运行期间。

1) 静态局部变量

静态局部变量的作用域与 auto 类型变量的作用域相同,仅限于定义它的函数(或复合语句)内部。

编译时,静态局部变量只在其所在函数第一次被调用时分配内存空间并赋初值。对不赋初值的静态局部变量,初值自动为 0。由于存放在静态存储区,整个程序运行期间变量所占的存储单元不释放,其值不会丢失。以后每次调用时不再赋初值,保留上次调用结束时变量的值。程序执行中,函数调用执行结束后,静态局部变量仍然生存,但已不在变量的作用域内,所以不能被引用。

静态局部变量延长局部变量的生存期,对于编写那些在函数调用之间必须保留局部变量值的独立函数是非常有用的。

【例 4-21】 在函数中使用 static 存储类别定义静态局部变量,实现输出九九乘法表。

分析如下。

观察乘法表特点:共 9 行,第 a 行有 a 列算式,行 * 列=结果。设 a 为行值,初值 1,循环 9 次输出 9 行,每行输出 a 个算式,设 i 为列号,初值 1,当前行中 a 值不变,循环输出 a 个"a * i=结果"。

可用双循环实现该算法。也可用 static 变量的特点实现该算法。

设计函数:void Mul(void) ;

功能:输出一行算式。

变量设计:static int a = 1;　　　//行号

　　　　　int i = 1;　　　　　　//列号

算法设计:for(;i <= a;i++) 输出 a * i; //输出一行算式

设计 main 函数:9 次调用 Mul( )函数输出 9 行。

程序如下。

```
#include <stdio.h>
void  Mul(void) ;                                    /* 函数原型声明 */
void  main(void)
```

```
{   int  b;
    for(b=1;b<=9;b++)     Mul( );             /*循环9次调用Mul函数,一次一行*/
}
void Mul(void)                          /* 函数定义*/
{   static int a=1;                     /*行号,静态局部变量,只赋一次初值*/
    int  i=1;                           /*列号*/
    for (;i<=a;i++)   printf(" %d*%d=%2d ",a,i,a*i);     /*输出一行算式*/
    printf("\n");                       /*换行*/
    a++;     /*下一行号,静态局部变量递增,值保留至下次调用该函数*/
}
```

程序剖析:

a为static类别。程序开始运行时,虽然没有调用Mul函数,但已为a分配存储单元并赋初值为1。主函数通过循环9次调用函数Mul,每次调用返回前都将a递增1,下次调用时a是上次返回前修改的值。虽然a一直存在,但只在函数Mul中起作用。

2）静态全局变量

全局变量冠以static构成了静态全局变量。静态全局变量则限制全局变量的作用域,即只在定义该变量的源文件内有效,在同一程序的其他源文件中不能再声明使用。

由于静态全局变量的作用域局限于一个源文件内,只能为该源文件内的函数公用,因此可以避免在其他源文件中的引用错误。

全局变量本身就是静态存储方式,静态全局变量当然也是静态存储方式,分配在静态存储区,这两者在存储方式上并无不同。它们的区别在于非静态全局变量的作用域可以是整个程序,当一个程序由多个源文件组成时,非静态的全局变量在各个源文件中经过声明都是有效的。

【例4-22】 阅读程序,区分各类变量,分析程序的运行结果。

```
/* pfile1.c */
#include <stdio.h>
static int x=2;                         /*静态全局变量x,只在pfile1.c中起作用 */
int y=3;                                /*全局变量y,也可在pfile2.c中使用 */
extern void add2( );                    /*声明外部函数add2,在pfile2.c中定义 */
void add1( );                           /*声明函数add1 */
void main ( )
{  add1( ); add2( ); add1( ); add2( );
   printf ("x=%d; y=%d\n", x, y);
}
void add1(void)                         /*定义函数add1 */
{  x+=2; y+=3;
   printf ("in add1 x=%d\n", x);
}
/* pfile2.c */
static int x=10;                        /* 静态全局变量x,只在pfile2.c中起作用*/
void add2 (void)                        /*定义函数add2 */
{  extern int y;                        /*声明在另一个文件pfile1.c中的外部变量y */
   x+=10; y+=2;
   printf ("in add2 x=%d\n", x);
}
```

程序剖析：

① pfile1.c 文件中定义了静态全局变量 x，它的作用域仅仅是 pfile1.c。变量 y 的作用域是整个程序。而在 pfile2.c 中，定义了另一个静态全局变量 x，它的作用域仅在 pfile2.c 中，与 pfile1.c 中的静态全局变量 x 毫无关系。

② 执行程序调用 add1 函数，x=x+2=2+2=4，y=y+3=3+3=6。调用 add2 函数，执行 x+=10，此时 add2 中的 x 是 pfile2.c 中的静态全局变量，所以 x 取值为 10，x=x+10=10+10=20，而 y 为全局变量，y=y+2=6+2=8。再次调用 add1 函数，此时 x=x+2 应当是 pfile1.c 的静态全局变量，x 取值为 4，x=x+2=4+2=6，执行 y=y+3=8+3=11。再次调用 add2 执行语句 x=x+10=20+10=30，执行语句 y=y+2=11+2=13，所以打印结果为：

```
in add1 x = 4
in add2 x = 20
in add1 x = 6
in add2 x = 30
x = 6; y = 13
```

局部变量改变为静态变量后，改变了存储方式即改变了生存期。全局变量变为静态变量后，改变了作用域，限制了它的使用范围。因此 static 这个说明符在不同的地方所起的作用是不同的，应予以注意。

静态局部变量和静态全局变量比较：同属静态存储方式，但两者区别较大。

① 定义位置不同。静态局部变量在函数内定义，静态全局变量在函数外定义。

② 作用域不同。静态局部变量作用于定义它的函数内，但生存期为整个源程序，可是其他函数不能使用它；静态全局变量在函数外定义，作用域为定义它的源文件，虽然生存期为整个程序，但其他源文件中的函数不能使用它。

③ 初始化处理不同。静态局部变量，仅在第一次调用它所在的函数时被初始化，当再次调用定义它的函数时，不再初始化，而是保留上一次调用结束时的值。而静态全局变量是在函数外定义的，其当前值由最近一次给它赋值的操作决定。

3. extern(外部)存储类别变量

extern 用于说明全局变量，用于声明没有用 static 声明的全局变量。说明全局变量的来源，扩展全局变量的作用域。

C 程序文件中，全局变量的作用域从变量说明开始到整个程序结束。若需在全局变量定义之前的程序段中使用该变量，可通过 extern 说明扩展其作用域。说明的一般形式为：

```
extern 数据类型 外部变量 1[,外部变量 2, … ];
```

注意：定义和声明是两回事。全局变量的定义必须在所有的函数之外，且只能定义一次。全局变量的声明，出现在要使用该全局变量的函数内，而且可以出现多次。

【例 4-23】 extern 扩展变量作用域示例。

```
/* program ch4 - 23.c */
void num()
{   extern int  x,y;                    /*扩展 x、y 的作用域为从此处到程序结束*/
```

```
    int a = 15, b = 10;
    x = a - b;  y = a + b;
}
int x, y;                                   /* x、y的作用域从此处到程序结束 */
void main()
{   int a = 7, b = 5;
    x = a + b; y = a - b;
    num();
    printf(" %d, %d\n", x, y);
}
```

程序剖析：

程序运行时，在主函数中，x 和 y 分别赋值为 2 和 12。调用 num 函数时，由于 extern 扩展了全局变量 x 和 y 的作用域，分别为 x 和 y 赋值为 5 和 25。

4. register(寄存器)变量

按变量使用的存储媒介，可分为内存变量与寄存器变量。前面介绍的变量都是内存变量，由编译程序在内存分配存储单元。程序执行时，这类变量的存取在内存中完成。对一些使用频繁的变量，程序执行时为存取变量的值需要不断地访问存储器，影响程序的执行速度。

C 语言允许使用 CPU 中的寄存器来存取变量的值。这种以 CPU 为存储单元的变量称为寄存器变量。对于使用频率高的变量，用寄存器作为变量的存储单元，存储程序执行过程中产生的中间结果，可避免 CPU 频繁访问存储器，从而提高程序的执行速度。

register 变量只能动态分配寄存器，只有自动变量和形参可以作为寄存器变量。其生存期与作用域及使用方式与 auto 存储类别相同。受计算机系统限制，寄存器变量的个数是有限的。由于寄存器结构的限制，寄存器变量不能定义为静态局部变量，register 只能说明整型、字符型和指针型局部变量，多用于循环控制变量，以提高程序的运行速度。

【例 4-24】 函数中使用 register 存储类别求级数 $1+2+\cdots+n$。

```
/* program ch4 - 24.c */
#include <stdio.h>
int  Ser(int) ;                            /* 函数原型声明 */
void  main ( void )
{    int  n, sum;
     printf("Please input n:");
     scanf(" %d", &n);
     sum = Ser(n);                         /* 调用函数求级数之和 */
     printf("1 + 2 + … + %d =  %d\n", n, sum);
}
int Ser(int x)                             /* 函数定义 */
{    register int i;                       /* 说明 register 存储类别变量 */
     int  s;
     s = 0;
     for(i = 1; i <= x; i++ ) s += i;      /* i 用于循环控制变量以提高速度 */
     return s;
}
```

程序剖析：

函数 Ser 中,i 为 register 存储类别变量。调用函数 Ser 时如果能够分配到寄存器,则循环的速度会得到提高。函数返回时变量 i 消亡,分配的寄存器释放。

4.8 编译预处理

编译预处理(Pre-process)是 C 语言区别于其他高级程序设计语言的特征之一,它属于 C 语言编译系统的一部分。C 程序中使用的编译预处理命令均以＃开头,它在 C 编译系统对源程序进行编译之前,先对程序中这些命令进行“预处理”。在 C 语言中,凡是以“＃”开头的行,都称为编译预处理命令行。一行只能书写一个预处理命令,末尾不能加分号“;”。

预处理命令的一般格式为：

```
＃预处理命令 参数
```

ANSI C 中主要有如下三类预编译指令。

(1) 宏定义。

(2) 文件包含。

(3) 条件编译。

编译预处理命令可以安排在 C 语言源程序的任意位置上,但通常放在源程序的开始部分,以便于阅读。

4.8.1 宏定义

宏定义预处理命令给出一种符号的替换机制,是用预处理命令＃define 实现的,分为两种形式：带参数的宏定义与不带参数的宏定义。

1. 不带参数的宏定义

字符串的宏定义也叫不带参数的宏定义,它用来指定一个标识符代表一个字符串常量。它的一般格式：

```
＃define  标识符  字符串
```

其中标识符就是宏的名字,简称宏,字符串是宏的替换正文。通过宏定义,使得宏标识符等同于字符串,如：

```
＃define PI   3.1415926
```

PI 是宏名,字符串 3.1415926 是替换正文。预处理程序将程序中凡以 PI 作为标识符出现的地方都用 3.1415926 替换,这种替换称为宏替换,或者宏扩展。

这种替换的优点在于,用一个有意义的标识符代替一个字符串,便于记忆,易于修改,提高程序的可移植性。

【例 4-25】 求 100 以内所有奇数的和。

```
＃define N  100
```

```
void main()
{  int i,s = 0;
   for(i = 1;i < N;i++ , i++ )        s = s + i;
   printf("sum = %dn",s);
}
```

经过编译预处理后将得到如下程序：

```
void main()
{  int i,s = 0;
   for(i = 1;i < 100;i++ , i++ )        s = s + i;
   printf("sum = %dn",s);
}
```

本例使用宏定义标明处理数的范围，如果是处理数的范围要发生变化，只要修改宏定义中 N 的替换字符串即可，无须修改其他地方。

对不带参数的宏定义说明如下。

(1) 宏名一般用大写字母，以便与程序中的变量名或函数名区分。当然宏名也可以用小写字母，但不提倡初学者这样做。宏名是一个常量的标识符，它不是变量，不能对它进行赋值。

(2) 宏替换是在编译之前进行的，由编译预处理程序完成，不占用程序的运行时间。在替换时，只是作简单的替换，不作语法检查。只有当编译系统对展开后的源程序进行编译时才可能报错。

(3) 宏定义不是 C 语言的语句，不需要使用语句结束符"；"。如果使用了分号，则会将分号作为字符串的一部分一起进行替换。

(4) 字符串可以是一个关键字、某个符号或为空。如果字符串为空，表示从源文件中删除已定义的宏名。例如：

```
#define BOOL   int
#define BEGIN  {
#define END    }
#define  DO         //空,从源文件中删除已定义的宏名 DO
```

(5) 一个宏的作用域是从定义的地方开始到本文件结束。也可以用 #undef 命令终止宏定义的作用域。例如在程序中定义：

```
#define YES 1
```

后来又用下列宏定义撤销：

```
#undef  YES
```

那么，程序中再出现 YES 时就是未定义的标识符了。也就是说，YES 的作用域是从定义的地方开始到 #undef 之前结束。

一般情况下，宏定义放在函数开头，所有函数之前。也可以把所有定义语句放在单独一个文件里，再把这个文件包含到程序文件中。

(6) 在进行宏定义时，可以使用已定义过的宏名，即宏定义嵌套形式。例如：

```
#define MESSAGE  "This is a string"
#define PRN  printf(MESSAGE)
main()
{ PRN; }
```

程序运行后的结果是：This is a string。

(7) 程序中用双引号括起来的字符串中的宏名在预处理过程中不进行替换。例如上例改为：

```
#define MESSAGE  "This is a string"
#define PRN  printf("MESSAGE")
main()
{PRN;}
```

程序运行时不能输出 This is a string,而是输出字符串 MESSAGE。也就是说,PRN 将替换成 printf(“MESSAGE”),而引号内的 MESSAGE 将不能再替换成"This is a string",因为它不再表示上面的宏名。又例：

```
#define TRUE  1
printf("TRUE = %dn",TRUE);
```

运行结果为：TRUE＝1。

字符串内的 TRUE 不作替换,而 printf 函数中参数 TRUE 被替换成 1。

2. 带参数的宏定义

带参数的宏定义命令行形式如下：

#define 宏名(形参表) 带参数的字符串

带参数宏定义的括号包含了以逗号“,”分隔的形参表,形参表的每一项用标识符命名,字符串中含有参数表中所指定的参数。

例如：

```
#difine  MIN(x,y)  ((x)<(y)?(x):(y))
```

则语句 c = MIN(3 + 8,7 + 6);将被替换为语句 c = ((3 + 8)<(7 + 6)?(3 + 8):(7 + 6));。

上述带参数宏定义的替换过程是：按宏定义#define 中命令行指定的字符串从左向右依次替换,其中的形参(如 x,y)用程序中的相应实参(如 3＋8,7＋6)去替换。若定义的字符串中含有非参数表中的字符,则保留该字符,如本例中的“(”、“)”、“?”和“：”这些符号原样照写。

使用：宏名(实参表)中的实参是在数量上与形参一致的常量、变量或表达式。

说明：

(1) 和不带参数的宏定义相同,同一个宏名不能重复定义。

(2) 在替换带参宏名时,一对圆括号不能省,圆括号中实参的个数应该与形参的个数相同,若有多个参数,它们之间用逗号隔开。

(3) 在带参数的字符串中的形参和整个表达式应该用括号括起来。如宏定义写成

#define AREA(a,b) a*b,则在对 y=AREA(3+3,2+6)进行宏替换后,表达式将成为 y=3+3*2+6,它与 y=(3+3)*(2+6)是两个不同的表达式。

(4) 宏替换中,实参不能替换括在双引号中的形参。

【例 4-26】 定义带参宏,实现求圆锥体的体积。输入一个圆锥体的半径和高作为宏参数,输出其体积。

分析如下。

(1) 程序将圆周率定义为不带参数的宏。

(2) 圆锥体的半径 r 和高 h 定义成带参数的宏。

(3) 主函数以变量 r 和 h 作为实参引用宏。

```
/* program ch4-26.c */
#include  <stdio.h>
#define  PI  3.1415926                                          /* 定义无参宏 */
#define  VTAPER(r,h)   ((PI)*(r)*(r)*(h)/3)                    /* 定义有参宏 */
void main(void)
{    double r,h,fV;
     printf("Plrase input r,h of a taper:  ");
     scanf("%lf,%lf",&r,&h);
     fV = VTAPER(r,h);                                           /* 引用带参的宏 */
     printf("The volumn of taper   =  %lf\n",fV);
}
```

从带参宏的引用形式上看,与函数的调用非常类似,都需要名字和实参。但两者实质上是完全不同的,不同点主要有以下几个方面。

(1) 宏替换和函数调用有相似之处,但在宏替换中,对参数没有类型的要求。例如调用 AREA,既可以求两个整型数的乘积,又可求两个实型数的乘积。而如果是调用函数来求两数的乘积,则对不同类型的参数就需要定义不同的函数。

(2) 宏替换是在编译时由预处理程序完成的,因此宏替换不占运行的时间;而函数调用是在程序运行时进行的,在函数调用过程中需要占用一系列的处理时间。实际上,在<ctype.h>中的有关字符处理的函数都是由宏来实现的。

带参宏的主要目的是简化表达式书写,提高表达式可读性。如求两个变量较大值的表达式为 x>y? x:y,可通过带参宏定义为

```
#define MAX(x,y)  ((x)>(y)?(x):(y))
```

程序中求两个数较大值的表达式都可写作 MAX(x,y),此形式不仅简化了书写,也提高了程序的可读性。此外,带参宏还可以对已有函数进行定义,以简化调用形式,提高可读性。

4.8.2 文件包含

包含文件也是一种模块化程序设计的手段。在实际软件开发时,多人构成的小组共同完成代码的编写与测试,需要借鉴和应用其他人结果,或者借鉴前人成果。经常使用的标准输入输出函数均为前人的工作成果。使用时,只需将包含函数声明的头文件 stdio.h 用“#include”指令包含当前的程序文件即可。

＃include 命令的两种形式如下：

＃include <文件名>　　或　　＃include "文件名"

作用：在系统编译之前，将包含文件的内容复制到文件的当前位置，再进行编译。

＜文件名>含义是按照编译系统指定的标准方式到有关目录中去搜索文件，一般用于系统指定的被包含文件，如 stdio. h。集成 C 语言开发环境都提供一个搜索被包含文件的路径。

"文件名"含义是系统先在源程序所在的目录内查找指定的包含文件，如果找不到，再按照系统指定的标准方式到有关目录中去寻找。一般用于用户自己编写的被包含文件。

说明：

(1) ＃include 命令行常书写在文件开头，故有时也把包含文件称为“头文件”。头文件名不仅可以由系统预先建立(如 stdio. h)，也可由用户根据需要自己建立，其后缀不一定用“. h”，使用时在源程序文件中使用＃include 命令包含该头文件。

(2) 包含文件中，一般包含了一些公用的＃define 命令行、外部说明或对(库)函数的原型说明，例如 stdio. h 就是这样的头文件。

(3) 当包含文件修改后，对包含该文件的源程序必须重新进行编译连接。

(4) 在一个程序中，允许有任意多个＃include 命令行。

(5) 在包含文件中还可以包含其他文件。

【例 4-27】 文件包含举例：通过两个函数分别计算一个半径为 r，高为 h 的圆柱体的体积和表面积，在主函数中输入 r 和 h，调用函数输出结果。

```
/* program ch4 - 27.c */
#include  "my.h"                                   /* 包含 my.h */
void  main(void)
{   double r,h,fArea,fV;
    printf("Please input r,h : ");
    scanf("%lf,%lf",&r,&h);
    fArea = ColArea(r,h);
    fV = ColVol(r,h);
    printf("Area= %lf\nVol = %lf\n",fArea,fV);
}
/*返回圆柱体表面积的函数定义*/
double  ColArea(double r,double h)           /*r圆柱体的底半径,h圆柱体的高*/
{   return  2.* PI * r * r + 2.* PI * r * h;  }
/*返回圆柱体体积的函数定义*/
double  ColVol(double r,double h)            /* r圆柱的底半径,h圆柱的高 */
{   return   PI * r * r * h;  }
```

文件 my. h 内容如图 4-15 所示。

```
/*my.h*/
#include <stdio.h>                      /*文件包含*/
#define PI 3.1415926                    /*宏定义*/
double ColArea(double r,double h);      /*函数原型声明*/
double ColVol(double r,double h);
```

图 4-15　文件 my. h 内容

程序剖析：

主函数中通过＃include "my.h "预处理将 my.h 文件包含到此处编译，my.h 中又使用了＃include <stdio.h>，还包括 PI 的宏定义，以及两个函数的原型声明。将文件 my.h 存放于程序目录下，预处理时将此文件在包含处展开，与程序一起编译。

文件可以嵌套包含，如 my.h 中又使用了＃include<stdio.h>包含 stdio.h。同一个文件在程序中只能包含一次。

在程序设计中，可以把一些具有公用性的变量、函数的定义或说明以及宏定义等连接在一起，单独构成一个文件。使用时用＃include 命令把它们包含在所需要的程序中。这样也为程序的可移植性、可修改性提供了良好的条件。例如在开发一个应用系统中若定义了许多宏，可以把它们收集到一个单独的头文件中(如 user.h)。假设 user.h 文件中包含了如下内容：

```
#include  "stdio.h"
#include  "string.h"
#include  "malloc.h"
#define  BUFSIZE  128
#define  FALSE  0
#define  NO  0
#define  YES  1
#define  TRUE  1
#define  TAB  't'
#define  NULL  ''
```

当某程序中需要用到上面这些宏定义时，可以在源程序文件中写入包含文件命令：

```
#include  "user.h"
```

4.8.3 条件编译

整个源程序通常情况都需要参加编译。C 语言预处理程序具有条件编译的能力。使用条件编译命令，可以根据不同的编译条件来决定对源文件中的哪一段进行编译，使同一个源程序在不同的编译条件下产生不同的目标代码文件。

条件编译命令有以下几种常用形式。

1. ＃if 形式

一般格式：

```
#if <表达式>
    <程序段 1>
#else
    <程序段 2>
#endif
```

预处理程序扫描到＃if 时，通过测试表达式值是否为真(非零)来选择对程序段 1 还是程序段 2 进行编译。如果＃else 部分被省略，且在表达式值为假时就没有语句被编译。

【例 4-28】 阅读程序。

```
#define X 5
void main()
{  #if  X-5
     printf("|x| = %d",X);
   #else
     printf("|x| = %d",-X);
   #endif
}
```

运行结果为：|x|=-5。

运行时，根据表达式 X-5 的值是否为真(非零)，决定对哪一个 printf 函数进行编译，而其他的语句不被编译(不生成代码)。本例中表达式 X-5 宏替换后变为 5-5，即表达式 X-5 的值为 0，表示不成立，编译时只对第二条输出语句 printf("|x| = %d", -X);进行编译，所以输出结果为|x|=-5。

通过上面的例子可以分析：不用条件编译而直接用条件语句也能达到要求，这样用条件编译有什么好处呢？用条件编译可以减少被编译的语句，从而减少目标代码的长度。当条件编译段较多时，目标代码的长度可以大大减少。

2. #ifdef 形式或#ifndef 形式

一般格式：

```
#ifdef (或#ifndef ) <标识符>
   <程序段 1>
#else
   <程序段 2>
#endif
```

预处理程序扫描到#ifdef (或#ifndef)时，判别其后面的<标识符>是否被定义过(一般用#define 命令定义)，从而选择对哪个程序段进行编译。对#ifdef 格式而言，若<标识符>在编译命令行中已被定义，则条件为真，编译<程序段 1>；否则，条件为假，编译<程序段 2>。而#ifndef 的检测条件与#ifdef 恰好相反，若<标识符>没有被定义，则条件为真，编译<程序段 1>；否则，条件为假，编译<程序段 2>。#else 部分可以省略，若被省略，且<标识符>在编译命令行中没有被定义时(针对#ifdef 形式)，就没有语句被编译。

【例 4-29】 阅读程序。

```
#ifdef  IBM_PC
    #define INTEGER_SIZE  16
#else
    #define INTEGER_SIZE 32
#endif
```

若 IBM_PC 在前面已被定义过，如#define IBM_PC 0，则只编译命令行#define INTEGER_SIZE 16。

否则，只编译命令行#define INTEGER_SIZE 32。

这样，源程序可以不作任何修改就可以用于不同类型的计算机系统。

上面的例题若用＃ ifndef 形式实现，只需改写成下面的例题形式，其作用完全相同。

```
#ifndef  IBM_PC
   #define  INTEGER_SIZE  32
#else
   #define  INTEGER_SIZE  16
#endif
```

在调试程序时，常常希望输出一些需要的信息，而在调试完成后不再输出这些信息。可以在源程序中插入如下的条件编译：

```
#ifdef  DO
   printf("a = %d,b = %dn",a,b);
#endif
```

如果在它的前面定义过标识符“DO”，则在程序运行时输出 a、b 的值，以便在程序调试时进行分析。调试完成后只需将定义标识符“DO”的宏定义命令删除即可。

程序设计题

(1) 编写求 x^n 的函数，调用它计算从键盘上输入的一个不大于 20 的正整数的 n 次方。

(2) 编写函数，统计输入文本中单词的个数，单词之间用空格符、换行符或跳格符隔开。

(3) 编写函数，验证任意偶数为两个素数之和，并输出这两个素数。

(4) 编写函数，求表达式 x^2-6x+8，x 作为参数传递给函数，调用此函数求：

① $y1=(x+5)^2-5(x+5)+8$　　② $y2=\sin^2 x-5\sin x+8$

(5) 编写函数，将任意两个数交换，并在主函数中调用此函数。

(6) 编写函数，计算斐波那契数列的第 n 项，n 的值由用户从键盘输入。

(7) 下面自定义函数 void data_inputno(int)的功能是录入通信录中联系人的编号信息。其中，整型参数表示要输入的记录数。请将函数补充完整，使函数具有其功能，并设计 main 函数调用调试该函数。

```
void data_inputno (int n)
{    int k,no;
     printf("No:\t\t\t\t");
     for(k = 1;____________________ ;  k++ )
     { printf("请输入第 %d 个联系人的编号",k);
       ____________________
       printf(" %d\t",no);
     }
}
```

(8) 编写自定义函数 void data_inputsex(int)，录入通信录中联系人的性别信息。其中，整型参数表示要输入的记录数，性别用字符表示，并设计 main 函数调用调试该函数。

(9) 调查并画出 ATM 取款机的功能模块流程图，试描述其数据字典。

(10) 下列程序是 ATM 自动取款机存款功能的定义函数 void cunkuan()。请将函数补充完整,并在 main 函数中调用实现存款功能。

```
long value;                                    /* 用户卡上的现有金额 */
void cunkuan()
{    long m;
     printf("请输入你要存的金额");
     ______________________
     if(m<0)          printf("操作错误,请重新登录!\n");
     else{
          ____________________
          printf("存款成功,你的余额为 % ld\n",value);
     }
}
```

(11) 编写自定义函数 void qukuan(),实现 ATM 自动取款机的取款功能,并在 main 函数中调用实现取款功能。

小组讨论题和项目工作

(1) 模块划分的原则是什么?你有更好的模块划分方案吗?

(2) 利用本章所学的知识,对你所选择软件项目进行需求分析和模块关系设计。

(3) 利用本章所学的知识,编写自定义函数,实现你的项目中的若干个功能模块,并在工程中实现综合调试。

第3部分

高 级 篇

第5章 数组与指针

——数据以惊人的数据量和复杂性,使得数据的组织与管理给系统带来巨大挑战。

学时分配

课堂教学:8学时。自学:8学时。自我上机练习:8学时。

本章教学目标

(1) 理解C语言中数组的本质及其在内存的存储结构。

(2) 理解指针变量及其操作。

(3) 掌握循环和数组结合的基本操作。

(4) 掌握通过指针访问数组的工作方法。

(5) 利用典型算法编程。

本章项目任务

利用数组优化数据输入输出,实现用户管理的部分功能,用数组概念优化项目数据空间。

5.1 数组

5.1.1 数组的基本概念

编程时,能够直观地理解和表示与问题有关的数据是很重要的。某些数据是无关的、独立的。例如,圆的半径、循环变量等。但更多的数据间有某种关系。如平面某点的坐标值(4,9),某次试验中测量的一组电流值(0.6、0.68、0.63、0.59、0.64、0.59、0.65)等。若对有关联的每个值都赋予一个简单变量名,难以反映数据之间的组织和关系。如用 $x=4$,$y=9$ 表示平面点坐标值,或用7个变量 $a=0.6$,$b=0.68$,$c=0.63$,$d=0.59$,$e=0.64$,$f=0.59$,$g=0.65$ 表示一组相关电流值,难以直观反映它们之间的关系。

程序设计中,为了处理方便,把具有相同类型的若干变量按有序的形式组织起来,形成数组(Array)。这些按序排列的同类数据元素的集合称为数组。

C语言中,数组属于构造数据类型。一个数组可以分解为多个数组元素,这些数组元素可以是基本数据类型或构造类型。

数组用数组名来标识。例如,用如下一些形式的变量:

```
a[0] = 0.6,a[1] = 0.68,a[2] = 0.63,a[3] = 0.59,a[4] = 0.64,a[5] = 0.59,a[6] = 0.65
```

表示某次试验测量的值,它们有共同的数组名 a,有相同的数据类型,有顺序的下标(0、1、2…)。数组中的每个成员变量(a[0]、a[1]、a[2]、…)称为数组元素(Array Element)。数组元素通过数组的下标(Subscript)表示它们的相对位置,并依据下标值引用数组元素。C 语言中,数组下标总是从 0 开始,并且增量为 1。数组所包含元素的个数,称为数组大小(Array Size)。

数组有以下两个特征。

(1) 数组元素是同质的。同一数组中的每个元素必须是同类型数据。按数组元素的数据类型,数组可分为数值数组、字符数组、指针数组、结构数组等。

(2) 数组元素是有序的。数组元素之间按顺序排列,以下标确定它们之间的相对位置。

按数组元素下标的个数,数组可分为一维数组、二维数组、多维数组。

① 一维数组:只需要一个下标就能确定数组中各元素的相对位置。

② 二维数组:需要两个下标才能唯一确定出数组中的某个元素。

③ 多维数组:需要 n 个下标才能唯一确定出数组中的某个元素。

数组元素的组织和排列反映元素之间的逻辑关系,叫做数组的逻辑结构(Logic Structure)。逻辑结构独立于计算机,可以从理论、形式上进行研究、计算。

C 语言中,数组在内存存储时,占用一片连续的存储单元,这是数组在内存的存储结构,也叫物理结构(Physical Structure),是逻辑结构在计算机中的物理实现,依赖于具体的计算机。

某些算法结合数组进行设计更容易实现。与简单变量相比,数组的使用更加复杂些,调试起来也更加困难。

5.1.2 一维数组的定义、存储结构和初始化

1. 一维数组的定义(逻辑结构,Logical Structure)

逻辑上,一维数组可以直观地被认为是排列成一行或一列的数据,如图 5-1 所示的三组数据。

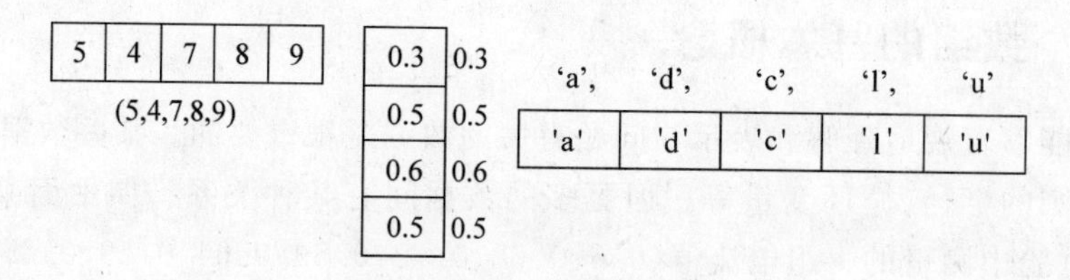

图 5-1 一维数组的逻辑结构

程序中,数组必须先定义后使用。定义一维数组的一般语句形式如下:

[存储类型] 类型说明符 数组名[常量表达式];

说明:

(1) "存储类型"说明数组元素的存储属性,可以是 auto、static、extern 型。省略存储类型时默认为 auto 型。不能是寄存器类型。

(2) "类型说明符"定义了数组中每一个元素的数据类型。数组元素的数据类型可以是前面介绍的各种简单类型,也可以是后面还要介绍的其他类型。

(3) 数组名与简单变量名一样要遵循标识符的命名规则。

(4) "[ ]"是下标运算符,其中的"常量表达式"确定了数组中元素的总个数,也称为数组的长度。"常量表达式"可以包括整型和字符常量及其符号常量,但不能包含变量。下标最小值总是0,下标最大值是"常量表达式-1"。

例如:

```
int physics[30];        /* 数组名为 physics,下标为 0~29,数组元素数据类型为 int */
char name[8];           /* 数组名为 name,且含有 8 个 char 型数组元素 */
float elec['a'];        /* 数组名为 elec,且含有 97 个 float 型数组元素 */
long new[b];            /* 数组错误定义,下标不能出现变量 */
```

注意:数组一经定义,数组大小就固定了,不能再在程序的运行过程中更改其大小。对于事先难以确定数组元素个数的情况或为使元素个数具有更好的通用性,可用符号常量指定数组大小。而符号常量应该根据实际应用中可能遇到个数的最大数目确定。例如:

```
#define NELEMENTS 60
float scores[NELEMENTS];
```

例如,可定义某班级学生一门课成绩为一维数组:int score[100];

例如,可定义某学生的十门课程成绩为一维数组:int score[11];

2. 一维数组的存储结构(物理结构,Physical Structure)

一维数组各元素在内存中按下标从小到大的顺序占据连续的存储空间,每个元素占用相同的字节数,每个元素都有一个确定的地址,这个地址称为数组元素的地址。数组名表示这个数组在内存的首地址,也叫数组的地址,它和第一个元素的地址值一样。数组名是地址常量,即指针常量。通过数组首地址可顺序找到数组中的每个元素,如图5-2所示。

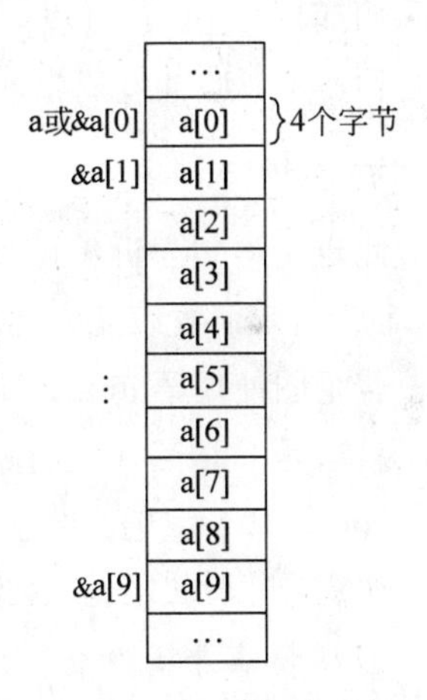

图5-2 一维数组的存储结构

例如,数组定义 int a[10];则系统为数组 a 分配 40 个字节的连续存储空间,即数组空间字节=元素个数 * sizeof(数组元素类型),40=10 * sizeof(int)。

注意:sizeof 是单目运算符,计算其操作数在内存中所占字节数。sizeof 的使用形式如下:

```
sizeof(元素数据类型)
```

或

```
sizeof(变量名)
```

或

```
sizeof 变量名
```

int a[10]的数组名 a 表示这个数组,a 是常量地址。"一维数组的地址"和各"数组元素的地址"及"数组元素的值"关系如下:

a是数组名,代表数组的地址。一维数组的i号元素a[i](即第i+1个)的地址是&a[i],该地址值等于a+i。因此,表达式*(a+i)或*(&a[i])即a[i]。

a[0]元素的地址&a[0]与数组名a的值一样,均可指向第1个元素,访问到第一个元素的值,因此一维数组名a是一级地址值。类似地,a+i指向一维数组的i号(即第i+1个)元素,也是一级地址值,等价于&a[i]。

3. 一维数组的初始化

可以在定义语句中对数组赋初值,称为数组的初始化。C语言规定:数组的初始化只能对数组全部元素或前面部分数组元素赋值。数组初始化一般格式如下:

```
[static] 类型说明符  数组名[数组长度] = {各数组元素值};
```

其中,{ }中的各数据值即各元素的初值,各元素值之间用逗号分隔。

(1) 对整个数组赋初值。此时数组定义中数组长度可以省略,例如:

```
int a[10] = {1,2,3,4,5,6,7,8,9,0};
```

此定义语句将把一对大括号中的数值依次存放在各数组元素中。即a[0]=1,a[1]=2,a[2]=3,a[3]=4,a[4]=5,a[5]=6,a[6]=7,a[7]=8,a[8]=9,a[9]=0。

例如,int b[ ] = {1,2,3,4,5};等价于int b[5] = {1,2,3,4,5};。

(2) 对前面部分数组元素赋初值,例如:

```
int a[10] = {1,2,3,4};
```

此定义语句告诉编译器将把一对大括号中的4个数值依次存放在该数组的前4个元素中,而后面6个数组元素的值为0。

若企图使用语句static int b[5] = {,,7,8};给数组b的5个元素分别初始化为0、0、7、8、0,这是C语言不允许的。

int a[10] = {0};语句是允许的,对10个数组元素全部清零。

注意:

① C语言并不检查数组的边界。应用中,程序员必须保证数组边界的正确性。即不能出现比最大下标值大的数组元素,如int a[10];数组中不能有a[10]、a[11]等元素。

② 定义static型数组时没有进行初始化,如果是数值类型数组(如整型、实型),各元素值默认为0;如果是字符型数组,各元素值默认为空字符'\0'。

③ 定义auto型数组时没有进行初始化,编译器不为其自动指定初始值,各元素值不可预知,是随机数。

5.1.3 二(多)维数组的定义、初始化和存储结构

1. 二(多)维数组的定义

二维数组可以直观地被认为是一个二维数据表格。若需要两个下标确定元素的顺序和位置,这种数组定义为二维数组。定义二维数组的一般格式如下:

```
[存储类型] 数组类型说明符 数组名[常量表达式 1][常量表达式 2];
```

说明：与一维数组定义一致。其中：

(1)“常量表达式1”表示第一维下标的长度，也称为行总数。

(2)“常量表达式2”表示第二维下标的长度，也称为列总数。

(3) 二维数组元素的总个数＝行总数×列总数。

例如，某次实验中采集了3组数据，每组4个。定义一个具有3行4列的二维数组b，int b[3][4];，有3行4列，各元素可表示并书写如下：

```
b[0][0]  b[0][1]  b[0][2]  b[0][3]
b[1][0]  b[1][1]  b[1][2]  b[1][3]
b[2][0]  b[2][1]  b[2][2]  b[2][3]
```

有时用到三维甚至更高维的数组。定义一个三维数组的一般形式如下：

```
[存储类型] 数组类型说明符 数组名[常量表达式 1][常量表达式 2] [常量表达式 3];
```

定义一个 n 维数组的一般形式如下：

```
[存储类型] 数组类型说明符 数组名[常量表达式 1]… [常量表达式 n];
```

2. 二(多)维数组的存储结构(物理结构，Physical Structure)

逻辑上，二维数组是按“行和列”排列组织的，但在内存中仍是按一维线性存储的。

C语言规定，二维数组的各元素在内存中按“行优先顺序”排列存储，每行内的元素按列下标从小到大排列。

如以上定义的数组b，依次存放0行、1行、2行的各元素，各行内的列元素按下标从小到大(从0到3)存放，其内存示意图如图5-3所示。

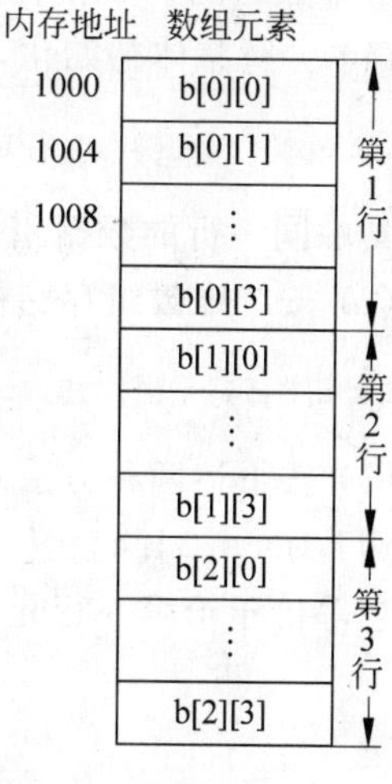

内存地址	数组元素	
1000	b[0][0]	第1行
1004	b[0][1]	
1008	⋮	
	b[0][3]	
	b[1][0]	第2行
	⋮	
	b[1][3]	
	b[2][0]	第3行
	⋮	
	b[2][3]	

图5-3　二维数组的存储结构

若把一维数组视为一个整体，则二维数组可以理解为由多个一维数组组成的广义一维数组。

其中各行的一维数组可以称为行数组，从整体上看，行数组可以称为行元素，行元素只是逻辑中的概念。

如对于二维数组b[3][4]，可以理解为：有三个行元素b[0]、b[1]、b[2]组成广义一维数组b。因此，数组名b指向第一个行元素b[0]，表达式 * b即b[0]；反之，地址b即& b[0]。

行元素b[i]代表i行数组：b[i][0]、b[i][1]、b[i][2]、b[i][3]。行元素b[i]是i行数组的数组名，是一级地址值。b[0]等价于& b[0][0]或b[0]+0，指向b[0][0]。b[0]是一级指针。b[i]等价于&b[i][0]或b[i]+0，指向b[i][0]。b[i]是一级指针。显然，b[i]+j也是一级指针，指向i行j列(即第i行第j列)的元素。

结论：二维数组名b是二级地址值。显然b+i也是二级指针，指向i个(第i+1个)行元素 b[i],所以 *(b+i)即 b[i]。*(b+i)+j 等价于 b[i]+j,是 i 行 j 列元素的地址(二级指针转换为一组指针)。*(*(b+i)+j)是 i 行 j 列元素的值,即 b[i][j]。二维数组理解关系示意图如图 5-4 所示。

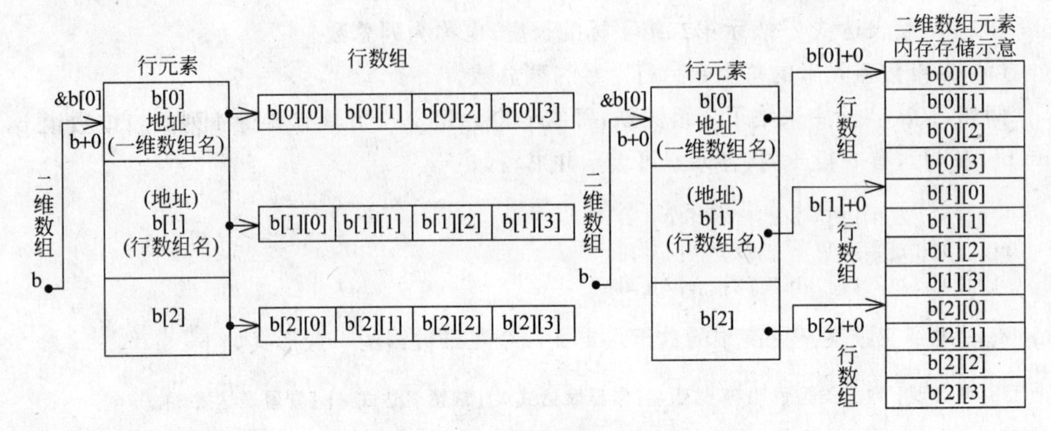

图 5-4 二维数组理解关系示意图

例如,表示某班级所有学生 10 门课程成绩的平均值,可定义二维数组:int score[100][11];。

其中,数组最多 100 行,每行代表一个学生;每行共 11 列,代表一个学生的 10 门课程成绩,多 1 列作其他用途。

3. 二维数组的初始化

二维数组的初始化有以下 4 种方式。

(1) 分行整体初始化,例:

```
int a[3][4] = {{1,4,7,10},{2,5,8,11},{3,6,9,12}};
```

其中同一行的数据用一对大括号括起来。

(2) 按二维数组存储概念全部赋初值,即将所有数据写在一个大括号内,例:

```
int a[3][4] = {1,4,7,10,2,5,8,11,3,6,9,12};
```

(3) 按下述两种方法对部分数组元素赋初值。

例:int a[3][4] = {1,4,7,10};

它等价于给第一行元素赋初值,其余元素自动为 0。

$$\begin{pmatrix} 1 & 4 & 7 & 10 \\ 0 & 0 & 0 & 0 \\ 0 & 0 & 0 & 0 \end{pmatrix}$$

例:int a[3][4] = {{1},{0,5},{0,0,9}};

$$\begin{pmatrix} 1 & 0 & 0 & 0 \\ 0 & 5 & 0 & 0 \\ 0 & 0 & 9 & 0 \end{pmatrix}$$

(4) 定义时对二维数组全部元素赋初值,第一维的长度可省,但第二维长度不能省略。

例如：static int a[][4] = {1,4,7,10,2,5,8,11,3,6,9,12};

等价于：static int a[3][4] = {{1,4,7,10},{2,5,8,11},{3,6,9,12}};

5.1.4 字符数组的定义和初始化

1. 字符数组的定义

字符数组是数组元素类型为字符型的数组。字符数组元素存放字符数据，所以字符数组可以存放字符串。字符串常量是以一对双引号括起来的一串字符，且以'\0'作为结束标志。C语言没有提供字符串变量，字符串处理是通过字符数组实现的。

一个一维字符数组可以存放一个字符串。二维字符数组可以存放多个字符串，每行都可以存放一个字符串。

字符串在文本处理中很有用，许多工程问题也应用广泛，如密码学以及模式识别等。

一维字符数组的定义形式如下：

[存储类型] char 数组名[常量表达式];

例如：char s[10]; 定义了有10个元素的一维字符数组s。

二维字符数组的定义形式如下：

[存储类型] char 数组名[常量表达式1][常量表达式2];

例如，定义一个二维字符数组表示一篇文章：char paper[50][400];，可用于存放50段，每段400字符的文章。

2. 字符数组的初始化

(1) 逐个元素初始化，例如：

```
static char s[10] = { 'A', ' ', 'C', 'o', 'm', 'p', 'u', 't', 'e', 'r'};
```

这种方法并不会使'\0'自动存储。

(2) 初始化时，如果为全部元素赋初值，则可以省略数组长度，如上例可改为：

```
static char s[ ] = { 'A', ' ', 'C', 'o', 'm', 'p', 'u', 't', 'e', 'r' };
```

(3) 初始化时，如果给定的数据个数少于数组长度，其余未赋值的元素自动赋值为“空”(即ASCII码为0的字符'\0 ')，例如：

```
static char s[10] = { 'A ', ' ', 'p ', 'e ', 'n '};
```

则s在内存中的存储示意图如图5-5所示。

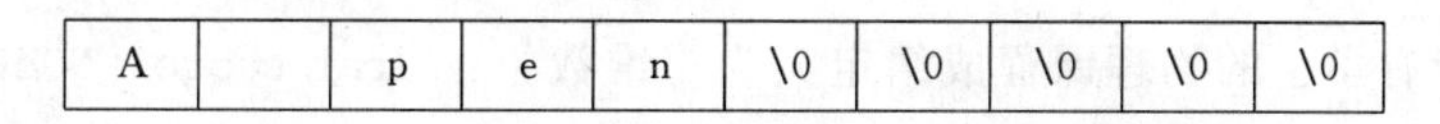

图5-5 一维字符数组s在内存中的存储示意图

如果初始化时所提供的值的个数大于数组元素的个数，则提示语法错误“Too many initializers”。

(4) 用字符串来初始化字符数组,例如:

```
char c[12] = { "Programming"};
```

或省略大括号:

```
char c[12] = "Programming";
```

系统把字符串分别赋给前11个字符数组元素,且自动在第12个字符元素c[11]中添加字符串结束符'\0 '。若字符串长度大于字符数组元素个数时,则提示语法警告信息“Array bounds overflow”。

用户定义字符数组的长度时要计算清楚,当用字符串做初值时,它的长度是串长度加1。为避免字符个数计算错误,在为数组指定初值时,可以省略字符数组长度,使用如下格式:

char c[ ] = {"Programming"}; 或 char c[ ] = "Programming";

(5) 二维字符数组的初始化,例如:

```
char c[3][10] = { "beijing","shanghai","tianjin"};
```

说明并初始化一个二维字符数组,可以存放3个长度为10的字符串,其在内存中的存储形式,如图5-6所示。

b	e	i	j	i	n	g	\0		
s	h	a	n	g	h	a	i	\0	
t	i	a	n	j	i	n	\0		

图5-6 二维字符数组c在内存中的存储示意图

注意:

(1) 把一个字符串存放到一个字符数组中,系统会自动在最后加上一个'\0',因此,存放字符串的数组长度一定要大于字符串的长度,例如:

```
char c[12] = "I am happy";        /* 数组c是存放字符串的数组 */
char c[10] = "I am happy";        /* 数组c是普通字符串数组,没有存入字符串结束标志 */
char c[8] = "I am happy";         /* 存入时出错 */
```

(2) 区分存放字符串的字符数组的长度与字符串的长度,例如:

```
char c[12] = "China";             /* 数组长度为12,字符串长度为5 */
```

【学生项目案例5-1】 理解、建立并表示某高校“学生信息管理”系统中学生成绩数据结构。

分析如下。

(1) 某班所有学生的物理课程成绩定义为一维数组:float score1[NUM1];,NUM1是符号常量,代表班级最大容量数。

(2) 某班所有学生的7门课程成绩对应一个二维数组(二维表格),该数组定义为:float score2[NUM1][7];,其中NUM1是符号常量,代表一个班最多可能的人数。

(3) 一个专业所有班的所有学生的7门课程成绩对应一个三维数组(成绩册),该数组定义为：float score3[NUM2][NUM1][7];，其中 NUM1 和 NUM2 是符号常量，分别代表一个专业最多可能的班和一个班最多可能的人数。

(4) 一个系所有专业所有班的学生的 7 门课程成绩对应一个四维数组(若干册为簿)，该数组定义为 float score4[NUM3][NUM2][NUM1][7];，其中 NUM1、NUM2 和 NUM3 是符号常量，分别代表一个系最多可能的专业、一个专业最多可能的班和一个班最多可能的人数。

【文本项目案例 5-1】 理解"文本编辑器"系统数据结构。

分析如下。

符号常量 NUM1 代表每段最多可能的字符数，NUM2 代表一篇文章最多可能的自然段。

(1) 每个段落对应一个一维字符数组：

```
char st1[NUM1];
```

(2) 一篇文章对应一个二维字符数组：

```
char st1[NUM2] [NUM1];
```

5.2 数组元素的寻址方式

C 语言一般不允许对一个数组进行聚集操作，即不能对一个数组作为一个整体单元操作(字符数组除外)，例如：

```
int a[10],b[10];
```

如果想将数组 a 的所有元素值赋给数组 b，使用下面的语句是错误的：

```
b = a;                              /* 非法语句，整个数组作为一个整体单元操作 */
```

要想实现对数组元素赋值这个功能，必须进行对应数组元素的一一赋值，一次只能给一个元素赋值。

定位并访问某个数组元素值的方法即数组元素的寻址方式。选择引用数组元素，既需要指定数组的名字，又需要指定对应于该元素在数组中的下标。访问数组元素有下标法、指针法、地址法。最直观的寻址方式是下标法、地址法，但访问速度较快的寻址法有指针法、指针下标法、行指针法等。

利用数组下标可以确定数组元素的位置，下标可以是数值常量、符号常量、变量、算术表达式、函数(非负的数)。

如 a[1]表示 a 数组中下标为 1 的元素。

如当变量 i 取不同值时，str[i]表示 str 数组中不同的元素。

当指针指向数组空间时，也可以通过指针引用数组元素。通过计算数组元素的内存地址访问数组元素。

5.2.1 下标法寻址

最直观的数组访问方式是下标法访问数组元素，即利用数组元素的下标确定数组元素的位置从而引用其值。下标法访问数组元素直观但计算数组元素地址的速度慢。

下标法引用数组元素的一般形式为:

数组名[下标][下标]…[下标]

如定义一维数组 int a[10];,则数组 a 中的 i 号数组元素为 a[i](i=0,1,2,…),由下标 i 确定元素的位置,a[i]为元素的引用值。下标法 a[i]直观确定了元素的位置。

如定义二维数组 float b[10][10];,i 行 j 列数组元素为 b[i][j](i,j=0,1,2,…),由下标 i 和 j 确定元素的位置,a[i][j]为元素的引用值。下标法 a[i][j]直观确定了元素的行、列位置。

5.2.2 地址法寻址

元素的地址法寻址是在数组名常量地址基础上计算得到的。

地址法访问一维数组元素形式为:

***(数组名+下标值)**

例如,有一维数组 a[10]。一维数组名 a 是一级常量地址,则一维数组元素 a[i]的地址为 a+i,所以,*(a+i)等价 a[i],是元素的值。

地址法访问二维数组元素形式为:

***(*(数组名+行下标)+列下标)　或　*(*(数组名[行下标]+列下标))**

例如,有二维数组 b[3][4]。二维数组名 b 是二级常量地址,行元素 b[i]是一级地址。元素 b[i][j]的地址为 b[i]+j(行元素一级地址法)或*(b+i)+j(数组名二级地址转换),所以,*(b[i]+j)和*(*(b+i)+j)均等价于 b[i][j],是元素 b[i][j]的值。

5.2.3 指针法寻址和指针下标法寻址

通过指针计算数组元素地址的速度较快,因此常结合指针变量访问数组。

1. 指针的运算

指针值的集合是地址编码空间。C 语言数组的存储结构就是把同类型数据的地址空间集合在一起。在这个地址集合上可进行有意义的指针操作运算。由于指针变量是一种特殊的变量,操作运算规则有其特殊性。指针变量的运算可分为两类:指针移动运算和指针之间的关系运算。

常用的指针移动运算符如下。

(1) +/-:加法/减法运算符,双目运算符。

(2) ++/--:增 1/减 1 运算符,单目运算符。

主要运算形式如下。

(1) 指针变量+(或-)整型表达式。

(2) 整型表达式+指针变量。

(3) ++(--)指针变量,或指针变量++(--)。

另外,“指针变量 1-指针变量 2”表达式表示两指针间的元素个数。

指针移动运算的实质是通过对指针变量进行加、减运算实现的，指针移动是对指针变量的重新定值，指针移动中使指针指向不同的存储单元。指针移动运算的限制条件如下。

(1) 指针只能在相同数据类型的连续空间(数组)内移动。

(2) 指针移动的内存单位是基数据类型的逻辑单位，而不是字节单位。

2. 指针法寻址和指针下标法寻址

指针法寻址即利用指针间接访问数组元素值。指针下标法是利用指针和元素下标的相对位置访问数组元素。指针法寻址和指针下标法寻址都是通过指针访问数组元素。

【例 5-1】 阅读程序，理解指针法和指针下标法访问一维数组元素的方式，理解指针变量在一维数组中的的移动和指向。

```
#include <stdio.h>
void main()
{   int a[10] = {54,65,8,2,3,56,8,21,57,98}, *p = NULL, *q = NULL, i;
    p = a;                                          /*一级指针变量指向一维数组 a*/
    for(i = 0;i < 10;i ++ ) printf(" %4d", p[i]); /*指针下标法,下标变化遍历数组元素*/
    printf("\n");
    for(i = 0;i < 10;i ++ ,p ++ ) printf(" %4d", *p);  /*指针法寻址,指针移动遍历数组元素*/
    printf("\n");
    q = a;                                          /*一级指针变量指向一维数组*/
    printf(" \"q[5] = \" %4d\n",q[5]);              /*指针下标法访问*/
    q += 5;                                         /*指针移动运算,q 指向数组第 6 个元素*/
    printf("\" *(q += 5) = \" %4d\n", *q );         /*指针法访问,指向元素 a[5]*/
    printf("\" *q[3] = \" %4d\n", q[3] );           /*指针下标法,指向当前 q 之后的第 3 个元素,
                                                      即数组的第 9 个元素*/
    printf("\"p - q = \" %4d\n", p - q );           /*计算两指针间的元素个数*/
}
```

运行结果如图 5-7 所示。

```
  54  65   8   2   3  56   8  21  57  98
  54  65   8   2   3  56   8  21  57  98
"q[5]="  56
"*(q+=5)="  56
"*q[3]="  57
"p-q="   5
Press any key to continue
```

图 5-7 例 5-1 的运行结果

程序剖析：

(1) 指针变量 p、q 是同类型指针，且指向同一数据集合(同一数组)。设 n 是整型常量或变量，则指针变量 p、q 支持如下 5 种算术运算。

① 后置自加运算：p++;　　　　/*p 作为当前操作数，然后后移一个元素*/

② 后置自减运算：p--;　　　　/*p 作为当前操作数，然后前移一个元素*/

③ 前置自加运算：++p;　　　　/*p 后移一个元素，然后作为当前操作数*/

④ 前置自减运算：--p;　　　　/*p 前移一个元素，然后作为当前操作数 */

⑤ 加整型量：p+n;　　　　/*取得 p 之后第 n 个元素的地址*/

⑥ 减整型量：p-n;　　　　/*取得 p 之前第 n 个元素的地址*/

⑦ 同类指针相减：p-q;　　　　/*表示 p 和 q 两者之间的元素个数*/

(2) 语句 p=a;使指针指向数组空间的首地址，指针和数组相关联。可用指针法或指针下标法访问数组元素。

指针法访问该一维数组元素 a[i]的基本方式如下。

① *p,指针法访问指针指向的当前数组元素。

② *p--相当于*(p--),先对p进行"*"运算,再使p自减。

③ *--p相当于*(--p),先对p自减,再作*运算。

④ *++p相当于*(++p),先对p自加,再作*运算。

⑤ *p++相当于*(p++),先对p进行"*"运算,再使p自加。

⑥ (*p)--,先取*p的值,再将此值自减。

⑦ --(*p),先将*p的值自减,再取*p的值。

⑧ (*p)++,先取*p的值,再将此值自加。

⑨ ++(*p),先将*p的值自加,再取*p的值。

若p=a;,则指针下标法访问该一维数组元素a[i]的基本方式是p[i],此时,p[i]等价于a[i]。

若p=a+i;则指针变量指向数组的某元素(a[i]),指针下标法访问其他数组元素方式是p[i],此时,p[i]指向当前指针后的第i个元素。

(3) 指针法和指针下标法中要注意指针的当前值。指针下标法总是从当前指针处结合下标计算元素位置。

(4) 在指针移动运算中要注意避免数组越界。

注意:

(1) 只有当两个指针指向同一数组中的元素时,才能对两个指针进行减法运算,否则,没有意义。两个基类型相同的指针可相减,但不能相加。C语言允许两个相同类型的指针相减,其含义是两个地址之间相隔的同类型的单元数量。例如,当两个指针指向同一数组中的元素时,p－q表示指针p和q所指对象之间的元素数量。利用这一意义,可求出一个字符串的长度。

(2) 指针运算表达式必须是有序类型,如字符型或整型。在减法运算中,整型表达式不能作为第一个操作数,如10－p1是错误的,而10＋p1、p－10、p＋10都是符合语法规则的。

(3) 算术运算符*、/和%对指针没有意义,不能和指针操作数一起使用。而且＋和－的使用也是有限的。可给一个指针加上或减去一个整数偏移量,但不能将两个指针相加。

5.2.4 行指针法访问二维数组

用下标法访问二维数组很直观,但用行指针法访问二维数组尤其是二维字符数组,可以提高速度并使操作比较灵活。

二维数组的行元素是一级地址常量,指向行元素的地址是二级地址值,行元素表示行数组的首地址或行数组名。由此,引入一个"行指针"的概念。定义指向行元素的指针为"行指针",行指针是二级指针变量,指向有若干个列元素的行数组。行指针定义的一般格式为:

```
基类型说明符 (*指针变量名)[常量表达式];
```

应注意,定义中"(*指针变量名)"两边的圆括号必不可少。

例如,

```
int (*p)[3];
```

说明:由于运算符"()"与"[]"的优先级相同,结合方向都是自左向右,所以p先与"*"

号结合，说明 p 是一个指针变量，然后 p 再与“[]”结合，说明该指针变量指向一个有 3 个列元素的行元素(行数组)。基数据类型说明了数组元素的数据类型。

因为行指针指向二维数组的行元素，所以通过行指针可以访问二维数组。

例如，有以下语句组：

```
int a[3][4],( * p)[4];          /* 定义二维数组,定义的行指针指向有 4 个列元素 */
p = a;                          /* 行指针 p 指向二维数组第 1 个行元素,同级指针赋值 */
p ++ ;                          /* 行指针 p 下移 1 行,指向二维数组第 2 个行元素 */
p ++ ;                          /* 行指针 p 下移 1 行,指向二维数组第 3 个行元素 */
```

p 的指向如图 5-8 所示。

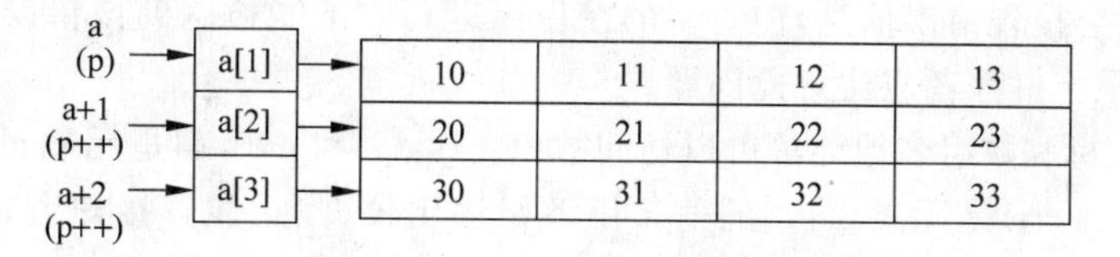

图 5-8　行指针访问二维数组

只有同级指针才可以互相赋值。当执行 p=a 后(注意 p 的当前值)，用 a 表示 i 行 j 列数组元素 a[i][j]的方式都可以用 p 替换，用 p 表示元素 a[i][j]的方式有：p[i][j]、*(p[i]+j)、*(*(p+i)+j)、(*(p+i))[j]。

p++可以修改行指针的值，指向二维数组的下一行。此时，p 和 a 的差别在于：p 是变量可以改变，a 是常量不能改变。

5.3　一维数组的操作

5.3.1　一维数组元素的遍历

数组的最常用的操作是数组元素的遍历。常用的遍历方法有递增法、递减法等。二维数组有按行遍历、按列遍历等。多维数组有递归法遍历等。

常结合单循环，用各种寻址方式和遍历方法实现一维数组(One-dimensional Array)元素的遍历操作。

【例 5-2】　阅读程序，理解、比较使用多种寻址方法遍历一维数组的操作，在遍历数组过程中实现数组元素的输入和输出。

```
/* program ch5 - 2.c */
#include < stdio.h >
void main()
{   int  i,a[10],b[10],c[10];                         /* 定义三个一维数组 */
    int  * pc = c;                                    /* 定义指针并指向数组 c */
    for(i = 0; i < 10; i ++ )  scanf(" %d",&a[i]);    /* 下标法遍历数组 a,实现元素值的输入 */
    for(i = 9; i >= 0; i -- )  scanf(" %d",b + i);    /* 地址法遍历数组 b,实现元素值输入 */
    for(;pc < c + 10; pc ++ )  scanf(" %d",pc);       /* 指针法遍历数组 c,实现元素值输入 */
    for(i = 0; i < 10;i ++ )   printf(" %4d",a[i]);   /* 下标法实现数组元素值输出 */
```

```
    printf("\n");
    for(i=0; i<10;i++)  printf("%4d",*(b+i));        /*地址法实现数组元素值输出*/
    printf("\n");
    for(pc=c+9,i=9;i>=0;i--) printf("%4d",pc[i]);    /*指针下标法输出数组元素值*/
    printf("\n");
}
```

程序剖析:

(1) 常用 for 循环语句和数组结合实现数组元素的遍历。利用 for 语句的循环变量控制数组元素的下标值,或利用循环语句控制指针的移动。

(2) 数组下标越界问题。下标越界即访问的元素超过了该数组的范围。对于这种情况,有的编译器会报告错误信息,但更多的在程序运行中不能检测到该错误,这将导致不可预料的程序结果。编程者应注意此问题。

(3) 通过下标和数组名地址法可以访问数组。&a[i]和 a+i 都是元素 a[i]的地址。a+i 是常量地址,*(a+i)是元素 a [i]的值。用下标法比较直观,能直接知道是第几个数组元素。例如,a[5]是数组中下标为 5 的元素。用地址法不直观,难以很快地判断出当前处理的是哪一个数组元素。如果使用 a[i]或 *(a+i)访问数组元素,执行效率是相同的。C 编译系统是将 a[i]转换为 *(a+i)来处理的。即通过数组首地址计算出数组元素地址,然后取出数组元素的值。这两种方法计算数组元素费时较多。

指针访问数组元素并不直观,但比地址法或下标法访问数组元素速度快。指针变量法中要仔细分析指针变量 pc 的当前指向,才能判断当前表示的是第几个数组元素。常用指针访问数组,尤其是字符数组。

(4) int *pc=c;使指针指向数组首地址。pc++操作使指针移动,指向下一个数组元素。

(5) 用指针变量直接指向数组元素,不必每次都重新计算地址,像 pc++这样的自加操作是比较快的。这种有规律地改变地址值(pc++)能大大提高执行效率。pc++操作移动指针变量值,指向不同的元素。

(6) pc=c+9 语句使指针指向数组的最后一个元素。pc<c+10 是指针比较运算,避免指针访问数组越界。

(7) 指针的关系运算:只有当两个指针变量或指针值指向同一个连续的存储空间时,才能进行关系运算。判断两个指针是否指向同一个存储单元:

① p==q;   /*当 p 和 q 指向同一元素时,表达式的值为 1; 反之为 0*/

② p!=q;   /*当 p 和 q 不指向同一元素时,表达式的值为 1; 反之为 0*/

判断不同指针所指向的存储单元间的位置关系:

① p<q;   /*当 p 所指的元素在 q 所指的元素之前时,表达式的值为 1; 反之为 0*/

② p>q;   /*当 p 所指的元素在 q 所指的元素之后时,表达式的值为 1; 反之为 0*/

若 p、q 不是指向同一数据集合的指针,则移动运算无意义。

注意:不同数据类型的指针变量间不能比较,指针变量和一般变量间不能比较。但指针变量可以和 0 比较,用于判断指针变量的当前值是否有效。例如,p==0 或 p!=0。

5.3.2 一维数组元素的计算与处理

操作和计算处理数组元素时,必须明确指定被处理的数组元素。

【例 5-3】 数组的应用：计算斐波那契(Fibonacci)数列中，第 12 个月时兔子的对数是多少。

分析如下。

(1) 问题描述：利用数组确定斐波那契数列的数据结构。用数组元素值表示每月的兔子数，则数组可定义为 rabbit[12]。其中元素 rabbit[0]=1 表示最初的一对小兔子，元素 rabbit[1]=1 表示最初的小兔子长大了，元素 rabbit[11]，即第 12 个月的值是问题所求。

(2) 应用递推算法。rabbit[0]和 rabbit[1]为已知数据，i 的初值为 2，则以后每个月的兔子数为 rabbit[i]=rabbit[i−1]+rabbit[i−2]。

常用数组表示现实中的这种有规律的数据结构，可以很容易地用位置关系和数组元素值反映数据之间的某种对应关系。

(3) 程序如下。

```
/* program ch5-3.c */
#include <stdio.h>
void main(void)
{   int i;
    int rabbit[12] = {1,1};                       /* 数组初始化 */
    for(i = 2;i < 12;i ++ )                       /* 循环递推计算数列的每个数据 */
        rabbit[i] = rabbit[i - 1] + rabbit[i - 2];   /* 用下标法访问数组元素 */
    printf(" %d  ", rabbit[11]);                  /* 输出第 12 个月的数据 */
}
```

【学生项目案例 5-2】 软件模块功能设计实现：某普通教师用户由键盘输入某班 n 个学生的某门课程成绩并存入数据文件，要求软件系统能够自动统计算优、良、中、差、不及格的人数，并报告成绩比平均成绩高的学生人数，以便教师分析考试情况。

分析如下。

(1) 确定数据结构，如下。

定义符号常量 NUM 表示班容量的最大值 100。定义学生成绩为一维数组 ma[NUM]，且为全局变量。为了与学号对应，假设从 ma[1]开始存放学生成绩，ma[0]用于存放课程的平均成绩值。

构造并定义计数数组 c[6] = {0};，各元素分别用于存放优、良、中、差、不及格和比平均成绩高的学生人数。计数数组的每个元素初值都应该清零。

(2) 函数及算法设计如下。

定义函数，原型：

```
void InputScore(int n);                           /* 形参为学生实际人数 */
```

函数功能：用单循环输入一维成绩数组中的各学生成绩，输入数据的同时实现成绩累加和分类统计；循环后计算平均成绩并存入 ma[0]；再用另一单循环比较判断比平均成绩高的学生并统计计数。

把产生的学号和输入的成绩存入数据文件中，实现数据的永久保存。

(3) 程序如下。

```
#include <stdio.h>
#include <stdlib.h>
```

```
#define NUM 100
#define  FILENAME "class.txt"
float ma[NUM];                                              /*定义全局变量数组*/
void InputScore(int n);
void main(void)
{  int m;
   printf("请输入本班学生实际人数:");scanf("%d",&m);
   InputScore(m);
}
/*功能:输入、求和、统计*/
void InputScore(int n)                                      /*形参为学生实际人数*/
{  int i;
   int c[6] = {0};                                          /*统计数组,清零*/
   float sum = 0;                                           /*定义中间变量 sum,求和*/
   FILE *fp;                                                /*文件指针*/
   /*输入一门课程成绩并进行求和、各种统计*/
   fp = fopen(FILENAME,"w");                                /*打开文件*/
   if(fp == NULL){printf("文件打开错误!");exit(0);}
   for(i = 1;i <= n;i++)                                    /*循环 n 次*/
   {  printf("请输入第%d个学生成绩: ",i);
      scanf("%f",ma + i);                                   /*用地址法输入成绩*/
      fprintf(fp,"%d   %d\n",i,ma[i]);                      /*输出到数据文件*/
      sum += *(ma + i);                                     /*求和*/
      if(ma[i]>= 90)  c[0]++;                               /*分类统计*/
      else if(ma[i]>= 80)   c[1]++;
           else if(ma[i]>= 70)   c[2]++;
                else if(ma[i]>= 60)   c[3]++;
                     else  c[4]++;
   }
   ma[0] = sum/n;                                           /*求平均成绩*/
   printf("\n本班平均成绩为%f个\n",ma[0]);
   for(i = 1;i <= n;i++)                                    /*统计求比平均成绩高的人数*/
      if(ma[i]> ma[0])  c[5]++;
   printf("优\t良\t中\t差\t不及格\t高于平均成绩人数\n");   /*输出统计表表头*/
   printf("%d\t%d\t%d\t%d\t%d\t%d\t\n",c[0],c[1],c[2],c[3],c[4],c[5]);
   fclose(fp);                                              /*关闭数据文件*/
}
```

总结:数组只能暂存批量数据,数据文件可实现数据的永久保存。

【例 5-4】 工程数据处理:生成若干个[1,100]范围内的随机正整数,要求如下。

(1) 分别按顺序和逆序输出。(输出顺序的调整)

(2) 求这些数的和与平均值,并寻找数据中的最大数及其位置。

(3) 用选择排序法对这些数据按升序排序并输出。(**排序问题**)

分析如下。

(1) 问题分析:用随机函数模拟产生一系列随机数实现工程数据的采集。

(2) 数据结构:定义符号常量 NUM 表示数据采集容量。定义一维数组 int a[NUM] 为全局变量数组,存放 n 个整型数据,该数组被各函数共享。

(3) 处理流程如下。

① 用打擂法求极值,同时求和与平均值。

定义函数,原型:

```
int MaxValue(int x);          /*形参为数组中的实际个数*/
```

功能:求和、平均值、最大值及其位置。返回值为最大值的位置下标。

② 排序问题。**选择排序**是在所有待排序元素中查找最小(或最大)的元素,将此元素顺序放在已排序数据的最后;每一趟从待排序的数据元素中选出最小(或最大)的一个元素,直到全部待排序数据元素排完。因为每次都是选择一个最小(或最大)数进行,所以称为选择排序。选择排序以打擂法为基础,是一种重要算法。

选择排序算法思想设计如下。设有 n 个待排序的数据存放在数组 x[n]中(n 为符号常量),在该数组中实现数据由大到小降序排序。初始状态时,数组 x[0]、x[1]、…、x[n－1]为无序区(所有待排序元素),有序区为空。第 1 趟排序时,如①中扫描法所述,在无序区中寻找第一个最大值并记忆位置。若此时 loc!＝0,说明第一个最大值不在第一个,则交换 x[0]与 x[loc]的值。经过第 1 趟排序后,有序区有 1 个最大值元素 x[0],无序区为 x[1]、…、x[n－1]。

经过第 i－1 趟排序后,有序区有 i－1 个元素:x[0]、x[1]、…、x[i－2]。无序区有 n－i＋1 个元素:x[i－1]、x[i]、…、x[n－1]。

第 i 趟排序:在无序区 x[i－1]、…、x[n－1]中选出值最大数据 x[loc],如果 loc!＝i－1(不是无序区第 1 个元素),将元素 x[loc]与无序区的第 1 个元素 x[i－1]交换。此时,有序区有 i 个元素:x[0]、x[1]、…、x[i－1]。无序区有 n－i 个元素:x[i]、x[i]、…x[n－1]。

以此类推,n 个数据一共需进行 n－1 趟选择排序,完成 n 个数据的排序。图 5-9 所示为 10 个数据的选择排序过程。

78	61								
69	69	64							
76	76	76	69						
96	96	96	96	70					
92	92	92	92	92	76				
64	64	69	76	76	92	78			
82	82	82	82	82	82	82	82		
93	93	93	93	93	93	93	93	92	
70	70	70	70	96	96	96	96	96	93
61	78	78	78	78	78	92	92	93	96
初始数据序列	第 1 趟排序后	第 2 趟排序后	第 3 趟排序后	第 4 趟排序后	第 5 趟排序后	第 6 趟排序后	第 7 趟排序后	第 8 趟排序后	第 9 趟排序后

图 5-9 选择排序示意

第 i 趟扫描选择算法描述如下。

```
loc = i;                                /*记忆第 i 趟最大值位置,假设法*/
for(j = i + 1;j < n;j ++ )              /*负责在当前无序区 x[i]…x[n-1]中选最大值*/
    if(x[j]> x[loc])  loc = j;          /*记忆目前找到的最大值位置*/
if(loc!= i)                             /*若第 i 趟的最大值不是本趟的第一个数据*/
{ t = x[i];x[i] = x[loc];x[loc] = t;}   /*则将最大数交换到无序区最前面*/
```

定义选择排序法函数原型：

```
void SelectSort(int n);                    /*形参为数组中的实际个数*/、
```

(4) 程序如下。

```
/* program ch5-4.c */
#include <stdio.h>
#include <stdlib.h>
#include <time.h>
#define NUM 100
int a[NUM];                                /*全局变量数组*/
int MaxValue(int x);                       /*函数声明*/
void SelectSort(int n);
void main()
{   int i,n,k,*p=a;
    printf("产生n个随机正整数,输入n的值:\n");
    scanf("%d",&n);                        /*数组实际数据个数*/
    srand((unsigned)time(NULL));           /*随机数种子函数*/
    for(i=0;i<n;i++)
        a[i]=1+rand()%100;                 /*地址法输入数组元素值,随机函数产生数据*/
    printf("\n数据顺序输出:\n");
    for(i=0;i<n;i++)                       /*按下标从小到大顺序访问数组元素.顺序输出*/
    {   if(!(i%8)) printf("\n");           /*每行输出8个数据*/
        printf("%8d",p[i]);                /*指针下标法*/
    }
    printf("\n数据逆序输出:\n");
    for(i=n-1;i>=0;i--)                    /*按下标从大到小顺序访问数组元素.逆序输出*/
        printf("%8d",*(p+i));              /*指针法*/
    printf("\n\n");
    k=MaxValue(n);                         /*函数调用,返回最大值位置下标*/
    printf("\n最大值=%d\n",a[k]);
    SelectSort(n);                         /*函数调用*/
    printf("排序后的数据为");
    for(i=0;i<n;i++)
    {   if(!(i%8)) printf("\n");           /*每行输出8个数据*/
        printf("%8d",a[i]);
    }
    printf("\n\n");
}
/*功能:求和、平均值、最大值和位置*/
int MaxValue(int x)                        /*形参为数组中的实际个数*/
{   int i,sum=0,ave,loc=0;                 /*loc记忆最大值位置,初值为0*/
    for(i=1;i<x;i++)                       /*从第2个数据开始比较*/
    {   sum+=a[i];                         /*求和*/
        if(a[loc]<a[i])                    /*与基准比较,找最大值*/
            loc=i;                         /*记忆最大值位置*/
    }
    ave=sum/x;                             /*求平均值*/
    printf("\n%d个数据的和值=%d,平均值=%d,",x,sum,ave);
    return loc;                            /*返回最大值位置*/
}
/*功能:选择排序算法*/
void SelectSort(int n)                     /*形参为数组中的实际个数*/
```

```
{   int i,j,loc,t;
    for(i = 0;i < n - 1;i ++ )              /* n个数进行n-1趟选择,外循环控制趟数 */
    {   loc = i;                            /* 记忆第i趟最大值位置,假设法 */
        for(j = i + 1;j < n;j ++ )          /* 负责在当前无序区x[i]…x[n-1]中选最大值 */
            if(a[j]> a[loc])  loc = j;      /* 记忆最大值位置 */
        if(loc!= i)
        { t = a[i];a[i] = a[loc];a[loc] = t;}  /* 将最大数交换到无序区最前面 */
    }
}
```

【例5-5】 利用指针的移动和比较运算,求若干个整型数据中所有素数之和。

分析如下。

(1) 数据结构:设数组容量为200,定义符号常量NUM;定义一维数组int a[NUM];存放n个整型数据。

(2) 处理流程:判断每一个数组元素是否为素数。若为素数,执行累加运算。

设计自定义函数,函数功能:判断某数组元素是否为素数,若该数是素数,函数返回1,否则返回0。函数原型:

```
int prime(int x);
```

设指针p和q分别指向数组的首和尾,通过首指针向后或尾指针向前移动,直到首、尾指针相等,即遍历了整个数组,从而实现对数组的操作,如图5-10所示。

程序代码如下。

```
a[0]                    a[9]
 p↑   ---------→        q↑
```

图5-10 指针对数组的遍历

```
/* program ch5 - 5.c */
#include < stdio.h>
#include < stdlib.h>
#include < math.h>
#include < time.h>
#define NUM 200
int prime(int x);                           /* 函数声明 */
void main()
{   int n,s = 0,a[NUM], *p, *q;
    printf("请输入数据实际个数");scanf(" %d",&n);
    srand((unsigned)time(NULL));            /* 随机数种子函数 */
    for(p = a + n - 1,q = a; p> = q;p -- )
        *p = rand() % 1000;                 /* 指针法输入 */
    for(i = 0;i < n;i ++ )
    {   if(prime(a[i]))                     /* 数组元素作实参 */
        {   printf(" %8d",a[i]);            /* 输出 */
            s += a[i];                      /* 素数求和 */
        }
    }
    printf("\nsum = %d\n",s);
}
int prime( int x )                          /* 判断素数函数 */
{   int flag = 1,k;
    for(k = 2;k <= (int)sqrt(x);k ++ )
        if(!(x % k)) { flag = 0; break; }
    return(flag);
}
```

程序剖析：

函数调用表达式 prime(a[i])中，数组元素 a[i]作为函数的实参。a[i]的值赋给形参 x，函数 prime 判断 x 是否为素数，如果 x 是素数则函数 prime 返回 1，否则返回 0。

数组元素作为函数的实参，使用时与普通变量一样，属于“值传递(Call by Value)”。数组元素不能作为函数的形参。

总结：数组的遍历和元素的访问是常用操作，经常通过指针访问数组。数组也常和文件结合处理批量数据。

5.3.3 一维字符数组的操作与应用

字符数组常用于处理字符串。常利用指针寻址进行一维字符数组的操作。

【例 5-6】 字符数组常用操作：从键盘输入一段包含空格、数字、字母和符号的文字，直到回车结束，统计其中的空格个数、数字字符个数、字母个数和其他字符个数的和。

分析如下。

定义 char segment[200], * p = segment;，指针变量 p 指向字符数组，通过移动 p 依次读取字符数组的每个字符，并进行分类统计，直到遇到'\0'为止。

程序如下。

```
/* program ch5 - 6.c */
#include <stdio.h>
#include <ctype.h>
void main(void)
{   char segment[200], *p = segment;
    int a = 0,b = 0,c = 0,d = 0,s;
    gets(p);
    /* 依次对每一个字符进行判断 */
    for( ; *p!= '\0' ; p++ )              /* 指针法,分类统计 */
        if(isspace( *p))  a++;
        else  if(isalpha( *p))  b++;
              else  if(isdigit ( *p))  c++;
                    else  d++;
    s = a + b + c + d;
    printf("总字数 = %d,空格 = %d,字母 = %d,数字 = %d,其他 = %d\n",s,a,b,c,d);
}
```

【学生项目案例 5-3】 应用系统中，系统管理员需要设置各种用户名、密码等。设置学生成绩管理系统中的用户名和密码及用户类型等工作。

分析如下。

(1) 数据结构分析：用两个一维字符数组分别存放一个用户的用户名和密码，定义全局变量如下。

```
char username[30],password[30],tset[30] ,ucla;  /* 全局变量:用户名、密码、类型 */
```

定义指针变量分别指向字符数组 username 和 password，定义全局变量如下。

```
char *p1 = username, *p2 = password;
```

(2) 处理过程如下。

① 定义主菜单函数:

```
void Menu() ;
```

② 定义设置用户名、密码(经过加密)及其类型的函数,并实现存储,函数原型:

```
void Creat_Add_Enc();
```

③ 定义主函数:

```
main();
```

(3) 程序如下。

```
#include <stdio.h>
#include <stdlib.h>
#define FILENAME "userinfor.txt"            /*宏定义文件名串,存储用户信息*/
char username[30],password[30],ucla;        /*全局变量:用户名、密码、类型*/
char *p1 = username, *p2 = password;        /*全局变量*/
void Menu()                                 /*主菜单函数,可结合项目修改*/
{   printf("\n\t\t用户名设置、修改和追加\n");
    printf("\t\t 1、用户名和密码设置及存储\n");
    printf("\t\t 0、返回\n");
}
void Creat_Add_Enc()                        /*用户名和密码设置及存储*/
{   char *p3;
    FILE *fp = fopen(FILENAME,"a");         /*以追加的方式打开文件*/
    if(fp == NULL)  { printf("打开文件错.\n");  exit(0); }
    printf("请设置一个新用户名(最长 15 位): ");  gets(p1);
    printf("请设置新密码(最长 15 位): ");  gets(p2);
    printf("正在对密码进行加密...\n");
    for(p3 = p2; *p3!= '\0';p3++)           /*依次取明文中的每个字符进行加密*/
    {       if(*p3 >= 'a'&& *p3 <= 'w' || *p3 >= 'A'&& *p3 <= 'W')   *p3 = *p3 + 3;
            if(*p3 >= 'x'&& *p3 <= 'z' || *p3 >= 'X'&& *p3 <= 'Z')   *p3 = *p3 - 23;
    }
    *p3 = '\0';                             /*添加字符串结束标记*/
    printf("请设置用户类型(系统管理员:a;学生用户:s;教师用户:t):");
    ucla = getchar();getchar();
    fprintf(fp," %15s %15s\n",p1,p2);       /*存储至数据文件*/
    fprintf(fp," %c\n",ucla);               /*存储至数据文件*/
    fclose(fp);                             /*关闭文件*/
    printf("设置并追加用户名和密码任务完成,按任意键继续...\n");
}
void main()
{   int xz;
    while(1){
        Menu();
        printf("请选择: \n");
        scanf(" %d",&xz);getchar();
        if(xz < 0 || xz > 1) {printf("请选择: \n");continue;}
        else switch(xz)
```

```
            {   case 1:Creat_Add_Enc();  getchar(); break;
                case 0:return;
            }
        }
}
```

【文本项目案例 5-2】 实现文本中的逻辑删除。可以认逻辑删除即是在待删除字符后插入一个特定字符(一般不会在文本中显示),若某字符后有这个特殊字符则不显示。例如,在某字符串中的所有数字字符后插入 ASCII 码值是 31 的特殊字符。

算法分析:通过本例继续理解指针移动。本问题是定位数字字符并插入特殊字符的过程。

(1) 查找并定位指定字符:利用指针移动控制循环,从前向后遍历字符数组,并用 i 记忆字符位置。若找到数字字符,则该 i+1 即插入特殊字符的位置。

(2) 移动并插入指定字符:首先从字符串的结束符'\0'直到插入位置的字符,从后往前依次移动一个位置,然后在该位置加入特殊字符。(重要算法)

定义函数实现该功能,函数原型:

```
void MoveInse (int n);
```

其中形参为插入字符的位置。

(3) 显示逻辑删除结果:若当前字符后的字符 ASCII 码值为 31 则不显示。定义逻辑删除显示函数:

```
void logicprint( );
```

(4) 程序代码如下。

```
#include <stdio.h>
#include <string.h>
#include <ctype.h>
#define NUM 200                            /*存放字符串的空间大小*/
char str[NUM];                             /*全局数组*/
/*在字符串中移动并加入字符*/
void MoveInse(int n) ;                     /*函数声明*/
void logicprint( );
void main()
{   int i = 0;                             /*记忆字符位置*/
    char *ps = str;
    puts("请输入你的原始字符串(包含数字)");  gets(ps);
    for( ; *ps!= '\0';i++,ps++)            /*指针移动,不到串结束符则循环*/
        if(isdigit(str[i]))                /*定位数字字符位置 i*/
        {  MoveInse(i+1);i++;}             /*插入特殊字符位置 i+1; 调用函数*/
    printf("the result is: %s\n",str);    /*输出原串*/
    logicprint( );
    getchar();
}
void MoveInse(int n)                       /*形参 n 为插入字符的位置*/
{   int j;
    /*从结束符'\0'直到插入位置依次后移*/
```

```
        for(j = strlen(str) + 1;j >= n;j -- )  str[j + 1] = str[j];  /* 后移 */
        str[n] = 31;                                                 /* 插入指定字符 ASCII 码值 */
    }
    void logicprint( )                                               /* 逻辑删除结果显示 */
    {   char *p = str;
        while( *p!= '\0'){
            if( *( ++p) == 31) p ++ ;                                /* 当前字符的下一个是特殊字符,则指针继续后移 */
            else {    p -- ;                                         /* 当前字符的下一个不是特殊字符,则指针前移 */
                printf(" %c", *p); p ++ ;                            /* 输出字符并后移 */
            }
        }
    }
```

【例 5-7】 利用指针编程,将源字符串 str1 复制到目标字符串 str2 中。

分析:将源串的内容复制到目标串的存储空间中,直到源字符串结束。

```
/* program ch5 - 7.c */
#include < stdio.h>
#include < string.h>
void main( )
{  char str1[80], str2[80], *p1 = str1, *p2 = str2;
   printf("Enter string 1:");    gets(p1);
   while(( *p2 = *p1)!= '\0' )
   { p1 ++ ;  p2 ++ ; }                         /* 指针 p1 和 p2 分别向后移动 1 个字符 */
   p2 = str2;                                   /* 指针 p2 重新赋值 */
   printf("string 2:");  puts(p2);
}
```

程序剖析:

(1) (*p2= *p1)!= '\0'的含义:将指针 p1 指向的内容赋值给指针 p2 指向的空间,然后判断赋值结果是否是'\0',若不是,则执行循环体,指针后移;若是,则退出循环,完成复制。

(2) while 循环可优化为

```
while ( *p2 = *p1)  { p1 ++ ; p2 ++ ; }
```

或

```
while ( *p2 ++  =  *p1 ++ ) ;                 /* 注意: 循环体为空 */
```

【文本项目案例 5-3】 实现某文本中单词数量的统计功能,单词之间用空格分隔开。

分析如下。

(1) 问题背景和数据结构:文章中单词以空格分开,单词之间的空格数可以有多个。定义全局数组变量 char string[NUM];存储一段文章。

(2) 处理流程如下。

如何判断一个单词开始和结束?设置一个单词标记变量 word。如果当前统计位置未进入单词(在单词之间的空格内),word 为 0;如果当前统计位置在单词内,word 为 1。当 word 变量值为 1,则单词计数器加 1,如图 5-11 所示。此原理也可用于波形统计。

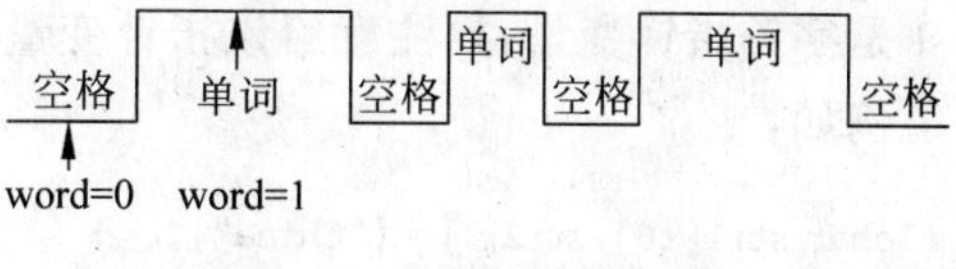

空格 单词 空格 单词 空格 单词 空格
word=0 word=1

图 5-11 统计单词数量

设计函数原型：

```
int isword( );
```

功能：统计全局数组中单词的个数。

(3) 程序如下。

```
#include <stdio.h>
#define NUM 300
char string[NUM];                               /*全局数组变量*/
void main()
{   int isword();                               /*函数声明*/
    printf("请输入字符一段文章: ");gets(string);       /*读入字符串*/
    printf("\n本段文章中有%d个字.\n", isword( ));   /*函数调用,统计单词*/
}
int isword( )
{   int i,num=0,word=0;
    for(i=0;string[i]!= '\0';i++)
        if(string[i]== ' ')  word=0;
        else if(word==0)  { word=1;num++; }
    return num;                                 /*返回单词数*/
}
```

5.3.4 字符串处理函数

C语言提供了丰富的字符串处理函数,大致可分为字符串的输入、输出、合并、修改、比较、转换、复制和搜索等几类。使用这些函数可大大减轻编程的负担。

除字符串输入输出函数外,字符串处理函数的原型说明均包含在头文件“string.h”中。字符串处理函数原型中往往涉及指针,因为有关字符串的操作都是通过字符串的首地址(指针)实现的。

字符串的操作有两类：第一类属于字符串输入和输出操作,它们是由系统提供的输入输出函数实现的,例如scanf、printf、gets、puts等函数；第二类属于字符串加工操作,它们是由系统提供的字符串加工函数实现的。几个常用的字符串加工操作函数如下。

1. 字符串复制函数 strcpy

函数原型：

```
char *strcpy(char *dest,const char *src);
```

其中,src是source的缩写,代表源串；dest是destination的缩写,代表目标串。

函数功能：将字符串src复制到字符数组dest中,返回被复制的字符串。其中src可以是字符数组名、字符串常量或字符指针变量。dest可以是字符数组名或字符指针变量。若dest是字符指针变量,要注意给该指针变量赋初值。

例如,

```
char str1[10],str2[ ]={"China"};
strcpy(str1,str2);                /*也可以用 strcpy(str1,"China");*/
```

执行后，str1 数组的内容也是"China"。

说明：

(1) 字符数组 dest 必须定义得足够大，以容纳被复制的字符串。

(2) 字符数组 src 中的'\0'也一起复制到字符数组 dest 中。

(3) 不能用赋值语句将一个字符串常量或字符数组赋给一个字符数组，如

```
str1 = {"China "};                /* 错.但赋初值时,是可以的,如 char str[ ] = { "China"}; */
str2 = str1;                      /* 错 */
```

用赋值语句只能将一个字符赋给字符数组元素。上述情况都是错误的，只能用 strcpy 函数处理字符串(或字符数组的复制)。

2. 字符串连接函数 strcat

函数原型：

```
char * strcat(char * dest,const char * src);
```

函数功能：删去目标串 dest 的结束标志'\0'，将源串 src 连同末尾的结束标志'\0'一起连接到目标串 dest 尾部，返回连接以后的目标串首址。

例如：

```
char str1[30] = {"People's Republic of "};
char str2[ ] = {"china"};
printf(" % s",strcat(str1,str2));
```

输出为 People's Republic of china。

说明：

(1) 字符数组 dest 必须足够大，以便能容纳新的字符串。

(2) 连接前两个字符串的后面都有一个'\0'，连接后只保留后一个'\0'。

3. 计算字符串长度函数 strlen

函数原型：

```
unsigned int strlen(const char * str);
```

函数功能：求出字符串或字符数组 str 中实际字符的个数(不包括结束标志'\0')。

例如：

```
static char str[10] = {"China"};
printf(" % d\n",strlen(str));
```

输出结果为：5。(不是 10，也不是 6)

4. 字符串比较函数 strcmp

函数原型：

```
int strcmp(const char * s1, const char * s2);
```

函数功能：从左至右逐个比较两个字符串 s1 和 s2 中的各字符(根据字符的 ASCII 码值的大小进行比较),直到出现不同字符或遇到结束标记为止。字符串 s1 等于字符串 s2,函数返回值为 0；字符串 s1 大于字符串 s2,函数返回值为正整数；字符串 s1 小于字符串 s2,函数返回值为负整数。

例如：

```
strcmp("d", "abc");                 /* 结果为正整数 */
strcmp("dog", "door");              /* 结果为负整数 */
```

5. 大小写字母转换函数

strupr 的函数原型：

```
char * strupr(char * );
```

函数功能：将字符串中的小写字母转换成大写字母。其中 upr 是 uppercase 的缩写。

strlwr 的函数原型：

```
char * strlwr(char * );
```

函数功能：将字符串中的大写字母转换成小写字母。其中 lwr 是 lowercase 的缩写。

另外,还有许多其他的字符串处理函数,如 strncy(str1,str2,n)复制字符串的一部分,将整数转换为字符串的函数 itoa()等。

【学生项目案例 5-4】 用户登录系统时,判断用户是否存在,密码是否正确,返回用户的身份,根据用户身份进行下一步处理。在学生项目案例 5-3 基础上继续实现以上功能。

分析如下。

(1) 问题陈述：用户登录并进行身份验证,首先是安全需要,其次可根据不同用户身份选择使用不同模块,为以后软件开发做准备。

(2) 在用户登录和身份验证中为避免系统区分大小写字母,使用了 strupr 函数。

(3) 程序如下。

```
#include <stdio.h>
#include <stdlib.h>
#include <string.h>
#define FILENAME "userinfor.txt"                /* 该文件在学生项目案例 5-3 生成 */
char username[30],password[30],ucla;            /* 全局变量:用户名、密码、类型 */
char *p1 = username, *p2 = password;            /* 全局变量 */
void Menu()                                     /* 功能: 主菜单函数,可结合项目修改 */
{   printf("\n\t\t 1、用户登录\n");
    printf("\t\t 0、返回\n");
}
char Log_on()                                   /* 功能: 用户名登录、身份验证 */
{   char name[30],key[30], *p3;                 /* 用户名密码 */
    int flag = 0,test = 0;                /* flag 为 0 表示用户名未找到,test = 0 表示未通过测试 */
    FILE *fp = fopen(FILENAME,"r");             /* 以追加的方式打开文件 */
    if(fp == NULL)  { printf("打开文件错.\n");  exit(0); }
    printf("请输入你的用户名(最长 15 位): ");  gets(name);
    strcpy(name,strupr(name));                  /* 为了不区分大小写,均转换为大写 */
    printf("请输入你的密码(最长 15 位): ");gets(key);
```

```
    strcpy(key,strupr(key));                    /* 为了不区分大小写,均转换为大写 */
    while(!feof(fp)){                           /* 非文件结束 */
        fscanf(fp,"%s%s",username,password);   /* 读系统用户名和密码 */
        fscanf(fp,"%c",&ucla); fgetc(fp);  /* 读系统用户权限 */
        if(!strcmp(strupr(username),name))    /* 比较用户名 */
        {   flag=1;                             /* 用户名找到,修改标记变量 */
            for(p3=p2; *p3!='\0';p3++)  /* 依次取密文中的每个字符进行解密 */
            {   if(*p3>='d'&&*p3<='z'||*p3>='D'&&*p3<='Z')   *p3=*p3-3;
                if(*p3>='A'&&*p3<='C'||*p3>='a'&&*p3<='c')   *p3=*p3+23;
            }                                   /* 用户密码解密 */
            *p3='\0';                           /* 添加字符串结束标记 */
            if(!strcmp(strupr(p2),key))         /* 比较用户密码 */
            {   printf("验证通过!"); test=1;/* 修改标记变量 */break;}
        }
    }
    if(test==1&&flag==1)return ucla;
    else return '\0';
}
void main()
{   int xz;
    char ch;
    while(1){
        Menu();
        printf("请选择:\n");   scanf("%d",&xz);getchar();
        if(xz<0||xz>1){printf("请选择:\n");continue;}
        else switch(xz){
            case 1:{ ch=Log_on();               /* 可根据返回值进入不同的模块 */
                    switch(ch){
                        case '\0': printf("用户不存在\n");getchar();break;
                        case 'a': case 'A':
                            printf("系统管理员,可以使用管理模块!\n");
                            getchar();break;
                        case 'S': case 's':
                            printf("学生,可以使用相应模块!\n");getchar();break;
                        case 't': case 'T':
                            printf("教师,可以使用相应模块!\n");getchar();break;
                    }
                 } break;
            case 0: return;
        }
    }
}
```

注解：fgetc()函数的原型是int fgetc(FILE *);,功能是从参数 stream 所指的文件中读取一个字符。若读到文件尾而无数据时便返回 EOF。返回读取到的字符,若返回 EOF 则表示到了文件尾。

5.4 二维数组的操作

5.4.1 二维数组的遍历

二维数组(Two-dimensional Array)常和双重循环结合,实现二维数组元素的遍历。通常将行下标作为外循环的循环变量,列下标作为内循环的循环控制变量。也可以通过行指针等指法遍历二维数组。

【例 5-8】 矩阵有广泛的应用。实现矩阵数据的输入输出编程。

(1) 实现 matrixa[10][10]单位阵的输入,并按矩阵形式输出。

(2) 实现 matrixb[5][5]对称阵的输入,并按矩阵形式输出。

分析如下。

(1) 问题理解:把矩阵看成二维数组。行和列下标决定矩阵(即二维数组)元素的位置。单位阵是对角线元素值为 1 的方阵,对角线元素下标的特点是“行下标==列下标”。对称矩阵是元素以对角线为对称轴对应相等的矩阵。对称元素的下标特点是 a[i][j]=a[j][i],对任意 i、j 都成立。

(2) 程序如下。

```
/* program ch5-8.c */
#include <stdio.h>
void main( )
{    int i,j,matrixa[10][10],matrixb[5][5];
     /* 单位矩阵元素数据自动产生并输入 */
     for (i=0;i<10;i++)                          /* 外循环控制行下标 */
     {    for (j=0;j<10;j++)                     /* 内循环控制列下标 */
             matrixa[i][j]=0;                    /* 下标法,所有数组元素赋值为 0 */
          matrixa[i][i]=1;                       /* 下标法,给各行中的对角线元素赋值为 1 */
     }
     /* 按要求给对称矩阵元素赋值 */
     for (i=0;i<5;i++){
          for (j=0;j<5;j++)
              if(i==j)  matrixb[i][i]=i;                          /* 主对角线元素值 */
              else matrixb[i][j]=matrixb[j][i]=i*i;               /* 对称元素赋值 */
     }
     /* 单位矩阵输出 */
     for (i=0;i<10;i++)
     {    for (j=0;j<10;j++)printf("%4d",matrixa[i][j]);    /* 输出一行数组元素值 */
          printf("\n");                                      /* 每输出完一行,换行 */
     }
     printf("\n");
     /* 对称矩阵输出 */
     for (i=0;i<5;i++)
     {    for (j=0;j<5;j++)printf("%4d",matrixb[i][j]);     /* 输出一行数组元素值 */
          printf("\n\n");                                    /* 每输出完一行,换行 */
     }
}
```

5.4.2 二维数组元素的计算与处理

引用二维数组元素进行计算与处理,必须定位数组元素的位置。可以用自己喜欢或熟悉的方式访问数组元素,但应该用效率更高的方式或更适合的方式访问数组。访问二维数组的方式有下标法、地址法、指针法、指针下标法、行指针法等。

1. 指向二维数组元素的指针

二维数组元素的地址是一级地址。内存中,二维数组按一维存储,任何高维数组在内存中均是按一维存储的,均可转换为一维数组。可利用一维数组思想访问高维数组,即用指向数组元素的指针访问元素。这种方法在编程中不常用,理解即可。

【例 5-9】 阅读并理解程序中引用二维数组元素的方法。

```
/* program ch5-9.c */
#include <stdio.h>
void main(void)
{   int x[3][3] = {{1,2,3},{4,5,6},{7,8,9}},k,i;
    void *pd = &x[0][0];                  /* pd 指向二维数组首元素,一级指针 */
    k = 5;
    printf("%d\n", *(pd+k));              /* pd+k 指向 pd 指针之后第 5 个元素 */
    *pd++;                                /* 先取 *pd 的值,再使指针 pd 自加,指向第二个元素 */
    printf("%d\n", *(pd+k));              /* pd+k 指向 pd 指针之后第 5 个元素,注意 pd 当前值 */
    pd--;                                 /* pd 又返回指向数组首元素 */
    printf("%d\n", *(pd+3*1+2));          /* 输出第 2 行的第 3 个元素 */
    scanf("%d",pd+3*1+2);                 /* 输入第 2 行的第 3 个元素 */
    printf("%d\n\n", *(pd+3*1+2));        /* 输出第 2 行的第 3 个元素 */
    for(i=0;i<9;i++)                      /* 用元素指针遍历二维数组 */
        printf("%d  ", *pd++);
}
```

2. 用下标法和地址法访问二维数组元素

下标法和地址法较直观,但效率不高。数值型小数组中常用此方法。

【例 5-10】 通过键盘给 3 行 4 列的二维数组输入数据,求各行数据的和,然后按行输出此二维数组和各行数据的和。

分析如下。

(1) 定义二维数组float a[3][4];存放原始数据,定义一维数组float b[3];存放二维数组各行数据的和。

(2) 程序如下。

```
/* program ch5-10.c */
#include "stdio.h"
void main()
{   int i,j;
    float a[3][4],b[3];
    printf("请输入二维数组的各元素: \n");                  /* 输入 */
    for(i=0;i<3;i++)
        for(j=0;j<4;j++)  scanf("%f",a[i]+j);          /* 地址法输入 */
    printf("二维数组各元素如下: \n");                      /* 输出 */
    for(i=0;i<3;i++)
    {   for(j=0;j<4;j++)  printf("%f  ",a[i][j]);     /* 下标法输出 */
        printf("\n");                                  /* 换行 */
    }
    for(i=0;i<3;i++)
    {   b[i]=0;                                        /* 注意: 每行之和清零 */
        for(j=0;j<4;j++)  b[i]=b[i]+a[i][j];           /* 一行数据累加求和 */
    }
```

```
    printf("各行数据的和:\n");
    for(i=0;i<3;i++) printf("%f ",b[i]);
}
```

【学生项目案例 5-5】 某学委已知本班学生的所有课程成绩数据。学委使用软件从键盘录入这些数据,并存入数据文件。要求系统可以自动报告各门课最高分和位置(代表学号)。

分析如下。

(1) 数据结构:用二维数组组织班级成绩册,这个二维表可有以下两种形式。

① 一行代表一个学生的多门课成绩,一列代表本班一门课程成绩。

② 一行代表本班一门课程成绩,一列代表一个学生的多门课成绩。

按第一种情况定义二维数组int score[NUM1][NUM2];。设不使用0行存储有效成绩,用0列存储学号。

(2) 处理过程如下。

① 定义数据输入函数。

函数原型:

```
void input(int n,int m);                    /*形参为班级实际人数和课程数*/
```

功能:实现数据输入。外循环控制列,内循环控制行,一次输入所有学生的一门课程成绩。

② 定义求极值函数。函数原型:

```
void extremum(int n);                       /*形参为实际人数*/
```

功能:求每门课成绩最大值并定位。二维数组元素定位需要行、列两个下标值。

求极值算法:用冒泡法搜索最大值并定位。

用冒泡法求最大极值思想:依次比较相邻的两个数,将小数放在前面,大数放在后面。即首先比较第1、2个数,将小数放前,大数放后;然后比较第2、3个数,小数放前,大数放后,如此继续,直至比较最后两个数,小数放前,大数放后。最大的数出现在最后。

设有一维数组,int a[5];则冒泡算法描述如下。

```
for(i=0;i<5;i++)
    if(a[i]>a[i+1])                         /*相邻两数*/
    {t=a[i];a[i]=a[i+1];a[i+1]=t}
```

③ 定义输出函数。

函数原型:

```
void output(int n,int m);                   /*形参为班级实际人数和课程数*/
```

功能:输出成绩表。

(3) 程序如下。

```
#include <stdio.h>
#include <stdlib.h>
#define NUM1 100
```

```
#define NUM2 10
int score[NUM1][NUM2];                          /*全局变量*/
/*输入函数,即成绩输出函数*/
void input(int n,int m)                         /*n为人数,m为课程数*/
{   int i,j;
    for(i=1;i<=m;i++){                          /*外循环i控制列,输入一门课成绩*/
        printf("\t\t开始输入第%d门课程成绩:\n",i);
        for(j=1;j<=n;j++)                       /*内循环j控制行,输入某学生的一门成绩*/
        {   printf("第%d个学生第%d门课程:",j,i);  /*注意j、i的顺序*/
            scanf("%d",score[j]+i);             /*地址法,注意j、i的顺序*/
            score[j][0]=j;                      /*0列为学号*/
        }
    }
}
/*输出函数,即成绩输出函数*/
void output(int n,int m)                        /*n为人数,m为课程数*/
{   int i,j;
    printf("\n\t\t成绩:\t\n");
    for(i=1;i<=n;i++)                           /*输出数据.i控制行,按行输出*/
    {   printf("学号%d: ",score[i][0]);
        for(j=1;j<=m;j++)                       /*j控制列,输出当前行的所有列*/
            printf("%d\t",score[i][j]);         /*下标法*/
        printf("\n-------------------------------\n");  /*换行*/
    }
    getchar();
}
void extremum(int n,int m)                      /*求某门课程最大值,m为课程号*/
/*n为人数,m为课程号*/
{   int i,t,a[NUM1][2];
    for(i=1;i<=n;i++)
    {   a[i][0]=score[i][0];                    /*记忆学号*/
        a[i][1]=score[i][m];                    /*临时数组的课程成绩*/
    }
    for(i=1;i<n;i++)                            /*冒泡法*/
    {   if(a[i][1]>a[i+1][1])                   /*相邻数据比较*/
        {   t=a[i][1],a[i][1]=a[i+1][1],a[i+1][1]=t;   /*成绩后移*/
            t=a[i][0],a[i][0]=a[i+1][0],a[i+1][0]=t;   /*学号后移*/
        }
    }
    printf("第%d门课中第%d个学生成绩最高:%d\n",m,a[n][0],a[n][1]);
    getchar();
}
void menu()
{   printf("\n\t\t1:成绩输入\n");
    printf("\n\t\t2:成绩输出\n");
    printf("\n\t\t3:输出成绩最高者及成绩\n");
    printf("\n\t\t0:退出\n");
}
void main()
{   int a,b,xz;
    while(1){     system("cls");
```

```
        menu();
        printf("请选择功能号: "); scanf("%d",&xz);
        switch(xz)
        {   case 1:
                printf("请输入学生实际人数:"); scanf("%d",&a);
                printf("请输入学生课程数:"); scanf("%d",&b);
                input(a,b);  break;        /*调用输入函数*/
            case 2:
                printf("请输入学生实际人数:"); scanf("%d",&a);
                printf("请输入学生课程数:"); scanf("%d",&b);
                output(a,b);getchar();  break;
            case 3:
                printf("请输入学生实际人数:"); scanf("%d",&a);
                printf("请输入学生课程号:"); scanf("%d",&b);
                extremum(a,b);getchar();break;          /*函数调用*/
            case 0:return;
        }
    }
}
```

3. 行指针访问二维数组

常利用行指针操作二维字符数组。

【文本项目案例 5-4】 使用行指针实现一篇文章的新建、输入和显示。

分析：一篇文章对应二维字符数组。文章也可视为花名册、字典等，它们均是二维字符数组。程序如下。

```
#include <stdio.h>
#include <stdlib.h>
#define NUM 50
void main()
{   int n;
    char papera[NUM][500],i;                /*文章：二维字符数组*/
    char (*pab)[500] = papera;              /*定义行指针 pab 指向二维数组*/
    FILE *fp;
    fp = fopen("Newpaper.txt","w");         /*新建文章*/
    if(fp == NULL){printf("打开文件错误.");exit(0);}
    printf("请输入文章的实际段落数: ");
    scanf("%d",&n);getchar();
    for(i = 0;i < n;i++){                   /*输入*/
        printf("\n输入文章第%d段的内容(以回车结束)\n",i+1);
        gets(*pab);                         /*利用行指针输入字符串*/
        fprintf(fp,"%s\n",pab);             /*存储文章*/
        pab++;                              /*行指针移动到下一行*/
    }
    fclose(fp);                             /*关闭文件*/
    fp = fopen("Newpaper.txt","r");         /*以只读方式打开*/
    if(fp == NULL){printf("打开文件错误.");exit(0);}
    printf("\n\n输出文章的内容\n");
    for(pab = papera,i = 0;i < n;i++){      /*输出*/
```

```
        fgets(pab[i],500,fp);                /* 从文件读入 */
        puts(pab[i]);
    }
    fclose(fp);
}
```

程序剖析：

(1) 通过行指针访问二维字符数组数据，虽然正确使用了二维数组，但二维数组总是占用固定大小的内存空间，不能根据问题实际节省内存空间。

(2) fgets( )函数，从流中读一行或指定个字符。

函数原型：

```
char * fgets(char * s, int n, FILE * stream);
```

从流中读取 n－1 个字符，除非读完一行，参数 s 接收字符串，如果成功则返回 s 的指针，否则返回 NULL。

【学生项目案例 5-6】 在学生项目案例 5-5 基础上实现学生成绩查询。

分析如下。

(1) 学生用户查询时输入学号，可以输出该学生的各门课程成绩。

定义查询函数，原型：

```
void Search_Data(int n,int m);  /* n 为课程数,m 为学号 */
```

(2) 在学生项目案例 5-5 基础上，程序修改并添加新功能如下。

```
#include <stdio.h>
#include <stdlib.h>
#define NUM1 100
#define NUM2 10
int score[NUM1][NUM2];                          /* 全局变量 */
/* 输入函数,即成绩输出函数 */
void input(int n,int m)                         /* n 为人数,m 为课程数 */
{   …   同学生项目案例 5-5   }
/* 输出函数,即成绩输出函数 */
void output(int n,int m)                        /* n 为人数,m 为课程数 */
{   …   同学生项目案例 5-5   }
void extremum(int n,int m)                      /* n 为人数,m 为课程号 */
/* 求某门课程最大值,m 为课程号 */
{   …   同学生项目案例 5-5   }
void menu()
{   printf("\n\t\t1:成绩输入\n");
    printf("\n\t\t2:成绩输出\n");
    printf("\n\t\t3:输出成绩最高者及成绩\n");
    printf("\n\t\t4:成绩查询\n");          /* 添加新功能模块 */
    printf("\n\t\t0:退出\n");
}
/* 添加新功能模块 */
void Search_Data(int n,int m)                   /* n 为课程数,m 为学号 */
{   int i,(* pp)[NUM2] = score;
```

```
    for(i = 1;i <= n;i ++ )  printf(" %5d", * ( * (pp + m) + i));
    getchar();
}
void main()
{   int a,b,xz;
    while(1){     system("cls");
        menu();
        printf("请选择功能号:"); scanf(" %d",&xz);
        switch(xz){
            case 1:  …                      //同学生项目案例 5-5
            case 2:  …                      //同学生项目案例 5-5
            case 3:  …                      //同学生项目案例 5-5
            case 4:  …                      /* 添加新功能模块 */
                printf("请输入你的学号:"); scanf(" %d",&a);
                printf("请输入课程数:"); scanf(" %d",&b);
                Search_Data(b,a);getchar();break;/* 调用查询函数 */
            case 0:return;
        }
    }
}
```

【例 5-11】 已知某电站在若干周内的功率输出值已记录在数据文件内。该数据文件的每行都包含 7 个值,代表一周中每天的功率输出。编程实现:显示一个统计报告,计算这段时间内周一的平均功率、周二的平均功率……

分析如下。

(1) 问题陈述与需求分析:已有大量的数据被记录在数据文件中,这些数据符合二维表的规律。从数据文件读入数据,存入二维表中,输出一个统计报告。

(2) 问题域数据结构:定义二维数组int power[M][7];,存放 M 周内的功率输出值;定义行指针int (* p)[M];,指向二维数组;定义一维数组double ave[7] = {0};,存放一周中各天的平均功率。

(3) 数据处理过程。数据采取两种方式输出:屏幕输出和文件输出。

采集数据函数,原型:

void CreatData(int n);

用随机函数模拟产生采集的数据并存入数据文件。

求平均值并输出函数,原型:

void avedata(int n);

形参是数据文件中采集数据的个数。

(4) 程序如下。

```
/* program ch5 - 11 */
#include <stdio.h>
#include <stdlib.h>
#include <time.h>
#define M 50
```

```
#define FILENAME "datafile1.txt"
#define FILENAME1 "datafile2.txt"
double power[M][7],(*p)[7] = power;           /*全局变量,行指针指向数组*/
double ave[7] = {0};                          /*全局变量*/
FILE *lab1, *lab2;                            /*全局变量*/
void CreatData(int n)                         /*形参是数据文件中采集数据的个数*/
{   int i,j;
    double data;
    lab1 = fopen(FILENAME,"w");               /*以只写方式打开数据文件*/
    if(lab1 == NULL) { printf("文件打开错误!\n");exit(1);}
    srand((unsigned)time(NULL));              /*随机数种子函数*/
    for(i = 1;i <= n;i++)
    {   for(j = 1;j <= 7;j++)
        {   data = 100 + rand() % 100 + rand() % 100 * 0.01;  /*产生随机数*/
            fprintf(lab1," %10.2f",data);     /*把数据输出到数据文件*/
        }
        fprintf(lab1,"\n");                   /*把数据输出到数据文件*/
    }
    fclose(lab1);
}
void avedata(int n)                           /*求平均值函数*/
{   int  i,j;
    lab1 = fopen(FILENAME,"r");
    if(lab1 == NULL){printf("文件打开错误!\n");exit(1);}
    lab2 = fopen(FILENAME1,"w");
    if(lab2 == NULL){printf("Error opening input file.\n");exit(1);}
    for(i = 0;i < n;i++)                      /*从文件读数据到数组*/
        for(j = 0;j < 7;j++)
            fscanf(lab1," %lf",p[i] + j);
    for(i = 0;i < 7;i++)                      /*列*/
    {   for(j = 0;j < n;j++)                  /*行*/
            ave[i] += *(p[j] + i);            /*同列数据累加*/
        ave[i] = ave[i]/n;                    /*计算平均值*/
        fprintf(lab2,"周 %d 的平均功率是: ",i + 1);
        fprintf(lab2," %.2f\n",ave[i]);       /*把平均值写入文件*/
        printf("周 %d 的平均功率是: ",i + 1); /*输出平均值*/
        printf(" %.2f\n",ave[i]);
    }
    fclose(lab1);
    fclose(lab2);
}
void main()
{   int  n;
    printf("请输入要产生数据的个数(小于 50)\n"); scanf(" %d",&n);
    CreatData(n);                             /*产生数据文件*/
    avedata(n);                               /*输出平均值*/
}
```

5.5 指针数组

5.5.1 指针数组的定义

在C和C++语言中,数组元素全为指针的数组称为指针数组(Pointer Array)。指针数组是指针变量的集合,每一个数组元素都是指针变量,且具有相同的存储类别和指向相同的数据类型。常利用一维指针数组处理二维字符数组或多个字符串,指针数组也作为函数的参数使用。

指针数组定义的一般形式为:

```
[存储类型] 基类型 *数组名[数组长度];
```

说明:运算符"[ ]"的优先级比"*"高,数组名先与"[ ]"结合,说明一个数组,然后与"*"结合,说明每个数组元素都是指针类型及基类型。

例如,

```
int  *p[3];
```

p先与"[ ]"结合,说明p是一个有3个元素的数组,然后p与"*"结合,说明每个数组元素都是指针类型,且指针的基类型为int。

5.5.2 指针数组的应用

常用指针数组来处理二维字符数组或一组字符串(可认为一组字符串构成一篇文章),这时指针数组的每个元素可被赋予一个字符串的首地址。用指针数组处理文本或一组字符串可以节省内存空间,指向多个字符串的指针数组的初始化更为简单。

若定义二维字符数组定义存放三个字符串"shanghai","beijing","tianjin",其形式如下:

```
char a[3][10] = { "shanghai", "beijing", "tianjin"};
```

此二维数组a各元素的存储情况如图5-12所示,需要占用30个字节空间,最少也要占用27个字节的空间。

a[0]	s	h	a	n	g	h	a	i	\0	\0
a[1]	b	e	i	j	i	n	g	\0	\0	\0
a[2]	t	i	a	n	j	i	n	\0	\0	\0

图5-12 二维数组a各元素在数组中的存储情况

若采用指针数组来表示地名字符串,其初始化赋值为:

```
char * p[] = {"shanghai", "beijing", "tianjin"};
```

这些字符串和一维指针数组的存储结构如图5-13所示。

p[0] →	s	h	a	n	g	h	a	i	\0
p[1] →	b	e	i	j	i	n	g	\0	
p[2] →	t	i	a	n	j	i	n	\0	

图 5-13 示例字符串和一维指针数组的存储结构

指针数组各元素占据固定的存储空间,但它们所指向的字符串占据的存储空间没有多余,根据实际只占用 25 个字节空间。可以看出,指针数组处理一组字符串(或二维字符数组)不占用多余的内存空间。

【例 5-12】 字典索引查询:输入字符串,判断该字符串对应的数据(页码)。使用指针数组实现。

分析如下。

(1) 背景:先查询字典索引或目录,得到词条或章节的页码,再按页码查询具体内容。

(2) 利用指针数组和二维字符数组或字符串建立索引内容。通过索引词可以返回该词条对应的字典页码数。进一步利用页码可以查询词条的所有内容。

(3) 定义全局变量。

```
char *word[] = {"abscond","binary","compact","dice","effect",NULL};
                                /*模拟建立词典的索引目录,词的位置即页码*/
char dict[5][100] = { "to abscond with the bank's money","The binary system of numbers",
"garbage that compacts easily.","Arther diced himself into debt.","Effects presuppose causes.
"};                             /*模拟建立词典,对应的二维数组,每行对应一个词的解释*/
```

(4) 建立索引函数。

```
int Index( );                               /*按词查找索引,取得该词对应的页码*/
建立查询词典函数:void checkword(int num);   /*查询词典,形参为行号,索引函数的返回值*/
```

(5) 简单索引程序如下:

```
#include <stdio.h>
#include <string.h>
char *word[] = {"abscond","binary","compact","dice","effect",NULL};  /*模拟索引目录*/
char dict[5][100] = {"to abscond with the bank's money","The binary system of numbers","garbage
that compacts easily.","Arther diced himself into debt.","Effects presuppose causes."};
                                             /*建立字典,二维字符数组*/
int Index()                                  /*查找索引,取得页码*/
{   int i,m;
    char string[50];                         /*单词数组*/
    printf("输入要查找的单词: ");   gets(string);
    /*查询索引目录*/
    for (i = 0;word[i]!= NULL;i++)           /*查找索引,取得页码*/
        if(!(strcmp(word[i],string))){m = i;break;}  /*若找到则返回对应的序号*/
    if(i >= 0&&i <= 4)
    {   printf("该单词对应页码是: %d\n", m+1);
        printf("在第 %d 页查询该词条,内容为:\n", m+1);
        return m;
```

```
    }
    else {    printf("该词不在字典中\n");     return -1;  }
}
void checkword( int num)                         /*查询词典,形参为行号,索引函数的返回值*/
{   if(num>=0&&num<=4)  puts(dict [num]);        /*定位输出,查字典,翻译显示*/}
void main( )
{   int n;
    n=Index();                                   /*查目录,得页码*/
    checkword(n);                                /*从页码输出内容*/
}
```

5.5.3* 指针数组与命令行参数

在DOS系统的命令行参数状态下,可以输入命令动词(可执行程序的文件名)及该程序所需要的参数来运行该程序。这些参数称为命令行参数。例如,DOS的文件复制命令copy:

```
copy 目标文件  源文件
```

其中,copy即所谓的命令动词,而“copy、目标文件、源文件”就是命令行参数。

前面所举的所有例子中,主函数main是没有参数的。但事实上,主函数main可以有参数,其参数包括:一个记录命令行中字符串个数的整型变量;一个字符型指针数组,该数组的元素一般顺序地存放命令行中每一个字符串的地址。这种带参的主函数main称为带参主函数,其中的参数称为命令行参数。

带参主函数mian的一般形式为:

```
数据类型  main(int argc,char *argv[])
{  …  }
```

形参argc记录命令行中字符串的个数,包括命令词本身;argv是一个字符型指针数组,指针数组的元素指向命令行中的字符串,包括命令动词这个字符串。

执行程序时,由系统调用主函数main,主函数main的实参和命令动词一起由用户给出,即一个命令行中包括命令动词和需要传递给主函数main的实参。命令行的一般形式为:

命令动词 实参1 实参2 … 实参*n*

其中,命令行动词就是实参0,命令动词和各实参之间用空格分开。例如,若有一个文件名为“types.exe”,该文件用于输出字符串;现要将两个字符串“Human”和“ZhongGuo”作为实参传递给主函数main的参数,可以用如下形式表示:

```
types  Human  Zhong;
```

则参数argc的个数为3,即有三个命令行参数,依次为types、Human、Zhong。而参数argv的状态如图5-14所示。

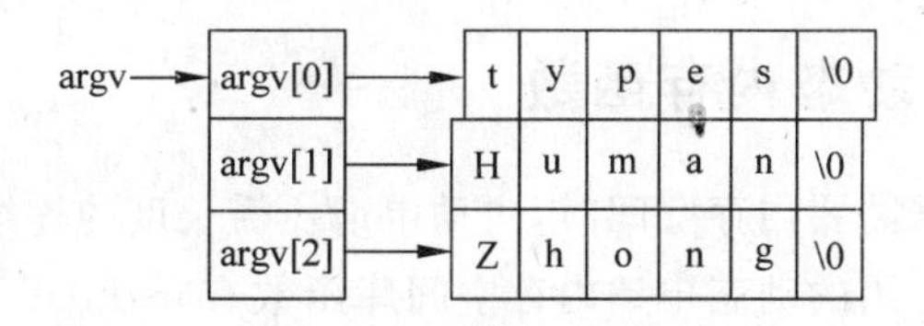

图 5-14 参数 argv 的状态

【例 5-13】 编写一个程序，理解命令行参数的传递。程序如下。

```
#include <stdio.h>
void main(int argc,char *argv[])
{   while(argc)
    {   printf("argc = %d, %s\n",argc, *argv++);   argc--;   }
}
```

设该程序命名为“types. c”，经编译、链接后生成的可执行文件为“types. exe”，且存储在 D 盘的 debug 目录下。在 DOS 状态下输入

```
d:\ debug > types Human  Zhong ↙
```

则输出结果如图 5-15 所示。

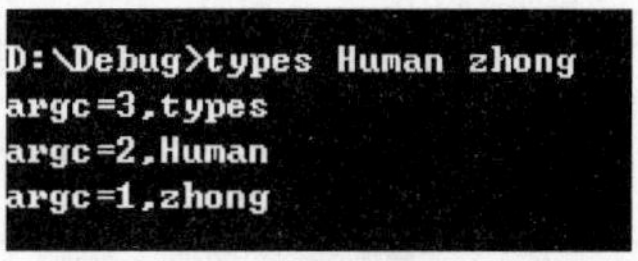

```
D:\Debug>types Human zhong
argc=3,types
argc=2,Human
argc=1,zhong
```

图 5-15 例 5-13 的输出结果

程序运行时，系统先将命令行中的字符串的个数即 3 送入 argc，将三个字符串实参“types”，“Human”和“Zhong”的首地址分别传递给字符指针数组 argv 的元素：argv[0]，argv[1]，argv[2]。

5.6* 动态内存分配

5.6.1 动态内存的基本概念

对于已知个数或能确定容量的大量同类型数据的处理，使用数组是很方便的。但是在很多情况下，并不能确定要使用多大的数组，这时就需要把数组定义得足够大。这样，程序运行时就需要申请固定大小的、足够大的内存空间。这种分配固定大小内存的分配方法称为静态内存分配。静态内存分配的方法存在比较严重的缺陷，特别是处理某些问题时，在大多数情况下会浪费大量的内存空间，在少数情况下，当定义的数组不够大时，可能引起下标越界错误，甚至导致严重后果。

在处理不确定数据大小的问题时，需要在程序中使用动态内存分配(dynamic memory allocation)语句。所谓动态内存分配就是指在程序执行的过程中动态地分配或回收存储空间的分配内存的方法。动态内存分配不像数组等静态内存分配方法那样需要预先分配存储空间，而是由系统根据程序的需要实时分配，且分配的大小就是程序中数据需要的大小。

5.6.2 指针与动态内存函数

动态内存分配是数据需要内存空间时,主动申请所需长度的连续存储空间,不再需要时释放该空间归入系统。常用的动态申请内存空间库函数有 malloc( )、calloc( )函数,释放指定内存空间的库函数为 free( ),这些库函数的函数原型均在 stdlib. h 头文件中。

1. malloc 函数

函数原型:

```
void * malloc(unsigned int size);
```

函数功能:在内存的动态存储区中分配一个长度为 size 的连续空间。

说明:

(1) size 参数是一个无符号整型数。

(2) 函数返回值是一个指针,指向所分配的连续存储区的起始地址。

(3) 若函数返回值为 0,则表示未能成功申请到内存空间。

(4) 函数类型为 void,表示返回的指针不指向任何具体的类型。如果想将这个指针赋给其他类型的指针变量,必须进行强制类型转换。

例如,

```
int * p;
p = (int * )malloc(16);
```

p 是整型指针变量,强制转换系统分配的 16 字节内存空间为 4 个整型存储单元。其起始地址由 p 指示(也可看成为 p 数组,包含 4 个数组元素:p[0], p[1], p[2], p[3])。

2. calloc 函数

函数原型:

```
void * calloc(unsigned int n, unsigned int size);
```

函数功能:在内存的动态存储区中分配 n 个长度为 size 的连续空间。

说明:

(1) 函数返回值是一个指针,指向所分配的连续存储区的起始地址。

(2) 若函数返回值为 0,则表示未能成功申请到内存空间。

例如,

```
int * p;
p = (int * )calloc(3,4);
```

分配 3 个 4 字节的连续存储空间,并将其起始地址赋给整型指针变量 p。

3. free 函数

由于内存区域是有限的,不能无限制地分配下去,而且一个程序要尽量节省资源,所以当所分配的内存区域不再使用时，就要主动释放它，以便其他的变量或者程序使用。

函数原型：

```
void free(void * p);
```

函数功能：释放指针 p 所指向的内存区。

说明：参数 p 必须是先前调用 malloc 函数或 calloc 函数时返回的指针。

【例 5-14】 阅读程序，理解动态内存分配。

```
/* program ch5 - 14.c */
#include "stdio.h"
#include "stdlib.h"
void main()
{   int n, i, * p;
    printf("请输入所申请的动态空间的个数");
    scanf(" %d",&n);
    printf("正在分配 %d 个整型(int)数据空间...\n\n",n);
    p = (int * )malloc(n * sizeof(int));            /* 申请空间 */
    for(i = 0;i < n;i ++ )
    {   printf("请输入第 %d 个数据",i + 1);
        scanf(" %d",p + i);
    }
    printf("\n\n 这些数据是\n");
    for(i = 0;i < n;i ++ )  printf(" %8d    ",p[i]);
    free(p);                                        /* 释放申请的空间 */
}
```

程序剖析：

该程序中p = (int *)malloc(n * sizeof(int));语句的作用就是调用 malloc 函数向系统申请 n * sizeof(int)个字节的内存空间，并强制转换系统分配的内存空间为 n 个 int 型存储单元，从而实现数组的动态定义。free(p);语句又释放了该空间归入系统。

【文本项目案例 5-5】 使用动态分配函数实现一篇文章的新建和显示。

分析：文章的段落数可根据需要动态定义。不需要定义固定大小的二维数组。

通过行指针指向各动态空间，程序如下，请分析注释。

```
#include <stdio.h>
#include <stdlib.h>
#include <string.h>
void main()
{   int i,n;
    char * p, * pa[50];                             /* 定义字符指针数组 pa */
    printf("请输入文章的段落数");
    scanf(" %d",&n);getchar();                      /* 文章段落根据需要指定 */
    printf("\n\t\t 新建文章: \n");
    printf("动态分配数据空间中...\n");
    for(i = 0;i < n;i ++ )
    {   p = (char * )calloc(200,1);                 /* 动态分配空间 */
        printf("\n 请输入第 %d 段文章:",i + 1);
```

```
        gets(p);
        pa[i] = p;                                    /* 行指针指向各动态空间 */
    }
    printf("\n\n\t\t 输出文章: \n");
    for(i = 0;i < n;i ++ ) puts(pa[i]);
    for(i = 0;i < n;i ++ ) free(pa[i]);              /* 释放申请的空间 */
}
```

程序设计题

(1) 编写程序实现一维数组元素的逆序存放。

(2) 电子商务在传递的过程中,为了防止数据的泄露,需要在传递之前先对数据进行加密,收到数据之后再对其解密。假设要加密的数据是四位整数,加密规则如下: 每位数字都加上 5,然后用和除以 10 的余数代替该数字,再将第一位和第四位交换,第二位和第三位交换。编写程序实现此加密功能。

(3) 打印魔方阵。魔方阵是指这样的方阵: 它的每一行、每一列和对角线之和均相等。

(4) 编写程序,打印出以下形式的杨辉三角形。

```
1
1  1
1  2  1
1  3  3   1
1  4  6   4   1
1  5  10  10  5   1
1  6  15  20  15  6  1
```

(5) 编写程序实现字符串复制函数的功能。定义两个一维字符数组 s1 和 s2 并用字符串初始化,将 s2 中的全部字符复制到 s1 中。不用 strcpy 函数。复制时,'\0 '也要复制过去。

(6) 编写程序实现字符串连接函数的功能。定义两个一维字符数组 s1 和 s2 并用字符串初始化,将 s2 中的字符串连接到 s1 字符串之后,不用 strcat 函数,并输出连接后的字符串。

小组讨论题和项目工作

(1) 在你所选择的项目中,请写出有哪些数据结构需要用数组表示。

(2) 请用全局变量、有参或无参自定义函数、各种寻址法寻址数组等,编写你所选项目中的以下功能模块: 数据输入、输出、统计,数据文件存储、用户信息管理等。

第6章 数组、指针和函数综合应用

——计算思维是运用计算机科学的基础概念进行问题求解、系统设计以及人类行为理解等涵盖计算机科学之广度的一系列思维活动。算法是计算思维方式之一。

学时分配

课堂教学：8 学时。自学：8 学时。自我上机练习：8 学时。

本章教学目标

(1) 指针或数组作函数参数的应用。

(2) 函数指针在项目开发中的应用。

(3) 典型算法的多种编程方法。

本章项目任务

用本章知识优化和编写项目部分模块的功能。

6.1 数组名或指针变量作函数参数

6.1.1 指针变量作函数的形参和实参

函数是实现模块化程序设计思想的工具。C 语言利用函数参数、返回值和全局变量(外部变量)实现函数间的信息(数据)传递。主调函数通过实参为形参提供数据。调用结束时，被调函数通过返回语句将函数的运行结果(称为返回值)带回主调函数中。函数间的数据传递有“按值传递”和“地址引用传递”两种方式。

按值传递中，实参可以是变量、常量或表达式，形参只能是变量。实参值复制给形参，参数是单向值传递，形参和实参是相互独立的内存空间，函数调用执行结束后，形参所占的存储单元将被释放。

地址引用传递方式是指形参定义为指针变量，实参也是指针或内存数据的地址，函数调用时将实参指针值传递给形参指针变量。而在被调函数中，引用了形参指针变量指向的基数据进行函数的计算与处理。此时，因为形参和实参指向共同的内存空间，因此对形参引用空间的任何修改，就是对实参空间的修改，如图 6-1 所示。

地址引用传递形式有如下两种。

(1) 函数形参是指向单个变量的指针变量，实参是整型变量地址或整型数组元素的地址。

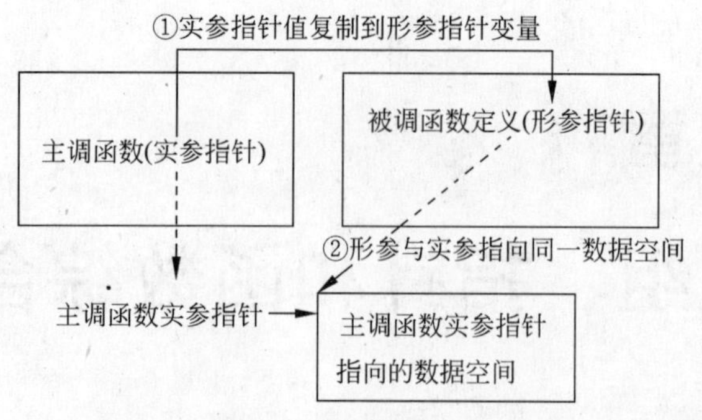

图 6-1　地址引用传递

如求两数之和,定义函数如下:

```
int Sum(int * x,int * y)                      /* 形参是简单指针变量 */
{  return( * x + * y);  }                     /* 操作形参指针指向的变量对象值 */
```

函数调用形式如下:

```
z = max(& a,& b);
```

实参是整型变量地址,形参和实参指向共同的变量 a 和 b。

```
int  arx[20] = {1,2,3,4,5,6,7};
z = max(&arx[4],arx + 5);
```

实参是数组元素地址,形参和实参指向共同的数组元素 arx[4]和 arx[5]。

(2) 形参是指针,实参是数组名。C 语言规定数组名是数组的首地址。当函数形参是指向一维、二维或高维数组的指针变量时,相应的调用实参也应该是一维、二维或高维数组的地址。

如求某一维整型数组中所有元素的和,定义函数如下,形参是指针变量。

```
int sum(int arrx[],int n)                     /* 或 int sum(int * arrx,int n) */
{   int i,s = 0;
    for(i = 0;i < n;i ++ )  s += arrx[i];     /* 形参指针指向数组 */
    return s;
}
```

调用函数形式:

```
…
int a[10] = {1,2,3,4,5,6,7,8,9,10},suma;
suma = sum(a,10);                             /* 函数调用,实参指针空间是数组 */
```

形参 int arrx[ ]或 int * arrx 定义了一个指向整型一维数组的指针变量,形参指针变量接收实参数组的地址,访问空间步长确定(int,4 字节)。所以函数定义中,形参数组可以不写数组的大小(长度)。另外,常用整型形参(如 int n)确定实参数组操作空间的大小。

如求有 10 列的某二维整型数组每行元素的平均值。可定义二维数组指针或行指针作形参,定义函数原型如下:

```
int ave(int arry[][10],int m);                /* 二维数组名作形参 */
```

或

```
int ave(int ( * pm)[10], int n);                    /* 行指针作形参 */
```

其中,int arry[][10]或 int (* pm)[10]实际上只是定义了一个指向行数组元素个数为10 的二级指针变量。作为广义一维数组,该指针变量的步长是确定的(sizeof(int)×10),在函数定义中,二维形参数组指针必须写上第二维的大小,第一维数组长度可以不规定。常利用其他形参(如 int n)确定实参数组第一维的大小。

6.1.2 一维数组名或指针变量作函数参数

一维数组名或一维数组指针变量可作为函数的形参和实参。当调用函数时,实参数组或指针变量将其地址值传递给形参数组,因此实参指针与形参指针共享数组地址空间。因此,被调函数可以对共享数组进行操作处理。

用一维数组名或指向一维数组的指针变量作为函数参数时,通常有另外的整型参数说明实参数组空间的大小。通过指定实际数组中所用元素的个数,函数处理将变得更加灵活。

【例 6-1】 用指针变量作函数参数,编写对一维数组操作的函数。求某数组中比平均值大的元素个数,并把比平均值大的元素值修改为 0。

分析如下。

(1) 设某数组中原始输入的数据均为正数。

(2) 函数定义如下。

① 定义输入某数组元素值,并统计输入数据个数的函数原型如下。

```
int input(double x[ ]);                /* 形参是数组指针变量,返回值是输入数据的个数 */
```

② 定义输出数组各元素值的函数原型如下:

```
void output(double x[ ], int m);
/* 形参是数组指针变量和说明数组实际大小的整型变量 */
```

③ 定义统计比平均值大的数据个数,并清除异常数据的函数原型如下:

```
void count(double x[], int a);
/* 形参是数组指针变量和说明数组实际大小的整型变量 */
```

(3) main()函数中,定义数组double y[N];,调用各函数,代码如下。

```
/* program ch6 - 1.c */
#include <stdio.h>
#define N 150
void count(double x[], int n);                /* 函数声明 */
int input(double x[]);                        /* 函数声明 */
void output(double x[], int m);               /* 函数声明 */
void main(void)                               /* 主函数 */
{   int n;
    double y[N];                              /* 将用作实参数组 */
    n = input(y);                             /* 输入函数调用.实参为数组名 */
    printf("\n共输入了 %d个数据\n",n);
    output(y,n);                              /* 输出函数调用.实参为数组名和整型数据 */
```

```
    count(y,n);                                  /*统计函数调用*/
    output(y,n);                                 /*输出函数调用*/
}
/*函数功能:输入数组元素值并统计数据个数*/
int input(double *x)                             /*形参是指针变量*/
{   int i;
    for(i=0;i<N;i++){
      printf("请输入第%d个数:",i+1);  scanf("%lf",x+i);
      if(x[i]<0) {i--;break;}                   /*负数控制输入结束*/
    }
    return i+1;                                  /*返回数组元素实际个数*/
}
/*函数功能:输出各数组元素值*/
void output(double x[],int m)                    /*形参是数组指针变量和整型变量*/
{   int i;
    for(i=0;i<m;i++)   printf("%10.2lf",x[i]);
    getchar();
}
/*函数功能:统计比平均值大的数据个数并清除异常数据*/
void count(double x[100],int a)                  /*形参是数组指针变量和整型变量*/
{   int k,count=0;
    double y_ave,sum=0;
    for(k=0;k<=a-1;k++)      sum+=x[k];          /*累加求和*/
    y_ave=sum/a;                                 /*求平均值*/
    for(k=0;k<=a-1;k++)                          /*统计比平均值大的数,清除异常数据*/
        if(x[k]>y_ave)   {count++; x[k]=0;}
    printf("\n有%d个数据大于平均值,已被清零\n",count);   /*输出结果*/
}
```

程序剖析:

(1) 数组名或指向数组的指针作形参,可写成三种形式:double x[100],double *x,或double x[]。不论写成哪种形式,C编译系统都将把x处理成指针变量。被调函数中并没有为x另外开辟一段连续的存储单元,只是开辟了一个指针变量的存储单元,该指针变量用于保存实参数组的首地址。此时,形参和实参指向同一数组。

(2) main函数调用各函数时,实参为数组指针,此处是数组名。

(3) 用数组作形参,常配合有一个或几个整型形参,传递实参数组的大小或其他参数。

6.2 典型算法及应用

一维数组名或指针变量做函数参数,可以在主调函数中控制被调函数修改的批量数据,并把结果反映在主调函数中。

6.2.1 选择排序算法(必记算法)

数据排序是分析数据时常用的一种操作。许多资料都详细介绍了各种不同的排序算法,但没有"最好的"排序算法。如果数据本身已接近正确的顺序,一些算法使用起来可能较快；如果原始顺序是随机的或者接近逆序，那么这些算法可能就非常不便。因此，要为一个特殊的应用选择最好的排序算法，常常需要了解原始数据的有关顺序状况。例 5-4 中讲述了选择排序算法。

【学生项目案例 6-1】 利用选择排序算法对学生成绩排序。要求对某班学生的某门课程成绩按降序排列。

分析如下。

(1) 用一维数组指针变量作函数形参，实现对 n 个元素的排序，设计通用选择排序算法函数，描述如下。

```
void SelectSort(int x[],int n)
{   int i,j,k,t;
    for(i=0;i<n-1;i++)                    /*n个数进行n-1趟选择,外循环控制趟数*/
    {   k=i;                              /*k记忆最小值位置,假设法*/
        for(j=i+1;j<n;j++)/*内循环负责在当前无序区x[i+1]…x[n-1]中选最小值*/
            if(x[j]<x[k])  k=j;           /*k记下目前找到的最小值所在的位置*/
        if(k!=i)
        { t=x[i];x[i]=x[k];x[k]=t;}       /*将最小数交换到无序区最前面*/
    }
}
```

(2) 编写程序如下。

```
#include <stdio.h>
#define NUM 100
void main()
{   int i,n,a[NUM];
    printf ("请输入学生实际人数:\n");  scanf("%d",&n);
    for(i=0; i<n; i++)                     /*输入一维数组元素数据*/
    {  printf ("请输入第%d个学生成绩:\n",i+1);   scanf("%d",a+i);
       if(a[i]<0 || a[i]>100) {i--;continue;}  /*数据有效性验证*/
    }
    SelectSort(a,n);                       /*调用通用排序函数,数组名做实参*/
    printf (" 排序后结果为: \n");
    for(i=0; i<n; i++)  printf(" %d  ",a[i]); /*输出一维数组*/
}
```

程序剖析：

选择排序算法修改了原始数组中元素顺序。为了不影响原始数组，可以对原始数组的备份进行排序并输出结果。另外，也常利用一维指针数组实现对原始数组的排序而不影响原始数组。一维指针数组的数组名是二级地址，但作为一维数组名也可以用作函数形参。

【例 6-2】 某次会议，参会人员报到填写名单后，会务组要求按名单的 ASCII 码升序排列后输出，但不影响报到名单顺序。

分析如下。

(1) 背景：不能修改原始名单，并对原始名单排序。

(2) 数据结构：定义一个二维字符数组存放参会人员报到名单：char t[NUM][30];，再定义一个一维字符指针数组与报到名单数组相关联：char *a[NUM];。

(3) 算法设计：为了不影响原始名单数据，只对相关联的一维字符指针数组排序。采用选择排序法,用一维指针数组作形参指向原始二维字符数组。int n 为数组中的实际人数。

函数原型:

```
void sort1(char * x[],int n);                          /* 形参为一维字符指针数组 */
```

(4) 程序如下。

```
/* program ch6 - 2.c */
#include <stdio.h>
#include <string.h>
#define NUM 100
void sort1(char * x[], int n);                              /* 排序函数声明 */
void main()
{   int i,n;
    char * a[NUM],t[NUM][30];
    printf("请输入人名个数:");      scanf("%d",&n);  getchar();
    for(i = 0;i < n;i ++)   a[i] = t[i];         /* 指针数组的各元素指向对应的二维数组各行 */
    printf("\n\t\t 请依次输入人名:\n\n");
    for(i = 0;i < n;i ++)  gets(a[i]);                     /* 输入原始花名册数组 */
    sort1(a,n);                                            /* 调用选择排序函数 */
    printf("\n\t\t 报到原始名单:\n");
    for(i = 0;i < n;i ++)  puts(t[i]);
    printf("\n\t\t 排名顺序为:\n");
    for(i = 0;i < n;i ++)  puts(a[i]);
}
/* 排序函数 */
void sort1(char * x[],int n)                               /* 指针数组作形参 */
{   int i,j,k;
    char * tch;
    for(i = 0;i < n - 1;i ++)                              /* 选择排序 */
    {   k = i;                                             /* 记忆最小值位置初值 */
        for(j = i + 1;j < n;j ++) if(strcmp(x[k],x[j])> 0)  k = j;  /* 记忆最小值位置 */
        if(k!= i)   { tch = x[k];x[k] = x[i];x[i] = tch; }         /* 交换指针 */
    }
}
```

程序剖析:

(1) 用一维字符指针数组能很好地解决对若干字符串排序的问题。把这些字符串的首地址放在一个指针数组中,当需要交换两个字符串时,只需交换指针数组相应两元素的内容(地址)即可,而不必交换字符串本身。

(2) 对两个字符串的比较,要使用 strcmp 函数,strcmp 函数允许参与比较的字符串以指针方式出现。a[k]和 a[j]均为指针,因此是合法的。字符串比较后需要交换时,只交换指针数组元素的值,而不交换具体的字符串,这样将大大减少时间的开销,提高了运行效率。

6.2.2 冒泡排序算法(必记算法)

冒泡排序(Bubble Sort)法的基本概念是:依次比较相邻的两个数,将小数放在前面,大数放在后面。即在第 1 趟,首先比较第 1 个数和第 2 个数,将小数放前,大数放后。然后比较第 2 个数和第 3 个数,将小数放前,大数放后。如此继续,直至比较最后两个数,将小数放前，大数放后。至此第1趟结束，将最大的数放到了最后。在第2趟，仍从第一对数开始比较(因为可能由于第2个数和第3个数的交换，使得第1个数不再小于第2个数)，将小数放前，大数放后，一直比较到倒数第二个数(倒数第一的位置上已经是最大的数)。第2趟结束，在倒数第二的位置上得到一个新的最大数(其实在整个数列中是第二大的数)。如此下去，重复以上过程，直至最终完成排序。由于在排序过程中总是小数往前放，大数往后放，相当于气泡往上升，所以称作冒泡排序。冒泡排序中的有序区在后，无序区在前。

冒泡排序算法思想设计如下：设有n个待排序的数据存放在数组x[*n*]中(*n*为符号常量)，要求在该数组中实现数据由小到大升序的排列。图6-2所示为10个数据的冒泡排序过程。

78	69	69	69	69	64	64	64	64	61
69	76	76	76	64	69	69	69	61	64
76	78	78	64	76	76	70	61	69	
96	92	64	78	78	70	61	70		
92	64	82	82	70	61	76			
64	82	92	70	61	78				
82	93	70	61	82					
93	70	61	92						
70	61	93							
61	96								
初始数据序列	第1趟排序后	第2趟排序后	第3趟排序后	第4趟排序后	第5趟排序后	第6趟排序后	第7趟排序后	第8趟排序后	第9趟排序后

图6-2 冒泡排序过程

(1) 初始状态：数组x[0]、x[1]、…、x[n－1]为无序区(所有待排序元素)，有序区为空。

(2) 第1趟扫描：对无序区中的n个数据从上往下做n－1次比较，依次比较相邻两个数据的大小((x[0]、x[1])，(x[1]、x[2])，…，(x[n－2]、x[n－1]))，每次比较中，若发现小者在下、大者在上，即对于(x[j]、x[j＋1])，若x[j]＞x[j＋1]，则交换x[j]和x[j＋1]二者的值。第1趟的n－1次比较扫描完毕后，“最重”的气泡(数据)就移到该区间的最后。

如此反复，经过i－1趟冒泡排序后，n－i＋1个无序数据x[0]、x[1]、…、x[n－i]在前，而形成的i－1个有序数据x[n－i＋1]…x[n－1]在后。

(3) 第i趟排序：对无序区中的n－i＋1个无序数据x[0]、x[1]、…、x[n－i]继续做n－i次扫描比较。新的无序区有n－i个无序数据：x[0]、x[1]、…、x[n－i－1]。新的有序区有i个有序数据：x[n－i]、x[n－i＋1]、…、x[n－1]。

总结：

(1) 对于n个元素，共要进行n－1趟冒泡排序，完成n个数据的升(或降)序排列。用i表示“趟”，则循环n－1趟：`for(i = 1;i < n;i ++ )`。

(2) 第i趟排序要进行n－i次扫描比较和可能的交换：`for(j = 0;i < n - i;j ++ )`，形成每趟的有序区和无序区，其中i＞＝1。

冒泡排序函数的通用算法描述如下。

```
void BubbleSort(int x[], int n)
{ /*采用自上(左)向下(右)扫描,对数组x做冒泡排序*/
```

```
    int i,j,t;
    for(i=1;i<n;i++)                  /*外循环控制做n-1趟排序*/
        for(j=0;j<n-i;j++)            /*对当前无序区自前向后做n-i"次"扫描比较*/
            if(x[j]>x[j+1])           /*满足条件,交换数据*/
                {t=x[j];x[j]=x[j+1];x[j+1]=t;}
}
```

若在某一趟排序中,未发现数据气泡有位置的交换,则说明待排序的无序区中所有气泡数据均满足轻者在上,重者在下的原则,可认为冒泡排序过程在此趟排序后终止。因此可优化 BubbleSort 算法。

引入标记变量 exchange,在每趟排序开始前,先将其置为 0,表示没有数据要交换。若排序过程中发生交换,则将其置为 1。每趟排序结束时检查 exchange,若 exchange 为 0 说明未曾发生交换,则终止算法,不再进行下一趟排序。

优化冒泡排序算法通用函数如下。

```
void BubSort(int x[],int n)           /*采用自上(左)向下(右)扫描,对x做冒泡排序*/
{   int i,j,t;
    int exchange;                     /*交换标志*/
    for(i=1;i<n;i++)                  /*最多做n-1趟排序*/
    {   exchange=0;                   /*本趟排序开始前,交换标志应为假*/
        for(j=0; j<n-i; j++)          /*对当前无序区自前向后扫描*/
            if(x[j]>x[j+1])           /*满足条件*/
            {   t=x[j],x[j]=x[j+1],x[j+1]=t; /*交换数据*/
                exchange=1;           /*将交换标志置为真*/
            }
        if(!exchange)  return;        /*本趟排序未发生交换,终止算法返回调用函数*/
    }
}
```

【例 6-3】 用冒泡排序法实现学生项目案例 6-1。

```
/*program ch6-3.c*/
#include <stdio.h>
#define NUM 100
void main()
{   int i,n,a[NUM];
    void BubSort(int x[],int n);                        /*函数声明*/
    printf ("请输入学生实际人数:\n");  scanf("%d",&n);
    for(i=0; i<n; i++)
    {   printf ("请输入%d个学生成绩:\n",i+1);   scanf("%d",a+i);
        if(a[i]<0 || a[i]>100)  { i--; continue; }     /*数据有效性验证*/
    }
    BubSort(a,n);                                       /*优化冒泡排序函数调用*/
    printf ("排序后结果为: \n");
    for(i=0; i<n; i++)  printf("%d  ",a[i]);           /*输出*/
}
```

【学生项目案例 6-2】 在学生项目案例 5-5 基础上,班主任需要对班级学生的平均课程成绩排序。设计程序,利用优化冒泡排序算法对学生的平均成绩按降序排序。

分析如下。

(1) 数据结构：与学生项目案例 5-5 和学生项目案例 5-6 相同，定义二维数组 int score[NUM1][NUM2];存放学生成绩。设不使用 0 行存储有效成绩，用 0 列存储学号。再定义一维指针数组与二维数组相关联：int *ps[NUM1];。

继续使用学生项目案例 5-5 和学生项目案例 5-6 中的其他函数功能模块。

(2) 算法设计：为了不影响原始成绩数据，可计算平均成绩并存放在另一个临时一维数组，对该数组排序；或计算的平均成绩占二维数组的一列。选择一维指针数组作为形参指向原始二维字符数组，int n 为名单数组中的实际人数，对平均成绩排序。本例用第二个方法，定义函数原型：

```
void BubSort1(int *x[],int n);              /*形参为一维指针数组*/
```

(3) 程序设计如下。(排序结合学生项目案例 5-5 和学生项目案例 5-6)

```
#include <stdio.h>
#include <stdlib.h>
#define NUM1 100
#define NUM2 15
int score[NUM1][NUM2];                    /*全局变量*/
void input(int n,int m)                   /*输入函数,即成绩册输出函数*/
{    同学生项目案例 5-5 }
void output(int n,int m)                  /*输出函数,即成绩册输出函数*/
{    同学生项目案例 5-5}
void extremum(int n,int m)                /*求某门课程最大值,m 为课程号*/
{    同学生项目案例 5-5}
void Search_Data(int n,int m)
{    同学生项目案例 5-5}
void aver(int n,int m)                    /*求平均成绩,添加新功能模块 */
/*n 为人数,m 为课程数*/
{    int i,j,s;
     for(i=1;i<=n;i++){
         s=0;                             /*行的和的初值*/
         for(j=1;j<=m;j++) s+=score[i][j];
         score[i][14]=s/m;                /*14 列(最后一列)存放平均成绩*/
     }
}
/*排序模块,添加新功能模块*/
void BubSort1(int *x[],int n,int m)       /*形参 n 为学生人数,m 为课程数*/
{    int i,j,*t;
     int exchange;                        /*交换标志*/
     for(i=1;i<n;i++)                     /*最多做 n-1 趟排序*/
     {   exchange=0;                      /*本趟排序开始前,交换标志应为假*/
         for(j=1;j<n-i+1; j++)                        /*对当前无序区自前向后扫描*/
             if(*(x[i]+14)<*(x[i+1]+14))              /*平均值比较满足条件*/
             {   t=x[i],x[i]=x[i+1],x[i+1]=t;         /*交换行指针*/
                 exchange=1;              /*将交换标志置为真*/
             }
         if(!exchange) return;            /*本趟排序未发生交换,终止算法返回调用函数*/
     }
     /*输出排序结果*/
```

```
    printf("学号: 各成绩…,  平均成绩\n\n");
    for(i=1;i<=n;i++){
      for(j=0;j<=m;j++)     printf("%5d", *(x[i]+j));
      printf("%5d", *(x[i]+14));       /* 输出每行的平均成绩 */
      printf("\n");                    /* 换行 */
    }
    getchar();                         /* 暂停,看看结果 */
}
void menu()
{   printf("\n\t\t1:成绩册输入\n");
    printf("\n\t\t2:成绩册输出\n");
    printf("\n\t\t3:输出成绩最高者及成绩\n");
    printf("\n\t\t4:成绩查询\n");
    printf("\n\t\t5:平均成绩排序\n");          /* 添加新功能模块 */
    printf("\n\t\t0:退出\n");
}
void main()
{   int i,a,b,xz;
    int *ps[NUM1];                             /* 指针数组 */
    printf("请输入本班学生实际人数:"); scanf("%d",&a);
    for(i=1;i<=a;i++) ps[i]=score[i];          /* 指针数组与二维数组相关联 */
    while(1){     system("cls");
        menu();
        printf("请选择功能号: "); scanf("%d",&xz);
        switch(xz){
            case 1:  printf("请输入学生课程数:"); scanf("%d",&b);
                input(a,b);  break;            /* 调用输入函数 */
            case 2:  printf("请输入学生课程数:"); scanf("%d",&b);
                output(a,b);getchar();  break;
            case 3:  printf("请输入学生课程号:"); scanf("%d",&b);
                extremum(a,b);getchar();break;
            case 4:  printf("请输入你的学号:"); scanf("%d",&a);
                printf("请输入课程数:"); scanf("%d",&b);
                Search_Data(b,a);getchar();break;
            case 5:  printf("请输入课程数:"); scanf("%d",&b);getchar();
                aver(a,b);                     /* 计算平均成绩 */
                BubSort1(ps,a,b);              /* 排序平均成绩并输出 */
                getchar();break;
            case 0: return;
        }
    }
}
```

6.2.3 数据查找算法

查找是程序设计中常用的算法之一。程序设计中常遇到这样的情况：给定一个由有限个数据组成的集合或序列,再给定一个条件,在此集合或序列中查找满足条件的数据。条件可比喻为筛子,筛出符合条件的数据就是需要的结果,筛选的过程就是查找。

1. 顺序查找

数组中存放多个原始数据，在数组中循环查找指定的数据，与数组中的每个元素依次进行相等的比较，存在如下两种可能。

(1) 如果相等，表明找到，结束循环，查找成功。

(2) 如果不等，则有两种可能：数组中还存在没有比较的元素，继续取下一个元素进行比较；或者数组全部比较完毕，没有要找的数据，结束比较，查找失败。

设置标志变量 flag＝－1(或特殊数据)，表示初始没有找到数据。循环中一旦找到，将 flag 改为该元素的位置，根据 flag 值确定查找的结果。顺序查找(Sequential Search)算法的通用函数如下。

```
int SeqFind(double x[], int n, double a)              /* 顺序查找通用函数 */
{   int i = 0, flag =-1;
    while(i < n&& flag ==-1)
    {   if(fabs(a - x[i])< 0.001) flag = i + 1;       /* 比较两个实数相等,记忆找到的位置 */
        else    i++;                                  /* 后移 */
    }
    return  flag;
}
```

顺序查找对数据没有任何要求，可以是无序或有序数据。因为采取的是逐个比较，一次比较不成功，只能排除一个元素，其查找的速度慢，查找效率低，但方法简单。

【例 6-4】 从键盘任意输入一个成绩，查找学生成绩册中有否此成绩。(可修改后作为学生项目案例模块之一)。

分析：为了方便，用随机函数模拟输入学生成绩。

```
/* program ch6 - 4.c */
#include < stdio.h>
#include < math.h>
#include < time.h>
#include < stdlib.h>
#define  N  100
int SeqFind(double x[], int n, double a);             /* 顺序查找通用函数 */
void main()
{   int i, flag;
    double x[N], a;
    printf("产生 100 个学生的数学成绩...\n");
    srand((unsigned)time(NULL));
    for(i = 0; i < N; i++ )   x[i] = rand() % 101;
    printf("请输入待查找的成绩: ");     scanf(" % lf", &a);
    flag = SeqFind(x, N, a);                          /* 调用顺序查找通用函数 */
    if(flag ==-1)  printf("not find\n");
    else  printf(" % d 在 第 % d 个\n", (int)a, flag);
}
```

2. 有序表中的查找：折半查找(必记算法)

当数据量较多时，顺序查找将耗费大量的时间。日常生活、工作和学习中，许多大批量的数据一般都已按某关键码升序或降序排列为有序表,如词典(按字母顺序排列)、学习成绩(按学号排列)、花名册人员编号(按编号排列)等。利用有序表的特点,可采取较好的查找方法,以加快查找的速度,提高效率。

折半查找法(二分查找法,Binary Search)思想：首先,要查找的数据序列是有序的。在有序表中取中间位置元素作为比较对象,若给定值与中间元素相等,则查找成功；若给定值小于中间元素,则在中间元素的左半区继续查找；否则,在右半部查找。不断重复上述的查找过程,直到查找成功,或所查找的区域无数据元素,查找失败。折半查找算法的通用函数如下。

```
int MidFind(double x[ ],int n,double a)                    /* 二分查找通用函数 */
/* 形参 x[]中数据有序,n 为数组元素个数,a 为待查找数据 */
{    int i = 0,flag =- 1,low = 0,high = n - 1,mid;         /*  flag =-1 标记未找到 */
     while(low <= high&&flag ==- 1)
     {    mid = (low + high)/2;                            /* 取中点 */
          if(fabs(a - x[mid])< 0.001){flag = mid + 1;break;}  /* 找到,修改标志 */
          else  if(a < x[mid])        high = mid - 1;      /* 缩到前一半,修改上界 */
                else              low = mid + 1;           /* 缩到后一半,修改下界 */
     }
     return  flag;
}
```

【例 6-5】 已知 10 个学生的数学成绩,而且已按由小到大的顺序排列,从键盘任意输入一个成绩,查找是否有此成绩。(可修改后作为学生项目案例模块之一)

```
/* program ch6 - 5.c */
#include < stdio.h >
#include < math.h >
#define N 10
int MidFind(double x[ ],int n,double a);                   /* 二分查找通用函数 */
void main()
{    int i,flag;
     double number,a[N];
     printf("输入有序数据中...: \n");
     for(i = 0;i < N;i ++ )     scanf(" %lf",&a[i]);
     printf("请输入待查找的成绩: ");
     scanf(" %lf",&number);
     flag = MidFind(a,N,number);                           /* 调用二分查找通用函数 */
     if(flag == - 1)     printf("not find\n");
     else        printf(" %d  in   %d\n",(int)number,flag);
}
```

6.2.4 数据插入算法

在一组数据中插入一给定的数据,有两种方式：在有序表中插入和在指定位置插入。

1. 有序表中插入数据

在有序表(设为升序)中插入数据后,要保证数据继续有序。首先在有序表中找到插入位置(定位),再把从最后一个数据直到插入位置的所有数据依次顺序后移,然后再把指定数据复制到插入位置。有序表中插入数据的通用算法如下。

```
void InsertData(int x[],int n,int d)                    /*在有序表(设为升序)中插入数据 d*/
/*形参 n 为原始数组中的数据个数,d 为待插入数据*/
{   int i,j;
    for(i=0;i<n;i++)  if(x[i]>d) break;                 /*寻找加入数据的位置*/
    for(j=n-1;j>=i;j--)  x[j+1]=x[j];                   /*从后往前后移*/
    x[i]=d;                                             /*加入数据*/
}
```

【例 6-6】 把一个漏录入的学生成绩插入到已排好序(由大到小)的成绩序列中,并保持成绩序列的大小次序不变。(可修改后作为学生项目案例模块之一)

程序如下。

```
/*program ch6-6.c*/
#include "stdio.h"
#define  N  100
void InsertData(int x[],int n,int d);                   /*函数声明*/
void main()
{   int  i,n,x,a[N];
    printf("\t本成绩表的人数有:\n");    scanf("%d",&n);
    printf("请输入一组已排好序的成绩表,升序.\n");
    for(i=0;i<n;i++)  scanf("%d",a+i);
    printf("请输入要插入的成绩:");  scanf("%d",&x);
    InsertData(a,n,x);                                  /*调用函数插入新数*/
    printf("插入数据后的成绩表 :\n");
    for(i=0;i<n+1;i++)  printf("%5d  ",a[i]);  /*数组长度增加1*/
}
```

【例 6-7】 在一升序有序字符串中插入一个字符,程序如下。

```
/*program ch6-7.c*/
#include "stdio.h"
#include "string.h"
#define  N  100
void InsertChar(char ch[],int n,char chi)             /*在有序表(设为升序)中插入字符 chi*/
{   int i,j;
    for(i=0;i<n;i++)  if(ch[i]>chi) break;             /*寻找加入数据的位置*/
    for(j=n;j>=i;j--)  ch[j+1]=ch[j];                  /*包括'\0'后移*/
    ch[i]=chi;                                         /*加入数据*/
}
void main()
{   char x,a[N];
    printf("请输入升序顺序的字符串.\n");     gets(a);
    printf("请输入要插入的字符:");   x=getchar();getchar();
    InsertChar(a,strlen(a),x);                         /*插入新数*/
    printf("插入字符后的串为 :\n");   puts(a);
}
```

【例 6-8】 在一升序有序花名册中插入一个字符串,程序如下。

```
/*program ch6-8.c*/
```

```
#include "stdio.h"
#include "string.h"
#define N 100
void InsertChar(char (*p)[200],int n,char *chi)   /*在升序排序花名册中插入字符串 chi*/
/*n为花名册人数,p为指向花名册的行指针*/
{   int i,j;
    for(i=0;i<n;i++)  if(strcmp(p[i],chi)>0) break;  /*寻找加入数据的位置*/
    for(j=n-1;j>=i;j--) strcpy(p[j+1],p[j]);         /*后移*/
    strcpy(p[i],chi);                                  /*加入数据*/
}
void main()
{   int i,n;
    char x[200],name[N][200];
    printf("请输入人数\n");scanf("%d",&n);getchar();
    printf("请输入升序顺序的花名册.\n");
    for(i=0;i<n;i++)  gets(name[i]);
    printf("请输入要插入的字符串:");  gets(x);
    InsertChar(name,n,x);                              /*插入字符串*/
    printf("插入字符串后的花名册为 :\n");
    for(i=0;i<n+1;i++)  printf("%s\n",name[i]);
}
```

2. 指定位置插入数据

不论原始数据是否有序,均可在指定位置插入一个或多个数据。由指定位置确定元素的下标,从数组最后一个元素开始到指定位置的所有元素均向后移动指定个数的位置,然后在指定位置加入数据。指定位置插入 n 个数据的通用算法如下,其中形参 m 为数组中数据的实际个数,n 为加入数据的个数,k 为加入数据的起始位置。

```
void InsertData(int x[],int m,int n,int k)
{   int i;
    for(i=m-1;i>=k-1;i--)  x[i+n]=x[i];              /*后移数据*/
    printf("请输入%d个加入的数据\n",n);
    for(i=k-1;i<k-1+n;i++)                             /*下标起始和终止位置*/
    {   scanf("%d",x+i);                               /*加入数据*/
    }
}
```

【例 6-9】 把一个漏录入的学生成绩插入到一个成绩序列中的某个指定位置。(可修改后作为学生项目案例模块之一)

分析如下。

(1) 把成绩序列存放到一维数组中,定义:int a[N];。

(2) 定义变量 s 存放要插入的位置,g 为插入数据的个数,n 为数组中的实际数据个数。

程序如下。

```
/*program ch6-9.c*/
#include "stdio.h"
#define N 100
void InsertData(int x[],int m,int n,int k);          /*函数声明*/
```

```
void main()
{   int  i,n,s,g,a[N];
    printf("请输入一组成绩.\n");
    printf("\t本成绩表的人数有:\n");
    scanf("%d",&n);
    for(i=0;i<n;i++)
    {   printf("正输入%d个成绩.\n",i+1);  scanf("%d",&a[i]);    }
    printf("请输入要插入的位置:");         scanf("%d",&s);
    printf("请输入要插入的数据的个数:");    scanf("%d",&g);
    InsertData(a,n,g,s);                           /*函数调用*/
    for(i=0;i<n+g;i++) printf("%8d  ",a[i]);       /*输出结果*/
}
```

【文本项目案例 6-1】 用指针和数组作函数参数,实现文本项目案例 5-2 中的逻辑删除。程序代码如下。

```
#include <stdio.h>
#include <string.h>
#include <ctype.h>
#define NUM 200                                /*存放字符串的空间大小*/
void MoveInse(char x[],int n);                 /*函数声明*/
void logicprint(char x[] );
void main()
{   char str[NUM];
    char *ps=str;
    int i=0;                                   /*记忆字符位置*/
    puts("请输入你的原始字符串(包含数字)");  gets(str);
    for( ;*ps!='\0';i++,ps++)                  /*指针移动,不到串结束符则循环*/
        if(isdigit(str[i]))                    /*定位原串中的每个数字字符位置 i*/
        {  MoveInse(str,i+1);                  /*调用函数*/
           i++;                                /*插入特殊字符位置 i+1*/
        }
    printf("原字符串: %s\n",str);              /*输出原串*/
    printf("逻辑删除后字符串显示:\n");
    logicprint(str);
    getchar();
}
/*插入逻辑删除符*/
void MoveInse(char x[],int n)                  /*形参 n 为插入字符的位置*/
{   int j;
    for(j=strlen(x)+1;j>=n;j--)  x[j+1]=x[j];  /*从结束符'\0'直到插入位置依次后移*/
    x[n]=31;                                   /*插入指定字符 ASCII 码值*/
}
void logicprint(char x[] )                     /*逻辑删除后的结果显示*/
{   while(*x!='\0'){
        if(*(++x)==31) x++;                    /*当前字符的下一个是特殊字符,则指针继续后移*/
        else {  x--;                           /*当前字符的下一个不是特殊字符,则指针前移*/
        printf("%c",*x); x++;                  /*输出字符并后移*/
        }
    }
}
```

6.2.5 删除数据算法

删除指定位置的 n 个或者 1 个数据，首先由指定位置确定删除元素的下标，再把从该元素之后的位置直到最后位置的所有元素，均向前移动指定个数的位置。通用算法如下，其中形参 m 为数组中数据的实际个数，n 为删除数据的个数，k 为删除数据的起始位置。

```
void DellData(int x[],int m,int n,int k)
{   int i;
    for(i=k;i<m;i++)  x[i]=x[i+n];        /*依次前移数据*/
}
```

注意：如果是字符串，移动中应该包括'\0'。

【文本项目案例 6-2】 删除某段文章中的一个单词。设文章段落长度为 200。

分析：各函数功能和参数如注释。程序如下。

```
#include <stdio.h>
#include <string.h>
#define NUM 200
/*函数功能:删除文本中的指定位置的单词*/
void DellWord(char x[],int k,int n)             /*形参k为单词起始位置,n为待删除单词长度*/
{   unsigned i;
    for(i=k+n;i<=strlen(x);i++)  x[i-n]=x[i];  /*包括'\0',前移数据*/
}
/*函数功能:查找指定的单词并定位,返回单词的起始位置*/
int isword(char x[],char b[])                   /*形参b指向待查找的单词,x为原串*/
{   int i,j=0,n=-1,word=-1;                    /*word是单词标记,n记忆单词位置,-1为没有单词*/
    char chb[20]={'\0'};                        /*临时串,记忆原串中的一个单词*/
    for(i=0;x[i]!='\0';i++)                     /*枚举法查询*/
    {    if(x[i]==' ')  word=0;                 /*空格:不是单词开始或单词已结束*/
         else if(word==0)                       /*从空格进入新单词开始*/
         {    j=0;                              /*记忆单词长度*/
              word=1;                           /*单词标记*/
              chb[20]={'\0'}                    /*助记单词清零*/
              n=i;                              /*记忆单词起始位置*/
              while(x[i]!=' ')                  /*提取单词开始*/
              {    chb[j]=x[i];  j++;   i++;}   /*提取单词结束*/
              if(!strcmp(chb,b)) break;         /*找到单词则退出循环,不再查找*/
         }
    }
    return n;                                   /*返回单词起始位置*/
}
void main()
{   int i=0,k;
    char str[NUM],w[20],*ps=str;
    puts("请输入一段文章\n"); gets(ps);
    puts("请输入待删除的单词\n"); gets(w);
    k=isword(str,w);                            /*查找单词并返回该单词起始位置*/
    if(k==-1) printf("该词不存在!\n");
```

```
    else{    DellWord (str,k,strlen(w));
             printf("\n删除后的结果: \n");   puts(str);
        }
    getchar();
}
```

删除指定的数据时，首先寻找数据并定位，然后删除指定位置的数据。修改指定位置的数据字符，只是对相应位置的数据重新赋值。更多类似的操作，请学习者思考并总结。

6.3　二维数组名或行指针作函数参数及应用

二维数组名或行指针可作函数的形参和实参，实现对二维数组的灵活处理。

【学生项目案例 6-3】　现有某班级学生的若干门课程成绩册，编程实现成绩册的录入(按序号录入)、显示输出、求每个学生平均成绩等操作，并可以查询学生成绩。

分析如下。

(1) 数据结构：与学生项目案例 6-2 等相同，定义二维数组int score[NUM1][NUM2];存放学生成绩。设不使用 0 行存储有效成绩，用 0 列存储学号。

(2) 设计方法的改进和比较：比较"学生项目案例 5-5、5-6、6-2"例题中，使用了不同方法、不同数据结构对项目的一些功能模块进行了设计，本题中使用二维数组作参数，不使用全局变量而使用局部变量进行设计。

(3) 程序如下。

```
#include <stdio.h>
#include <stdlib.h>
#define NUM1 100
#define NUM2 15
/* 函数功能: 成绩册输入函数 */
void input(int a[][NUM2],int m,int n)          /* 形参 n 为学生人数,m 为课程数 */
{   int i,j;
    for(i=1;i<=n;i++){
        printf("\n请输入第 %d 个学生的 %d 门成绩: ",i,m);
        for(j=1;j<=m;j++)      scanf("%d",a[i]+j);   /* 各科成绩输入 */
        a[i][0]=i;                            /* 0 列是学号,自动产生 */
    }
}
/* 函数功能: 成绩册输出函数 */
void output(int a[ ][NUM2],int m,int n)        /* 形参 n 为学生人数,m 为课程数 */
{   int i,j;
    for(i=1;i<=n;i++){                        /* 输出课程成绩 */
        for(j=0;j<=m;j++)     printf("%5d",a[i][j]);
        printf("\n");                         /* 换行 */
    }
}
/* 函数功能: 查询某学生成绩 */
void search_score(int (*pa)[NUM2],int m,int n)
                              /* 形参: 行指针变量指向第 n 行,n 为学生学号,m 为课程数 */
{   int i;
```

```
    printf("\t%d号学生的各门课程成绩为:\n",n);
    for(i=1;i<=m;i++)
    printf("\t%5d  ",*(*(pa+n)+i));     /*利用行指针变量访问二维数组中指定的行*/
}
/*函数功能:求每个学生平均值函数*/
void count_avg(int (*p1)[NUM2],int m,int n)   /*n为学生人数,m为课程数*/
{   int (*p1_end)[NUM2],sum,i;
    p1++; p1_end=p1+n-1;                      /*0行不存放成绩,所以p1++指向1行*/
    for(;p1<=p1_end;p1++)                     /*循环,直到最后一个学生*/
    {   sum=0;                                /*清零*/
        for(i=1;i<=m;i++)  sum+=*(*p1+i);    /*累加求和*/
        *(*p1+14)=sum/m;                      /*求学生个人的平均成绩*/
    }
    p1=p1_end-n+1;                            /*指向第一个学生,1行*/
    for(i=1;p1<=p1_end;i++,p1++)              /*循环,直到最后一个学生*/
        printf("%5d  %5d  \n",i,*(*p1+14));      /*输出平均成绩*/
}
void main()
{   int m,n,xh,score[NUM1][NUM2],(*p)[NUM2]=score;        /*定义行指针p*/
    printf("请输入班级学生实际人数:");     scanf("%d",&n);
    printf("请输入班级课程数:");           scanf("%d",&m);
    printf("\t\t录入学生成绩册:\n");       input(score,m,n);  /*函数调用*/
    printf("\n\t\t输出学生成绩册:\n\n");
    printf("学号    各科成绩...\n");  output(score,m,n);       /*函数调用*/
    printf("\n\t请输入待查询学生的学号:");  scanf("%d",&xh);
    search_score(p,m,xh);            /*行指针作实参,输出某个同学的各门课成绩*/
    printf("\n\n\t\t所有学生的平均成绩如下\n");
    count_avg(p,m,n);                /*行指针作实参,输出每个学生的课程平均成绩*/
}
```

程序剖析:

行指针做形参,可以实现对二维实参数组的操作,也可以只对二维实参数组的指定一行或若干行操作。

【文本项目案例 6-3】 文本编辑软件有新建功能,新建有多个段落的文件并在其中输入编辑内容。文本编辑软件有打开指定文件并显示功能。

分析如下。

(1) 定义二维字符数组char string[M][N];存放通过键盘输入的有多个段落的文章。

(2) 使用行指针作形参,使用动态内存函数分配空间。各函数设计如下。

① 函数功能:新建文件、输入内容并保存到文本文件中。

函数原型:

```
void Input_Arti(char *pa[],int n);
/*形参pa为指针数组,n为实际段落数*/
```

② 函数功能:打开并显示文件。

函数原型:

```
void output(char (*s)[N]);                  /*行指针指向打开的文件*/
```

(3) 程序代码如下。

```
#include <stdio.h>
#include <stdlib.h>
#include <string.h>
#define M 30
#define N 200                                   /*该文本共能存放30行,每行200个字符*/
/*新建文件、输入内容并保存到文本文件中*/
void Input_Arti(char *pa[],int n)               /*形参pa为指针数组,n为实际段落数*/
{   int i;
    char *p,name[30];
    FILE *fp;
    printf("请输入文件名:\n");  gets(name);  strcat(name,".txt");
    if((fp=fopen(name,"w+"))==NULL)
        { printf("文章打开错误!\n");   exit(0); }
    printf("\n\t\t新建文章:\n动态分配数据空间中...");
    for(i=0;i<n;i++){
        p=(char *) calloc(200,1);               /*动态分配空间*/
        printf("\n请输入一段文章:");  gets(p);
        pa[i]=p;                                /*行指针指向各动态空间*/
    }
    printf("\n存储文章...请按回车继续\n");
    for(i=0;i<n;i++)
    {   fputs(pa[i],fp); fputc('\n',fp);   free(pa[i]);/*释放申请的空间*/  }
    fclose(fp);  getchar();
}
/*打开并显示文件*/
void output(char (*s)[N])                       /*行指针指向的二维数组存放读入的文件*/
{   int i=0;
    char name[30];
    FILE *fp;
    printf("\n\t请输入需要打开的指定文件名:\n");
    gets(name);    strcat(name,".txt");         /*形成文件名*/
    if((fp=fopen(name,"r"))==NULL)
    {   printf("文章打开错误!\n");  exit(0); }
    printf("\t\t打开文章,内容如下:\n\n");
    do{   fgets(s[i],500,fp);                   /*读入文章段落*/
          if(*s[i]=='\0')  return;
          puts(s[i]);    i++;
    }while(1);
    fclose(fp);
}
void main()
{   int m;
    char str[M][N]={""}, *sp[N];
    printf("请输入文章的实际段落数:");   scanf("%d",&m);getchar();
    Input_Arti(sp,m);                           /*实参为指针数组*/
    output(str);
}
```

6.4 指针函数

6.4.1 指针函数的概念和定义

指针函数(Pointer Function)是指函数的返回值类型是一个指针类型,即本质是一个函数。一个C函数被调用后可以返回一个整型值、实型值,也可返回一个指针型的结果,这样的函数称为指针型函数。返回指针的指针函数的用途十分广泛,一般和数组或字符串结合应用。

指针函数定义格式如下:

返回值基类型 * 函数名(形参表);

例如,有指针函数定义如下:

```
char * getss( char * a,int n)
{   return a + n;   }
```

主调函数有语句如下。

```
…
char a[ ] = "asdfqwerty", * p;
p = getss (a,4);                              /* 指针函数调用 */
…
```

getss()是指针型函数,该函数一定有返回值,返回值是指针类型。在主调函数中必须用同类型的指针变量来接收。

6.4.2 指针函数的应用

【例 6-10】 利用指针函数编程,去掉某字符串的左右空格。

分析:C没有去掉字符串左右空格函数。有时需要去掉字符串首尾的多余空格。程序如下。

```
/* program ch6 - 10.c */
#include < stdio.h >
#include < string.h >
char * Ltrim( char * vspStr)                  /* 功能:去掉左部空格函数 */
{    if(strlen(vspStr) == 0) return(vspStr);
     while( * vspStr!= '\0'&& * vspStr == ' ') vspStr ++ ;
     return(vspStr);
}
char * Rtrim(char * vspStr)                   /* 功能:去掉右空格 */
{    char * ptr = vspStr + strlen(vspStr) - 1;  /* 指向尾字符 */
     if(strlen(vspStr) == 0)  return  vspStr;
     while(ptr > vspStr&& * ptr == ' ')  ptr -- ;
      * ( ++ ptr) = '\0';
     return(vspStr);
}
char * Alltrim(char * vspStr)                 /* 功能:去掉左右空格 */
{    return(Rtrim(Ltrim(vspStr)));            /* 函数嵌套调用 */  }
```

```
void main()
{   char ch[300], * ptr;
    printf("请输入一个字符串(包含首尾空格): ");  gets(ch);
    ptr = Alltrim(ch);                          /* 去掉左右空格函数调用 */
    puts(ptr);                                  /* 去掉左右空格后的字符串输出 */
}
```

【学生项目案例 6-4】 数据库的查询：某学生在教务系统中查询自己的各门课程成绩。完成该模块程序编写。

分析如下。

(1) 与学生项目案例 6-3 等其他模块相同，定义二维数组 int score[NUM1][NUM2];存放学生成绩。设不使用 0 行存储有效成绩，用 0 列存储学号。

(2) 利用指针函数返回某学生在数据库中的行数组名，即行数组的指针值。

(3) 程序如下。

```
#include <stdio.h>
#define NUM1 100
#define NUM2 15
int * find(int ( * pp)[NUM2], int n );
void main(void)
{   int i,j,n,m;
    int score[NUM1][NUM2], ( * p)[NUM2] = score,  * pst;
    printf("请输入学生实际人数和课程数");  scanf("%d%d",&n,&m);
    for(i = 1;i <= n;i ++ ){
        printf("请输入第%d个学生的%d个成绩: ",i,m);
        for(j = 1;j <= m;j ++ )  scanf("%d",p[i] + j);
    }
    printf("\n输入成绩结束\n");    getchar();
    printf("请输入你的学号");    scanf("%d",&n);
    pst = find(score,n);                        /* 函数调用 */
    printf("\n你的各门成绩是: ",n);
    for(j = 1;j <= m;j ++ )  printf("%5d", * (pst + j));
}
int * find(int ( * pp)[NUM2], int n )           /* 查询函数。行指针作参数,返回指针值 */
{   return * (pp + n);  }                       /* 返回指针指向学号所在的行 */
```

【例 6-11】 指针函数常用于返回字符串地址。例如，对字符数组(串)做求子串、求较长串等的需求。编写实现。

分析如下。

(1) 自定义指针函数原型：

```
char * fun(char * s, char * t);
```

功能：比较两个字符串的长度，函数返回较长的字符串的首地址(指针)。若两个字符串长度相等，则返回第 1 个字符串。返回较长字符串的首地址(指针)。

(2) 程序实现如下。

```
/* program ch6 - 11.c */
#include <stdio.h>
```

```
#include<string.h>
/*函数返回较长的字符串,若两个字符串长度相等,则返回第1个字符串*/
char *fun(char *s, char *t)
{   if(strlen(s)>=strlen(t))  return s;
    else    return t;
}
void main()
{   char a[20],b[10];
    printf("Input 1th string: ");  gets(a);
    printf("Input 2th string: ");  gets(b);
    puts(fun(a,b));
}
```

【例 6-12】 将字符串 tt 中的小写字母都改为对应的大写字母,其他字符不变。

```
/*program ch6-12.c*/
#include<stdio.h>
#include<ctype.h>
char *fun(char tt[])                          /*指针函数*/
{   int i;
    for(i=0;tt[i];i++)    if(isalpha(tt[i])&& islower(tt[i]))  tt[i]-=32;
    return (tt);
}
void main()
{   char tt[81];
    printf("\n Please enter a string: ");      gets(tt);
    printf("\n 修改后的字符串: %s\n",fun(tt));
}
```

6.5 函数指针

6.5.1 函数指针的概念和定义

函数指针(Function Pointer)是指向函数的指针变量。因而"函数指针"本身首先应是指针变量,只不过该指针变量指向函数。C 在编译时,每个函数代码总是占用一段连续的内存区,而函数代码段的首地址称函数的入口地址。每个函数都有一个入口地址,该入口地址就是函数指针可以指向的地址。可用指向函数的指针变量调用函数,如同用指针变量引用其他类型变量一样。

函数指针变量定义的一般形式为:

类型说明符(*指针变量名)();

其中,"类型说明符"表示被指向函数的返回值的类型,"(*指针变量名)"表示"*"后面定义的变量是指针变量,最后的空括号表示该指针变量所指向的是一个函数。

注意:

(1) 函数指针的类型和函数的返回值类型必须是一致的。

(2) 函数指针变量和指针函数在写法和意义上的区别如下。

```
int ( * pf)();          /* 变量声明,pf是指向函数入口的指针变量,函数返回值是整型 */
int * p1();             /* 指针函数,p1是指针型函数,该函数返回值是指向整型数据的指针 */
int * p2[10];           /* 指针数组,p2是指针数组名 */
int ( * p3)[10];        /* 行指针声明,p3是行指针名 */
```

函数指针简例:

```
int func(int x);        /* 声明一个函数 */
int ( * f) (int x);     /* 声明一个函数指针 */
f = func;               /* 将func函数的首地址赋给指针 f */
```

赋值时函数func不带括号,也不带参数。由于func代表函数的首地址,因此经过赋值以后,指针f就指向函数func()代码的首地址。

函数指针有两个用途:调用函数和做函数的参数。

6.5.2 用函数指针调用函数

用函数指针变量调用函数的步骤如下。

(1) 定义函数指针变量。

(2) 函数指针变量赋值:把具有同类型返回值的函数入口地址(即函数名)赋予该函数指针变量。

(3) 通过函数指针调用函数,其一般形式为:

(* 指针变量名) (实参表)

【例 6-13】 利用函数指针求两数中较大、较小的数及其和值。

分析:定义某数据类型的函数指针后,该函数指针可以指向任意具有相同返回数据类型的函数。程序如下。

```
/* program ch6-13 */
#include "stdio.h"
#include "stdlib.h"
int Max(int a, int b)                        /* 定义返回整型数据的函数 */
{    return(a>b?a:b); }
int Min(int a, int b)                        /* 定义返回整型数据的函数 */
{    return(a<b?a:b);}
int Sum(int a, int b)                        /* 定义返回整型数据的函数 */
{    return a + b;}
void main()
{    int x,y,dm,result;
     int ( * pm)();                          /* 定义指向返回整型数据的函数指针 */
     printf("\n请输入两个整数:");   scanf("%d%d",&x,&y);   getchar();
     do{  system("CLS");
          printf("\n\t\t\t\t请在菜单中选择代码:");
          printf("\n\t\t1:输出较大值:\t\n\t\t2:输出较小值\t ");
          printf("\n\t\t3:输出和值\t\n\t\t0:退出程序\n ");
          scanf("%d",&dm);   getchar();
          switch(dm){                        /* 函数指针变量pm指向不同的函数 */
```

```
            case 1: pm = Max;printf("最大值: ");   break;
            case 2: pm = Min;printf("最小值: ");   break;
            case 3: pm = Sum;printf("和值: ");     break;
            default: return;
        }
        result = ( * pm)(x,y);               /* 实现不同函数的调用 */
        printf(" % d",result);               /* 通过函数指针调用函数 */
        printf("\n 请按任意键继续..."); getchar();
    }while(1);
}
```

使用函数指针变量应注意以下两点。

① 函数指针变量不能进行算术运算,这是与数组指针变量不同的。数组指针变量加减一个整数可使指针移动指向后面或前面的数组元素,而函数指针的移动是毫无意义的。

② 函数调用中"(* 指针变量名)"两边的括号不可少,其中的 * 不应该理解为求值运算,在此处它只是一种表示符号。

【例 6-14】 编程实现:①求任意三个数的最大数值。②任意输入 n 个数,找出其中最大数,并且输出最大数值。用函数指针实现函数调用,编程如下。

```
#include <stdio.h>
int f1(int x,int y)                      /* 功能: 求两数中的较大数 */
{   return ((x > y)?x:y);}
int f2(int x,int y,int z)                /* 功能: 求三个数中的较大数 */
{   int t;
    t = f1(x,y);
    t = f1(t,z);
    return t;
}
void main()
{   int i,a,b,c,n;
    int ( * p)();                        /* 函数指针 */
    printf("输入数据总数: ");
    scanf(" % d",&n);
    printf("输入第一个数: ");
    scanf(" % d",&a);
    p = f1;                              /* 函数指针赋值 */
    for(i = 1;i < n;i ++ )               /* 打擂法 */
    {   printf("输入第 % d 个数: ",i + 1);
        scanf(" % d",&b);
        a = ( * p)(a,b);
    }
    printf("The Max Number is: % d\n",a);
    printf("输入三个数: ");
    scanf(" % d % d % d",&a,&b,&c);
    p = f2;                              /* 函数指针赋值 */
    printf("The Max of a,b,c: % d",(f2)(a,b,c));
}
```

6.5.3　用函数指针作函数的参数

用函数指针变量作函数的参数，函数间传递的是函数的入口地址。用函数指针作函数参数的一般使用形式如下。

```
/*通用函数 sub 定义如下*/
void sub(int (*x1)(), int (*x2)())  /*形参 x1、x2 为函数指针变量*/
{   int a,b,i,j;
    scanf("%d%d",&i,&j);            /*函数实参赋值*/
    …
    /*次主调函数,实现通用调用*/
    a=(*x1)(i);                     /*调用形参 x1 指向的次主调函数*/
    b=(*x2)(i,j);                   /*调用形参 x2 指向的次主调函数*/
    …
}
/*主调函数*/
int f1(int );                       /*函数声明*/
int f2(int,int);                    /*函数声明*/
int f3(int );                       /*函数声明*/
int f4(int,int);                    /*函数声明*/
…
sub(f1,f2);                         /*通用函数调用函数 f1、f2 的执行*/
sub(f3,f4);                         /*通用函数调用函数 f3、f4 的执行*/
…
```

通用函数使用说明和意义如下。

(1) 一般在函数的嵌套调用中使用这种形式，参数间传递的是函数的入口地址。

(2) 通用函数的实参每次是不同的函数，实现对不同函数的统一调用。编写通用函数可以由综合调试人员或较高层次的编程人员担任。

(3) 通用函数中的次主调函数实现对其他多种函数的调用操作，完成不同的功能。对于多人合作的工作，在统一函数入口形式后，可以在通用函数中统一调用。

【例 6-15】 用通用函数实现例 6-13，程序如下。

```
/*program ch6-15*/
#include "stdio.h"
#include "stdlib.h"
void Max(int a,int b)                 /*定义返回整型数据的函数*/
{   printf("最大值: %d", a>b?a:b );    }
void Min(int a,int b)                 /*定义返回整型数据的函数*/
{   printf("最小值: %d", a<b?a:b );    }
void Sum(int a,int b)                 /*定义返回整型数据的函数*/
{   printf("和值: %d", a+b );   }
void sub(void (*x1)(),int i,int j)   /*通用函数.形参 x1、x2 为函数指针变量*/
{   (*x1)(i,j);                      /*次主调函数*/ }
void main()
{   int x,y,dm;
    do{  system("CLS");
         printf("\n\t\t\t\t请在菜单中选择代码:");
```

```
        printf("\n\t\t1:输出较大值:\t\n\t\t2:输出较小值\t ");
        printf("\n\t\t3:输出和值\t\n\t\t0:退出程序\n ");
        scanf(" % d",&dm);    getchar();
        if(dm == 0)   return;          /* 返回 */
        printf("\n 请输入两个操作数:");
        scanf(" % d % d",&x,&y);  getchar();
        switch(dm)
        {   case 1: sub(Max,x,y);getchar();   break;   /* 调用次主调函数 */
            case 2: sub(Min,x,y);getchar();   break;   /* 调用次主调函数 */
            case 3: sub(Sum,x,y);getchar();   break;   /* 调用次主调函数 */
        }
        printf("\n 请按任意键继续...");  getchar();
    }while(1);
}
```

【学生项目案例 6-5】 设计一个通用函数 process(),在调用通用函数时,每次会实现不同的功能。设计通用函数,实现一个学生成绩册的输入、输出和查询。

分析如下。

(1) 对于大型项目,这种多人合作的工作方法需要大家配合,形成团队。假设在这个工作中,有 4 个不同的编程员,分别是甲、乙、丙、丁。

(2) 项目程序被分为 4 个不同的模块:输入、输出和查询以及主函数。

设计通用函数:

```
void process(int x,int y, int ( * p)[4],void ( * fun)());
```

process 函数有 4 个形参,其中形参 void (* fun)()是指向次调函数的指针。通过这个指针可调用其他同类函数,从而实现调用不同的函数完成不同的功能。其他 3 个形参 int x、int y、int (* p)[4]是次调函数的形参。

(3) 通用函数调用的各功能函数一般具有相同形式的原型。设计输入、输出和查询函数形式如下。

```
void inputdata(int ( * x)[4],int m,int n);
void outputdata(int ( * x)[4],int m,int n);
void searchdata(int ( * x)[4],int m,int n);
```

其中形参 int (* x)[4]指向学生成绩册,int m 和 int n 代表成绩册中开始的学号和结束的学号。

(4) 程序如下。

```
#include <stdio.h>
#include "stdlib.h"
#define NUM 100
/* 假设以下三个不同功能的函数由三个不同的编程员编写 */
void inputdata(int ( * x)[4],int m,int n)              /* 功能 1: 数组输入,甲编写 */
{   int i,j;
    for(i = m;i <= n;i ++ )
    {   printf("输入第 % d 行的 4 个数据: ",i);
        for(j = 0;j < 4;j ++ )     scanf(" % d",x[i] + j);
    }
```

```
    printf("输入数据结束...\n");getchar();
}
void outputdata(int (*x)[4],int m,int n)                /*功能2:数组输出,乙编写*/
{   int i,j;
    for(i=m;i<=n;i++)
    {   for(j=0;j<4;j++)  printf("%8d",x[i][j]);
        printf("\n");
    }
    printf("输出数据结束...\n");getchar();
}
void searchdata(int (*x)[4],int m,int n)                /*功能3:数组查询,丙编写*/
/*形参m、n为开始和结束的学号*/
{   int i,j;
    for(i=m;i<=n;i++)
    {   for(j=0;j<4;j++)  printf("%8d",x[i][j]);
        printf("\n");
    }
    printf("查询数据结束...\n");getchar();
}
/*主函数和通用函数由编程员丁编写*/
void process(int x,int y, int (*p)[4],void (*fun)()) /*通用函数定义*/
/*通用函数的形参是次调函数指针、次调函数指针的形参说明*/
{   (*fun)(p,x,y);                                      /*次调函数调用*/
    printf("请按回车键继续\n"); getchar();
}
void main()
{   int xh1,xh2,stu[NUM][4],dm;
    do{  system("CLS");
        printf("\n\t\t\t\t请在菜单中选择代码:");
        printf("\n\t\t1:输入数据:\t\n\t\t2:输出数据\t ");
        printf("\n\t\t3:查询数据\t\n\t\t0:退出程序\n ");
        scanf("%d",&dm);getchar();
        switch(dm){
          case 1:   printf("\n\n请输入两个学号:\n");
              scanf("%d%d",&xh1,&xh2);getchar();  /*为次调函数准备实参*/
              printf("开始输入%d行至%d行间的数据...\n",xh1,xh2);
              process(xh1,xh2,stu,inputdata);          /*用通用函数调用功能1*/
              break;
          case 2:  printf("\n\n请输入两个学号:\n");
              scanf("%d%d",&xh1,&xh2);getchar();  /*为次调函数准备实参*/
              printf("开始输出%d行至%d行间的数据...\n",xh1,xh2);
              process(xh1,xh2,stu,outputdata);         /*用通用函数调用功能2*/
              break;
          case 3:  printf("\n\n请输入两个学号:\n");
              scanf("%d%d",&xh1,&xh2);getchar();  /*为次调函数准备实参*/
              printf("开始查询%d行至%d行间的数据...\n",xh1,xh2);
              process(xh1,xh2,stu,searchdata);         /*用通用函数调用功能3*/
              break;
          default:return;
        }
    }while(1);
}
```

【例 6-16】 设计一个通用函数 process(),在调用通用函数时,每次会实现不同的功能。数学问题:求以下三个不同函数的定积分值。

$$y1 = \int 1.0(1 + x^2)\mathrm{d}x$$

$$y2 = \int 2.0(1 + x + x^2 + x^3)\mathrm{d}x$$

$$y3 = \int 3.50(x/(1 + x^2))\mathrm{d}x$$

分析如下。

(1) 问题定义:函数在(a,b)区间的梯形法求定积分的公式为

$$\begin{aligned} s &= (f(a) + f(a+h)h/2 + (f(a+h) + f(a+2h))h/2 + \cdots \\ &\quad + (f(a+(n-1)h) + f(b))h/2 \\ &= (f(a)/2 + f(a+h) + f(a+2h) + \cdots \\ &\quad + f(a+(n-1)h) + f(b)/2)h \end{aligned}$$

其中,a、b 分别表示定积分的上、下限。

(2) 假设在这个工作中,有 4 个不同的编程员,分别是甲、乙、丙、丁。程序被分为 4 个不同的模块:求 $y1$、$y2$ 和 $y3$ 及设计主函数。

(3) 算法分析:为了保证程序的通用性,用函数指针变量调用函数的方法。

先编写一个求定积分的通用函数:

```
double integral(double ( * fun)( ), double a, double b);
```

它的形参为 fun、a、b,分别表示定积分的函数名和上、下限。被积函数分别表示为:

$$f1(x) = 1 + x^2 \quad f2(x) = 1 + x + x^2 + x^3 \quad f3(x) = x/(1 + x^2)$$

(4) 程序代码如下。

```
/ * program ch6 - 16.c * /
# include "stdio.h"
# include "stdlib.h"
/ * 以下是三个不同的定积分函数,它们有相同类型的返回值和参数 * /
double f1(double x)                              / * 功能 1: 求 f1(x) = 1 + x² 的值 * /
{   return 1 + x * x; }
double f2(double x)                              / * 功能 2: 求 f2(x) = 1 + x + x² + x³ 的值 * /
{   return (1 + x + x * x + x * x * x);}
double f3(double x)                              / * 功能 3: 求 f3(x) = x/(1 + x²)的值 * /
{   return (x/(1 + x * x));}
/ * 通用函数定义,用梯形法 * /
double integral(double ( * fun)( ), double a, double b)     / * fun 形参是函数指针 * /
{   double s,h;
    int n = 100, i;
    s = (( * fun)(a) + ( * fun)(b))/2.0;
    h = (b - a)/n;                                          / * 区间等分 * /
    for(i = 1;i<n;i++ )  s = s + ( * fun)(a + i * h);      / * 用梯形法累加求定积分值 * /
    return s * h;
}
void main()
```

```
{    int dm;
     do{  system("CLS");
         printf("\n\t\t\t\t请在菜单中选择代码:");
         printf("\n\t\t1:求函数 f1(x)\t\n\t\t2:求函数 f2(x)\t");
         printf("\n\t\t3:求函数 f3(x)\t\n\t\t0:退出程序\n");
         scanf("%d",&dm);getchar();
         switch(dm){
           case 1: printf("f1 = %f",integral(f1,0.0,1.0));
                   getchar();break;                       /*用通用函数调用*/
           case 2: printf("f2 = %f",integral(f2,0.0,2.0));
                   getchar();break;                       /*用通用函数调用*/
           case 3: printf("f3 = %f",integral(f3,0.0,3.5));
                   getchar();break;                       /*用通用函数调用*/
           case 0: return;
         }
     }while(1);
}
```

程序设计题

(1) 某部门有20名职工,在发放奖金时,把奖金按由高到低的顺序进行排序后,发现有一名职工的奖金信息没有登记。现要求对该职工的奖金信息进行补录,要求补录后成绩仍然按降序进行排列。(假设每个职工的奖金互不相同)

(2) 日常生活中使用到的某些软件具有字数统计的功能。编写一个函数count(char *s,int *n)统计输入的一个字符串中所有字符的个数,结果由形参n带回主函数。

提示: 字符输入以"Enter"键结束,可以调用gets()函数实现字符串的输入操作。

(3) 日常生活中使用到的某些软件具有删除字符的功能。编写程序删除一个字符串中的所有数字字符,要求用函数和指针实现。

(4) 编程将一个二维数组左下半三角元素中的值全部置成0,要求用函数和指针实现。

(5) 编程统计一个长度为2的字符串在另一个字符串中出现的次数,要求用函数和指针实现。

(6) 编程判断某个字符串是否为回文——顺读和倒读都一样的字符串,要求用函数和指针实现。

小组讨论题和项目工作

继续优化项目:请用指针或数组做函数参数优化你的项目功能模块,继续实现数据输入、输出、统计,数据文件存储、用户信息管理,数据查询、删除、插入、排序等操作。

第7章 结构体、联合及用户自定义类型

——学习并不等于就是摹仿某些东西,而是掌握技巧和方法。

学时分配

课堂教学:8学时。(建议:本章大量的例题和较复杂的语法知识可自学)

自学:10学时。(建议:先学会最基本用法,较复杂的知识以后再学吧☺)

自我上机练习:6学时。

本章教学目标

(1) 掌握定义结构体类型、结构体变量、结构体数组和结构体指针的方法。

(2) 掌握初始化结构体变量、结构体数组的方法。

(3) 掌握结构体成员的引用方法。

(4) 应用结构体变量、结构体数组和结构体指针。

(5) 掌握结构体在函数中的使用。

(6) 掌握链表的概念和基本操作。

(7) 掌握联合体的概念、存储特点及应用。

(8) 了解自定义类型、枚举类型的概念和应用。

本章项目任务

利用结构体全面优化设计项目。

7.1 结构及结构变量的引入

原子数据类型定义成在逻辑上不可分解的数据。构造类型数据值由若干成分按某种结构组成,如数组是由相同成分构造的数据类型。

C/C++提供了许多种基本的数据类型(如 int、float、double、char 等)供用户使用。但是由于程序需要处理的问题往往比较复杂,而且呈多样化,已有的数据类型显得不能满足使用要求,因此 C/C++允许用户根据需要自己声明一些类型。用户可以自己声明的类型有结构体类型(Structure)、共用体类型(Union)、枚举类型(Enumeration)等,这些统称为用户自定义类型(User-defined Type,UDT)。

对于复杂的数据,如表格类——住宿表、成绩表、通信地址表等,这些表格中的数据由若干不同的成分按某种结构组成,各成分不能用同一种数据类型描述,通常有姓名、性别、身份证号码、日期、数据、邮编、邮箱地址、电话号码、E-mail 等表项。明显地,表格是构造数据类

型。这种特征的构造类型数据即是结构体类型。结构体类型拥有不同数据类型(包括构造类型)的成员。现实中有许多不同的结构体类型数据,如:

学生(有学号、姓名、性别、班级、年龄、课程1、课程2等成员),教师(有编号、姓名、性别、年龄、身份证号、任教课程、工资等成员),工件(有编号、尺寸、加工者等成员),还有"客户"、"销售物品"、"病员"等。"住宿表"、"成绩表"、"通信地址表"等表格数据的成员构成如表7-1、表7-2和表7-3所示。

表7-1　住宿表

姓名 (字符串)	性别 (字符)	职业 (字符串)	年龄 (整型)	身份证号码 (长整型或字符串)

表7-2　成绩表

班级 (字符串)	学号 (长整型)	姓名 (字符串)	操作系统 (实型)	计算机网络 (实型)	数据结构 (实型)

表7-3　通信地址表

姓名 (字符串)	工作单位 (字符串)	家庭住址 (字符串)	邮编 (长整型)	电话号码 (字符串或长整型)	E-mail (字符串)

结构体类型适合将属于同一对象的,具有不同类型的数据信息有机地组合在一起。即将具有内在联系的不同类型的数据统一为一个整体,形成一种新的数据类型——结构体。结构体类型能够客观反映现实信息的本质。

7.1.1　结构体类型的定义

结构体类型(Structure Type)在C语言系统中没有预先定义,但C语言提供了一个平台,用户需要时可按照实际需求,并根据C语言提供的结构体格式,自行定义结构体数据类型。

某结构体类型一旦定义,程序中就具有了这种类型的结构体,其用法与其他的数据类型相同。

1. 结构体类型自定义框架

结构体类型的定义格式如下:

```
struct 结构体类型名
{    /* 以下是成员列表 */
     类型名 1      结构成员名表 1;
     类型名 2      结构成员名表 2;
     ⋮
     类型名 n      结构成员名表 n;
};
```

说明:

(1) "struct"为定义结构体类型的关键字,不能省略。

(2)"结构体类型名"用作结构体类型的标志,是用户自行命名的标识符。

(3) 大括号"{ }"内是结构体中的全部成员(Member),由它们组成一个特定的结构体。

(4) 声明一个结构体类型时必须对各成员都进行类型声明。每一个成员也称为结构体中的一个域(Field)。成员列表又称为域表。

(5) 结构体类型的定义必须用";"作为结束符。

例如:

```
struct Student                  //声明一个结构体类型 Student
   {   int num;                 //包括一个整型变量 num
       char name[20];           //包括一个字符数组 name,可以容纳 20 个字符
       char sex;                //包括一个字符变量 sex
       int age;                 //包括一个整型变量 age
       float score;             //包括一个单精度型变量
       char addr[30];           //包括一个字符数组 addr,可以容纳 30 个字符
   };                           //最后有一个分号
```

这样,程序中声明了一个新的结构体类型 Student,它向编译系统声明:这是一种结构体类型,它包括 num、name、sex、age、score、addr 等不同类型的数据项。Student 是一个类型名,它和系统提供的标准类型(如 int、char、float、double)一样,都可以用来定义变量,只不过结构体类型需要事先由用户自己声明而已。

结构体数据类型有不同的成员项,各成员项可以是不同的数据类型。各成员项代表客观现实信息的不同方面,它们虽然是不同的数据类型,但却构成了一个有机的整体,这样描述的信息整体性强,具有较高的可读性和清晰性,更加接近于现实思维,有利于数据的处理。

依照结构体类型定义格式,上面各表格对应的结构体类型定义如下。

(1)"住宿表"结构体类型:

```
struct accommod                 /* 住宿表结构体类型名 accommod */
{   char  name[20];             /* 姓名成员,字符数组 */
    char  sex;                  /* 性别成员,字符型 */
    char  job[40];              /* 职业成员,字符数组 */
    int  age;                   /* 年龄成员,整型 */
    long  number;               /* 身份证号码成员,长整型 */
};
```

(2)"成绩表"结构体类型:

```
struct score                    /* 成绩表结构体类型名 score */
{   char  grade[20];            /* 班级 */
    long  number;               /* 学号 */
    char  name[20];             /* 姓名 */
    float  os;                  /* 操作系统 */
    float  datastru;            /* 数据结构 */
    float  compnet;             /* 计算机网络 */
};
```

(3)"通信地址表"结构体类型:

```
struct addr                     /* 通信地址表结构体类型名 addr */
```

```
{    char   name[20];               /* 姓名 */
     char   department[30];         /* 部门 */
     char   address[30];            /* 住址 */
     long   box;                    /* 邮编 */
     long   phone;                  /* 电话号码 */
     char   email[30];              /* E-mail */
};
```

以上这些对不同表格的数据结构描述称为用户自定义结构体类型。由于不同的问题对象有不同的数据成员，所以存在不同描述的结构体类型。结构体类型根据问题对象定义其不同的成员，因此存在任意多的结构体类型描述。

结构体类型定义中的成员类型不仅可是原子数据类型，也可是构造类型，当然也可以是某种结构体类型。当结构体定义中又包含结构体类型时称为结构体的嵌套。

如定义"日期"结构体类型：

```
struct data                         /* 日期结构体类型名 data */
{ int   year, month, day; };        /* 有年、月、日为整型的三个成员 */
```

在"日期"结构体类型定义基础上，"学生"结构体类型定义如下：

```
struct   student                    /* 学生结构体类型名 student */
{    long   number;                 /* 学号 */
     char   name[20];               /* 姓名 */
     char   sex;                    /* 性别 */
     struct data birthday;          /* 出生日期，结构体嵌套 */
     char   addr[30];               /* 住址 */
};
```

在"学生"结构体类型中，birthday 成员类型是一个已定义过的 data 结构体类型。

【学生项目案例 7-1】 "学生信息管理系统"中不同结构体类型的定义。

分析如下。

在"学生信息管理系统"中应该有用户结构体、课程结构体、班级结构体和学生结构体等，各结构体类型定义如下。

1）用户结构体类型

本系统的用户一般包括系统管理员、学生和教师。每类用户都有各自用户名、密码和用户类型。不同的用户有不同的操作权限。因此可定义用户结构体类型如下：

```
struct user                         /* 定义用户结构体类型 user */
{    char username[20];             /* 用户名(要保证唯一) */
     char userpass[20];             /* 用户密码 */
     char usertype;                 /* 用户类型 */
};
```

2）课程结构体类型

为了反映课程的特征，需要设置课程结构体。课程结构体定义如下：

```
struct course                       /* 定义课程结构体 course */
{    int   courseid;                /* 课程编号，用整型变量表示 */
     char coursename[50];           /* 课程名称 */
```

```
    int  credit;                        /* 课程学分 */
    int  AcademicHour;                  /* 教学课时 */
};
```

3）班级结构体类型

为了反映班级的基本信息，需要设置班级结构体。班级结构体定义如下：

```
struct class                            /* 定义班级结构体 class */
{   char classname[20];                 /* 班级编号 */
    char specialty[20];                 /* 专业名称 */
    int  studentnum;                    /* 班级的学生人数 */
    int  class_coursenum;               /* 班级要求所修的课程数 */
    /* 假设每班最多能设置 N(符号常量)门课程 */
    int  class_courseid[N];             /* 班级必修课程编号数组 */
};
```

4）学生结构体类型

学生结构体类型成员应该包含两大类：基本信息（学号、姓名、出生日期、班级代码等）和成绩信息（各科成绩）。因此可以把学生结构体定义如下：

```
struct student                          /* 定义学生结构体 student */
{   char studentid[20];                 /* 学生学号,唯一 */
    char classname[20];                 /* 所在班级编号 */
    char studentname[N];                /* 学生姓名 */
    struct date
    {   int year,month,day;
    }birthday;                          /* 出生日期 */
    int  scorearr[N];                   /* 学生成绩数组 */
};
```

5）班级-课程结构体

学校中的每个班级编号是唯一的，而不同的班级可以设置不同的课程组。为了反映班级和所选课程组之间的关系，定义班级-课程结构体如下：

```
struct class_course                     /* 定义班级-课程结构体 class_course */
{   char classname[20];                 /* 班级编号 */
    int  class_courseid[N];             /* 班级课程编号数组 */
    char coursename[N][20];             /* 课程名称 */
};
```

6）班级-学生结构体

入学时确定某学生属于某班级，但有可能发生学生变动的情况。为了反映班级和学生之间的关系，需要设置班级-学生结构体，定义如下：

```
struct class_student                    /* 定义班级-学生结构体 class_student */
{   char classname[N];                  /* 班级编号 */
    char specialty[20];                 /* 专业名称 */
    char studentid[N];                  /* 学生学号 */
};
```

声明结构体类型的位置一般在文件的开头，在所有函数（包括 main 函数）之前，以便本文件中所有的函数都能利用它来定义变量。当然也可以在函数中声明结构体类型。定义一个结构体类型并不分配内存，内存分配发生在定义这个新数据类型的变量中。

2. 系统头文件中的时间结构体类型

“时间”的概念主要有 UTC（世界标准时间，即格林威治时间）和日历时间（Calendar Time）。日历时间是用“从一个标准时间点到此时的时间经过的秒数”来表示的时间。其中标准时间点对不同的编译器有所不同，但对同一个编译器是相同的。日历时间是相对时间。在标准 C/C++中，可以通过 tm 结构来获得日期和时间。tm 结构在 time.h 中的定义如下：

```
struct tm {
    int tm_sec;                  /* 秒,取值区间为[0,59] */
    int tm_min;                  /* 分,取值区间为[0,59] */
    int tm_hour;                 /* 时,取值区间为[0,23] */
    int tm_mday;                 /* 一个月中的日期,取值区间为[1,31] */
    int tm_mon;                  /* 月份(从 1 月开始,0 代表 1 月),取值区间为[0,11] */
    int tm_year;                 /* 年份,其值等于实际年份减去 1900 */
    int tm_wday;                 /* 星期,取值区间为[0,6],0 代表星期天,1 代表星期一,… */
    int tm_yday;                 /* 从每年的 1 月 1 日开始的天数,取值区间为[0,365],其中 0
                                    代表 1 月 1 日,1 代表 1 月 2 日,以此类推 */
    int tm_isdst;                /* 夏令时标识符,实行夏令时的时候,tm_isdst 为正; 不实行
                                    夏令时的时候,tm_isdst 为 0; 不了解情况时,tm_isdst()
                                    为负 */
};
```

ANSI C 称使用 tm 结构的这种时间表示的是分解时间（broken-down time）。日历时间是通过 time_t 数据类型来表示的，用 time_t 表示的时间（日历时间）是从一个时间点（一般是 1970 年 1 月 1 日 0 时 0 分 0 秒）到此时的秒数。在 time.h 中，定义系统类型 time_t 是一个长整型数：

```
#ifndef _TIME_T_DEFINED
typedef long time_t;            /* 定义日历时间类型 time_t 为长整型类型 */
#define _TIME_T_DEFINED         /* 避免重复定义 time_t */
#endif
```

【例 7-1】　获取当前系统时间。

```
/* program ch7-1.c */
#include <stdio.h>
#include <time.h>
void cur_time(void);
int main(int argc,char **argv)
{   cur_time();
return 0;
}
void cur_time(void)
{   char *wday[]={"星期天","星期一","星期二","星期三","星期四","星期五","星期六"};
    time_t  timep;              /* 长整型日历时间变量 */
    struct  tm  *p;             /* 系统分解时间结构体指针变量 */
    time(&timep);               /* 获取日历时间并存入变量 timep */
```

```
    p = localtime(&timep);          /* 将日历时间转换为年月时分秒时间 */
    printf("%d年%2d月%02d日",(1900 + p->tm_year),(1 + p->tm_mon),p->tm_mday);
    printf("%s%2d:%2d:%2d\n",wday[p->tm_wday],p->tm_hour,p->tm_min,p->tm_sec);
}
```

程序剖析：

本程序中使用了命令行参数。localtime 函数：把从 1970-1-1 零点零分到当前时间系统所偏移的秒数时间(日历时间)转换为年月时分秒时间。可以通过 time 函数获取系统的日历时间。

7.1.2 结构体变量

利用用户自定义或系统定义的结构体类型定义结构体变量、结构体数组、指向结构体变量或指向结构体数组的指针变量等。

1. 结构体变量的定义和初始化

定义结构体类型变量有三种形式,分别介绍并举例如下。

(1) 紧跟在结构体类型定义之后定义结构体变量。例如,定义学生结构体类型和变量：

```
struct  stu                     /* 学生结构类型名 stu */
{   char  grade[20];            /* 班级 */
    long  number;               /* 学号 */
    char  name[20];             /* 姓名 */
    float  os;                  /* 操作系统课程成绩 */
    float  datastru;            /* 数据结构课程成绩 */
    float  compnet;             /* 计算机网络课程成绩 */
}std;                           /* 定义学生结构体变量 std */
```

(2) 在定义一个无名结构体类型的同时,直接进行结构体变量的定义。例如：

```
struct                          /* 无结构体类型名 */
{   char  grade[20];            /* 班级 */
    long  number;               /* 学号 */
    char  name[20];             /* 姓名 */
    float  os;                  /* 操作系统 */
    float  datastru;            /* 数据结构 */
    float  compnet;             /* 计算机网络 */
}std;                           /* 定义学生结构体类型的结构体变量 std */
```

这种方式与前一种的区别仅仅是省去结构体标识名,通常用在不需要再次定义此类型结构体变量的情况。

(3) 先定义结构体类型,再单独定义变量。例如：

```
struct data                     /* 日期结构体类型名 data */
{ int  year, month, day; };     /* 年、月、日为整型 */
struct data ruxue;              /* 定义入学日期结构体变量 ruxue */
```

使用这种定义方式要注意：不能只使用 struct 而不写结构体标识名 data,因为 struct 不像 int、char 可以唯一地标识一种数据类型。作为构造类型,属于 struct 类型的结构体可以有任意多种具体的"模式",因此 struct 必须与结构体类型标识名共同来说明不同的结构体类型。

和一般变量一样,结构体变量也可以在定义的同时赋初值。例如:

```
struct  stu
{   char  grade[20];              /*班级*/
    long  number;                 /*学号*/
    char  name[20];               /*姓名*/
    float  os;                    /*操作系统*/
    float  datastru;              /*数据结构*/
    float  compnet;               /*计算机网络*/
}std={"0802",20080101, "li lin",79,92,86} ;
```

或

```
struct  score  std={"0802",20080101, "li lin",79,92,86};
```

对结构体变量赋初值时,C 编译程序按每个成员在结构体中的顺序一一对应赋初值,不允许跳过前面的成员给后面的成员赋初值,但可以只给前面的若干个成员赋初值,对于后面未赋初值的成员,对于数值型和字符型数据,系统自动赋初值零。

【学生项目案例 7-2】 对学生项目案例 7-1 中的结构体类型,定义不同的结构体变量并初始化。

(1) 用户结构体变量的定义和初始化:

```
struct user
{   char username[20];           /*用户名(要保证唯一)*/
    char userpass[20];           /*用户密码*/
    char usertype;               /*用户类型*/
}user1={"zhangsan","123456",'a'};
```

定义用户结构体变量,该变量的 username 成员值为"zhangsan",userpass 成员值为"123456",usertype 成员值为'a'。在表示用户身份时,管理员用户用字符'a'来表示,学生用户用字符's'来表示,教师用户用字符't'表示。

(2) 课程结构体变量的定义和初始化:

```
struct course
{   int  courseid;               /*用整型变量表示课程编号*/
    char coursename[20];         /*课程名称*/
    int credit;                  /*学分*/
    int AcademicHour;            /*课时*/
} course1 = {23, "C程序设计语言", 3, 60 };
```

定义课程结构体变量 course1,该变量的 courseid 成员值为 23,coursename 成员值为"C 程序设计语言",credit 成员值为 3 学分,AcademicHour 成员值为 60 课时。

(3) 班级结构体变量的定义和初始化:

```
struct class                     /*定义班级结构体 class */
{   char classname[20];          /*班级编号*/
    char specialty[20];          /*专业名称*/
    int  studentnum;             /*班级的学生人数*/
    int  class_coursenum;        /*班级要求所修的课程数*/
    /*假设每班最多能设置 N(符号常量)门课程*/
```

```
    int  class_courseid[N];         /* 班级必修课程编号数组 */
}class1 = {"1001","应用英语", 35, 5, 23, 11, 26, 33, 36};
```

定义班级结构体变量 class1,该变量的 classname 成员值为"1001",specialty 成员值为"应用英语",studentnum 成员值为 35,class_coursenum 成员值为 5,class_courseid 成员值分别为 23、11、26、33、36。

(4) 学生结构体变量的定义和初始化:

```
struct student
{   char classname[20];          /* 班级编号 */
    char studentid[20];          /* 学生学号 */
    char studentname[N];         /* 学生姓名 */
    struct date
    {   int year,month,int day;
    }birthday;                   /* 出生日期 */
    int  scorearr[N];            /* 学生成绩数组 */
}student1 = {"11","200901", "张华", 1990, 10, 30, 65, 83, 71, 86, 76};
```

定义学生结构体变量 student1,该变量的 classname 成员值为"11";studentid 成员值为"200901";studentname 成员值为"张华";birthday 成员的 year 成员值为 1990,month 成员值为 10,day 成员值为 30;scorearr 成员值分别为 65、83、71、86、76。

2. 结构体变量的存储

结构体变量占用一片地址连续的存储单元,按结构体变量中的成员定义的顺序依次存放在地址连续的存储单元中。例如,

```
struct  score
{   char  grade[20];              /* 班级 */
    long  number;                 /* 学号 */
    char  name[20];               /* 姓名 */
    float  os;                    /* 操作系统 */
    float  datastru;              /* 数据结构 */
    float  compnet;               /* 计算机网络 */
}std = {"0802",20080101, "li lin",79,92,86} ;
```

结构体变量 std 的各成员在内存中的存储形式如图 7-1 所示。

grade[20]	number	name[20]	os	datastru	compnet
20 个字节	4 个字节	20 个字节	4 个字节	4 个字节	4 个字节

图 7-1 结构体变量 std 各成员在内存中的存储形式

7.1.3 结构体变量的使用

结构体变量也可以像其他类型的变量一样赋值、运算。由于结构变量是由各种数据类型的成员组合而成的,因此使用结构体变量可按结构体整体或成员分量两种情况操作。

1. 整体使用结构体变量

结构体变量可以整体使用。例如，在上面的结构体定义后，有结构体变量定义如下：

```
struct  score  std1, std2, t;    /* 结构体变量定义 */
...
t = std1;std1 = std2;std2 = t;    /* 结构体变量整体赋值 */
```

相同类型的结构体变量之间可以整体赋值，以上各语句实现了两个结构体变量的整体交换。

2. 访问结构体变量成员

定义了结构体变量后，可以使用点操作符"."(或称结构成员运算符)来访问结构中的成员分量。结构的"."运算符与数组的"[ ]"运算符具有相同的运算优先级，优先级最高。结构成员运算符必须用于指定单个的数据成员。使用结构体变量中成员的形式为：

结构体类型变量名.成员名

例如，定义结构体类型及变量如下：

```
struct data
{    int  day;
     int  month;
     int  year;
} time1,time2;
```

则变量 time1 和 time2 各成员的引用形式分别为 time1.day、time1.month、time1.year 及 time2.day、time2.month、time2.year，如图 7-2 所示。

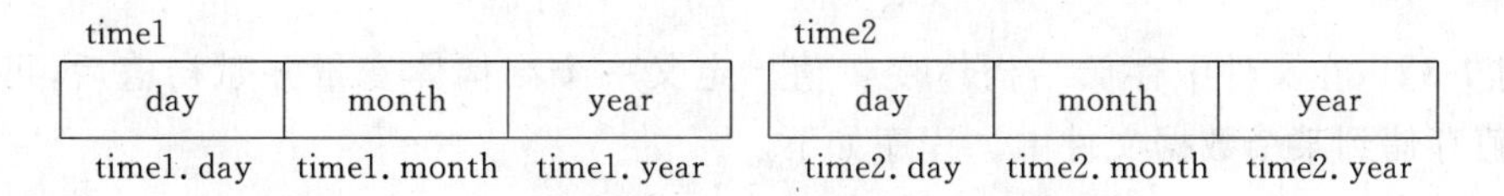

图 7-2　变量 time1 和 time2 各成员的引用形式

如果为嵌套结构体变量，则必须连续使用结构成员运算符。每个结构成员名从最外层直到最内层逐个被列出，即嵌套式结构成员的表达方式是：

结构变量名.嵌套结构变量名.结构成员名

其中，嵌套结构可以有很多，结构成员名为最内层结构中不是结构体的成员名。

例如，定义如下的结构体变量：

```
struct  student
{    long  number;
     char  name[20];
     char  sex;
     struct data birthday;
     char  addr[30];
}std;
```

则变量 std 成员 birthday 的引用形式分别为 std. birthday. day、std. birthday. month 和 std. birthday. year。

结构体类型变量的各成员与相应的简单类型变量使用方法完全相同。

3. 对结构变量的输入、输出和计算

可以使用 scanf 或 fscanf 等将数据值读入结构的数据成员，使用 printf 或 fprintf 等输出数据成员的值。

【例 7-2】 定义一个"职工"结构体类型和变量，要求从键盘输入每个成员数据，然后对结构中的工资浮点数求和，并显示运算结果。请注意这个例子中不同结构成员的访问。

```
/* program ch7 - 2.c */
#include <stdio.h>
void main()
{    struct                                          /* 结构类型定义 */
     {    char name[10], sex[5],depart[20];          /* 姓名,性别,部门 */
          int age;                                   /* 年龄 */
          float wage1,wage2,wage3;                   /* 工资,或者定义为 float wage[3] */
     }a;                                             /* 结构变量 a */
     float sum;
     printf("Name:");   scanf("%s", a.name);         /* 输入姓名,字符串 */
     printf("Age:");    scanf("%d", &a.age);         /* 输入年龄 */
     printf("Sex:");    scanf("%s", a.sex);          /* 输入性别,字符 */
     printf("Dept:");   scanf("%s", a.depart);       /* 输入部门,字符串 */
     printf("Wage1:");  scanf("%f", &a.wage1);       /* 输入工资 */
     printf("Wage2:");  scanf("%f", &a.wage2);
     printf("Wage3:");  scanf("%f", &a.wage3);
     sum = a.wage1 + a.wage2 + a.wage3;
     printf("%s 的工资总数是 %6.2f\n",a.name,sum);
}
```

【例 7-3】 在文件中存储结构体变量值。定义一个结构体变量并赋初值后，可以将各成员的值存储到某个数据文件中。程序如下。

```
/* program ch7 - 3.c */
#include <stdio.h>
#include <stdlib.h>
void main()
{    struct  score                                   /* 结构体类型 */
     {    char  grade[20];                           /* 班级 */
          long  number;                              /* 学号 */
          char  name[20];                            /* 姓名 */
          float  os, datastru, compnet;              /* 课程: 操作系统,数据结构,计算机网络 */
     }std = {"0802",20080101, "li lin",79,92,86} ;   /* 结构体变量并赋初值 */
     FILE *fp, *fp1;                                 /* 文件指针 */
     fp1 = fopen("f91","wb+");                       /* 打开二进制文件 */
     fp = fopen("f9.txt","w+");
     fprintf(fp,"%s %d %s %f %f %f", std.grade, std.number, std.name, std.os, std.
datastru, std.compnet);                          /* 将一个 std 结构体变量数据存写入文本数据文件 */
     fwrite(&std,sizeof(struct score),1,fp1);    /* 用数据块输出函数将一个 std 结构体变量数
                                                    据写入二进制数据文件 */
}
```

【学生项目案例 7-3】 使用结构体变量，把"学生信息管理系统"中的学生信息以班级为单位进行输入、输出。

分析如下。

(1) 需求分析：使用结构体来描述一个学生的完整信息，把一个学生的信息值称为一条信息记录。设学生结构体类型定义如下：

```
struct student                  /* 定义学生结构体 student */
{   char studentid[20];         /* 学生学号 */
    char studentname[20];       /* 学生姓名 */
    int  scorearr[N];           /* 学生成绩数组(N为符号常量表示学生的成绩个数) */
};
```

在结构体成员数组 scorearr 中，下标为 0 的数组元素存放每个学生的平均成绩，从下标为 1 开始依次存放每个学生的基本信息。

① 学生信息的录入：利用结构体变量表示学生信息，采用边输入边存储的方式来输入每个学生的信息。

② 学生信息的输出：以表格形式输出学生信息，在输出表头和表格内容时，为了使输出的数据能够对齐，在格式说明符之前加上宽度修饰符来控制数据的对齐。

③ 存储数据的文件：根据班级编号命名存储学生信息的数据文件名。对于结构体数据，在存取时经常使用数据块输入输出函数来进行，因此本项目中使用二进制类型的文件对学生的信息进行存取。文件中依次存放每个学生的信息(根据结构体类型的定义来存放)。

(2) 处理流程如下。

① 用户界面的显示：进入系统时显示用户主界面，用户根据界面的提示选择不同的操作。

② 各个功能模块的执行：根据用户选择的功能模块编号调用执行相应的函数。

(3) 程序如下。

```
#include <stdio.h>
#include <stdlib.h>
#include <string.h>
#define N 5                     /* 定义符号常量表示一个学生最多几门课程成绩 */
void  StudentInput();           /* 函数声明：学生信息录入函数 */
void  StudentOut();             /* 函数声明：学生信息输出函数 */
/* 定义学生结构体 */
struct student
{   char studentid[20];         /* 学生学号 */
    char studentname[20];       /* 学生姓名 */
    int  scorearr[N];           /* 学生成绩数组 */
};
/* 主函数，主界面菜单显示模块 */
void main(void)
{   int Student_index;          /* 存放选择主选功能编码 */
    do{    system("cls");
        printf("\n\n");
        printf("                 欢迎使用学生成绩管理子系统!\n\n");
        printf("  ================================\n");
        printf("  ‖  1:  学生信息录入                ‖\n");
```

```
        printf("  ‖   2: 学生信息输出                    ‖\n");
        printf("  ‖   3: 退出系统                        ‖\n");
        printf("  ====================================\n");
        printf("              请你在上述功能编号中选择...    \n");
        scanf("%d",&Student_index); getchar();
        switch(Student_index){                /*用户选择不同的功能,进入不同的功能模块*/
          case 1: StudentInput();    break;
          case 2: StudentOut();      break;
          case 3: exit(0);
        }                                     /*switch语句结束*/
        if(!(Student_index>=1&&Student_index<=3))   /*输入非1~3,则重新输入*/
        {   printf("对不起,你选择的功能模块号是错的!!!\n");
            printf("请按回车键在上述的功能编号中重新选择...\n");
            getchar();
        }
    }while(1);
}
/*学生信息录入模块*/
void StudentInput( )
{   int i,k,num;
    char classid[20];
    struct  student  temp;                    /*结构变量*/
    FILE *fp;
    system("cls");
    printf("\n*************请输入学生信息*************:\n");
    printf("\n请输入你要录入的班级编号: ");  gets(classid);
    printf("\n请输入该班级的学生人数: ");
    scanf("%d",&num);  getchar();
    strcat(classid,".dat");                   /*连接文件的扩展名,生成完整的文件名格式*/
    if((fp=fopen(classid,"wb"))==NULL)        /*打开文件*/
    {  printf("文件打开失败,系统退出!");    exit(1);  }
    for(i=0;i<num;i++)
    {   printf("\n请输入第%d个学生的学号: ",i+1);
        gets(temp.studentid);
        printf("请输入第%d个学生的姓名: ",i+1);
        gets(temp.studentname);
        temp.scorearr[0]=0;
        for(k=1;k<N;k++)
        { printf("请输入第%d门课程的成绩: ",k);
          scanf("%d",&temp.scorearr[k]);  getchar();
          temp.scorearr[0]=temp.scorearr[0]+temp.scorearr[k];
        }
        temp.scorearr[0]=temp.scorearr[0]/(N-1);   /*平均成绩*/
        fwrite(&temp,sizeof(struct student),1,fp);   /*把学生信息写入文件*/
    }
    fclose(fp);                               /*关闭文件*/
    printf("\n学生信息输入并保存成功!按回车键继续...\n");getchar();
}
/*学生信息输出模块*/
void StudentOut( )
{   int k;
```

```
    char classid[20],classname[20];
    struct student  temp;
    FILE * fp;
    system("cls");
    printf("\n请输入你要输出学生信息的班级编号: ");   gets(classid);
    strcpy(classname,classid);
    strcat(classname,".dat");                  /* 连接文件的扩展名,生成完整的文件格式 */
    printf("\n\n\n");
    if((fp = fopen(classname,"ab+")) == NULL)  /* 打开文件 */
    {   printf("文件打开失败,系统退出!"); exit(1); }
    if(fread(&temp,sizeof(struct student),1,fp) == 0)
    {  printf("\n无该班级数据!按回车键继续...\n");getchar();return ;  }
    rewind(fp);                                /* 调用库函数,文件指针置于文件的开始处 */
    /* 输出并打印表头 */
    printf("****************** %s班级成绩表 ******************\n",classid);
    printf("==========================================\n");
    printf("|%-8s|%-8s|%-8s|","学号","姓名","平均分");
    for(k = 1;k < N;k ++)
        printf("%6s%-2d|","成绩",k);
    printf("\n==========================================");
    /* 输出并打印表格内容 */
    while(fread(&temp,sizeof(struct student),1,fp)!= 0)
    {   printf("\n|%-8s|%-8s|",temp.studentid,temp.studentname);
        for(k = 0;k < N;k ++)
            printf("%-8d|",temp.scorearr[k]);
    }
    printf("\n==========================================\n");
    fclose(fp);                       /* 关闭文件 */
    printf("\n学生信息输出结束!按回车键继续...\n");   getchar();
}
```

7.2 结构数组和结构指针

数组元素可是简单数据类型、指针类型,也可是结构类型。结构数组(Structural Array)的每一个元素都是具有相同结构类型的下标结构变量。实际应用中,经常用结构数组来表示具有相同数据结构的一个群体。如一个班的学生档案,一个车间职工的工资表等。用数组来存储信息通常比较方便进行分析。使用结构数组可以存储包含不同类型值的信息。

7.2.1 结构数组的定义和初始化

解决实际问题时,单个的结构体类型变量作用不大,一般是以结构体类型数组的形式组织信息。假如要定义一个班级40个同学基本信息库(基本信息包括姓名、性别、年龄和住址等),可以定义一个结构数组如下。

```
struct                                 /* 无结构名 */
{   char name[8];
```

```
    char sex[4];
    int age;
    char addr[40];
}student[40];                                    /* 结构数组 */
```

也可定义为：

```
struct message
{   char name[8];
    char sex[4];
    int age;
    char addr[40];
};
struct message  student[40];                     /* 结构数组 */
```

再如定义一个6个元素组成的Person结构类型数组并赋初值：

```
struct Person
{   char name[20];
    unsigned long id;                            /* 编号 */
    float salary;
};
struct Person allone[6] = {{"jone", 12345, 339.0}, {"david", 13916, 449.0},
                           {"marit", 27519, 311.0}, {"jasen", 42876, 623.0},
                           {"peter", 23987, 400.0}, {"yoke", 12335, 511.0}};
/* 定义并初始化一个Person类型的数组 */
```

7.2.2 指向结构体变量的指针

结构指针是指向结构体变量的指针，由一个加在结构体变量名前的"*"操作符来定义。例如，定义一个结构指针如下。

```
struct message
{   char name[8];
    char sex[2];
    int age;
    char addr[40];
} *student;
```

也可省略结构指针名只作结构说明，然后再用下面的语句定义结构指针。

```
struct message *student;
```

使用结构指针对结构成员的访问，与结构变量对结构成员的访问在表达方式上有所不同。通过结构指针对结构成员的访问表示为：

结构指针变量名->结构成员 或 **(*结构指针变量名).结构成员**

说明：

(1) "->"是两个符号"-"和">"的组合，好像一个箭头指向结构成员。

(2) 由于指针运算符"*"的优先级低于成员运算符"."，因此"(*结构指针名).结构成员"中的"＊结构指针名"必须加括号。

例如，要给上面定义的结构中的name和age赋值，用下面语句：

```
strcpy(student->name, "Lu G.C");    或    strcpy((*student).name, "Lu G.C");
student->age = 18; 或 (*student).age = 18;
```

结构指针是指向结构中第一个成员的首地址。根据结构类型可以定义一个结构变量，通过取地址"&"操作，就能得到结构变量的地址。这个地址是结构中第一个成员的地址，可以将结构变量的地址赋给结构指针。

在使用之前应该对结构指针进行初始化操作，即分配整个结构长度的字节空间，也可用下面的函数完成，仍以上例来说明如下：

```
student = (struct message  *)malloc(size of (struct message));
```

size of (struct message)自动求取message结构的字节长度，通过malloc()函数分配了一个大小为message结构长度的内存区域，然后将其地址作为结构指针返回。

【例7-4】 阅读下面的程序，理解如何通过结构指针来访问结构成员。

```
/*program ch7-4.c*/
#include <stdio.h>
#include <string.h>
#include <stdlib.h>
struct Person
{   char name[20];
    unsigned long id;
    float salary;
};                                          /*定义结构类型*/
void main()
{   struct Person pr1;
    struct Person *prPtr1, *prPtr2;         /*定义结构指针*/
    prPtr1 = &pr1;                          /* prPtr1 指向结构体变量 pr1 */
    strcpy(prPtr1->name,"May Li ");
    prPtr1->id = 987654321;
    prPtr1->salary = 335.0;
    prPtr2 = (struct Person*)malloc(sizeof (struct Person));     /*分配空间*/
    strcpy((*prPtr2).name,"Ray Zhang ");
    (*prPtr2).id = 123456789;
    (*prPtr2).salary = 340.0;
    printf("%-10s%10ld%10.2f\n",prPtr1->name,prPtr1->id,prPtr1->salary);
    printf("%-10s%10ld%10.2f\n",(*prPtr2).name,(*prPtr2).id,(*prPtr2).salary);
}
```

程序剖析：

(1) 程序中把prl的地址赋给Person结构指针prPtr1，然后通过这个指向prl的指针对prl进行赋初值和输出。这一步是重要的，如果不把prl的地址赋给prPtr1，那么，prPtr1是个随机地址，在这个地址上赋值是危险的。

(2) 指针是有类型的，引用一个整型指针得到一个整数，引用一个结构指针得到一个结构。即＊prPtr1的值是结构Person的变量prl的值，而不会是其他类型的值。

(3) 使用箭头操作符就是对结构成员进行操作。但必须清楚,当用点操作符时,它的左边应是一个结构变量,当用箭头操作符时,它的左边应是一个结构指针。

(4) 箭头操作符与点操作符是可以互换的,上例中,prPtr1->name 等价于 prl.name,也等价于(*prPtr1).name。通常在这种情况下,用箭头操作符更直观一些。

注意:

(1) 结构体是一种数据类型,因此定义的结构变量或结构指针变量同样有局部变量和全局变量之分,视定义的位置而定。

(2) 结构变量名不是指向该结构的地址,这与数组名的含义不同,因此若需要求结构中第一个成员的首地址应该是&[结构变量名]。

结构变量相互交换,在结构很大(成员很多)时,并不是一种好办法。可以建立一个**结构指针数组**来实现同样的功能。即一个数组中,每个元素都是一个结构指针。

7.2.3 结构数组的使用

结构数组的每个元素都是结构变量,访问结构数组元素中的成员,方法与简单结构变量类似。需要指出的是结构数组元素成员的访问是以数组元素为结构变量的,其形式为:

结构数组元素.成员名(即: 结构数组名[下标].成员名)

例如:student[0].name、student[30].age。

实际上一个一维结构类型的数组在构造上相当于二维的,其第1维是结构数组元素,每个元素是一个结构变量,其第2维是各结构成员。

注意:结构数组的成员也可以是数组变量。例如,

```
struct a
{    int m[3][5];
     float f;
     char s[20];
}y[4];
```

为了访问结构a中结构变量y[2]的m成员中第2行第5列元素,可写成y[2].m[1][4]。

【例7-5】 对某车间职工信息,按工资升序排序并输出。

分析如下。

(1) 职工信息定义为结构类型:

```
struct Person
{    char name[20];
     unsigned long id;
     float salary;
};
```

(2) 某车间所有职工信息定义为结构数组。假设现有6人的信息需要排序。

(3) 用"冒泡法"实现排序,程序如下。

```
/* program ch7-5.c */
#include <stdio.h>
```

```
struct Person
{   char name[20];
    unsigned long id;
    float salary;
};
struct Person allone[6] = {{"jone", 12345, 339.0}, {"david", 13916, 449.0},
{"marit", 27519, 311.0}, {"jasen", 42876, 623.0},
{"peter", 23987, 400.0}, {"yoke", 12335, 511.0}};
void main()
{   struct Person temp;
    int i,j,k;
    for(i=1;i<6;i++){                           /*一趟排序*/
        for(j=0; j<=5-i; j++)                   /*一轮比较*/
            if(allone[j].salary > allone[j+1].salary) {
                temp=allone[j];                 /*结构变量的交换*/
                allone[j]=allone[j+1];
                allone[j+1]=temp;
            }
    }
    for(k=0; k<6; k++)                          /*输出*/
    printf("%-10s%10ld%10.2f\n",allone[k].name,allone[k].id,allone[k].salary);
}
```

程序剖析：

(1) 程序定义了一个Person结构的全局数组，共6个元素，每个元素都是一个Person结构变量。

(2) 程序采用冒泡法对数组元素的成员salary比较大小，访问相应结构成员的方法是数组元素名、点操作符、成员名：allone[i].salary。

(3) 排序中交换数组元素，就是整体交换结构变量，程序中以结构变量整体赋值的方法来进行交换。

【例7-6】 建立同学通信录。

分析如下。

(1) 通信录中的学生定义为一个结构类型：

```
struct mem
{   char name[20];
    char phone[10];
};
```

(2) 所有学生信息定义为结构数组。

(3) 实现信息的录入与输出，程序如下。

```
/*program ch7-6.c*/
#include "stdio.h"
#define NUM 3
struct mem
{   char name[20];
    char phone[10];
};                                              /*定义结构变量*/
```

```
void main()
{   int i;
    struct mem man[NUM];                              /* 定义结构数组 */
    for(i=0;i<NUM;i++)
    {   printf("输入姓名:\n");
        gets(man[i].name);                            /* 输入姓名 */
        printf("输入电话号码:\n");
        gets(man[i].phone);                           /* 输入电话号码 */
    }
    printf("姓名: \t\t\t 电话: \n\n");
    for(i=0;i<NUM;i++)                                /* 输出 */
        printf("%s\t\t\t%s\n",man[i].name,man[i].phone);
}
```

【例 7-7】 下面的程序建立了一个结构指针数组,实现例 7-5 的结构排序。

```
/* program ch7-7.c */
#include <stdio.h>
struct Person
{   char name[20];
    unsigned long id;
    float salary;
};
struct Person allone[6] = {{"jone", 12345, 339.0},{"david", 13916, 449.0},
                           {"marit", 27519, 311.0},{"jasen", 42876, 623.0},
                           {"peter", 23987, 400.0},{"yoke", 12335, 511.0}};
void main()
{   struct Person *pA[6] = {&allone[0], &allone[1], &allone[2],&allone[3], &allone[4],
&allone[5]};                                          /* 定义结构指针数组 */
    struct Person *temp;                              /* 定义结构指针 */
    int i,j,k;
    for(i=1; i<6; i++)
        for(j=0; j<=5-i; j++)
            if(pA[j]->salary>pA[j+1]->salary)   /* 比较工资成员 */
            {   temp=pA[j]; pA[j]=pA[j+1]; pA[j+1]=temp; }
    for(k=0; k<6; k++)                                /* 输出 */
        printf("%-10s%10ld%10.2f\n",pA[k]->name,pA[k]->id,pA[k]->salary);
}
```

程序剖析:

从程序中可以看出,定义了一个结构指针数组 pA 并依次初始化为结构数组元素的地址值。对结构成员的访问,由点操作符改成了箭头操作符,因为现在是对结构指针进行操作。

发生交换时,并不是两个结构变量值交换,而是两个结构指针交换,所以交换的临时变量是一个结构指针。最后输出的是通过结构指针访问的结构变量值。

7.2.4 指向结构体数组的指针

结构指针变量可以指向一个结构体数组,这时结构指针变量的值是整个结构体数组的首地址。结构指针变量也可以指向结构体数组的一个元素，这时结构指针变量的值是该结构体数组元素的首地址。设 ps 是指向结构体数组的指针变量，则 ps 也指向该结构体数组的第 0 号元素，ps+1 指向第 1 号元素，ps+i 则指向第 i 号元素。这与普通数组的情况是一致的。

【例 7-8】 用指针变量输出结构体数组。

```
/* program ch7-8.c */
#include <stdio.h>
struct stu
{   int num;
    char *name;
    char sex;
    float score;
}boy[5] = {{101,"Zhou ping",'M',45},{102,"Zhang ping",'M',62.5},
{103,"Liou fang",'F',92.5},{104,"Cheng ling",'F',87},{105,"Wang ming",'M',58}};
void main()
{   struct stu *ps;
    printf("No\tName\t\t\tSex\tScore\t\n");
    for(ps = boy;ps < boy + 5;ps ++)
        printf("%d\t%s\t\t%c\t%f\t\n",ps->num,ps->name,ps->sex,ps->score);
}
```

程序剖析：

(1) 在该程序中，定义了 stu 结构类型的外部数组 boy 并做了初始化赋值。

(2) 在 main 函数内定义了 stu 结构类型的指针 ps。

(3) 在循环语句 for 的表达式 1 中，ps 被赋予 boy 的首地址，然后循环 5 次，输出 boy 数组中各成员值。应该注意的是，一个结构指针变量虽然可以用来访问结构变量或结构数组元素的成员，但是不能使它指向一个成员。也就是说，不允许取一个成员的地址来赋予它。因此，ps = &boy[1].sex;是错误的，只能是 ps = boy;(赋予数组首地址)或者 ps = &boy[0];(赋予 0 号元素首地址)。

【例 7-9】 输入某班学生的信息，学生信息含有学号、姓名、操作系统成绩、数据结构成绩、计算机网络成绩。求出每个学生的平均成绩，要求用指向结构体数组的指针实现。

```
/* program ch7-9.c */
#include <stdio.h>
#define M 60
struct score
{   long  number;                               /* 学号 */
    char  name[20];                             /* 姓名 */
    float  os;                                  /* 操作系统 */
    float  datastru;                            /* 数据结构 */
    float  compnet;                             /* 计算机网络 */
    float  ave;                                 /* 平均成绩 */
};
void main()
{   struct score class[M], *ps;                 /* 假设该班学生人数不超过 60 */
    int n;                                      /* n 存放该班的学生人数 */
```

```
    printf("请输入学生人数: ");
    scanf("%d",&n);
    for(ps = class;ps < class + n;ps ++)
    {   printf("学号: ");
        scanf("%ld",&(ps->number));
        printf("姓名: ");
        scanf("%s",ps->name);
        getchar();                                    /*消耗回车*/
        printf("各科成绩: ");
        scanf("%f%f%f",&(ps->os),&(ps->datastru),&(ps->compnet));
        ps->ave = (ps->os + ps->datastru + ps->compnet)/3;
    }
    printf("number\tname\tos\tdatastru\tcompnet\n");
    for(ps = class;ps < class + n;ps ++)
        printf("%ld\t%s\t%.1f\t%.1f\t\t%.1f\n",ps->number,ps->name,ps->os,
                                     ps->datastru,ps->compnet);
}
```

程序剖析:

在该程序中,定义了结构数组 struct score class[M]及结构指针 struct score * ps。在 for 循环中先使 ps 指向结构数组的首地址,即 ps=class,接着通过 ps++,使指针 ps 指向结构数组的下一个元素,从而取得结构数组中各元素各成员的值。

7.3 结构体与函数

7.3.1 结构体变量作为函数参数

ANSI C 允许用整个结构体变量作为函数的参数传递,但是必须保证实参与形参的类型相同。结构体变量作为函数参数,可将各个成员的值同时传递到被调函数。

如果结构体类型中的成员很多,或有一些成员是数组,则程序运行效率会大大降低。

【例 7-10】 输入并转换时间制式。

分析:24 小时制转换为 12 小时并报告"pm"和"am"。

```
/* program ch7-10.c */
#include <stdio.h>
struct time                                          /*定义时间结构体*/
{   int hour;
    int minute;
    int second;
};
void main()
{   void time_output(struct time t);                 /*结构体变量作函数参数*/
    struct time tim;
    printf("请输入时间: 时,分,秒\n");
    scanf("%d%d%d",&tim.hour,&tim.minute,&tim.second);
    time_output(tim);
}
```

```
void time_output(struct time t)                          /*结构体变量作函数参数*/
{    char *p;
     if(t.hour>12)
     {    t.hour-=12;
          p="pm";
     }
     else    p="am";
     printf("It is %d:%d:%d%s\n",t.hour,t.minute,t.second,p);
}
```

程序剖析：

将结构体定义在函数的外部，以便各个函数都可以用来定义结构体变量。函数 time_output 的参数传递是一个值传递过程，即将结构体变量 tim 的各成员值逐个传递给作为形参的结构体变量 t，在函数 time_output 中对 t 的各成员进行判断输出。

【例 7-11】 利用结构体变量作为函数参数，输入并打印显示一个班的学生信息。

```
/*program ch7-11.c*/
#include "stdlib.h"
#include "stdio.h"
struct stud
{    long num;
     char name[20];
     char sex;
     int age;
     float score;
};
void main()
{    void list(struct stud student);                     /*函数声明*/
     struct stud student[3];
     int i;
     char ch, numstr[20];
     for(i=0;i<3;i++)
     {    printf("\nenter all data of student[%d]:\n",i);
          printf("\nenter 学号:\n");
          gets(numstr);
          student[i].num=atol(numstr);                  /*将字符串转换成长整型数并返回结果*/
          printf("\nenter 姓名:\n");
          gets(student[i].name);
          printf("\nenter 性别:\n");
          student[i].sex=getchar();
          ch=getchar();                                  /*消耗回车*/
          printf("\nenter 年龄:\n");
          gets(numstr);
          student[i].age=atoi(numstr);                  /*将字符串转换成整型数并返回结果*/
          printf("\nenter 分数:\n");
          gets(numstr);
          student[i].score=atof(numstr);                /*将字符串转换成实型数并返回结果*/
     }
     printf("\nnum\t name sex age score\n");
     for(i=0;i<3;i++)
```

```
        list(student[i]);                           /* 结构体变量作函数参数 */
    }
void list(struct stud student)                      /* 结构体变量作函数参数 */
{   printf("%ld %-15s %3c %6d %6.2f\n",
    student.num,student.name,student.sex,student.age,student.score);
}
```

程序剖析：

(1) 程序中 main 函数调用了三次 list 函数。list 函数的形参是 stud 结构类型的,实参 student[i]也是同一结构类型。list 函数的功能是输出 student 数组元素的值,每调用一次 list 函数就输出一个 student 数组元素的值。

(2) 结构体变量作函数参数时,数据是"值传递"方式,即将实参的值传递给形参,程序中实参 student[i]中各成员的值完整地传递给形参 student,在 list 函数中可使用这些值。

(3) 在 main 函数和 list 函数中都出现了标识符 student,二者互不相干,不代表同一对象。student 在 main 函数中为数组名,在 list 函数中为结构体变量名。

7.3.2 结构体指针变量作函数参数

在 ANSI C 标准中允许用结构变量作函数参数进行整体传送,但是这种传送要将全部成员逐个传送,特别是成员为数组时将会使传送的时间和空间开销很大,严重地降低了程序的效率。因此最好的办法就是使用指针,即用指针变量作函数参数进行传送。这时由实参传给形参的只是地址,从而减少了时间和空间的开销。

【例 7-12】 计算学生的平均成绩和不及格人数,用结构指针变量作函数参数编程。

```
/* program ch7-12.c */
#include <stdio.h>
struct stu
{   int num;
    char *name;
    char sex;
    float score;
}boy[5] = {{101,"Liping",'M',45},{102,"Zhangping",'M',62},{103,"Hefang",'F',92},{104,"Cheng
ling",'F',87},{105,"Wang ming",'M',58}};
void main()
{   struct stu *ps;                                 /* 定义结构体指针变量 */
    void ave(struct stu *ps);                       /* 函数声明 */
    ps = boy;
    ave(ps);                                        /* 结构体指针变量作函数参数 */
}
void ave(struct stu *ps)                            /* 结构体指针变量作函数参数 */
{   int c = 0,i;
    float ave,s = 0;
    for(i = 0;i < 5;i ++ ,ps ++ )
    {   s += ps -> score;
        if(ps -> score < 60)   c += 1;
    }
    printf("s = %f\n",s);
```

```
    ave = s/5;
    printf("average = %f\ncount = %d\n",ave,c);
}
```

程序剖析：

(1) 程序中 boy 被定义为外部结构数组，因此在整个源程序中有效。

(2) 程序中定义了函数 ave，该函数的功能是完成计算平均成绩和统计不及格人数的工作并输出结果。

(3) ave 函数的形参为结构指针变量，因此要求对应的实参也为结构指针变量。在 main 函数中定义结构指针变量 ps，并把 boy 的首地址赋予它，使 ps 指向 boy 数组，然后以 ps 作实参调用函数 ave。

(4) 由于本程序全部采用指针变量作运算和处理，故速度更快，程序效率更高。

7.3.3　返回结构体类型值的函数

一个函数可以带回一个函数值，这个函数值可以是整型、实型、字符型、指针型等，还可以带回一个结构体类型的值。

【例 7-13】　输入并显示学生信息，用返回结构体类型值的函数实现。

```
/* program ch7-13.c */
#include "stdlib.h"
#include "stdio.h"
struct stud_type
{   long num;
    char name[20];
    char sex;
    int age;
    float score;
};
void main()
{   void list(struct stud_type student);
    struct stud_type new(void);                 /* 返回结构体类型值的函数 */
    struct stud_type student[3];
    int i;
    for(i = 0;i < 3;i ++)     student[i] = new();
    printf("num\t 姓名\t  年龄      分数\n");
    for(i = 0;i < 3;i ++)     list(student[i]);
}
struct stud_type new(void)                      /* 返回结构类型的函数 */
{   struct stud_type student;                   /* 局部结构变量 */
    char ch, numstr[20];
    printf("\nenter all data of student:\n");
    printf("\nenter 学号:\n");  gets(numstr);
    student.num = atol(numstr);                 /* 将字符串转换成长整型数并返回结果 */
    printf("\nenter 姓名:\n");  gets(student.name);
    printf("\nenter 性别:\n");
    student.sex = getchar();  ch = getchar();
    printf("\nenter 年龄:\n");  gets(numstr);
```

```
    student.age = atoi(numstr);                    /* 将字符串转换成整型数并返回结果 */
    printf("\nenter 分数:\n");  gets(numstr);
    student.score = atof(numstr);                  /* 将字符串转换成实型数并返回结果 */
    return(student);                               /* 返回结构变量值 */
}
void list(struct stud_type student)
{   printf("%-7d %-10s %3c %-6d %-6.2f\n",
          student.num, student.name, student.sex, student.age, student.score);
}
```

程序剖析：

(1) 程序定义了 new 函数，该函数的功能是从键盘输入数据。

(2) 函数 new 定义为 struct stud_type 类型。new 函数中的 return 语句将 student 的值作为返回值，因此 student 的类型与函数的类型一致。

(3) main 函数中共调用三次 new 函数，每次调用 new 函数，就从键盘输入一组数据。

(4) 程序中有两个 student 变量，它们在不同函数中定义，是局部变量，互无关系。

【例 7-14】 已知 3 个学生的信息，存放在结构数组中，每个学生的信息含有学号、姓名、操作系统成绩、数据结构成绩和计算机网络成绩，要求用返回结构体类型值的函数编写程序实现以下功能。

(1) 输入 3 个学生的信息。

(2) 查找指定学号学生的信息。

(3) 输出找到的学生信息。

分析如下。

(1) 定义结构数组：struct stud_type student[3];，存放 3 个学生的信息。

(2) 调用 new 函数输入每个学生的信息。

函数原型：struct stud_type new(void)

(3) 调用 search 函数查找指定学号学生的信息。

函数原型：struct stud_type *search(long num)

参数描述：num 为待查找学生的学号。

(4) 调用 list 函数输出找到的学生信息。

函数原型：void list(struct stud_type *student)

参数描述：student 指向找到的学生结构体。

(5) 程序如下。

```
/* program ch7-14.c */
#include "stdlib.h"
#include "stdio.h"
#include "string.h"
struct stud_type                                   /* 定义结构类型 */
{   long number;                                   /* 学号 */
    char name[20];                                 /* 姓名 */
    float os;                                      /* 操作系统成绩 */
    float datastru;                                /* 数据结构成绩 */
    float compnet;                                 /* 计算机网络成绩 */
```

```
};
struct stud_type student[3];                          /* 定义结构数组 */
void main()
{   struct stud_type new(void);                       /* 声明返回结构体类型值的函数 */
    struct stud_type * search(long);                  /* 声明返回结构体类型值的函数 */
    void list(struct stud_type * );
    int i;
    long num;
    struct stud_type  * t;
    printf("\n 请输入要查找的学号\n");    scanf(" % ld",&num);
    for(i = 0;i < 3;i ++ )  student[i] = new();      /* 调用 new 函数 */
    t = search(num);                                  /* 调用 search 函数 */
    if(t!= NULL)  list(t);                            /* 找到调用 list 函数 */
    else  printf("not found");
}
struct stud_type new(void)
{   struct stud_type student;                         /* 局部结构变量 */
    printf("\n 请输入学号、姓名、操作系统成绩、计算机网络成绩和数据结构成绩: \n");
    scanf(" % ld % s % f % f % f",&student.number,student.name, &student.compnet,
                &student.os,&student.datastru);
    return(student);                                  /* 返回结构变量值 */
}
struct stud_type * search(long num)
{   struct stud_type * p;
    for(p = student;p < student + 3;p ++ )
        if(num == p -> number)  return p;
    return NULL;
}
void list(struct stud_type * student)
{   printf(" % - 7ld % - 10s % - 6.2f % - 6.2f % - 6.2f\n",
student -> number,student -> name,student -> compnet,student -> os,student -> datastru);
}
```

【学生项目案例 7-4】 使用结构体数组对“学生信息管理系统”中学生信息以班级为单位进行输入、输出、插入和排序。

分析如下。

(1) 问题陈述：该项目使用结构体数组对“学生信息管理系统”中学生信息进行输入和输出等操作。

(2) 需求分析：在对学生信息进行输入时，通常是以班级为单位进行操作，因此需要使用结构体数组来表示一个班级学生的信息。不同班级的学生信息使用不同的数据文件保存在磁盘上。一般情况下，一个班级人数不超过 60 人，可以把数组的大小定义为 60。定义如下结构体数组来表示班级学生信息。

```
struct student                      /* 定义学生结构体 */
{   char studentid[20];             /* 学生学号 */
    char studentname[20];           /* 学生姓名 */
    int  scorearr[N];               /* 学生成绩数组(N 为符号常量表示学生的成绩个数) */
}studentarr[M];                     /* 定义学生数组(M 为符号常量) */
```

(3) 处理流程如下。

① 用户界面的显示：进入系统时显示用户主界面，根据界面提示选择不同的操作。

② 各个功能模块的执行：根据用户所选功能模块编号执行相应的函数。

(4) 确定算法，各算法描述如下。

① 学生信息录入算法。

```
/*算法开始*/
void StudentInput(struct student *p)          /*结构指针作形参*/
{ 定义变量
  输入要录入的班级编号
  输入该班级的学生人数
  依次输入每个学生的信息并保存到相应的结构体数组元素中
  调用函数保存学生信息
}
/*算法结束*/
```

② 学生信息输出算法。

```
/*算法开始*/
void StudentOut(struct student *p)            /*结构指针作形参*/
{ 定义变量
  输入要输出学生信息的班级编号
  调用函数判断班级文件是否为空,若为空则返回
  调用函数读取班级文件中学生的信息
  输出表头
  输出表格内容                                /*每个学生的信息*/
}
/*算法结束*/
```

③ 学生信息插入算法。

```
/*算法开始*/
void StudentAdd(struct student *p)            /*结构指针作形参*/
{ 定义变量
  输入要插入学生信息的班级编号
  判断班级人数是否超出最大人数 M,若超出则返回
  依次输入要插入学生的学号、姓名、成绩
  插入后班级人数加1
  调用函数保存学生信息
}
/*算法结束*/
```

④ 根据平均分，采用冒泡法对班级中的学生成绩进行排序。

⑤ 统计各门课程的平均成绩。要统计班级中每门课程的平均成绩，可以定义一个数组来存放每门课程的平均成绩，定义并初始化为 float row[N] = {0}; 。在数组中从下标为 1 的元素开始依次存放每门课程的平均成绩。统计时可以通过下面的循环进行处理。

```
for(i=1;i<N;i++)                              /*i表示每门成绩的下标*/
{    for(k=0;k<num;k++)                       /*k表示每个学生的下标*/
        row[i]=row[i]+p[k].scorearr[i];       /*计算单项总和*/
```

```
    row[i] = row[i]/num;                        /* 计算单项平均 */
}
```

⑥ 学生信息保存。学生信息保存时需要根据班级编号生成数据文件名，然后再根据班级中学生的人数把结构体数组中的数据依次存储到数据文件中。因此需要三个参数，分别传递班级编号、结构体数组的首地址、班级学生人数。

```
void StudentSave(char *classid,struct student *p,int num)    /* 结构指针 p 作形参 */
{ 定义变量
  生成文件名
  打开文件
  先写入班级总人数到文件中
  依次把结构体数组中每个元素的值写入文件
  关闭文件
}
```

⑦ 从文件中读取班级学生的信息。该函数需要三个参数分别传递班级编号、结构体数组的首地址、班级学生人数。

```
void StudentLoad(char *classid,struct student *p,int *num)    /* 结构指针 p 作形参 */
{ 定义变量
  生成文件名
  打开文件
  从文件中读取班级的总人数到 num 中
  依次读取每个学生的信息到结构体数组中
  关闭文件
}
```

⑧ 检查文件是否为空。在对成绩进行排序、统计时，若班级文件为空，则不需要对其进行操作，应直接返回。程序中的班级文件为二进制文件。要判断二进制文件是否为空，可以使用如下语句：

```
if(fread(&temp,sizeof(struct student),1,fp) == 0)
```

二进制文件和文本文件不同，其文件末尾没有文件结束符 EOF。因此要判断二进制文件是否为空，可以先使文件指针指向文件的开头，然后使用函数 fread 从二进制文件读取一个数据块（根据结构体的类型确定其长度）。当 fread 函数读入的数据有效时，函数返回值为 1，无效返回 0，说明此文件为空。

(5) 根据上面所描述的算法，编写程序如下。

```
#include <stdio.h>
#include <stdlib.h>
#include <string.h>
#define M 60
#define N 5
/* 定义学生结构体类型，全局类型 */
struct student
{ char studentid[20];                           /* 学号 */
  char studentname[20];                         /* 姓名 */
  int  scorearr[N];                             /* 成绩数组 */
```

```
};
/ * 函数声明 * /
void  StudentLoad(char * classid,struct student * p,int * num);
void  StudentSave(char * classid, struct student * p,int num);
void  StudentInput(struct student * p);
void  StudentOut(struct student * p);
void  StudentAdd(struct student * p);
void  ScoreCount(struct student * p);
void  ScoreSort(struct student * p);
int FileCheck(char * classid);
/ * 主界面显示模块 * /
void main(void)
{   int Student_index;                          / * 存放选择主选功能编码 * /
    struct student studentarr[M];               / * 定义学生数组,存放班级学生信息 * /
    do {  system("cls");
        printf("\n\n");
        printf("          欢迎使用学生成绩管理子系统!\n\n");
        printf("   ========================================\n");
        printf("   ‖  1:  学生信息录入    2:  学生信息输出      ‖\n");
        printf("   ‖  3:  学生信息插入    4:  学生成绩排序      ‖\n");
        printf("   ‖  5:  学生成绩统计    6:  退出系统          ‖\n");
        printf("   ========================================\n");
        printf("             请你在上述功能编号中选择...\n");
        scanf(" % d",&Student_index);  getchar();
        if(!(Student_index >= 1&&Student_index <= 6))  / * 非 1~6,输入编号错误 * /
        {   printf("对不起,你选择的功能模块号是错的!!!\n");
            printf("请按回车键在上述的功能编号中重新选择...\n");
            getchar();
        }
        switch(Student_index)
        {   / * 用户选择不同的功能,进入不同的功能模块 * /
            case 1:  StudentInput(studentarr);  / * 结构数组名作实参 * /  break;
            case 2:  StudentOut(studentarr);    / * 结构数组名作实参 * /  break;
            case 3:  StudentAdd(studentarr);    / * 结构数组名作实参 * /  break;
            case 4:  ScoreSort(studentarr);     / * 结构数组名作实参 * /  break;
            case 5:  ScoreCount(studentarr);    / * 结构数组名作实参 * /  break;
            case 6:  exit(0);
        }
    }while(1);
}
/ * 学生信息录入模块 * /
void StudentInput(struct student * p)
{   int i,k,num;
    char classid[20];
    system("cls");
    printf("\n ************* 请输入学生信息 ************* :\n");
    printf("\n 请输入你要录入的班级编号: ");    gets(classid);
    printf("\n 请输入该班级的学生人数: ");    scanf(" % d",&num);  getchar();
    for(k = 0;k < num;k ++ )
    {   printf("\n 请输入第 % d 个学生的学号:",k + 1);
        gets(p[k].studentid);
```

```
        printf("请输入第%d个学生的姓名:",k+1);
        gets(p[k].studentname);
        p[k].scorearr[0]=0;
        for(i=1;i<N;i++)
        {   printf("请输入第%d门课程的成绩:",i);          /*提示*/
            scanf("%d",&p[k].scorearr[i]);  getchar();
            /*计算总成绩*/
            p[k].scorearr[0]=p[k].scorearr[0]+p[k].scorearr[i];
        }
        p[k].scorearr[0]=p[k].scorearr[0]/(N-1);          /*计算平均成绩*/
    }
    StudentSave(classid,p,num);                          /*调用函数保存学生信息*/
    printf("\n学生信息输入并保存成功!按回车键继续...\n"); getchar();
}
/*学生信息输出模块*/
void StudentOut(struct student *p)
{   int i,k,num,flag;
    char classid[20];
    system("cls");
    printf("\n请输入你要输出的班级编号:");
    gets(classid);
    flag=FileCheck(classid);                 /*调用函数判断班级文件是否为空*/
    if(flag==0)
    {   printf("\n无此班级数据!按回车键继续...\n"); getchar();
        return;
    }
    StudentLoad(classid,p,&num);             /*调用函数读取班级文件中学生的信息*/
    /*输出表头*/
    printf("\n\n");
    printf("****************** %s班级成绩表 ******************\n",classid);
    printf("==========================================\n");
    printf("|%-8s|%-8s|%-8s|","学号","姓名","平均分");
    for(k=1;k<N;k++)
    {   printf("%6s%-2d|","成绩",k);}
        printf("\n==========================================");
    /*输出表格内容*/
    for(k=0;k<num;k++)
    {   printf("\n|%-8s|%-8s|",p[k].studentid,p[k].studentname);
        for(i=0;i<N;i++)
            printf("%-8d|",p[k].scorearr[i]);
    }
    printf("\n==========================================\n");
    printf("\n学生信息输出结束!按回车键继续...\n");  getchar();
}
/*学生信息插入模块*/
void StudentAdd(struct student *p)
{   int i,num;
    char classid[20];
    system("cls");
    printf("\n请输入你要学生所在的班级编号:");     gets(classid);
    StudentLoad(classid,p,&num);
```

```
    if(num >= M)
    {   printf("班级人数已满,无法进行插入操作!请按回车键返回...\n");
        getchar(); return;
    }
    printf("\n请输入要插入学生的学号:");  gets(p[num].studentid);
    printf("请输入要插入学生的姓名:");    gets(p[num].studentname);
    p[num].scorearr[0] = 0;
    for(i = 1;i < N;i ++ )
    {   printf("请输入第 %d 门课程的成绩:",i);          /* 提示 */
        scanf(" %d",&p[num].scorearr[i]); getchar();
        p[num].scorearr[0] = p[num].scorearr[0] + p[num].scorearr[i];/* 计算总成绩 */
    }
    p[num].scorearr[0] = p[num].scorearr[0]/(N - 1);   /* 计算平均成绩 */
    num = num + 1;                                      /* 插入后人数加 1 */
    StudentSave(classid,p,num);                         /* 调用函数保存学生信息 */
    printf("信息插入成功!请按回车键返回...\n"); getchar();
}
/* 成绩排序模块 */
void ScoreSort(struct student *p)
{   int i,k,num;
    int flag;               /* flag 用来检查某趟排序的过程是否发生了交换,以提高排序效率 */
    char classid[20];
    struct student temp;
    system("cls");
    printf("\n请输入要平均分由高到低进行排序的班级编号:");
    gets(classid);
    flag = FileCheck(classid);                /* 调用函数判断班级文件是否为空 */
    if(flag == 0)
    {   printf("\n无此班级数据!按回车键继续...\n");  getchar();
        return;
    }
    StudentLoad(classid,p,&num);              /* 调用函数读取班级文件中学生的信息 */
    /* 使用冒泡排序法对成绩按由大到小进行排序 */
    for(k = 1;k < num;k ++ )
    {   flag = 0;
        for(i = 0;i < num - k;i ++ )
            if(p[i].scorearr[0]< p[i + 1].scorearr[0])
            {   temp = p[i]; p[i] = p[i + 1];p[i + 1] = temp;
                flag = 1;
            }
        if(flag == 0) break;                  /* flag 值为 0,说明此趟排序过程中没有发生交换 */
    }
    StudentSave(classid,p,num);               /* 保存学生信息 */
    printf("学生成绩排序成功!请按回车键返回...\n"); getchar();
}
/* 统计各门课程的平均成绩 */
void ScoreCount(struct student *p)
{   int i,k,num,flag;
    float row[N] = {0};                       /* 定义存放单项平均的一维数组 */
    char classid[N];
    system("cls");
```

```
    printf("\n请输入要统计信息的班级编号:");     gets(classid);
    flag = FileCheck(classid);                /* 调用函数判断班级文件是否为空 */
    if(flag == 0)
    {   printf("\n无此班级数据!按回车键继续...\n");  getchar();
        return;
    }
    StudentLoad(classid,p,&num);              /* 调用函数读取班级文件中学生的信息 */
    for(i = 1;i < N;i ++ )
    {   for(k = 0;k < num;k ++ )
            row[i] = row[i] + p[k].scorearr[i];    /* 计算单项总和 */
        row[i] = row[i]/num;                  /* 计算单项平均 */
    }
    /* 打印表头 */
    printf(" ********* %s 班级各门课程平均成绩表 ********* \n",classid);
    printf(" ========================================== \n");
    printf("| % - 8s| % - 8s|","课程名","平均分");
    printf("\n ========================================== ");
    for(i = 1;i < N;i ++ )
        printf("\n| %6s % - 2d| % - 6.2f|","课程",i,row[i]);
    printf("\n ========================================== \n");
    printf("\n各门课程平均成绩统计结束!请按回车键返回上一层...\n");
    getchar();
}
/* 成绩保存到文件中 */
void StudentSave(char * classid, struct student * p,int num)
{   int k;
    char classname[20];
    FILE  * fp;
    strcpy(classname,classid);
    strcat(classname,".dat");                 /* 连接文件的扩展名,生成完整的文件格式 */
    if((fp = fopen(classname,"wb")) == NULL)
    {   printf("文件打开失败,系统退出!");     exit(1);  }
    fwrite(&num,sizeof(int),1,fp);            /* 把班级总人数写入文件 */
    for(k = 0;k < num;k ++ )                  /* 把班级中每个学生的信息存放到文件中 */
    fwrite(&p[k],sizeof(struct student),1,fp);
    fclose(fp);
}
/* 读取文件中的成绩 */
void  StudentLoad(char * classid, struct student * p,int * num)
{   int k;
    char classname[20];
    FILE  * fp;
    strcpy(classname,classid);
    strcat(classname,".dat");                 /* 连接文件的扩展名,生成完整的文件格式 */
    if((fp = fopen(classname,"ab + ")) == NULL)
    {   printf("文件打开失败,系统退出!");  exit(1);}
    fread(num,sizeof(int),1,fp);              /* 读取班级总人数 */
    for(k = 0;k < * num;k ++ )
        fread(&p[k],sizeof(struct student),1,fp);
    fclose(fp);
}
```

```
/*判断文件是否为空文件,为空返回0,否则返回1*/
int FileCheck(char *classid)
{   int flag=1;
    char classname[20];
    struct student temp;
    FILE   *fp;
    strcpy(classname,classid);
    strcat(classname,".dat");                    /*连接文件的扩展名,生成完整的文件格式*/
    if((fp=fopen(classname,"ab+"))==NULL)
    {   printf("文件打开失败,系统退出!"); exit(1);}
    /*fread函数读入的数据有效,则函数返回值为1,否则返回0,说明此文件为空*/
    if(fread(&temp,sizeof(struct student),1,fp)==0)   flag=0;
    fclose(fp);
    return flag;
}
```

7.4 链表

数组的长度是预先定义好的,在整个程序中固定不变。C语言中不允许动态数组类型。例如,int n,a[n]; scanf("%d",&n); 用变量表示长度,想对数组的大小作动态说明,这是错误的。实际编程中,往往会发生这种情况,即所需要的内存空间取决于实际输入的数据,而无法预先确定。对于这种问题,用数组的办法很难解决。C语言提供了一些内存管理函数,这些内存管理函数可以按需动态分配内存空间,也可把不再使用的空间回收待用,为有效地利用内存资源提供了手段。

数组是静态的数据结构,其长度固定,给插入、删除等操作带来很大的不便。链表(Linked List)是链接方式存储的"线性表",是一种动态数据结构,它根据实际需要动态分配和释放,无须事先确定长度。

线性表(Linear List)是最简单、最基本、最常用的数据结构,它是线性结构的逻辑抽象(Abstract)。线性结构特点是结构中数据元素间存在一对一的线性关系,这种一对一的关系指的是数据元素间的位置关系,即:

(1) 除第1个位置的数据元素外,其他数据元素位置前面都只有1个数据元素。

(2) 除最后1个位置数据元素外,其他数据元素位置后面都只有1个数据元素。

也就是说,数据元素是一个接一个排列,因此,可以把线性表想象为一种数据元素序列的数据结构。线性表是由$n(n\geqslant 0)$个相同类型数据元素构成的有限序列,数据元素的个数n定义为表的长度。当$n=0$时称为空表。常常将非空的线性表$(n>0)$记作:

$$(a1,a2,\cdots,an)$$

数据元素 ai(1≤i≤n)只是一个抽象的符号,其具体含义在不同的情况下可以不同。

注意:

(1)"有限"指的是线性表中数据元素的个数是有限的,线性表中的每一个数据元素都有自己的位置(Position),本书不讨论数据元素个数无限的线性表。

(2)"相同类型",指的是线性表中的数据元素都属于同一种类型。

在实现线性表数据元素的存储方面,一般可用顺序存储结构和链式存储结构两种方法。

另外堆栈、队列和串也是线性表的特殊情况，又称为受限的线性结构。由于这些特殊线性表都具有各自的特性，因此，掌握这些特殊线性表的特性，对于数据运算的可靠性和提高操作效率都是至关重要的。

线性表的基本操作如下。

(1) Setnull(L)：置空表。

(2) Length(L)：求表长度，求表中元素个数。

(3) Get(L,i)：取表中第 i 个元素(1≤i≤n)。

(4) Prior(L,i)：取 i 的前趋元素。

(5) Next(L,i)：取 i 的后继元素。

(6) Locate(L,i)：返回指定元素在表中的位置。

(7) Insert(L,i,x)：插入元素。

(8) Delete(L,x)：删除元素。

(9) Empty(L)：判别表是否为空。

(10) Clear(L)：清除所有元素。

(11) Init(L)：同第一个，初始化线性表为空。

(12) Traver(L)：遍历输出所有元素。

(13) Find(L,x)：查找并返回元素。

(14) Update(L,x)：修改元素。

(15) Sort(L)：对所有元素重新按给定的条件排序。

7.4.1 链表的基本概念

1. 链表的存储方式

链接方式存储的线性表简称为链表。

线性表的链式存储的特点是用一组任意的存储单元存储线性表的数据元素，这组存储单元可以是连续的，也可以是不连续的。

为了表示线性表中每个数据元素与其直接后继元素和前趋元素之间的逻辑关系，链表中的元素除了存储其本身的数据信息外，还需存储一个指示其直接后继和前趋的存储位置信息，由这两部分信息组成一个"结点"。结点包含任意的数据域(Data Fields)和一或两个用来指向前一个或后一个结点位置的指针域或链接域(Link Fields)。链表允许插入和移除表上任意位置上的结点，但是不允许随机存取。

使用链表结构可以克服数组需要预先知道数据大小的缺点。链表结构可以充分利用计算机内存空间，实现灵活的内存动态管理。常利用动态内存分配和回收策略，将内存中离散的或连续的存储单元用指针串联起来，形成一个完整的、有机的整体，用于存储一组有关系的数据，并可根据实际需要随时进行增加、删除或组合，既实现了数据的链式存储，又减轻了内存的负担，提高了空间的利用率，方便灵活地实现了数据的表示和数据的组织。但是链表失去了数组(线性表的顺序结构)随机读取的优点，同时链表由于增加了结点的指针域，空间开销比较大。

(1) 链表的结点结构：链表由一系列结点(链表中每一个元素称为结点)组成，结点可以在运行时动态生成。链表有很多种不同的类型：单向链表,双向链表以及循环链表。

单向链表(Single Linked List)的特点是链表的链接方向是单向的,对链表的访问要通过从头部顺序读取开始；双向链表的每个数据结点中都有两个指针,分别指向直接后继和直接前驱。从双向链表中的任意一个结点开始,都可以很方便地访问它的前驱结点和后继结点。

单向链表为了表示每个数据元素与其直接后继数据元素之间的逻辑关系,对数据元素来说,除了存储其本身的信息外,还需存储一个指示其直接后继的信息(即直接后继的存储位置)。由这两部分信息组成一个"结点"(如图 7-3 所示),表示线性表中的一个数据元素。双向链表的结点结构如图 7-4 所示。

data	next
数据域	指针域

图 7-3　单向链表的结点结构

pre	data	next
指针域	数据域	指针域

图 7-4　双向链表的结点结构

data 域——存放结点值的"数据域"。

next 域——存放结点的直接后继的地址(位置)的指针域(链域)。

pre 域——存放结点的直接前趋的地址(位置)的指针(Pointer)域(链(Link)域)。

注意：

① 链表通过每个结点的指针域将线性表的 n 个结点按其逻辑顺序链接在一起。

② 链表中的数据元素的逻辑顺序是通过链表中的指针域链接次序来实现的。

③ 顺着指针域即可存取在链表上的每个结点的数据,从而实现"顺藤摸瓜"。

例如,单向链表的结点结构类型描述如下。

```
struct node
{    int num;                              /* 学号 */
     char name[10];                        /* 姓名 */
     float score;                          /* 分数,以上为数据域 */
     struct node * next;                   /* 指针域,指向下一个结点 */
};
```

(2) 单向链表中的头指针 head 和终端结点指针域的表示。单向链表中,每个结点的存储地址存放在其前趋结点的 next 域中,而开始结点(即第 1 个结点)无前趋,终端结点(最后一个结点)无后继,如图 7-5 所示。

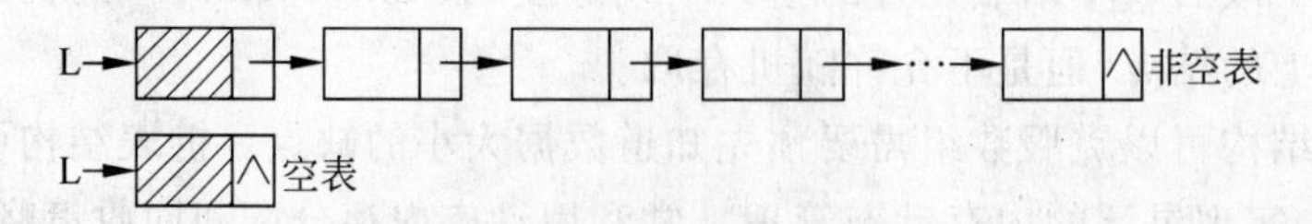

图 7-5　单向链表示意图

在单链表中,第 1 个结点的地址如何存储非常重要,因为链表的操作都必须从头开始"顺藤摸瓜"实现对链表的依次遍历,从而实现对单链表中结点的处理。

对于第 1 个结点(即开始结点)的地址的存储有两种方式。

① 有"头指针"的链表。将第 1 个结点的地址存放在一个指针中,并称这个指针为"头

指针”。按照这种形式组织的单链表，当单链表中无结点，即空链时，链结构如图 7-6(a)所示。这种形式的链表，空链和非空链的处理方式不同，给程序处理带来不便。

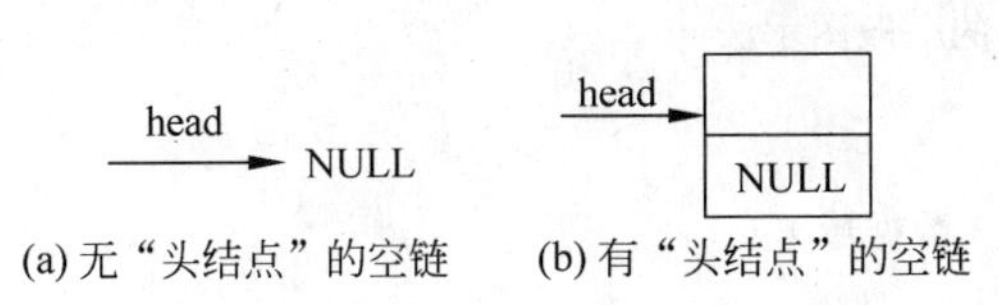

(a) 无“头结点”的空链　(b) 有“头结点”的空链

图 7-6　单链表的空链

② 有“头结点”的单链表。再构造一个结点，并称这个结点为“头结点”，将第 1 个结点的地址存放在头结点的指针域中，头结点的地址称为头指针。按照这种形式组织的链表，当链表中无结点，即空链时，链结构如图 7-6(b)所示。这种形式的链表，空链和非空链的处理方式相同。

应设头指针 head 或头结点指向开始结点(即第 1 个结点)。单链表由头指针或头结点唯一确定，单链表可以用头指针的名字来命名。例如：头指针名是 head 的链表可称为表 head。

按照上述描述方式将各个数据分散存放在内存中，并从“头”开始，将各个结点之间用链指针串接起来，而最后一个结点(叫尾结点或终端结点)无后继结点，故其指针域存放一个空地址(NULL)，表示单链到此结束。

注意：

① 链表各结点在内存中并不占据一片连续的内存单元，每一个结点可以分布在内存的任意位置，只要知道其地址，就能访问这些结点。在程序的执行过程中，用户可以根据实际的需要，随时通过 malloc 函数向系统申请一定数量的内存空间，将数据存放在相应的内存空间中，接着再申请空间继续存放其他的数据。当链表结点中的指针失去了下一个结点的地址后，链表就会断开，其后的结点将会全部丢失。

② 采用适当的操作步骤可以使链表加长或缩短，而使存储分配具有一定的灵活性。

③ 链式存储是最常用的存储方式之一，它不仅可用来表示线性表，而且可用来表示各种非线性的数据结构。

如果要存放一个班的学生数据，事先不能确定人数的多少，用链表处理则可以方便灵活地实现数据的表示和组织。

2. 单链表的一般图示法

例如，有线性表(bat，cat，eat，fat，hat，jat，lat，mat)，其单链存储表示意如图 7-7 所示。

实际中常常只注重结点间的逻辑顺序，不关心每个结点的实际位置，可以用箭头来表示链域中的指针，所以，线性表(bat，cat，eat，fat，hat，jat，lat，mat)的单链表就可以表示为图 7-8 所示的形式。

	存储地址	数据域	指针域
	⋮	⋮	⋮
	110	bat	200
	⋮	⋮	⋮
	130	cat	135
	135	eat	170
	⋮	⋮	⋮
头指针	160	mat	NULL
head 165	165	bat	130
	170	fat	110
	⋮	⋮	⋮
	200	jat	205
	205	lat	160
	⋮	⋮	⋮

图 7-7　单链表示意图

【例 7-15】　内存管理函数(malloc、calloc、free)使用示例：动态分配一块数据区域，输入一个学生的数据信息。

```
/ * program ch7 - 15.c * /
# include < stdio.h >
# include < stdlib.h >
void main()
```

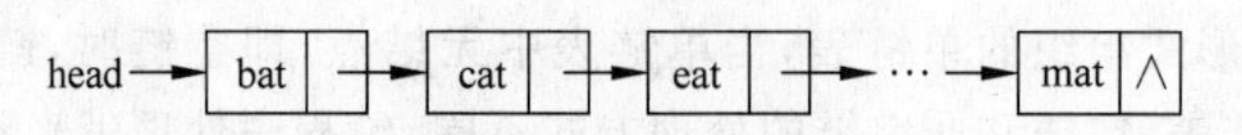

图 7-8　单链表的一般图示法

```
{    struct stu
     {    int num;                          /* 数据域 */
          char * name;
          char sex;
          float score;
          struct stu * node;                /* 指针域 */
     };
     struct stu * ps;                       /* 定义指向 struct stu 类型的指针变量 ps */
     ps = (struct stu *)malloc(sizeof(struct stu));   /* 动态分配存储空间 */
     ps -> num = 102;
     ps -> name = "Zhang ping";
     ps -> sex = 'M';
     ps -> score = 62.5;
     ps -> node = NULL;                     /* 指向空 */
     printf("Number = %d\nName = %s\n",ps -> num,ps -> name);
     printf("Sex = %c\nScore = %f\n",ps -> sex,ps -> score);
     free(ps);                              /* 释放所分配的存储空间 */
}
```

程序剖析：

本例建立了一个有头指针指向一个结点的链表。定义了结构 stu 和 stu 类型的指针变量 ps,然后动态分配一存储区,并把首地址赋予 ps,使 ps 指向该区域,ps 即为头指针。再以 ps 为指向结点结构的指针变量对各成员赋值,而该结点的指针域 node 为“空”。用 printf 输出各成员值。最后用 free 函数释放 ps 指向的内存空间。整个程序包含了申请内存空间、使用内存空间、释放内存空间三个步骤,实现了存储空间的动态分配。

7.4.2　单链表的基本操作

1. 生成链表：建立动态链表

采用动态分配、建立链表的办法建立学生信息库。每次根据需要分配一块空间存放一个学生的数据信息,无须预先确定学生的准确人数,从而节约了宝贵的内存资源。

单链表的生成实际上就是在单链表上插入结点的循环。首先生成空链表,接着不断生成新的结点插入单链表中,直到链表完成。根据结点插入的位置不同可将单链表生成的算法分为头插法和尾插法。

建立动态单链表(Dynamic Chain)的基本操作步骤如下。

(1) 定义结点的数据类型。

(2) 定义存储链表第一个结点地址的头指针 head(或头结点)。

(3) 逐个动态分配新结点,采用头插法或尾插法链接到链表中。

【例 7-16】 用尾插法建立生成一个有头结点的单链表的通用函数。

分析如下。

(1) 在建立生成单链表的函数前，假定已定义了如下的结构体类型和变量。

```
struct stu                                   /* 定义链表结点结构类型 */
{   long num;
    float score;                             /* 数据域 */
    struct stu * next;                       /* 结点指针域 */
};
struct stu * head;                           /* head 为链表的头结点指针 */
```

(2) 假设指针 p 指向链表的尾结点，指针 q 指向当前申请的新结点。

```
/* 用尾插法生成有头结点的单链表子函数 */
void create(struct stu * head)
{   struct stu * p, * q;                     /* p 指向链尾, q 指向新申请的结点 */
    p = (struct stu * )malloc(sizeof(struct stu));       /* 动态申请结点 */
    head = p;                 /* 头结点指针,指向新生成的头结点 */
    head -> next = NULL;                 /* 头结点指针域置空,头结点数据域不赋有效值 */
    q = (struct stu * )malloc(sizeof(struct stu);scanf(" % ld % f",&q = num) % q -> score);
    while(q -> num!= 0)                  /* 循环插入新结点,当输入数据 0 时结束插入 */
    {   p -> next = q;                   /* 当前新结点插入链尾 */
        p = q;                           /* p 指向新链尾 */
        q = (struct stu * )malloc(sizeof(struct stu));  /* 动态申请内存新结点 */
        printf("input Number and score:\n");            /* 为新结点输入数据 */
        scanf(" % ld % f",&q -> num,&q -> score);
    }
    p -> next = NULL;                                   /* 链尾结点的指针为空 */
}
```

函数剖析：

(1) 该函数生成一个有头结点的链表。

(2) 首先生成头结点，头结点的指针域为空，数据域不赋有效值，即空链。接着不断生成新结点，并将其插在刚生成结点的后继，直至输入结束标志(本例设为 0)为止。循环结束后，将最后一个结点的指针域置为空。

【例 7-17】 应用链表建立班级学生信息库。

分析如下。

(1) 假设某班学生有 n 人，需要建立一个有 n 个结点的单链表，存放学生数据。为简单起见，假定学生信息数据结构中只有学号和年龄两项。

(2) 编写建立单链表的函数 creat(int n)。

(3) 编写程序如下。

```
#include <stdio.h>
#include <stdlib.h>
#define TYPE struct stu
#define LEN sizeof (struct stu)
struct stu
{   int num;
    int age;
    struct stu * next;
};
```

```
TYPE *creat(int n)                        /*返回值为结构指针的函数*/
{   struct stu *head, *pf, *pb;
    int i;
    pf = (TYPE *)malloc(LEN);             /*动态申请内存头结点*/
    head = pf;                            /*头结点指针*/
    head -> next = NULL;                  /*头结点指针域指向空,头结点数据域不赋有效值*/
    if(n)                                 /*有学生结点则建立链表*/
    {   for(i = 1;i <= n;i ++ )           /*构造有n个结点的链表*/
        {   pb = (TYPE *) malloc(LEN);    /*动态分配存储空间*/
            printf("输入%d学生学号和年龄:\n",i);
            scanf("%d%d",&pb -> num,&pb -> age);
            pf -> next = pb;              /*当前新结点插入链尾*/
            pf = pb;                      /*pf指向新链尾*/
        }
        pf -> next = NULL;                /*链尾结点的指针为空*/
    }
    return(head);                         /*返回链表头结点指针*/
}
void main()
{   int n;
    struct stu *head, *p;
    printf("输入学生人数:\n");      scanf("%d",&n);
    head = creat(n);
    p = head -> next;                     /*指向第1个学生结点*/
    printf("输出学生信息:\n\n");
    while(p -> next!= NULL)               /*输出链表数据*/
    {   printf("%d   %d\n",(*p).num,p -> age);
        p = p -> next;
    }
    printf("%d   %d\n",(*p).num,p -> age);  /*输出链表尾结点数据*/
    free(head);                           /*释放链表*/
}
```

函数剖析:

(1) 在函数外用宏定义 TYPE 表示 struct stu,LEN 表示 sizeof(struct stu),是为了在以下程序中减少书写并使阅读更加方便。

(2) 结构 stu 定义为外部类型,程序中的各个函数均可使用该结构。

(3) creat 函数用尾插法建立一个有头结点的、包括 n 个结点的链表,它是一个指针函数,返回的指针指向 stu 结构。该函数的形参 n,表示所建链表的结点数,作为 for 语句的循环次数。在 creat 函数内定义了三个 stu 结构的指针变量。head 为头指针,pf 为指向两相邻结点的前一结点的指针变量,pb 为后一结点的指针变量。在 for 语句内,用 malloc 函数申请长度与 stu 长度相等的空间作为结点,首地址赋予 pb,然后输入结点数据。如果当前结点是第一结点(i==1),则把 pb 值(该结点指针)赋予 head 和 pf。如果不是第一结点,则把 pb 值赋予 pf 所指结点的指针域成员 next。而 pb 所指结点为当前的最后结点,其指针域赋 NULL。

(4) 输出链表数据的方法:从 head 的后继结点开始,输出每个结点数据,再通过该结点的 next 成员找出下一结点,直到下一结点为 NULL。

2. 遍历单链表：单链表的查找与输出

在单链表中查找数据信息，步骤如下。

(1) 输入待查找的数据信息，如学号。

(2) 从链表头结点的后继结点开始(p=head->next)查找。

(3) 如果此结点的数据信息与待查找的数据信息不同，且此结点存在后继结点，则结点指针后移(p=p->next)，以指向下一个结点，继续查找。

(4) 循环结束后，仍没有找到，则输出“not found”。

(5) 在遍历链表过程中，对结点操作或输出。

【例 7-18】 (接例 7-17)建立查找数据链表的一般子函数 search。

分析如下。

在建立查找数据链表的一般子函数 search 前，假定条件和例 7-17 相同。

```
void search(struct stu * head)                  /* 在链表 head 中查找数据子函数 */
{   struct stu * p;
    long n;
    scanf("%ld",&n);                            /* 输入待查找的数据 */
    p = head -> next;                           /* p 指向 1 个结点 */
    while(p -> next!= NULL&& p -> num!= n)      /* 在链表中查找 */
        p = p -> next;
    if(p -> num == n)
        printf("%ld, %f", p -> num, p -> score);
    else
        printf("not found");
}
```

【例 7-19】 (接例 7-17)已建立某班学生的链表结构，写一个函数，在链表中按学号查找该学生结点数据，并输出该学生的所有数据信息。

```
#include <stdio.h>
#include <stdlib.h>
#define TYPE struct stu
#define LEN sizeof (struct stu)
struct stu
{   int num;
    int age;
    struct stu * next;
};
extern TYPE * creat(int n);                     /* 所声明的函数在前述例题中 */
/* 查找学生结点数据 */
TYPE * search (TYPE * head, int n)              /* n 为待查找学号 */
{   TYPE * p;
    p = head -> next;
    while (p -> num!= n && p -> next!= NULL)
    {   p = p -> next;                          /* 不是要找的结点，后移一个结点 */
        if(p -> num == n)
            return(p);
        else if (p -> next == NULL)
```

```
            {   printf ("Node %d has not been found!\n",n);
                return(NULL);
            }
        }
}
/*输出学生结点数据*/
void output(TYPE *head)
{   TYPE *p1=head->next;
    if(head->next!=NULL)
    {   printf("\n输出所有学生数据:\n");
        while (p1->next!=NULL)
        {   printf("学号:%d    ",p1->num);
        printf("年龄:%d\n",p1->age);
        p1=p1->next;                           /*不是要找的结点,后移*/
        }
        printf("学号:%d    ",p1->num);          /*最后一个结点信息*/
        printf("年龄:%d\n",p1->age);
    }
    else
        printf("\n没有学生数据:\n");
}
void main()
{   int n;
    struct stu *head,*p;
    printf("输入学生人数:\n");
    scanf("%d",&n);
    head=creat(n);
    printf("输入待查找的学生学号:\n");
    scanf("%d",&n);
    p=search (head,n);
    printf("该学生信息:\n");
    printf("%d   %d\n",(*p).num,p->age);        /*输出查找的信息*/
    output(head);
}
```

函数剖析:

(1) 两个函数中使用的符号常量 TYPE 与上个应用案例的宏定义相同,等于 struct stu。

(2) search 函数有两个形参,head 是指向链表的指针变量,n 为要查找的学号。进入 while 语句,逐个检查结点的 num 成员是否等于 n,如果不等于 n 且指针域不等于 NULL (不是最后结点)则后移一个结点,继续循环。如找到该结点则返回结点指针。如循环结束仍未找到该结点则输出"未找到"的提示信息。

3. 单链表的插入

链表的特点就是便于实现插入和删除。插入和删除操作需要研究插入和删除的位置。本例实现的是在有序单链表(假设有序单链表为升序)中插入信息,并保持链表仍然有序,可按如下步骤进行。

(1) 输入待插入的数据信息,如学号和成绩。

(2) 从单链表的头结点开始(p=head),如果此结点存在后继结点,且后继结点的数据信息小于待插入的数据信息,则结点指针后移(p=p->next),以指向下一个结点,继续查找。

(3) 找到插入点位置:若结点p的数据信息小于待插入的数据信息,而结点p->next的数据信息大于待插入的数据信息,则应将新结点q插在结点p和结点p->next之间。

(4) 生成新结点q,将结点q的原后继结点链在新结点q之后,而结点p的新后继结点为新结点q。

【例7-20】 建立插入链表的一般子函数。

```
void insert(struct stu * head)                        /* 插入新结点子函数 */
{   struct stu * p, * q;
    long no;
    float sc;
    scanf(" % ld % f",&no, &sc);                     /* 输入新结点数据 */
    p = head;
    while(p -> next!= NULL&&p -> next -> num < no)    /* 查找插入位置 */
        p = p -> next;
    q = (struct stu * )malloc(sizeof(struct stu));    /* 生成新结点 */
    q -> num = no;
    q -> score = sc;
    q -> next = p -> next;                            /* 将新结点q插在结点p之后 */
    p -> next = q;
}
```

【例7-21】 (接例7-19)在已按升序排序的学生数据链表中,要求按学号顺序插入一个新结点。

分析:首先,需要产生新结点存储待插入学生的数据。被插结点指针域先置为NULL。

```
#include < stdio.h >
#include < stdlib.h >
#define TYPE struct stu
#define LEN sizeof (struct stu)
struct stu
{   int num;
    int age;
    struct stu * next;
};
TYPE * creat(int n);                       /* 返回值为结构指针的函数,见前述例题 */
void output(TYPE * head);                  /* 输出学生结点数据,见前述例题 */
TYPE * insert(TYPE * head)                 /* 在有头结点的链表中插入新结点 */
{   TYPE * pb, * q;                        /* pb指向链表中的当前结点,pf指向前趋结点 */
    int no;
    int sc;
    printf("请输入待插入学生信息: \n");
    scanf(" % d % d",&no,&sc);
    q = (TYPE * )malloc(LEN);              /* 生成新结点: 待插入的结点 */
    q -> num = no;
    q -> age = sc;
    q -> next = NULL;
```

```
    pb = head;                              /* 链表头结点 */
    while((pb -> next!= NULL)&&(pb -> next -> num < no))  /* 未找到插入位置且未结束 */
        pb = pb -> next;                    /* 后移 */
    if(pb -> next == NULL)                  /* 如果已到尾结点 */
        pb -> next = q;                     /* 则新结点作为尾结点 */
    else
    {   q -> next = pb -> next;             /* 将新结点 q 插在结点 p 和结点 p -> next 之间 */
        pb -> next = q;
    }
        return head;                        /* 返回链表头指针 */
}
void main()
{   int n;
    TYPE * head;
    printf("输入学生人数: \n");
    scanf(" % d",&n);
    head = creat(n);
    output(head);
    insert(head);
    output(head);
}
```

函数剖析：

(1) 注意，while((pb->next!=NULL)&&(pb->next->num<no))的条件不能写为"(pb->next->num<no)&&(pb->next!=NULL)"，这是由于条件语句计算中的"短路现象"造成的。

(2) 由于链表是有头结点的链表，因此不需要专门判断空链的情况。但尾结点需要特殊处理。

4. 单链表的删除

删除结点也需要确定位置，其查找位置的操作过程与插入算法基本相同。假设指针 p 指向被删结点。删除链表中的指定结点 p，一般有两种情况。

(1) 被删结点是第一个结点。这种情况只需使 head 指向第二个结点即可，即 head=p->next，其过程如图 7-9 所示。

(2) 被删结点不是第一个结点。这种情况使被删结点的前一结点(q)指向被删结点的后一结点即可，其过程如图 7-10 所示。

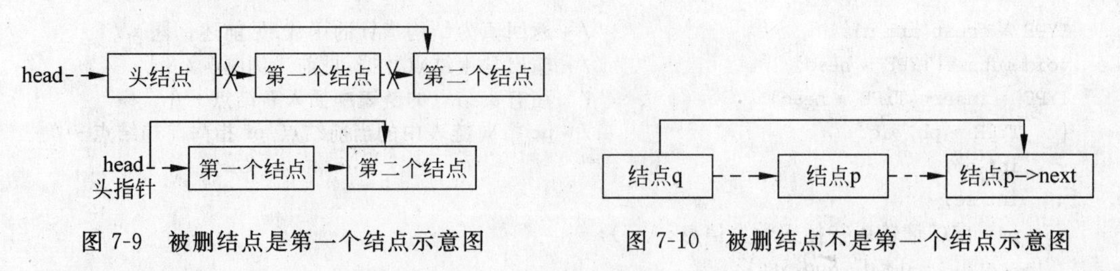

图 7-9　被删结点是第一个结点示意图　　图 7-10　被删结点不是第一个结点示意图

【例 7-22】 建立删除链表某结点的一般子函数。

分析如下。

在建立查找数据链表的一般子函数 search 前，假定和例 7-16 相同。

```
TYPE * delete(TYPE * head)                    /* 在有头结点的链表 head 中删除数据结点 */
{   TYPE * p, * q;                            /* p 为当前结点,q 为前趋结点 */
    long no;
    printf("\n 输入待删除学生数据\n");
    scanf(" % ld",&no);                       /* 输入待删除的数据 */
    q = p = head;
    while(p -> next!= NULL&&p -> num!= no)    /* 在链表中查找 */
    {   q = p;                                /* q 前趋结点 */
        p = p -> next;
    }
    if((p -> next == NULL)&&p -> num!= no)   printf("no found!\n");
    else
        if(p -> next!= NULL)                  /* 非尾某结点 */
        {   q -> next = p -> next;    free(p);    }
        else  {                               /* 删除尾结点 */
            q -> next = NULL;                 /* 生成新的尾结点 */
            free(p);
        }
    return(head);
}
```

【例 7-23】 (接例 7-21)已建立某班学生的链表结构,写一个函数,在链表中按学号查找该学生结点数据,并删除该结点。

程序如下。

```
#include < stdio.h>
#include < stdlib.h>
#define TYPE struct stu
#define LEN sizeof (struct stu)
struct stu
{   int num;
    int age;
    struct stu * next;
};
extern TYPE * creat(int n);                /* 返回值为结构指针的函数,已在其他文件定义 */
extern void output(TYPE * head);           /* 输出函数,已在其他文件定义 */
TYPE * delete(TYPE * head)                 /* 在有头结点的链表 head 中删除数据结点 */
{   TYPE * p, * q;                         /* p 当前结点,q 前趋结点 */
    long no;
    printf("\n 输入待删除学生数据\n");
    scanf(" % ld",&no);                    /* 输入待删除的数据 */
    q = p = head;
    while(p -> next!= NULL&&p -> num!= no) /* 在有头结点的链表中查找 */
    {   q = p;                             /* q 前趋结点 */
        p = p -> next;
    }
    if((p -> next == NULL)&&p -> num!= no)   printf("no found!\n");
    else if(p -> next!= NULL)              /* 非尾某结点 */
        {   q -> next = p -> next;
```

```
            free(p);
        }
        else                              /* 删除尾结点 */
        {   q->next = NULL;               /* 生成新的尾结点 */
            free(p);
        }
    return(head);
}
void main()
{   int n;
    struct stu *head;
    printf("输入学生人数:\n");
    scanf("%d",&n);
    head = creat(n);
    output(head);
    head = delete(head);
    output(head);
}
```

函数剖析:

该 delete 函数有一个形参,head 为指向链表头结点的指针变量。对于有头结点的链表,只需特殊判断尾结点。

7.5 特殊的数据类型——联合体

实际问题中,有些数据对象的某一成员值会随条件不同而为不同内容或不同的数据类型值。C 程序设计中提供了联合体(Union)数据类型,在同一存储区域实现存储可变的数据项。

C 语言允许定义联合体类型变量。联合体类型变量中可以含有不同类型的数据,这些不同类型的数据联合共同存放在同一起始地址开始的、相同的、连续的存储空间中,这种变量也叫共用体。

例如在校的教师和学生填写以下表格:姓名、年龄、职业、单位,“职业”一栏中可填写为“教师”和“学生”两类之一;“单位”一栏中学生应填入“班级编号”,教师应填入“某系某教研室”,而班级可用整型量表示,教研室只能用字符类型。要求把这两种类型不同的数据都填入“单位”这个变量中,就必须把“单位”定义为包含整型和字符型数组这两种类型的“联合”。

“联合”与“结构”有一些相似之处。但两者有本质上的不同。在结构中各成员有各自的内存空间,一个结构变量的总长度是各成员长度之和。而在“联合”中,各成员共享一段内存空间,一个联合变量的长度等于各成员中最长的长度。应该说明的是,这里所谓的共享不是指把多个成员同时装入一个联合变量内,而是指该联合变量可被赋予任一成员值,但每次只能赋一种值,赋入新值则冲去旧值。如前面介绍的“单位”变量,如果定义为一个可装入“班级”或“教研室”的联合后,就允许赋予整型值(班级)或字符串(教研室)。要么赋予整型值,要么赋予字符串,不能把两者同时赋予它。一个联合类型必须经过定义之后,才能把变量说明为该联合类型。

联合是一种新的特殊数据类型，表示几个变量(成员)共用一个内存位置，在不同的时间保存不同的数据类型和不同长度的变量。

联合数据类型在内存中占用的内存单元的位数是联合数据类型中最大的字段的位数。联合数据类型通过不同字段(成员)的引用，可以获取不同的值。但是它们共享整个数据区域，字段之间相互覆盖。联合数据类型的各字段的偏移量都是0。

联合数据类型可以实现以一种数据类型存储数据，以另一种数据类型来读取数据。程序员可以根据不同的需要，以不同的数据类型来读取联合类型中的数据。也就是说，在一些情况下，以一种数据类型来读取联合类型中的数据，而在另一些情况下，又以另一种数据类型来读取其数据。

7.5.1　联合体类型的定义

联合体表示几个变量共用一个内存位置，在不同的时间保存不同的数据类型和不同长度的变量。定义一个共用体类型的一般形式为：

```
union 共用体标识符
{    成员变量列表;
};
```

其中union为系统的关键字，其作用是通知系统，目前定义了一个名为“共用体标识符”的共用体。成员变量可以是任何类型的变量。

例如：

```
union perdata
{    int class;
     char office[10];
};
```

定义了一个名为perdata的联合类型，它含有两个成员，一个为整型，成员名为class；另一个成员为字符数组，数组名为office。联合定义之后，即可进行联合变量定义。被定义为perdata类型的变量，可以存放整型量class或存放字符数组office。该perdata联合类型长度为联合中最大成员的长度，整型量class和字符数组office[10]共用同一内存位置。

7.5.2　联合体变量的定义

定义联合体类型后，就可以利用已经定义的联合体类型定义联合体变量。与结构体变量定义相同，联合体变量的定义也有三种形式。

(1) 在定义联合体类型的同时定义联合体变量，形式如下。

```
union   联合体标识符
{    成员变量列表;
}变量1, 变量2, …, 变量n;
```

例如：定义union variant类型的变量a、b、c，如下。

```
union variant
{    int i;
```

```
    float f;
} a,b,c;
```

(2) 在定义联合体类型之后,再定义联合体变量,形式如下。

union 联合体标识符
{ 成员变量列表;
};
union 联合体标识符 变量列表;

例如:定义 union variant 类型的变量 a、b、c,如下。

```
union variant
{   int i;
    float f;
};
union variant a,b,c;
```

(3) 在定义联合体类型的同时定义联合体变量,可以省略联合体标识符,形式如下。

union
{ 成员变量列表;
}变量 1, 变量 2, …,变量 n;

例如:定义 union 类型的变量 a、b、c,如下。

```
union
{   int i;
    float f;
} a,b,c;
```

7.5.3 联合体变量的使用

联合体变量的使用,同样分为联合体变量本身的使用和联合体成员变量的使用。联合体变量遵循结构体变量的引用规则。通过联合体变量,引用其成员变量的形式如下:

联合体变量名.成员变量名　　或　　联合体变量名->成员变量名

【例 7-24】 定义结构体类型 struct VARIANT,从键盘读入数据类型(1——long 型数,2——int 型数,3——char 型数),然后从键盘读入该类型数据存储到共用体成员变量中。

```
/* program ch7-24.c */
#include "stdio.h"
/* 结构体 struct VARIANT */
struct VARIANT
{   unsigned int vt;                        /* 当前的结构体存储的数据类型 */
    /* 包含共用体类型成员变量 u,存储当前的数据信息 */
    union
    {   long lVal;                          /* long 型数据 */
        int iVal;                           /* int 型数据 */
        char cVal;                          /* char 型数据 */
    }u;
```

```
};
void main()
{    struct VARIANT varValue;
     printf("请输入数据的类型,然后输入此数据.");
     printf("(1 - long 型数,2 - int 型数,3 - char 型数)\n");
     scanf("%d",&(varValue.vt));
     switch(varValue.vt)
     {    case 1:scanf("%ld",&(varValue.u.lVal));   break;
          case 2:scanf("%d",&(varValue.u.iVal));    break;
          case 3:scanf("%c",&(varValue.u.cVal));    break;
     }
}
```

【例 7-25】 阅读程序,理解如何利用联合体变量节省内存。

程序如下。

```
/* program ch7 - 25.c */
#include "stdio.h"
void main()
{    union cn
     {    short  b;
          char   c;
     }t;
     t.b = 8;
     t.c = 'a';
     printf("%d\n",t.b);
     printf("%c\n",t.c);
}
```

程序剖析:

C 语言系统决定了联合体的各个成员共享同一内存空间,联合体变量这种特殊的存储形式决定了联合体变量的特性:在某一时刻,联合体变量中只有一个成员的值是有效的,即只有最后一次赋值的成员是有效的。

在该程序中,先对联合体变量 t 的 a 成员赋值,再对 t 的 c 成员赋值,这时有效的值是 c 成员值。因此程序的执行结果是:

在大批不同类型的数据处理中,利用这种方法可以节省大量内存。

【例 7-26】 通过 DOS 低层 BIOS 对设备进行调用。

C 语言提供一个使用 DOS 系统的软中断函数 int86(),它的头文件是"dos.h",一般格式为:

```
int86(int intr_num,union REGS r,union REGS r)
```

它有三个参数:第一个参数是整型变量,指定为 8086 CPU 的软中断的中断码;第二个参数是联合体变量,作为输入参数;第三个参数也是联合体变量,作为输出参数。因为软中断的各个功能和输入输出参数都是通过寄存器交换数据的。C 语言的头文件库中设计了一个联合体类型为：

```
struct WORDREGS
{    unsigned int ax,bx,cx,dx,si,di,cflag,flags;  }
struct BYTEREGS
{    unsigned char al,ah,bl,bh,cl,ch,dl,dh;  }
union REGS
{    struct WORDREGS x;
     struct BYTEREGS y;
}
```

这个联合体类型 REGS 含有两个结构体类型：WORDREGS 和 BYTEREGS，分别适用于 16 位和 8 位的寄存器。现在利用 int86 函数从键盘上输入一个字，其函数认知模型如下。

函数名：readkey。

形式参数与类型：无。(通过联合体输入为 union REGS ah，输出为 al、ah(字符码、扫描码))

函数类型：int。

调用关系：调用 int86()。

函数功能：由键盘读入一个字。

数据结构：联合体类型 REGS，利用它实现输入输出参数的传递。

方法：利用软中断 16h 的功能 0 读入键盘上的一个字。

```
readkey()
{    union REGS r;
     r.h.ah=0;                              /* 功能码为 0 */
     return int86(0x16,&r,&r);
}
```

执行结果：

al 中为输入的字，ah 中为输入的扫描码。

【例 7-27】 设有一个教师与学生通用的表格，教师数据有姓名、年龄、职业、教研室 4 项，学生数据有姓名、年龄、职业、班级 4 项。编程输入人员数据，再以表格输出。

```
/* program ch7-27.c */
#include <stdio.h>
#include <stdlib.h>
void main()
{    struct  mess                           /* 定义链表结构体类型 */
     {    char name[10];
          int age;
          char job;
          union                             /* 定义联合体类型 */
          {    int class1;
               char office[10];
          } depa;
          struct  mess  * next;
     } *p, *q, * head;                      /* 定义结构体指针变量 */
     p=(struct mess *)malloc(sizeof(struct  mess));
     head=p;
```

```
    printf("input name,age,job and department\n");
    scanf("%s %d %c ",p->name,&p->age,&p->job);
    if(p->job=='s')
        scanf("%d",&p->depa.class1);
    else
        scanf("%s",p->depa.office);
    while(p->age>0)
    {   q=(struct mess *)malloc(sizeof(struct mess));   /*生成链中结点*/
        p->next=q;
        p=q;
        printf("input name,age,job and department\n");
        scanf("%s %d %c ",p->name,&p->age,&p->job);
        if(p->job=='s')
            scanf("%d",&p->depa.class1);
        else
            scanf("%s",p->depa.office);
    }
    p->next=NULL;
    printf("name age job class/office \n");
    p=head;
    while(p->age>0)                              /*输出信息*/
    {   if(p->job=='s')
            printf("%s %3d %3c %d\n",p->name,p->age,p->job,p->depa.class1);
        else
            printf("%s %3d %3c %s\n",p->name,p->age,p->job,p->depa.office);
        p=p->next;
    }
}
```

程序剖析：

(1) 该程序定义了一个链表结构体类型。该结构共有 5 个成员，其中成员项 depa 是一个联合类型，这个联合又由两个成员组成，一个为整型量 class，另一个为字符数组 office。

(2) 程序调用 scanf 函数输入人员的各项数据，先输入结构的前三个成员 name、age 和 job，然后判别 job 成员项，如为“s”则对联合 depa. class1 输入(对学生赋班级编号)，否则对 depa. office 输入(对教师赋教研组名)。

(3) 在用 scanf 语句输入时要注意，凡为数组类型的成员，无论是结构成员还是联合成员，在该项前不能再加“&”运算符。如程序第 17 行中 p—>name 是一个数组类型，第 21 行中的 p—>depa. office 也是数组类型，因此在这两项前不能加“&”运算符。

7.5.4 结构和联合的区别

结构和联合有下列区别。

(1) 结构和联合都是由多个不同的数据类型成员组成的，但在任何同一时刻，联合中只存放了一个被选中的成员，而结构的所有成员都存在。

(2) 对联合的不同成员赋值，将会对其他成员重写，原来成员的值就不存在了，而对结构的不同成员赋值是互不影响的。

下面举一个例子来加深对联合的理解。

【例 7-28】 阅读程序,加深对联合的理解。

```
/* program ch7 - 28.c */
#include <stdio.h>
#include <stdlib.h>
void main()
{   union                                /* 定义一个联合 */
    {   int i;
        struct                           /* 在联合中定义一个结构 */
        {   char first;
            char second;
        }half;
    }number;
    number.i = 0x4241;                   /* 联合成员以整型数据赋值 */
    printf("%c%c\n", number.half.first, number.half.second);
    number.half.first = 'a';             /* 联合中结构成员赋值 */
    number.half.second = 'b';
    printf("%x\n", number.i);
}
```

程序剖析:

从该程序结果可以看出:当给 i 赋值后,其低 8 位也就是 first 和 second 的值;当给 first 和 second 赋字符后,这两个字符的 ASCII 码也将作为 i 的低 8 位和高 8 位。

7.6 用 typedef 定义数据类型

C 提供了标准的数据类型结构(如 int、float、char 等)及标准类型派生的数据结构(如数组),还提供了像结构类型、联合(或称共用)类型等用户自定义数据类型(User-defined Type)。此外,也可使用 typedef 定义已有类型的别名,该别名与标准类型名一样,可用来定义相应的变量。定义类型新名字的一般形式为:

typedef 已有类型名　新类型名;

注意:

(1) 此时已有类型名仍然有效,只是多了一个别名。所以 typedef 其实是定义已有类型的别名。

(2) typedef 和 auto、static、register 一样是存储类关键字,所以在定义别名时不能再出现存储类的关键字。

例如:

```
typedef static int INT;                  /* 这是非法的定义 */
```

1. 定义别名

定义一个已有数据类型的新名,专用于某种类型的变量,使程序更清晰明了。例如:

```
typedef   int   INTEGER;
```

```
typedef   float   REAL;
```

指定用INTEGER代表int类型，REAL代表float。这样，以下两行等价于：

① int i,j; float a,b;

② INTEGER i,j; REAL a,b;

这样可使熟悉FORTRAN的人能用INTEGER和REAL定义变量，以适应它们的习惯。例如：如果在一个程序中，一个整型变量用来计数，可以：

```
typedef   int COUNT;
COUNT i,j;
```

即将变量i、j定义为COUNT类型，而COUNT等价于int，因此i、j是整型。在程序中将i、j定义为COUNT类型，可以使人更一目了然地知道它们是用于计数的。

2. 简化数据类型的书写

定义结构类型的别名。

(1) 例如，编程中，常用到文件操作。ANSI C中，文件的流式操作方式有一个重要的结构体类型FILE，由系统在stdio.h中定义如下：

```
typedef struct {
    int level;                          /* 缓冲区"满"或"空"的程序 */
    unsigned flags;                     /* 文件状态标志 */
    char fd;                            /* 文件描述符 */
    unsigned char hold;                 /* 如无缓冲区不读取字符 */
    int bsize;                          /* 缓冲区大小 */
    unsigned char _FAR * buffer;        /* 数据缓冲区的位置 */
    unsigned char _FAR * curp;          /* 指针,当前的指向 */
    unsigned istemp;                    /* 临时文件,指示器 */
    short token;                        /* 用于有效性检验 */
} FILE;                                 /* 文件结构 */
```

本结构包含了文件操作的基本属性，对文件的操作都要通过这个结构类型名FILE的指针进行。

(2) 例如：

```
typedef struct
{    int month;
     int day;
     int year;
}DATE ;
```

声明新类型名DATE，代表上面指定的一个结构体类型。这时就可用DATE定义变量：

```
DATE birthday;                          /* 不要写成 struct DATE birthday; */
DATE * p;                               /* p为指向此结构体类型数据的指针 */
DATE d[7];                              /* d为此结构体类型的数组 */
```

(3) 例如：定义内置类型的别名。

```
typedef unsigned int UINT;
```

```
UINT i,j;
```

定义一个无符号整型的别名 UINT,作用主要是简化编写代码的复杂度。

(4) 例如:定义构造类型的别名。

```
typedef int ARR[100];                    /*定义一个整型数组的别名*/
ARR a;                                   /*a是一个长度为100的整型数组*/
```

(5) 例如:定义指向函数的指针。

```
typedef   int (*FUNP)(int);              /*定义一个指向函数的指针*/
int fun(int arg)
{   return 0; }
FUNP fp;
fp = fun;
(*fp)(100);                              /*函数调用*/
```

(6) 例如:定义一个指向函数的指针数组的别名。

```
typedef int (*FUNP[2])();
int max(){ }
int min(){ }                             /*定义两个函数*/
FUNP fp;                                 /*定义指向函数的指针数组*/
fp[0] = max;                             /*函数指针数组的第一个指针指向max函数*/
fp[1] = min;                             /*函数指针数组的第二个指针指向min函数*/
```

(7) 例如:typedef int (*POINTER)(),声明 POINTER 为指向函数的指针类型,该函数返回整型值。

```
POINTER p1,p2;          (p1、p2为POINTER类型的指针变量)
```

说明:

① 用 typedef 只是给已有类型增加一个别名,并不能创造一个新的类型。就如同人一样,除学名外,可以再取一个小名(或雅号),但并不能创造出另一个人来。

② typedef 与 #define 有相似之处,但二者是不同的:前者是由编译器在编译时处理的;后者是由编译预处理器在编译预处理时处理的,而且只能作简单的字符串替换。

例如:

```
typedef int COUNT
#define COUNT int
```

typedef 定义一个新数据类型名(COUNT),它是已有类型(int)的别名。在编译时 COUNT 类型与 int 类型相同。

#define 定义一个宏(COUNT),在预编译时,把字符串 COUNT 替换为字符串 int。

7.7 枚举类型

枚举(Enumeration)是一个被命名的整型常数的集合,在日常生活中很常见。实际问题中,有些变量的取值被限定在一个有限的范围内。例如,一个星期只有7天,一年只有12个月,一个班每周有6门课程,等等。如果把这些量说明为整型、字符型或其他类型显然是不妥当的。为此,C语言提供了一种称为"枚举"的类型。在"枚举"类型的定义中列举出所有可能的取值,被说明为该"枚举"类型的变量取值不能超过定义的范围。应该说明的是,枚举类型是一种基本数据类型,而不是一种构造类型,因为它不能再分解为任何基本类型。

7.7.1 枚举类型的定义

例如:enum Direction {up,down,before,back,left,right};

其中up、down、before、back、left、right为枚举常量,可以直接引用。

另外,还可以为枚举常量指定其对应的整型常量数值,例如:

```
enum Direction {up = 1,down = 2,before = 3,back = 4,left = 5,right = 6};
```

注意常量值不可出现重复,下面的情况是违法的。

```
enum Direction{up = 1,down = 1,before = 3,back = 4,left = 5,right = 6};
```

如果在给定枚举常量时不指定其对应的整数常量值,系统将自动为每一个枚举常量设定一对应的整数常量值,例如:

```
enum Direction{up,down,before,back,left,right};
```

其中up对应的整数值为0,down对应的整数值为1,以此类推,right对应的整数值为5。

printf("%d",right)的输出结果为5。

另外,允许设定部分枚举常量对应的整数常量值,但是要求从左到右依次设定枚举常量对应的整数常量值,并且不能重复。例如:

```
enum Direction{up = 7,down = 1,before,back,left,right};
```

则从第一个没有设定值的常量开始,其整数常量值为前一枚举常量对应的整数常量值加1。因此输出语句printf("%d",right)的输出结果为5。

例如:enum boolean{ TRUE = 1,FALSE = 0 };

该定义规定:TRUE的值为1,而FALSE的值为0。

例如:enum weekday{sun,mou,tue,wed,thu,fri,sat};

该枚举名为weekday,枚举值共有7个,即一周中的7天。凡被说明为weekday类型变量的取值只能是7天中的某一天。

C编译器是怎样处理枚举值的呢?C编译器实际上把枚举值看成常量来对待。编译器从表中第一个名字开始,把从0开始的连续整数依次赋值给这些名字。

7.7.2 枚举变量的定义

定义枚举类型变量之前,要先完成枚举类型的定义。定义枚举变量的形式主要有两种形式。

形式1:先定义枚举类型,然后再定义枚举变量,例如:

```
enum Direction{up,down,before,back,left,right};
enum Direction fisrt Direction,second Direction;
```

形式 2：定义枚举类型，同时定义枚举变量，例如：

```
enum Direction{up,down,before,back,left,right} fisrt Direction,second Direction;
```

7.7.3 枚举变量的赋值和使用

下面通过程序实例来说明如何创建枚举类型，及如何指定枚举常量的值和使用枚举值。

【例 7-29】 阅读程序，理解枚举类型变量。

```
/ * program ch7 - 29.c * /
# include < stdio.h>
enum weekday{SUN,MON,TUE,WED,THU,FRI,SAT};
void main()
{    enum weekday a,b;
     a = MON;
     b = FRI;
     printf("a = %d,b = %d",a,b);
}
```

运行结果为：

```
a=1,b=5Press any key to continue
```

【例 7-30】 阅读程序，理解枚举类型变量。

```
/ * program ch7 - 30.c * /
# include < stdio.h>
enum weekday{SUN,MON,TUE,WED,THU,FRI,SAT};
void main()
{ printf("%d  %d  %d  %d  %d  %d  %d\n",SUN,MON,TUE,WED,THU,FRI,SAT );}
```

运行结果为：

```
0 1 2 3 4 5 6
```

把上例中 enum weekday 的定义改为：

```
enum weekday{SUN = 9,MON,TUE,WED = 10,THU,FRI,SAT};
```

运行结果为：

```
9 10 11 13 14 15 16
```

说明：

(1) 在 C 语言里，同一枚举类型定义时所指定的不同名字的枚举常量可以有相同的值。

(2) 枚举常量值只能是整型数，不能是浮点数。虽然枚举常量值是整型的，但它毕竟是不同于整型的另一种类型，所以当把整型值赋给枚举变量时，还需要进行强制类型转换。

【例 7-31】 口袋中有红、黄、蓝、白、黑 5 种颜色的球若干个。每次从口袋中取出 3 个球。问得到 3 种不同色的球的可能取法，打印出每种组合的 3 种颜色。

分析如下。

(1) 由于球的颜色只能是5种颜色中的一种，所以可以用枚举类型来表示球的颜色。定义如下：

```
enum color{red,yellow,blue,white,black};
```

(2) 设取出的球分别用变量i、j、k表示，则i、j、k都有5种颜色取值。根据题意，i、j、k各不相同，我们可以用穷举法，逐一检验每一种可能，从中找到合适要求的并输出。

```
/* program ch7-31.c */
#include <stdio.h>
void main()
{   enum color{red,yellow,blue,white,black};  /*5种颜色的球*/
    enum color i,j,k;
    int n,a,m;
    n=0;
    for(i=red;i<=black;i++)
    {   for(j=red;j<=black;j++)
        {   if(j!=i)
            {   for(k=red;k<=black;k++)
                {   if((k!=i)&&(k!=j))
                    {   n=n+1;
                        printf("%-5d:",n);
                        for(a=1;a<=3;a++){
                            switch(a)   /*取值*/
                            {   case 1:m=i;break;
                                case 2:m=j;break;
                                case 3:m=k;break;
                                default:break;
                            }
                            switch(m)   /*输出球的颜色*/
                            {   case red: printf("red    ");  break;
                                case yellow: printf("yellow ");break;
                                case blue: printf("blue   ");  break;
                                case white:  printf("white  ");  break;
                                case black: printf("black  ");  break;
                                default:break;
                            }
                        }
                        printf("\n");
                    }
                }
            }
        }
    }
    printf("共有%d种组合",n);           /*输出总数*/
}
```

程序设计题

(1) 假设学生的记录由学号和一门课的成绩组成,*N* 名学生的数据已在主函数中放入结构体数组 s 中。请编写程序,它的功能是:把分数最低的学生数据放在 h 所指的数组中。注意:分数低的学生可能不止一个,函数返回分数最低学生的人数。

(2) 假设学生的记录由学号和一门课的成绩组成,*N* 名学生的数据已在主函数中放入结构体数组 s 中。请编写程序,它的功能是:把指定分数范围之外的学生数据放在 b 所指的数组中,分数范围之外的学生人数由函数值返回。

例如,输入的分数是 80 和 89,则应当把分数低于 80 和高于 89 的学生数据进行输出,不包含 80 分和 89 分的学生数据。

(3) 学生的记录由学号和成绩组成,*N* 名学生的数据已在主函数中放入结构体数组 s 中。请编写程序,它的功能是:把高于等于平均分的学生数据放在 b 所指的数组中,低于平均分的学生数据放在 c 所指的数组中,高于等于平均分的学生人数通过形参 n 传回,低于平均分的学生人数通过形参 m 传回,平均分通过函数值返回。

(4) *N* 名学生的成绩已在主函数中放入一个带头结点的链表结构中,h 指向链表的头结点。请编写程序,它的功能是:找出学生的最低分,由函数值返回。

(5) 两队选手每队 5 人进行一对一的比赛,甲队为 A、B、C、D、E,乙队为 J、K、L、M、N,经抽签决定比赛配对名单。规定 A 不和 J 比赛,M 不和 D 及 E 比赛。试列出所有可能的比赛名单。

(6) 定义结构体数组,编写函数(结构体数组名作为函数参数)实现如下功能。

① 从键盘输入 5 个学生的姓名、年龄、英语成绩、C 语言成绩保存到数组中。

② 计算这 5 个学生的均分并保存到相应的结构体成员 average 中。

③ 按照总分降序排序。

④ 输出这 5 个学生排序后的列表。

小组讨论题和项目工作

(1) 继续优化项目,请用结构体优化你的项目功能模块。

(2) 保存你的工程项目,实现综合调试。

第8章 项目案例综合实现

根据软件工程的要求以及结构化程序设计方法，软件从项目的提出到投入使用一般要经过如下阶段。

(1) 需求分析：实际问题提出需要用软件实现时，需求分析主要是确定软件需要解决的问题和实现的目标，确定软件处理的数据，并进行可行性的分析，建立数据结构及控制流程。

(2) 系统设计：在需求分析基础上，进行具体的、可以实现的设计描述。系统设计分为总体设计和详细设计。总体设计主要实现系统模块划分，确定模块间的关系；详细设计确定每个模块的具体实现方法，即每个模块的输入数据、输出数据及实现模块功能的算法。

(3) 编码：根据系统设计的结果，通过程序设计语言编程实现每个模块，并对每个模块进行测试，最终实现系统的功能。

(4) 综合测试及运行维护等。

详细的软件工程过程可参考相关的资料。

通过本项目设计过程，可对所学内容、程序设计的基本过程和C语言知识的综合应用有一个较为全面的认识和提升。

8.1 "学生信息管理系统"需求分析

1. 问题的基本描述

要求设计一个软件系统，能够对某高校学生信息进行管理。其中包括"课程信息管理"，能够对最多M1(符号常量)门课程进行输入和输出。在"班级信息管理"子模块中能对最多M2个不同班级进行注册和管理。在"学生信息管理"子模块中能够对已注册班级中的学生信息进行管理，每个班最多M3个学生。

2. 系统模块分解

需求分析通过对问题及环境的理解与分析，对问题涉及的信息、功能及系统行为建立模型，将用户需求精确化、完全化，最终形成设计的规格说明。

通过对系统需求的分析，可以将系统初步划分为包括主模块的4个模块，如图8-1所示。

每个模块分别实现各自的多项功能，根据自顶向下逐步求精的原则，继续对各个模块进一步分解。以"用户信息管理"模块为例进一步说明分解的步骤。

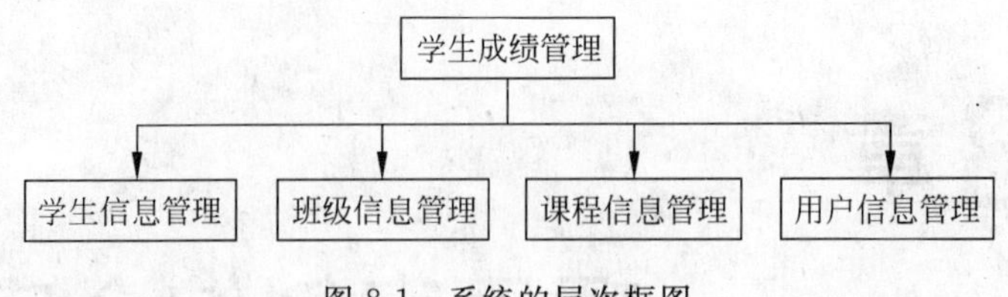

图 8-1 系统的层次框图

"用户信息管理"模块包括用户信息的录入、输出、查找、修改、删除、添加这 6 个基本功能，如图 8-2 所示。

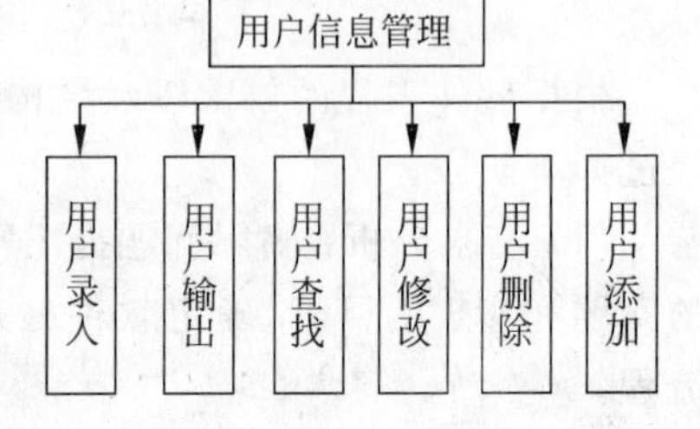

图 8-2 用户信息管理模块的分解

通过对模块分解，系统设计逐步细化。当模块分解到一定规模时，需要通过详细设计对每一个模块进行功能定义和数据接口定义，为系统的编码提供详细的文档。

3. 系统各模块功能的基本要求

(1) 课程信息管理模块

学校课程计划的制订主要是对本校学习计划内的课程进行设置。不同的课程可以通过课程编号和课程名称两个属性来区分。课程计划一般在相当一段时期内很少变化，因此对于课程的管理暂时制定输入和输出功能。

(2) 班级基本信息管理模块

对班级基本信息进行设置和管理。班级基本信息概括为班级编号、班级人数、要求本班所修的课程数和每门课程的课程编号。其中班级编号是唯一的。班级中每门课程的课程编号都必须是课程信息管理中已经存在的课程编号。班级模块应包含班级信息的录入、输出、添加(新生入学、学生异动)、删除、查找、修改等功能。

(3) 学生信息管理模块

学生基本信息简单概括为班级编号、学生学号、学生姓名和学生成绩数组。将学生信息以班级为单位进行组织存取。其中学号是唯一的，它是区分学生的唯一标识。学生成绩数组中的课程成绩与班级基本信息中的课程编号一一对应。如果一个学生某门课程没有成绩可以用"－1"来表示。学生信息管理应包括学生信息的录入、输出、查询、修改、插入、删除、排序、统计等基本功能。不同班级的学生信息存储在不同的数据文件中(以班级编号来命名)，其中学生信息录入后会自动按照学号由小到大的顺序进行排序。

(4) 用户信息管理模块

用户信息概括为用户名、用户密码和用户类型。登录本系统的用户可以分为管理员(系统管理员和教师)和普通用户(学生)。不同用户有不同的操作权限。管理员用户可以对本系统的所有功能进行操作，普通用户只能进行输出、查询等操作。用户信息的管理应包括用户信息的录入、输出、查找、修改、删除、添加等基本功能。其中用户若是普通用户只能修改自己的用户密码。

4. 数据结构定义

根据系统功能分析和基本描述。课程信息基本数据如表 8-1 所示，班级信息基本数据如表 8-2 所示,学生信息基本数据如表 8-3 所示,用户信息基本数据如表 8-4 所示。

表 8-1　课程信息基本数据表

编　号	信息描述	类　型
1	课程编号	整型
2	课程名称	字符数组(长度为 20)

表 8-2　班级信息基本数据表

编　号	信息描述	类　型
1	班级编号	字符数组(长度为 20)
2	班级总人数	整型
3	要求本班所修的课程数	整型
4	课程编号数组	整型数组(大小由符号常量 N1 确定)

表 8-3　学生信息基本数据表

编　号	信息描述	类　型
1	学生学号	字符数组(长度为 20)
2	班级编号	字符数组(长度为 20)
3	学生姓名	字符数组(长度为 20)
4	成绩数组	整型数组(大小由符号常量 N1 确定)

表 8-4　用户信息基本数据表

编　号	信息描述	类　型
1	用户名称	字符数组(长度为 20)
2	用户密码	字符数组(长度为 20)
3	用户类型	字符型

根据数据类型的特点,可将课程信息数据定义为结构体类型,定义如下:

```
typedef struct                          /* 定义课程结构体 */
{   int  courseid;                      /* 课程编号 */
    char coursename[N];                 /* 课程名称 */
} COURSE;
COURSE coursearr[M1];                   /* 最多能设置 M1 门课程 */
```

班级数据信息定义为一个结构体类型,定义如下:

```
typedef struct                          /* 定义班级结构体 */
{ char classname[N];                    /* 班级编号 */
  int  studentnum;                      /* 班级学生总人数 */
  int  class_coursenum;                 /* 班级要求所修的课程数 */
  int  class_courseid[N1];              /* 班级课程编号数组,每个班最多能设 N1 门课程 */
} CLASS;
CLASS classarr[M2];                     /* 最多能设置 M2 个班级 */
```

根据数据类型的特点,可以将学生信息数据定义为一个结构体类型,定义如下:

```
typedef struct                          /* 定义学生结构体 */
{ char classname[N];                    /* 班级编号 */
  char studentid[N];                    /* 学生学号 */
  char studentname[N];                  /* 学生姓名 */
  int  scorearr[N1];                    /* 学生成绩数组 */
} STUDENT;
STUDENT studentarr[M3];                 /* 学生数组,一个班最多 M3 个学生 */
```

根据数据类型的特点,可以将用户信息数据定义为一个结构体类型,定义如下:

```
typedef struct                          /* 定义用户结构体 */
{ char username[N];                     /* 用户名(要保证唯一) */
  char userpass[N];                     /* 用户密码 */
  char usertype;                        /* 用户类型 */
} USER;
USER userarr[M]                         /* userarr[M]为用户数组,最多 M 个用户 */
```

5. 文件组织

本系统中要求有 4 种文件,分别用来存放用户基本信息、课程基本信息、班级基本信息和学生基本信息。输入的数据需要存储在磁盘文件中,磁盘文件存放于当前项目文件夹下。

用户基本信息文件名为“user.dat”。文件的第一项为整型数据,表示所设置的用户总数(usernum)。其后按定义的用户信息结构形式,依次存放由用户总数所决定的结构体数据。

课程基本信息文件名为“course.dat”。文件的第一项为整型数据,表示学校课程计划的课程总数(coursenum)。其后按定义的课程信息结构形式,依次存放课程总数所决定的结构体数据。

班级基本信息文件名为“class.dat”。文件的第一项为整型数据,表示所设置的班级总数(classnum)。其后按定义的班级信息结构形式,依次存放班级总数所决定的结构体数据。

学生基本信息的文件以班级为单位进行存储,根据班级编号的不同会产生不同文件名。如有班级编号为“0801”,则在输入班级中学生的基本信息后会自动生成文件“0801.dat”。文件中按定义的学生信息结构形式,按学号由小到大的顺序,依次存放班级学生人数所决定的结构体数据。

8.2 系统流程处理设计

1. 登录系统

根据用户文件“user.dat”所提供的用户信息进行身份验证后登录系统。登录后显示系统界面,用户可以通过输入不同功能编号进入不同的子模块。

管理员第一次使用系统时,使用默认的管理员用户名和密码进行登录并设置普通用户信息。最多能够设置 M 个用户信息。

2. 课程信息的设置

使用本系统的班级信息管理模块，须先对课程信息进行设置。班级中所设置的班级所修课程编号必须是本校计划内的课程，因此只有在课程信息管理模块设置相应的课程编号，才能在班级信息管理模块中为班级设置本班所修课程的编号，(除非班级要求所修的课程数为0，暂不设置班级的课程信息)课程信息管理包括课程信息的录入和输出两个基本功能。

3. 班级信息的设置

主要是对本校所有的班级进行注册。学生信息的管理只是对本校已有的班级进行学生管理，因此只有先在班级信息管理模块中对班级进行注册，才能对班级中的学生信息进行管理。

班级信息管理包括班级信息的录入、输出、添加(新生入学)、删除(学生毕业)、查找5个基本功能。

4. 学生信息管理

以班级为单位对每个班的学生信息进行管理。包括某学生信息的录入、输出、查询、修改、插入、删除、某门课成绩的整体删除、学生成绩的排序、学生成绩的统计9个基本功能。

8.3 详细设计

模块设计的目的是对分解后的模块功能进行描述，并根据功能选择所需要的接口数据，确定算法，给出完整的文档。

由于系统包含的模块较多，下面是一些函数说明，其他模块可以参照此方法依次给出。

(1) IdentityCheck 函数原型：void IdentityCheck();

功能：验证用户是否为系统默认管理员(第一次登录时要用)，否则验证为其他用户。

(2) CourseIdCheck 函数原型：void CourseIdCheck(int *courseid);

功能：在课程数组中查找输入的课程编号是否存在，存在则退出，如果不存在则重新输入直到存在。主要是在班级信息管理模块中设置班级的课程编号。

参数：int *courseid，传递课程编号。

(3) NumCheck 函数原型：void NumCheck(int *n, int m);

功能：验证从键盘上所输入的整数是否超出了最大值 m 的指定范围，没有超出则返回，超出则重新输入直到满足要求。主要用于对设置的用户个数、班级人数等范围的数据进行检查。

参数：int *n 传递从键盘上所输入的整数，int m 传递所输数据的最大值。

(4) StringCheck 函数原型：void StringCheck(char *s);

功能：删除字符串 s 中的空格，检查字符串 s 是否为空串，若是则重新输入，否则退出。

参数：char *s 传递从键盘上所输入的字符串。

(5) FileCheck 函数原型：int FileCheck(char *classid);

功能：检查班级文件是否为空。主要用于输出学生信息时对班级文件进行判断。

参数：char *classid 传递班级编号。

返回值：整型值，0 表示班级文件为空(即无学生信息)，1 表示班级文件不为空。

(6) ClassFind 函数原型：int ClassFind(char *s);

功能：查找班级编号的位置，找到则返回其在班级数组中的位置，否则返回－1。

参数：char *s 传递班级编号。

返回值：整型值，若在班级数组中找到相同的班级编号则返回其位置，－1 表示班级数组中不存在该班级编号(即班级没有注册)。

(7) ClassCheck 函数原型：int ClassCheck(char *classid);

功能：检查班级是否进行注册，检查班级文件是否为空。实际上是 ClassFind 函数和 FileCheck 函数功能的组合，因为在程序中用得比较多所以通过一个函数来处理。

参数：char *classid 传递班级编号。

返回值：整型值，若班级已经进行注册并且班级文件不为空，则返回该班级编号在班级数组中的位置；－1 表示班级未注册或者班级文件为空。

(8) ClassNameCheck 函数原型：void ClassNameCheck(char *s, int k);

功能：检查班级编号 s 在班级数组中 0～k 范围内是否唯一，若唯一则返回，若不唯一则重新输入 s 直到唯一。主要用于在班级信息管理中设置班级的编号。

参数：char * s 传递班级编号，int k 传递查找数据所在的范围。

(9) UserNameCheck 函数原型：void UserNameCheck(char *s, int k);

功能：输入用户名 s，并检查用户名是否在 0～k 范围内唯一，如果不唯一重新输入直到唯一。主要用于在用户信息管理中对用户进行设置。

参数：char * s 传递用户名，int k 传递查找数据所在的范围。

(10) StudentIdCheck 函数原型：void StudentIdCheck(char *s, int k, char *classid);

功能：输入学号 s，并检查学号是否在 0～k 范围内唯一，如果不唯一重新输入直到唯一。主要用于在学生信息管理中对学号进行设置。

参数：char *s 传递学号，int k 传递查找范围在数组中的最大下标，char *classid 传递班级编号。

下面是进一步详细描述函数功能的示例，表 8-5 是学生信息保存模块的函数功能表。

表 8-5 学生信息保存模块的函数功能表

内　容	名　称	说　明
函数名称	StudentSave	保存学生信息到文件中
函数参数	char *classid	字符型指针，传入班级编号
返回值	void	

通过以上分析，学生信息保存模块的外部特征和接口已经明晰了。那么如何选择算法，实现相应的功能？该模块基本算法是构造循环遍历数组中的每个元素，把每个元素的值依次存放到文件中。用伪代码表示的算法如下。

学生信息保存伪代码：

```
void StudentSave(char *classid)
{ 变量的定义
  调用字符串连接函数把班级编号和文件扩展名".dat"连接成一个新字符串
```

```
  根据生成的文件名字符串打开文件(要求文件自动生成)
  调用函数从"class.dat"文件中读取班级信息
  查找班级 classid 在班级数组中的位置得到班级人数信息
  遍历学生信息数组中的每个元素,把班级中每个学生的信息依次存储到文件中
  关闭文件
}
```

下面给出班级信息输入模块的接口及功能算法。

```
/* ------------------------------------------------------------
/ 函数名: ClassInput
/ 作  用: 对学校中的班级基本信息进行注册
/ 参  数: 无(void)
/ 返回值: 无(void)
/------------------------------------------------------------ */
void ClassInput( )
{ 变量定义
  若是管理员则设置课程信息,否则退出本模块
  调用函数从"course.dat"文件中读取课程信息
  输入你要设置的班级总数(classnum)
  调用函数验证输入的班级总数是否在指定的范围内,不在则重新输入直到满足
  for(j = 0;j < classnum;j ++ )                /* 输入每个班级的基本信息 */
  {     输入班级的编号
        调用函数检查输入的编号是否为空串(删除空格后空串)和唯一性,不满足则重新输入直到满足要求
        输入班级的人数
        调用函数验证输入的班级人数是否在指定的范围内,不在则重新输入直到满足
        输入班级的课程总数
        调用函数验证输入的课程总数是否在指定的范围内,不在则重新输入直到满足
        for(k = 0;k <班级课程数;k ++ )         /* 输入班级的课程编号 */
        {     while(1)
              { 请输入课程编号
                调用函数检查该课程编号在课程数组中是否存在,不存在则重新输入直到存在
                检查该课程编号在班级结构体中的课程数组是否唯一
                如果课程编号唯一则退出 while 循环
              }
        }
  }
  调用函数保存班级基本信息
}
```

以上通过一个模块设计具体体现了自顶向下逐步求精的设计过程,其他的模块依照此方法也可完成设计,最终实现整个系统的设计。

8.4 编码

编码最基本的要求是语法和逻辑的正确,但良好的风格对于提高编程效率,改善程序维护性,减少错误是十分必要和有益的。

下面是本系统的源程序代码。系统中所涉及的函数较多,对每个函数的头部进行了简

单的注释。

首先建立工程 STUDENT,在此工程中包含 2 个头文件和 6 个 C 源程序文件,分别是:stu1.h、stu2.h、zhu.c、file1.c、file2.c、file3.c、file4.c、file5.c。

为了便于不同程序设计人员开发系统,对系统功能任务进行分解。首先由第一个人在工程 STUDENT 中建立两个头文件 stu1.h 和 stu2.h。stu1.h 中主要包含符号常量和全局变量的定义,内容如下:

```
/*stu1.h*/
#include <stdio.h>
#include <stdlib.h>                 /*包含杂项函数及内存分配函数*/
#include <string.h>                 /*字符串头文件*/
#define M  60
#define M1 60
#define M2 60
#define M3 60
#define N  20
#define N1 20
/*全局变量定义开始*/
static int classnum;                /*classnum 为班级数组中所存放的实际班级个数*/
static int usernum;                 /*usernum 为用户数组中所存放的实际用户个数*/
static int coursenum;               /*coursenum 为课程数组中所存放的实际课程编号个数*/
typedef struct                      /*定义用户结构体*/
{   char username[N];               /*用户名(要保证唯一)*/
    char userpass[N];               /*用户名密码*/
    char usertype;                  /*用户类型*/
} USER;
USER userarr[M],usera;
/*usera 变量存放登录用户的用户名、密码和类型,以便给用户分配操作权限*/
typedef struct                      /*定义班级结构体*/
{   char classname[N];              /*班级编号*/
    int  studentnum;                /*班级的学生总数*/
    int  class_coursenum;           /*班级的课程总数*/
    int  class_courseid[N1];        /*班级课程编号数组*/
} CLASS;
CLASS classarr[M2];
typedef struct                      /*定义课程结构体*/
{   int  courseid;                  /*课程编号*/
    char coursename[N];             /*课程名称*/
} COURSE;
COURSE coursearr[M1];
typedef struct                      /*定义学生结构体*/
{   char classname[N];              /*班级编号*/
    char studentid[N];              /*学生学号*/
    char studentname[N];            /*学生姓名*/
    int  scorearr[N1];              /*学生成绩数组*/
} STUDENT;
STUDENT studentarr[M3];             /*定义学生数组,用来存放一个班的学生信息*/
/*全局变量定义结束*/
```

Stu2.h 中主要包含系统中用到的各种函数的声明,内容如下:

```
/* stu2.h */
/* 函数说明开始 */
extern void NumCheck(int *n,int m);
extern void StringCheck(char *s);
extern int  ClassCheck(char *classid);
extern int  FileCheck(char *classid);
extern void StudentIdCheck(char *s,int k,char *classid);
extern void ClassNameCheck(char *s,int k);
extern void UserNameCheck(char *s,int k);
extern void SourseFind(char *s,int j,int i);
extern void CourseIdCheck(int *courseid);
extern int  ClassFind(char *s);
extern void Class( );
extern void Course( );
extern void User( );
extern void Student(void);
extern void StudentLoad(char *classid);
extern void StudentSave(char *classid);
extern void StudentInput( );
extern void StudentOut( );
extern void StudentSel( );
extern void StudentAdd( );
extern void StudentDel( );
extern void ScoreDel( );
extern void ScoreCount( );
extern void ScoreSort( );
extern void SortStudentId(char *classid);
extern void StudentModify( );
extern void ClassInput( );
extern void ClassOut( );
extern void ClassAdd( );
extern void ClassDel( );
extern void ClassSel( );
extern void ClassSave( );
extern void ClassLoad( );
extern void CourseInput( );
extern void CourseOut( );
extern void CourseSave( );
extern void CourseLoad( );
extern void UserInput( );
extern void UserOut( );
extern void UserSel( );
extern void UserModify( );
extern void UserDel( );
extern void UserAdd( );
extern void UserSave( );
extern void UserLoad( );
/* 函数说明结束 */
```

zhu.c 源程序文件中是系统的主界面显示和系统登录功能的实现，内容如下：

```
/*zhu.c*/
#include  "stu1.h"
#include  "stu2.h"
USER userb = {"yang","123456",'a'};          /*第一次登录系统时管理员的默认信息*/
/*验证用户名模块*/
void IdentityCheck()
{   int i,j,n;                               /*n表示原始密码长度*/
    int count = 0;                           /*统计输入密码的次数*/
    int flag = 1;                            /*设标记变量用来检查用户名是否存在*/
    char user_name[N],user_key[N];
    UserLoad( );                             /*从文件中读取用户信息*/
    printf("\n**********欢迎使用本系统.请输入你的用户名:**********\n");
    gets(user_name);                         /*输入用户名*/
    flag = strcmp(user_name,userb.username); /*比较用户名是否为默认管理员*/
    /*flag值为0,为第一次登录的默认管理员.验证默认管理员密码是否正确*/
    if(flag == 0)
    {   usera = userb;                       /*把默认管理员信息放到全局变量usera中*/
        while(count < 3)
        {   printf("请输入你的密码:");
            gets(user_key);
            flag = strcmp(user_key,usera.userpass);
            if(!flag)                        /*比较输入密码是否正确*/
            {   return;                      /*管理员用户名和密码正确!返回主调函数*/}
            else
            {   count ++ ;
                printf("sorry,the password error\07\n");
                if(count == 3)
                {   printf("对不起,你输入的密码已错误三次.无权使用本系统.\n");
                    exit(0);                 /*退出程序*/
                }                            /*内层if语句结束*/
            }                                /*外层if语句结束*/
        }                                    /*while语句结束*/
    }                                        /*最外层if语句结束*/
   /*如果不是管理员,在用户数组中进行查找*/
   for(j = 0;j < usernum;j ++ )              /*顺序查找*/
       if(!(strcmp(userarr[j].username,user_name)))/*判断用户名是否存在*/
       {   usera = userarr[j];               /*把用户信息放到全局变量usera中*/
           flag = 0;
           break;
       }
   if(flag!= 0)                              /*flag!= 0说明用户名不在用户列表中*/
   {   printf("对不起,你的用户名错误!\n");
       exit(0);
   }
   else
   {   /*解密密码*/
       n = strlen(usera.userpass);
       for(i = 0;i < n;i ++ )
           usera.userpass[i] = (usera.userpass[i] - 1) % 255;
       while(count < 3)                      /*密码验证*/
       {   printf("请输入你的密码:");
```

```
            gets(user_key);
            flag = strcmp(user_key,usera.userpass);
            if(!flag)                         /* 输入密码正确 */
            {   for(i = 0;i < n;i ++ )        /* 对密码重新进行加密 */
                    usera.userpass[i] = (usera.userpass[i] + 1) % 255;
                return;
            }
            else
            {   count ++ ;
                printf("sorry,the password error\07\n");
                if(count == 3)
                {   printf("对不起,你输入的密码已错误三次.无权使用本系统.\n");
                    exit(0);
                }                             /* 内层 if 语句结束 */
            }                                 /* 外层 if 语句结束 */
        }                                     /* while 语句结束 */
    }                                         /* 最外层 if 语句结束 */
}

/* 主函数 */
void main(void)
{   char index;                               /* 存放选择主选功能编码 */
    IdentityCheck();                          /* 调用用户身份验证函数 */
    do
    {   system("cls");
        printf("\n\n");
        printf("              欢迎使用学生信息管理系统!\n\n");
        printf("    ========================================\n");
        printf("    ‖  1: 学生信息管理   2: 班级信息管理   ‖\n");
        printf("    ‖  3: 课程信息管理   4: 用户信息管理   ‖\n");
        printf("    ‖  0: 退出系统                         ‖\n");
        printf("    ========================================\n");
        printf("            请你在上述功能编号中选择...\n");
        index = getchar();  getchar();
        if(!(index >= '0'&&index <= '4'))     /* 若输入非字符 0~4,则输入功能号错误 */
        {   printf("对不起,你选择的功能模块号是错的!!!\n");
            printf("请按回车键在上述功能编号中重新选择...\n");getchar();
        }
        switch(index)
        {   /* 用户选择不同的功能,进入不同的功能模块 */
            case '1': Student(); break;
            case '2': Class();   break;
            case '3': Course();  break;
            case '4': User();    break;
            case '0': exit(0);
        }
    }while(1);
}
```

file1.c 源程序文件中是系统的用户管理子模块功能的实现,内容如下:

```
/*file1.c*/
/*用户信息管理系统子模块*/
#include "stu1.h"
#include "stu2.h"
/*用户管理子模块主界面*/
void User(void)
{   int user_index;                          /*存放选择用户子菜单功能编码*/
    do {  system("cls");
        printf("\n\n");
        printf("         欢迎使用用户管理子系统!\n\n");
        printf("  ========================================\n");
        printf("  ‖  1:用户信息录入  2:用户信息输出 ‖\n");
        printf("  ‖  3:用户信息查找  4:用户信息修改 ‖\n");
        printf("  ‖  5:用户信息删除  6:用户信息添加 ‖\n");
        printf("  ‖  0:退出子系统                   ‖\n");
        printf("  ========================================\n");
        printf("       请你在上述功能编号中选择...\n");
        scanf("%d",&user_index);getchar();
        if(!(user_index>=0&&user_index<=6))
        {   printf("对不起,你选择的功能模块号是错的!!!\n");
            printf("请按回车键在上述的功能编号中重新选择...\n");getchar();
        }
        switch(user_index)
        {   case 1: UserInput();  break;
            case 2: UserOut();    break;
            case 3: UserSel();    break;
            case 4: UserModify(); break;
            case 5: UserDel();    break;
            case 6: UserAdd();    break;
            case 0: return;
        }
    }while(1);
}

/*输入用户信息*/
void UserInput( )
{   int i,j,n;
    system("cls");
    if(usera.usertype=='a'||usera.usertype=='A')
    {   printf("请输入需设置的用户个数(1~%d):\n",M);
        scanf("%d",&usernum);getchar();
        NumCheck(&usernum,M);              /*检查输入数据是否在指定范围内*/
        printf("用户名或者密码长度不能超过%d个字符:\n",N);
        for(j=0;j<usernum;j++)             /*输入用户信息*/
        {   printf("请输入第%d个用户名:",j+1);
            UserNameCheck(userarr[j].username,j);  /*输入并检查用户名*/
            printf("请输入用户密码:");
            gets(userarr[j].userpass);
            StringCheck(userarr[j].userpass);       /*检查用户密码是否为空串*/
            /*用户密码加密*/
            n=strlen(userarr[j].userpass);          /*计算用户密码长度*/
```

```
            for(i = 0;i < n;i ++ )                          /* 每个字符均加密 */
                userarr[j].userpass[i] = (userarr[j].userpass[i] + 1) % 255;
            printf("请输入该用户的类型(a为管理员,b为普通用户):");
            while(1)
            {   userarr[j].usertype = getchar();getchar();
                if(userarr[j].usertype == 'a' || userarr[j].usertype == 'A'
                    || userarr[j].usertype == 'b' || userarr[j].usertype == 'B')
                  break;
                else
                    printf("输入类型错误!请重新输入(a为管理员,b为普通用户):");
            }
        }
        UserSave();                                         /* 保存用户信息 */
        printf("\n用户信息输入并保存成功!按回车键返回上一层...\n");
        getchar();
    }
    else  printf("对不起你是普通用户,没有操作权限!按回车键返回\n"); getchar();
}
/* 输出用户信息 */
void UserOut( )
{   int i,j,n;
    system("cls");
    if(usera.usertype == 'a' || usera.usertype == 'A')
    {   UserLoad( );                                        /* 从文件中读取用户信息 */
        printf(" * 输出用户信息列表 * :\n");
        for(j = 0;j < usernum;j ++ )
        {   printf("用户名: % s\t",userarr[j].username);
            /* 解密密码 */
            n = strlen(userarr[j].userpass);
            for(i = 0;i < n;i ++ )
                userarr[j].userpass[i] = (userarr[j].userpass[i] - 1) % 255;
            printf("用户密码: % s\t",userarr[j].userpass);
            printf("用户的类型: % s\n",(userarr[j].usertype == 'a' ||
                                    userarr[j].usertype == 'A')?"管理员":"普通用户");
            /* 输出后重新在进行加密 */
            for(i = 0;i < n;i ++ )
                userarr[j].userpass[i] = (userarr[j].userpass[i] + 1) % 255;
        }
        printf("用户信息输出结束!请按回车键返回上一层...\n");
        getchar();
    }
    else
    {   printf("对不起你是普通用户,没有操作权限!请按回车键返回...\n");
        getchar();
    }
}
/* 查找用户信息 */
void UserSel( )
{   char name[N];
    int i,j,n;
    system("cls");
```

```
    /*若是管理员用户可以查找任何用户信息*/
    if(usera.usertype == 'a' || usera.usertype == 'A')
    {   UserLoad( );
        printf("\n请输入需查询的用户名:");
        gets(name);
        StringCheck(name);
        for(j = 0;j < usernum;j ++ )               /*顺序查找*/
        {   if(!(strcmp(userarr[j].username,name)))
            {   /*解密密码*/
                n = strlen(userarr[j].userpass);
                for(i = 0;i < n;i ++ )
                   userarr[j].userpass[i] = (userarr[j].userpass[i] - 1) % 255;
                printf("%s用户的密码为:%s\t",
                        userarr[j].username,userarr[j].userpass);
                printf("用户类型是:%s\n",(userarr[j].usertype == 'a'
                        || userarr[j].usertype == 'A')?"管理员":"普通用户");
                /*输出后重新再进行加密*/
                for(i = 0;i < n;i ++ )
                   userarr[j].userpass[i] = (userarr[j].userpass[i] + 1) % 255;
                printf("用户信息输出结束!请按回车键返回...\n");
                getchar();    return ;
            }
        }
        if(j == usernum)
        {   printf("%s用户不存在!请按回车键返回...\n",name);   getchar(); }
    }
    else                              /*不是管理员用户只能输出自己的用户信息*/
    {   n = strlen(usera.userpass);
        for(i = 0;i < n;i ++ )
           usera.userpass[i] = (usera.userpass[i] - 1) % 255;
        printf("%s用户为%s,该用户的密码是%s\n",usera.username,((usera.usertype == 'a'
|| usera.usertype == 'A')?"管理员":"普通用户"),usera.userpass);
        for(i = 0;i < n;i ++ )
           usera.userpass[i] = (usera.userpass[i] + 1) % 255;
        printf("用户信息输出结束!请按回车键返回...\n"); getchar();
    }
}
/*添加用户信息*/
void UserAdd( )
{   int i,j,n,num;
    system("cls");
    UserLoad( );
    if(usernum >= M)
    {   printf("对不起!用户数已满,无法添加!请按回车键返回...\n");
        getchar();return;
    }
    if(usera.usertype == 'a' || usera.usertype == 'A')
    {   printf("请输入要添加的用户个数:");
        scanf("%d",&num);  getchar();
        while(usernum + num > M)          /*验证输入的班级总数是否在指定的范围内*/
        {   printf("你最多还能设置%d个用户!",M - usernum);
```

```
            printf("请重新输入要添加的用户个数:");
            scanf("%d",&num);  getchar();
        }
        for(j=usernum;j<usernum+num;j++)        /*输入用户信息*/
        {   printf("请输入第%d个用户名:",j-usernum+1);
            UserNameCheck(userarr[j].username,j);
            /*检查用户名是否唯一,是否为空串*/
            printf("请输入用户密码:");
            gets(userarr[j].userpass);
            StringCheck(userarr[j].userpass);       /*检查用户密码是否为空串*/
            /*用户密码加密*/
            n=strlen(userarr[j].userpass);
            for(i=0;i<n;i++)
               userarr[j].userpass[i]=(userarr[j].userpass[i]+1)%255;
            printf("请输入该用户的类型(a为管理员,b为普通用户):");
            while(1)
            {   userarr[j].usertype=getchar();getchar();
                if(userarr[j].usertype=='a'||userarr[j].usertype=='A'||
                        userarr[j].usertype=='b'||userarr[j].usertype=='B')
                    break;
                else
                    printf("输入类型错误!请重新输入(a为管理员,b为普通用户):");
            }
        }
        usernum=usernum+num;
        UserSave();
        printf("\n用户信息输入并保存成功!请按回车键返回...\n");
        getchar();
    }
    else
    {   printf("对不起你是普通用户,没有操作权限!请按回车键返回...\n"); getchar();  }
}
/*修改用户信息*/
void UserModify( )
{   char name[N];
    int i,j,n;
    system("cls");
    if(usera.usertype=='a'||usera.usertype=='A')
    {   UserLoad( );
        printf("请输入需修改密码的用户名:");
        gets(name);
        StringCheck(name);
        for(j=0;j<usernum;j++)                    /*顺序查找*/
        {   if(!(strcmp(userarr[j].username,name)))
            {   /*解密密码*/
                n=strlen(userarr[j].userpass);
                for(i=0;i<n;i++)
                   userarr[j].userpass[i]=(userarr[j].userpass[i]-1)%255;
                printf("%s用户的密码为:%s;类型是%s\n",userarr[j].username,
                         userarr[j].userpass,(userarr[j].usertype=='a'||userarr[j].
usertype=='A')?"管理员":"普通用户");
```

```
                printf("请输入新密码:");
                gets(userarr[j].userpass);
                StringCheck(userarr[j].userpass);    /*检查密码是否为空串*/
                n=strlen(userarr[j].userpass);       /*计算用户密码长度*/
                for(i=0;i<n;i++)                     /*每个字符均加密*/
                   userarr[j].userpass[i]=(userarr[j].userpass[i]+1)%255;
                printf("请输入该用户的类型(a为管理员,b为普通用户):");
                while(1)
                {   userarr[j].usertype=getchar();getchar();
                    if(userarr[j].usertype=='a'||userarr[j].usertype=='A'
                          ||userarr[j].usertype=='b'||userarr[j].usertype=='B')
                        break;
                    else
                        printf("用户类型错误!请重新输入(a管理员,b普通用户):");
                }
                UserSave();
                printf("用户密码和类型修改成功!请按回车键返回...\n");
                getchar();    return ;
            }
        }
        if(j==usernum)
        {   printf("%s用户不存在!请按回车键返回...\n",name); getchar();  }
    }
    else
    {   printf("**************修改用户密码***************:\n");
        printf("请输入新密码:");  gets(usera.userpass);
        StringCheck(usera.userpass);
        /*用户密码加密*/
        n=strlen(usera.userpass);
        for(i=0;i<n;i++)
          usera.userpass[i]=(usera.userpass[i]+1)%255;
        /*在用户数组中查找用户信息,并改变相应元素的值*/
        for(j=0;j<usernum;j++)                  /*顺序查找*/
        {   if(!(strcmp(userarr[j].username,usera.username)))
            {   userarr[j]=usera;
                UserSave();
                printf("用户密码修改成功!请按回车键返回...\n");  getchar();
                return ;
            }
        }
    }
}
/*删除用户信息*/
void UserDel( )
{   char name[N];
    int i,j,flag=0;                               /*flag用来标志用户是否存在*/
    system("cls");
    if(usera.usertype=='a'||usera.usertype=='A')
    {  UserLoad( );
       printf("请输入需删除的用户名:");  gets(name);
       StringCheck(name);
```

```
        for(j = 0;j < usernum;j ++ )                          /* 顺序查找 */
        {   if(!(strcmp(userarr[j].username,name)))
            {   flag = 1;
                for(i = j;i < usernum - 1;i ++ )
                    userarr[i] = userarr[i + 1];
                usernum = usernum - 1;
                UserSave();
                printf("用户信息删除成功!请按回车键返回...\n");
                getchar();
                return ;
            }
        }
        if(flag == 0)
        {   printf(" %s用户不存在!请按回车键返回...\n",name); getchar(); }
    }
    else
    {   printf("对不起!你是普通用户,没有操作权限!请按回车键返回...\n"); getchar(); }
}

/* 保存用户信息 */
void UserSave( )
{   FILE  * fp;
    int j;
    if((fp = fopen("user.dat","wb")) == NULL)
    {   printf("文件打开失败,系统退出!");  exit(1);  }
    fwrite(&usernum,sizeof(int),1,fp);                /* 把用户总数存入文件 */
    for(j = 0;j < usernum;j ++ )                      /* 把每个用户的信息存入文件 */
      fwrite(&userarr[j],sizeof(USER),1,fp);
    fclose(fp);
}
/* 从文件导出用户信息 */
void UserLoad( )
{   FILE  * fp;
    int j;
    if((fp = fopen("user.dat","ab + ")) == NULL)
    {   printf("文件打开失败,系统退出!");  exit(1);  }
    fread(&usernum,sizeof(int),1,fp);                 /* 从文件读取用户总数 */
    for(j = 0;j < usernum;j ++ )                      /* 从文件中读取用户信息 */
        fread(&userarr[j],sizeof(USER),1,fp);
    fclose(fp);
}
```

file2.c 源程序文件中是系统的班级管理子模块功能的实现,内容如下:

```
/* file2.c */
/* 班级信息管理系统子模块 */
#include  "stu1.h"
#include  "stu2.h"
/* 班级管理子模块中的主界面显示模块 */
void Class(void)
{ int class_index;
```

```
    do{  system("cls");
         printf("\n\n");
         printf("           欢迎使用班级管理子系统!\n\n");
         printf("  ========================================\n");
         printf("  ‖  1:班级信息录入  2:班级信息输出   ‖\n");
         printf("  ‖  3:班级信息添加  4:班级信息删除   ‖\n");
         printf("  ‖  5:班级信息查找  0:退出子系统     ‖\n");
         printf("  ========================================\n");
         printf("         请你在上述功能编号中选择...\n");
         scanf("%d",&class_index);  getchar();
         if(!(class_index>=0&&class_index<=5))
         {   printf("对不起,你选择的功能模块号是错的!!!\n");
             printf("请按回车键在上述功能编号中重新选择...\n");
             getchar();                        /*消除回车*/
         }
         switch(class_index)
         {   /*用户选择不同的功能,进入不同的功能模块*/
             case 1: ClassInput(); break;
             case 2: ClassOut(); break;
             case 3: ClassAdd(); break;
             case 4: ClassDel(); break;
             case 5: ClassSel(); break;
             case 0: return;
             }                                 /*switch语句结束*/
      }while(1);                               /*保证用户按规定键不退出*/
}

/*输入班级信息*/
void ClassInput( )
{   int i,j,k;
    system("cls");
    CourseLoad( );                             /*从文件中读取课程信息*/
    printf("\n\n****************输入班级信息****************:\n");
    if(usera.usertype=='a' || usera.usertype=='A')
    {   printf("请输入你要设置的班级总数(1~%d):",M2);
        scanf("%d",&classnum);  getchar();
        NumCheck(&classnum,M2);                /*验证输入的班级总数是否在指定的范围内*/
        for(j=0;j<classnum;j++)                /*输入每个班级的信息*/
        {   printf("\n请输入第%d个班级的编号:",j+1);
            ClassNameCheck(classarr[j].classname,j);     /*检查编号*/
            printf("请输入第%d个班级的人数(1~%d):",j+1,M3);
            scanf("%d",&classarr[j].studentnum); getchar();
            NumCheck(&classarr[j].studentnum,M3);       /*验证人数*/
            printf("请输入第%d个班级的课程总数(1~%d):",j+1,N1);
            scanf("%d",&classarr[j].class_coursenum); getchar();
            NumCheck(&classarr[j].class_coursenum,N1);   /*验证课程数*/
            /*输入班级的课程编号*/
            for(k=0;k<classarr[j].class_coursenum;k++)
            {   printf("请输入第%d门课程的课程编号(整数):",k+1);
                /*检查该课程编号在班级结构体中的课程数组是否唯一*/
                while(1)
```

```
                { scanf(" %d",&classarr[j].class_courseid[k]); getchar();
                  CourseIdCheck(&classarr[j].class_courseid[k]);
                  /* 调用函数检查该课程编号在课程数组中是否存在 */
                  for(i = 0;i < k;i ++ )
                      if(classarr[j].class_courseid[k]
                                 == classarr[j].class_courseid[i])
                      { printf("对不起!该课程编号在班级中已经存在! ");
                        printf("请重新输入第 %d 门课程的课程编号:",k + 1);
                        break;          /* 课程编号不唯一,退出 for 循环,i<k */
                      }
                  if(i == k) break;     /* 课程编号唯一,退出 while 循环 */
                }
            }
        }
        ClassSave( );                       /* 保存班级信息 */
        printf("班级信息输入并保存成功!请按回车键返回...\n"); getchar();
    }
    else
    { printf("对不起!你是普通用户,没有操作权限!请按回车键返回...\n");
      getchar();
    }
}
/* 添加班级信息 */
void ClassAdd( )
{   int i,j,k;
    int n;
    CourseLoad( );                              /* 从文件中读取课程信息 */
    ClassLoad( );                               /* 从文件中读取班级信息 */
    system("cls");
    printf("\n\n**************** 添加班级信息 ***************:\n");
    if(classnum >= M2)
    { printf("\n 对不起!班级数已满,无法添加!请按回车键返回...\n");
      getchar(); return;
    }
    if(usera.usertype == 'a' || usera.usertype == 'A')
    { printf("请输入你要添加的班级个数:");
      scanf(" %d",&n); getchar();
      while(classnum + n > M2)          /* 验证输入的班级总数是否在指定的范围内 */
      { printf("你最多还能设置 %d 个班级! ",M2 - classnum);
        printf("请重新输入要添加的班级个数:");
        scanf(" %d",&n); getchar();
      }
      for(j = classnum;j < classnum + n;j ++ )  /* 输入每门课程的编号和课程名称 */
      { printf("\n 请输入第 %d 个班级的编号:",j - classnum + 1);
        ClassNameCheck(classarr[j].classname,j);  /* 检查输入编号 */
        printf("请输入第 %d 个班级的人数(1~ %d):",j - classnum + 1,M3);
        scanf(" %d",&classarr[j].studentnum); getchar();
        NumCheck(&classarr[j].studentnum,M3);      /* 验证班级人数 */
        printf("请输入第 %d 个班级的课程总数(1~ %d):",j - classnum + 1,N1);
        scanf(" %d",&classarr[j].class_coursenum); getchar();
        NumCheck(&classarr[j].class_coursenum,N1);
```

```
                /* 输入班级的课程编号 */
                for(k = 0;k < classarr[j].class_coursenum;k ++ )
                {   printf("请输入第 %d门课程的课程编号(整数):",k + 1);
                    /* 检查该课程编号在班级结构体中的课程数组是否唯一 */
                    while(1)
                    {   scanf(" %d",&classarr[j].class_courseid[k]); getchar();
                        CourseIdCheck(&classarr[j].class_courseid[k]);
                        for(i = 0;i < k;i ++ )
                            if(classarr[j].class_courseid[k]
                                        == classarr[j].class_courseid[i])
                            {   printf("对不起!该课程编号在班级中已经存在! ");
                                printf("请重新输入第 %d门课程的课程编号:",k + 1);
                                break;
                            }
                        if(i == k) break;
                    }
                }
            }
            classnum = classnum + n;
            ClassSave( );
            printf("班级信息添加并保存成功!请按回车键返回...\n"); getchar();
        }
        else
        {   printf("对不起!你是普通用户,没有操作权限!请按回车键返回...\n"); getchar();  }
}
/* 输出班级信息 */
void ClassOut( )
{   int i,j;
    char coursename[N];
    system("cls");
    ClassLoad( );
    if(classnum == 0)           /* 如果班级总数为 0 则文件中没有班级信息 */
    {   printf("对不起!你还没有设置班级信息!请按回车键继续...\n"); getchar();
        return ;
    }
    CourseLoad( );
    printf("\n**************** 输出班级信息列表 **************** :\n");
    printf(" % - 12s % - 12s % - 12s\n","班级编号","班级人数","课程列表"...);
    for(j = 0;j < classnum;j ++ )
    {   printf(" % - 12s % - 12d",classarr[j].classname,classarr[j].studentnum);
        for(i = 0;i < classarr[j].class_coursenum;i ++ )
        {   SourseFind(coursename,j,i);  /* 调用函数查找第 i 门课程的课程名称 */
            printf(" % - 12s",coursename);
        }
        printf("\n");
    }
    printf("班级信息输出结束!请按回车键继续...\n"); getchar();
}
/* 删除班级信息 */
void ClassDel( )
{   char name[N];
```

```
    int i,j,flag = 0;                    /* flag 用来标志班级是否存在 */
    system("cls");
    ClassLoad( );
    if(classnum == 0)                    /* 如果班级总数为 0 则文件中没有班级信息 */
    {   printf("对不起!你还没有设置班级信息!请按回车键继续...\n");
        getchar();    return ;
    }
    if(usera.usertype == 'a' || usera.usertype == 'A')
    {   printf("\n\n *************** 删除班级信息 *************** :\n");
        printf("请输入需删除的班级编号:");
        gets(name);
        StringCheck(name);
        for(j = 0;j < classnum;j ++ )            /* 顺序查找 */
        {   if(!(strcmp(classarr[j].classname,name)))
            {   flag = 1;
                for(i = j;i < classnum - 1;i ++ )    /* 删除班级信息 */
                    classarr[i] = classarr[i + 1];
                classnum = classnum - 1;             /* 班级总数 - 1 */
                ClassSave( );
                printf("班级删除成功!请按回车键继续...\n");
                getchar();  return;
            }
        }
        if(flag == 0)
        {   printf(" % s 班级不存在!请按回车键返回...\n",name); getchar(); }
    }
    else
    {   printf("对不起!你是普通用户,没有操作权限!请按回车键返回...\n");getchar(); }
}

/* 查找班级信息 */
void ClassSel( )
{   char classname[N],coursename[N];
    int i,j;
    system("cls");
    ClassLoad( );
    if(classnum == 0)
    {   printf("对不起!你还没有设置班级信息!请按回车键继续...\n"); getchar();
        return ;
    }
    CourseLoad( );                             /* 调用函数从文件中读取课程信息 */
    printf("请输入需查询的班级编号:");
    gets(classname);
    StringCheck(classname);                    /* 检查输入编号的合法性 */
    for(j = 0;j < classnum;j ++ )              /* 顺序查找 */
    {   if(!(strcmp(classarr[j].classname,classname)))
        {   printf(" % - 12s % - 12s % - 12s\n","班级编号","班级人数","课程列表"...);
            printf(" % - 12s % - 12s % - 12d",classarr[j].classname,classarr[j].studentnum);
            for(i = 0;i < classarr[j].class_coursenum;i ++ )
            {   SourseFind(coursename,j,i);
                printf(" % - 12s",coursename);
```

```
            }
            printf("\n 班级信息输出结束!请按回车键返回...\n"); getchar();
            return ;
        }
    }
    if(j == classnum)
    {   printf(" %s 班级不存在!请按回车键返回...\n",classname); getchar(); }
}

/* 保存班级信息 */
void ClassSave( )
{   FILE  *fp;
    int j;
    if((fp = fopen("class.dat","wb")) == NULL)
    {   printf("文件打开失败,系统退出!"); exit(1);  }
    fwrite(&classnum,sizeof(int),1,fp);                 /* 把班级总数存入文件 */
    for(j = 0;j < classnum;j ++)                        /* 把每个班级的信息存入文件 */
      fwrite(&classarr[j],sizeof(CLASS),1,fp);
    fclose(fp);
}
/* 从文件导出班级信息 */
void ClassLoad( )
{   FILE  *fp;
    int j;
    if((fp = fopen("class.dat","ab+")) == NULL)
    {   printf("文件打开失败,系统退出!");  exit(1);  }
    fread(&classnum,sizeof(int),1,fp);                  /* 读取文件中的班级总数 */
    for(j = 0;j < classnum;j ++)                        /* 把班级信息导入数组 */
       fread(&classarr[j],sizeof(CLASS),1,fp);
    fclose(fp);
}
```

file3.c 源程序文件中是系统的课程管理子模块功能的实现,内容如下:

```
/* file3.c */
/* 课程信息管理系统子模块 */
#include  "stu1.h"
#include  "stu2.h"
/* 课程管理子模块中的主界面显示模块 */
void Course(void)
{ int course_index;                                     /* 存放选择主选功能编码 */
  do{ system("cls");
      printf("\n\n");
      printf("                欢迎使用课程管理子系统!\n\n");
      printf("   ======================================\n");
      printf("   ‖   1: 输入课程信息                 ‖\n");
      printf("   ‖   2: 输出课程信息                 ‖\n");
      printf("   ‖   0: 退出子系统                   ‖\n");
      printf("   ======================================\n");
      printf("            请你在上述功能编号中选择...\n");
      scanf(" %d",&course_index);
```

```
        getchar();
        if(!(course_index>=0&&course_index<=2))
        {   printf("对不起,你选择的功能模块号是错的!!!\n");
            printf("请按回车键在上述功能编号中重新选择...\n");
            getchar();
        }
        switch(course_index)
        {   case 1: CourseInput(); break;
            case 2: CourseOut(); break;
            case 0: return;
        }
    }while(1);
}

/*输入课程信息*/
void CourseInput( )
{   int i,j;
    system("cls");
    printf("\n\n****************输入课程信息****************:\n\n");
    /*若是管理员用户可以进行输入*/
    if(usera.usertype=='a' || usera.usertype=='A')
    {   printf("请输入你要设置的课程总数(1~%d):",M1);
        scanf("%d",&coursenum);  getchar();
        NumCheck(&coursenum,M1);            /*验证输入的课程总数是否在指定的范围内*/
        for(j=0;j<coursenum;j++)            /*输入每门课程的编号和课程名称*/
        {   printf("\n请输入第%d门课程的课程编号(整数):",j+1);
            scanf("%d",&coursearr[j].courseid);  getchar();
            while(1)
            {   for(i=0;i<j;i++)            /*检查输入的课程编号在课程数组中是否存在*/
                if(coursearr[j].courseid==coursearr[i].courseid)
                {   printf("对不起!你输入的课程编号已经存在! ");
                    printf("请重新输入第%d门课程的课程编号:",j+1);
                    scanf("%d",&coursearr[j].courseid);  getchar();
                    break;                  /*课程编号不唯一,退出for循环,i<j*/
                }
              if(i==j) break;               /*课程编号唯一,退出while循环*/
            }
            printf("请输入第%d门课程的课程名称:",j+1);
            gets(coursearr[j].coursename);
            StringCheck(coursearr[j].coursename);
        }
        CourseSave( );                      /*输入结束后调用函数自动保存课程信息*/
        printf("课程信息输入并保存成功!请按回车键继续...\n"); getchar();
    }
    else
    {   printf("对不起!你是普通用户,没有操作权限!请按回车键返回...\n");getchar(); }
}

/*输出课程信息*/
void CourseOut( )
{   int j;
```

```
    system("cls");
    CourseLoad( );                          /* 从文件中读取课程信息 */
    if(coursenum == 0)                      /* 如果课程总数为 0 则文件中没有课程信息 */
    {   printf("对不起!你还没有设置课程信息!请按回车键继续...\n");
        getchar();  return ;
    }
    printf("\n**************** 输出课程信息列表 **************** :\n");
    for(j = 0;j < coursenum;j ++ )
    {   if(j % 2 == 0)                      /* 控制每行输出 2 组课程信息 */
            printf("\n");
        printf("课程编号: % - 3d",coursearr[j].courseid);
        printf("课程名称: % s\t",coursearr[j].coursename);
    }
    printf("\n 课程信息输出结束!请按回车键返回上一层...\n"); getchar();
}

/* 保存课程信息 */
void CourseSave( )
{   FILE  * fp;
    int j;
    if((fp = fopen("course.dat","wb")) == NULL)
    {   printf("文件打开失败,系统退出!");  exit(1);  }
    fwrite(&coursenum,sizeof(int),1,fp);   /* 把课程总数存入文件 */
    for(j = 0;j < coursenum;j ++ )          /* 把每个课程信息存入文件 */
      fwrite(&coursearr[j],sizeof(COURSE),1,fp);
    fclose(fp);
}
/* 从文件导出课程信息 */
void CourseLoad( )
{   FILE  * fp;
    int j;
    if((fp = fopen("course.dat","ab + ")) == NULL)
    {   printf("文件打开失败,系统退出!");  exit(1);  }
    fread(&coursenum,sizeof(int),1,fp);    /* 读取课程总数 */
    for(j = 0;j < coursenum;j ++ )          /* 读取每个课程信息 */
      fread(&coursearr[j],sizeof(COURSE),1,fp);
    fclose(fp);
}
```

file4.c 源程序文件中是系统的学生信息管理子模块功能的实现,内容如下:

```
/* file4.c */
/* 学生信息管理系统子模块 */
# include  "stu1.h"
# include  "stu2.h"
/* 学生信息管理子模块中的主界面显示模块 */
void Student(void)
{   int Student_index;                      /* 存放选择主选功能编码 */
    do  {  system("cls");
        printf("\n\n");
        printf("            欢迎使用学生信息管理子系统!\n\n");
```

```
        printf("   =====================================\n");
        printf("   ‖  1:  学生信息录入  2:  学生信息输出  ‖\n");
        printf("   ‖  3:  学生信息查询  4:  学生信息修改  ‖\n");
        printf("   ‖  5:  学生信息插入  6:  学生信息删除  ‖\n");
        printf("   ‖  7:  班级成绩删除  8:  学生成绩排序  ‖\n");
        printf("   ‖  9:  学生成绩统计  0:  退出子系统    ‖\n");
        printf("   =====================================\n");
        printf("          请你在上述功能编号中选择...\n");
        scanf("%d",&Student_index);  getchar();
        if(!(Student_index>=0&&Student_index<=9))
        {   printf("对不起,你选择的功能模块号是错的!!!\n");
            printf("请按回车键在上述功能编号中重新选择...\n");
            getchar();
        }
        switch(Student_index)
        {   case 1:  StudentInput();  break;
            case 2:  StudentOut();    break;
            case 3:  StudentSel();    break;
            case 4:  StudentModify(); break;
            case 5:  StudentAdd();    break;
            case 6:  StudentDel();    break;
            case 7:  ScoreDel();      break;
            case 8:  ScoreSort();     break;
            case 9:  ScoreCount();    break;
            case 0:  return;
        }
    }while(1);
}

/*学生信息录入模块*/
void StudentInput()
{   int i,j,k;
    char classid[N],coursename[N];
    system("cls");
    if(usera.usertype=='a' || usera.usertype=='A')
    {   printf("\n*************请输入学生成绩信息*************:\n");
        printf("\n请输入你要录入的班级编号:");
        gets(classid);
        StringCheck(classid);
        j=ClassFind(classid);
        /*查找班级信息.若找到返回班级信息在班级数组中的位置,否则返回-1*/
        if(j==-1)
        {   printf("\n你输入的班级编号没有进行注册!请先注册班级!\n");
            printf("\n请按回车键继续...\n");
            getchar();return ;
        }
        printf("%s班级共%d学生!\n",classid,classarr[j].studentnum);
        /*依次输入班级的学生信息*/
        for(k=0;k<classarr[j].studentnum;k++)
        {   printf("\n请输入第%d个学生的学号:",k+1);
            /*调用函数输入学号,并检查学号在班级中是否唯一*/
```

```
            StudentIdCheck(studentarr[k].studentid,k,classid);
            strcpy(studentarr[k].classname,classarr[j].classname);
            printf("请输入第%d个学生的姓名:",k+1);
            gets(studentarr[k].studentname);
            StringCheck(studentarr[k].studentname);
            for(i=0;i<classarr[j].class_coursenum;i++)
            {   SourseFind(coursename,j,i);         /*查找第i门课程的课程名称*/
                printf("请输入%s成绩(没有请输入-1):",coursename);
                scanf("%d",&studentarr[k].scorearr[i]); getchar();
            }
        }
        SortStudentId(classid);/*调用函数按学号对学生信息进行排序*/
        StudentSave(classid);                   /*调用函数保存学生信息*/
        printf("\n学生信息输入并保存成功!按回车键继续...\n");  getchar();
    }
    else
    {   printf("对不起!你是普通用户,没有操作权限!请按回车键返回...\n");getchar(); }
}
/*学生信息输出模块*/
void StudentOut()
{   int i,j,k;
    char classid[N],coursename[N];
    system("cls");
    printf("\n请输入你要输出学生信息的班级编号:");
    gets(classid);
    StringCheck(classid);
    j=ClassCheck(classid);
    /*调用函数查找班级信息*/
    if(j==-1)  return;
    printf("\n************* %s班级学生信息表*************\n",classid);
    printf("%-12s%-12s","学号","姓名");    /*表格标题行输出*/
    for(i=0;i<classarr[j].class_coursenum;i++)
    {   SourseFind(coursename,j,i);               /*调用函数查找第i门课程的课程名称*/
        printf("%-12s",coursename);
    }
    printf("\n");                              /*换行开始输出每个学生的信息*/
    for(k=0;k<classarr[j].studentnum;k++)
    {  printf("%-12s%-12s",studentarr[k].studentid,studentarr[k].studentname);
       for(i=0;i<classarr[j].class_coursenum;i++)
          printf("%-12d",studentarr[k].scorearr[i]);
       printf("\n");
    }
    printf("\n学生信息输出结束!按回车键继续...\n");  getchar();
}
/*学生信息查询模块*/
void StudentSel()
{   int i,j,k,n;
    char classid[N],studentid[N],coursename[N];
    char temp[N];
    system("cls");
    printf("\n请输入你要查询的学生所在的班级编号:");  gets(classid);
```

```
    StringCheck(classid);
    j = ClassCheck(classid);
    if(j == -1)  return;
    printf("\n 请输入你要查询学生的学号:");
    gets(temp);                                     /* 输入学号 */
    StringCheck(temp);
    strcpy(studentid,classid);                      /* 复制班级编号 */
    n = strlen(temp);
    if(n == 1)                                      /* 若输入的学号是一位 */
    {   strcat(studentid,"0");                      /* 先连接一个字符'0' */
        strcat(studentid,temp);
    }
    else                                            /* 若输入的学号是多位 */
        strcat(studentid,temp + n - 2);             /* 班级编号连接上学号的后两位 */
    for(k = 0;k < classarr[j].studentnum;k ++ )
    {   if(!(strcmp(studentid,studentarr[k].studentid)))
        {   printf(" % - 12s % - 12s % - 12s","班级","学号","姓名");
            for(i = 0;i < classarr[j].class_coursenum;i ++ )
            {   SourseFind(coursename,j,i);
                printf(" % - 12s",coursename);
            }
            printf("\n % - 12s % - 12s % - 12s",classid,studentid,
                                        studentarr[k].studentname);
            for(i = 0;i < classarr[j].class_coursenum;i ++ )
               printf(" % - 12d",studentarr[k].scorearr[i]);
            printf("\n 按回车键继续...\n");  getchar();
            return;
        }
    }
    printf("\n 无该学生信息!请按回车键返回上一层...\n"); getchar();
}
/* 学生信息添加模块 */
void StudentAdd()
{   int i,j,k,n,num;
    char classid[N],studentid[N],coursename[N];
    system("cls");
    if(usera.usertype == 'a' || usera.usertype == 'A')
    {   printf("\n 请输入你要插入的学生所在的班级编号:");
        gets(classid);
        StringCheck(classid);
        j = ClassFind(classid);
        /* 学生信息插入,只要班级已经注册,不必检查文件是否为空 */
        if(j == -1)
        {   printf("\n 你输入的班级编号没有进行注册!");
            printf("请先注册班级!\n 请按回车键继续...\n");
            getchar();    return ;
        }
        StudentLoad(classid);                           /* 读取文件中的学生信息 */
        if(classarr[j].studentnum >= M3)
        {   printf("班级人数已满,无法进行插入操作!请按回车键返回...\n");
            getchar(); return;
```

```
            }
            printf("\n 输入本次增加的学生人数(1～%d):",M3 - classarr[j].studentnum);
            scanf("%d",&num);  getchar();
            while(classarr[j].studentnum + num > M3)
            {   printf("你输入的数据超出指定范围! ");
                printf("请重新输入(1～%d):",M3 - classarr[j].studentnum);
                scanf("%d",&num);  getchar();
            }
            for(n = 0;n < num;n ++ )
            {   printf("\n 请输入你要添加的第%d个学生的学号:",n + 1);
                StudentIdCheck(studentid,classarr[j].studentnum,classid);
                for(k = 0;k <= classarr[j].studentnum;k ++ )
                {   if((strcmp(studentid,studentarr[k].studentid)< 0) ||
                          (k == classarr[j].studentnum))              /* 找到要插入的位置 */
                    {   for(i = classarr[j].studentnum;i >= k;i -- )  /* 向后移动 */
                            studentarr[i + 1] = studentarr[i];
                        strcpy(studentarr[k].classname,classarr[j].classname);
                        strcpy(studentarr[k].studentid,studentid);  /* 学号输入 */
                        printf("请输入姓名:");
                        gets(studentarr[k].studentname);
                        StringCheck(studentarr[k].studentname);
                        for(i = 0;i < classarr[j].class_coursenum;i ++ )
                        {   SourseFind(coursename,j,i);
                            printf("请输入%s成绩(没有请输入 - 1):",coursename);
                            scanf("%d",&studentarr[k].scorearr[i]); getchar();
                        }
                        classarr[j].studentnum = classarr[j].studentnum + 1;
                        /* 插入后班级人数加 1 */
                        break ;                        /* 插入成功,退出本次循环 */
                    }
                }
            }
            ClassSave();
            StudentSave(classid);
            printf("成绩插入成功!请按回车键返回...\n"); getchar();
            return ;
        }
        else
        {   printf("对不起!你是普通用户,没有操作权限!按回车键返回...\n");getchar();}
}
/* 学生信息删除模块 */
void StudentDel()
{   int i,j,k,n;
    char classid[N],studentid[N],temp[N];
    system("cls");
    if(usera.usertype == 'a' || usera.usertype == 'A')
    {   printf("\n 请输入你要删除的学生所在的班级编号:");
        gets(classid);
        StringCheck(classid);
        j = ClassCheck(classid);
        if(j ==-1)  return;
```

```
        printf("\n请输入你要删除学生的学号:");
        gets(temp);                          /*输入学号*/
        StringCheck(temp);
        strcpy(studentid,classid);
        n=strlen(temp);
        if(n==1)
        {   strcat(studentid,"0");
            strcat(studentid,temp);
        }
        else
            strcat(studentid,temp+n-2);
        for(k=0;k<classarr[j].studentnum;k++)
        {   if(!(strcmp(studentid,studentarr[k].studentid)))
            {   for(i=k+1;i<classarr[j].studentnum;i++)
                    studentarr[i-1]=studentarr[i];
                classarr[j].studentnum=classarr[j].studentnum-1;
                ClassSave();
                StudentSave(classid);
                printf("学生信息删除成功!请按回车键返回...\n");getchar();
                return;
            }
        }
        if(k==classarr[j].studentnum)
        {   printf("无该生信息!请按回车键返回上一层...\n");getchar();   }
    }
    else
    {   printf("对不起!你是普通用户,没有操作权限!请按回车键返回...\n");getchar(); }
}
/*成绩删除模块(按列删除)*/
void ScoreDel()
{   int i,j,k,t,courseid;
    char classid[N],coursename[N];
    system("cls");
    if(usera.usertype=='a'||usera.usertype=='A')
    {   printf("\n请输入你要删除的学生所在的班级编号:");
        gets(classid);
        StringCheck(classid);
        j=ClassCheck(classid);
        if(j==-1)  return;
        /*输出课程编号所对应的课程名*/
        for(i=0;i<classarr[j].class_coursenum;i++)
        {   SourseFind(coursename,j,i);    /*调用函数查找第i门课程的课程名称*/
            if(i%2==0)                      /*控制每行输出2组数据*/
               printf("\n");
            printf("课程编号:%3d",classarr[j].class_courseid[i]);
            printf("->课程名:%-12s",coursename);
        }
        printf("\n请输入你要删除课程的课程编号:");
        scanf("%d",&courseid);              /*删除时需要根据课程编号删除*/
        getchar();
        /*在班级数组中查找课程编号的位置*/
```

```
            for(k = 0;k < classarr[j].class_coursenum;k ++ )
            {   if(courseid == classarr[j].class_courseid[k])
                {   /* 删除班级数组中的课程编号 */
                    for(i = k + 1;i < classarr[j].class_coursenum;i ++ )
    classarr[j].class_courseid[i - 1] = classarr[j].class_courseid[i];
                    /* 删除每个学生对应的成绩信息 */
                    for(t = 0;t < classarr[j].studentnum;t ++ )
                        for(i = k + 1;i < classarr[j].class_coursenum;i ++ )
                            studentarr[t].scorearr[i - 1] = studentarr[t].scorearr[i];
                    classarr[j].class_coursenum = classarr[j].class_coursenum - 1;
                    /* 班级的课程数 - 1 */
                    ClassSave();                /* 调用函数保存班级信息 */
                    StudentSave(classid);       /* 调用函数保存学生信息 */
                    printf("课程删除成功!请按回车键返回...\n"); getchar();
                    return;
                }
            }
            if(k == classarr[j].class_coursenum)
            {   printf("你输入的课程编号错误!请按回车键返回...\n"); getchar(); }
        }
        else
        {   printf("对不起!你是普通用户,没有操作权限!请按回车键返回...\n"); getchar(); }
}
/* 学生信息修改模块 */
void StudentModify()
{   int i,j,k,n;
    char classid[N],studentid[N],coursename[N],temp[N];
    system("cls");
    if(usera.usertype == 'a' || usera.usertype == 'A')
    {   printf("\n 请输入你要修改的学生所在的班级编号:");
        gets(classid);
        StringCheck(classid);
        j = ClassCheck(classid);
        if(j == -1)  return;
        printf("\n 请输入你要修改学生的学号:");
        gets(temp);
        StringCheck(temp);
        strcpy(studentid,classid);
        n = strlen(temp);
        if(n == 1)                                  /* 若输入的学号是一位 */
        {   strcat(studentid,"0");                  /* 先连接一个字符'0' */
            strcat(studentid,temp);
        }
        else                                        /* 若输入的学号是多位 */
            strcat(studentid,temp + n - 2);         /* 班级编号连接上学号的后两位 */
        for(k = 0;k < classarr[j].studentnum;k ++ )
        {   if(!(strcmp(studentid,studentarr[k].studentid)))
            {   /* 输出学生的原始信息 */
                printf("学号\t 姓名");
                for(i = 0;i < classarr[j].class_coursenum;i ++ )
                {   SourseFind(coursename,j,i);     /* 查找第 i 门课程的课程名称 */
```

```
                printf("\t%s",coursename);
            }
            printf("\n%s\t%s\t",studentid,studentarr[k].studentname);
            for(i=0;i<classarr[j].class_coursenum;i++)
                printf("%d\t",studentarr[k].scorearr[i]);
            printf("\n修改学生姓名:");
            gets(studentarr[k].studentname);
            StringCheck(studentarr[k].studentname);
            for(i=0;i<classarr[j].class_coursenum;i++)
            {   SourseFind(coursename,j,i);
                printf("修改%s成绩(没有请输入-1):",coursename);
                scanf("%d",&studentarr[k].scorearr[i]); getchar();
            }
            StudentSave(classid);
            printf("学生信息修改成功!请按回车键返回...\n"); getchar();
            return;
        }
    }
    if(k==classarr[j].studentnum)
    {   printf("无该生信息!请按回车键返回...\n"); getchar(); }
  }
  else
  {   printf("对不起!你是普通用户,没有操作权限!按回车键返回...\n"); getchar(); }
}
/*学生信息按学号排序*/
void SortStudentId(char *classid)
{   int i,j,k,p;
    STUDENT temp;
    j=ClassFind(classid);                  /*查找班级信息在班级数组中的位置*/
    /*选择排序法对学号按由小到大进行排序*/
    for(k=0;k<classarr[j].studentnum-1;k++)
    {   p=k;
        for(i=k+1;i<classarr[j].studentnum;i++)
        { if(strcmp(studentarr[p].studentid,studentarr[i].studentid)>0) p=i; }
        if(p!=k)
        {   temp=studentarr[p];
            studentarr[p]=studentarr[k];
            studentarr[k]=temp;
        }
    }
}
/*成绩排序模块*/
void ScoreSort()
{   int i,j,k,n;
    int flag;            /*flag用来检查某趟排序的过程是否发生了交换,以提高排序效率*/
    char classid[N],coursename[N];
    STUDENT temp;
    system("cls");
    printf("\n请输入要完成排序的班级编号:");  gets(classid);
    StringCheck(classid);
    j=ClassCheck(classid);
```

```
    if(j==-1)  return;
    printf(" %s 班级共有 %d 个学生; ",classid,classarr[j].studentnum);
    printf("有 %d 门课程的成绩!\n",classarr[j].class_coursenum);
    printf("请按回车键开始排序...\n");  getchar();
    /* 排序界面设置 */
    do {  system("cls");
        printf("\n\n 请输入要排序的编号!\n");
        printf("  ========================================\n");
        for(i=0;i<classarr[j].class_coursenum;i++)  /* 输出排序的界面 */
        {   SourseFind(coursename,j,i);
            printf("     %d: 按 %s 排序\n",i+1,coursename);
        }
        printf("  ========================================\n");
        scanf(" %d",&n);  getchar();
        if(!(n>=1&&n<=classarr[j].class_coursenum))
        {   printf("对不起,你选择的功能模块号是错的!!!\n");
            printf("请按回车键在上述功能编号中重新选择...\n");
            getchar();
        }
        else break ;                    /* 排序功能键选择正确,退出循环 */
    }while(1);
    /* 使用冒泡排序法对成绩按由大到小进行排序 */
    for(k=1;k<classarr[j].studentnum;k++)
    {   flag=0;
        for(i=0;i<classarr[j].studentnum-k;i++)
        if(studentarr[i].scorearr[n-1]<studentarr[i+1].scorearr[n-1])
        {   temp=studentarr[i];
            studentarr[i]=studentarr[i+1];
            studentarr[i+1]=temp;
            flag=1;
        }
        if(flag==0) break;          /* flag 值为 0,说明此趟排序过程中没有发生一次交换 */
    }
    /* 输出排序后的结果,但不保存 */
    printf("\n****** %s 班级学生学生成绩排序表 ****** :\n",classid);
    printf("\n%-12s%-12s","学号","姓名");        /* 表格标题行输出 */
    for(i=0;i<classarr[j].class_coursenum;i++)
    {   SourseFind(coursename,j,i);/* 调用函数查找第 i 门课程的课程名称 */
        printf(" %-12s",coursename);
    }
    printf("\n");                                    /* 换行开始输出每个学生的信息 */
    for(k=0;k<classarr[j].studentnum;k++) {
      printf(" %-12s%-12s",studentarr[k].studentid,studentarr[k].studentname);
      for(i=0;i<classarr[j].class_coursenum;i++)
        printf(" %-12d",studentarr[k].scorearr[i]);
      printf("\n");                                  /* 一行输出一个学生的信息 */
        }
    printf("\n 学生成绩排序并输出结束!按回车键继续...\n");  getchar();
}
/* 统计各科成绩的最高分和最低分 */
void ScoreCount()
```

```
{    int i,j,k;
     int max[N1],min[N1];                  /*定义数组存放每门课程的最高分和最低分*/
     int pmax[N1],pmin[N1];                /*存放每门课程的最高分和最低分的学生信息*/
     char classid[N],coursename[N];
     system("cls");
     printf("\n请输入你要统计的学生所在的班级编号:");  gets(classid);
     StringCheck(classid);
     j=ClassCheck(classid);
     if(j==-1) return;
     /*分别统计每门课程的最高分和最低分*/
     for(i=0;i<classarr[j].class_coursenum;i++)
     {    max[i]=min[i]=studentarr[0].scorearr[i];
          pmax[i]=pmin[i]=0;
          for(k=1;k<classarr[j].studentnum;k++)
          {  if(max[i]<studentarr[k].scorearr[i])
             {    max[i]=studentarr[k].scorearr[i]; pmax[i]=k; }
             if(min[i]>studentarr[k].scorearr[i])
             {    min[i]=studentarr[k].scorearr[i]; pmin[i]=k; }
             }
          }
          /*输出每门课程的最高分*/
          printf("\n%-12s%-12s%-12s%-12s%-12s\n","课程名","学号","最高分",
                                                          "学号","最低分");
          for(i=0;i<classarr[j].class_coursenum;i++)  /*输出每门课程的最大成绩*/
          {    SourseFind(coursename,j,i);/*调用函数查找第i门课程的课程名称*/
               printf("%-12s%-12s%-12d",coursename,studentarr[pmax[i]].studentid,max[i]);
               printf("%-12s%-12d\n",studentarr[pmin[i]].studentid,min[i]);
          }
          printf("各科最高分和最低分成绩统计结束!请按回车键返回...\n");
          getchar();
     }
    /*成绩保存到文件中*/
    void StudentSave(char *classid)
    {    int j,k;
         char classname[30];
         FILE  *fp;
         strcpy(classname,classid);
         strcat(classname,".dat");      /*连接文件的扩展名*/
         if((fp=fopen(classname,"wb"))==NULL)
         {    printf("文件打开失败,系统退出!");
              exit(1);
         }
         ClassLoad();
         j=ClassFind(classid);          /*查找班级classid在班级数组中的位置*/
         for(k=0;k<classarr[j].studentnum;k++)/*每个学生的信息存放到文件中*/
         fwrite(&studentarr[k],sizeof(STUDENT),1,fp);
    fclose(fp);
}

/*读取文件中的成绩*/
void  StudentLoad(char *classid)
```

```
{   int j,k;
    char classname[30];
    FILE  * fp;
    strcpy(classname,classid);
    strcat(classname,".dat");
    if((fp = fopen(classname,"ab + ")) == NULL)
    {   printf("文件打开失败,系统退出!");  exit(1);  }
    ClassLoad();
    j = ClassFind(classid);                  /* 查找班级 classid 在班级数组中的位置 */
    for(k = 0;k < classarr[j].studentnum;k ++ )
        fread(&studentarr[k],sizeof(STUDENT),1,fp);
    fclose(fp);
    }
```

在编写程序时把一些常用的功能语句编写成函数,便于程序的开发。把这些函数放在 file5.c 源程序文件中,内容如下:

```
/* file5.c */
#include  "stu1.h"
#include  "stu2.h"
/* 在班级数组中查找班级编号的位置 */
int ClassFind(char * s)
{   int j,flag = 0;
    ClassLoad();
    for(j = 0;j < classnum;j ++ )
        if(strcmp(s,classarr[j].classname) == 0)
        {  flag = 1;    break;     }
    if(flag == 1) return j;                  /* 找到班级信息,返回其存放的行下标 */
    else return - 1;                         /* 没有找到,返回 - 1 */
}
/* 检查用户名是否唯一 */
void UserNameCheck(char * s,int k)
{   int i;
    gets(s);
    while(1)
    {   StringCheck(s);                      /* 调用函数检查用户名是否为空串 */
        for(i = 0;i < k;i ++ )               /* 检查输入的用户名是否唯一 */
            if(strcmp(s,userarr[i].username) == 0)
            {   printf("该用户已经存在!请重新输入:\n");
                gets(s);
                break;                       /* 用户名不唯一,退出 for 循环,i<k */
            }
        if(i == k) break;                    /* 用户名唯一,退出 while 循环 */
    }
}
/* 检查班级名是否唯一 */
void ClassNameCheck(char * s,int k)
{   int i;
    gets(s);
```

```
    while(1)
    {   StringCheck(s);
        for(i = 0;i < k;i ++ )                    /* 检查输入的班级名是否唯一 */
            if(strcmp(s,classarr[i].classname) == 0)
            {   printf("该班级编号已经存在!请重新输入:\n");
                gets(s);
                break;                            /* 班级名不唯一,退出 for 循环,i < k */
            }
        if(i == k) break;                         /* 班级名唯一,退出 while 循环 */
    }
}
/* 检查学号是否唯一 */
void StudentIdCheck(char * s,int k,char * classid)
{   int i,n;
    char temp[N];
    gets(temp);                                   /* 输入学号 */
    StringCheck(temp);                            /* 检查是否为空串 */
    strcpy(s,classid);                            /* 复制班级编号 */
    n = strlen(temp);
    if(n == 1)                                    /* 若输入的学号是 1 位 */
    {   strcat(s,"0");                            /* 先连接一个字符'0' */
        strcat(s,temp);
    }
    else                                          /* 若输入的学号是多位 */
        strcat(s,temp + n - 2);                   /* 班级编号连接上学号的后两位 */
    while(1)
    {   for(i = 0;i < k;i ++ )                    /* 检查输入的学号是否唯一 */
            if(strcmp(s,studentarr[i].studentid) == 0)
            {   printf("\n 该学号已经存在!请重新输入:");
                gets(temp);
                StringCheck(temp);
                strcpy(s,classid);
                n = strlen(temp);
                if(n == 1)
                {   strcat(s,"0");
                    strcat(s,temp);
                }
                else  strcat(s,temp + n - 2);
                break;                            /* 学号不唯一,退出 for 循环,i < k */
            }
        if(i == k) break;                         /* 学号唯一,退出 while 循环 */
    }
}
/* 查找班级对应的课程名 */
void  SourseFind(char * s,int j,int i)
{   int k;
    CourseLoad( );
    for(k = 0;k < coursenum;k ++ )                /* 查找课程编号对应的课程名 */
```

```
        if(classarr[j].class_courseid[i] == coursearr[k].courseid)
        {   strcpy(s,coursearr[k].coursename);   break;
        }
}
/* 判断文件是否为空文件,为空则返回 0,否则返回 1 */
int FileCheck(char * classid)
{   int flag = 1;
    char classname[30];
    STUDENT temp;
    FILE  * fp;
    strcpy(classname,classid);
    strcat(classname,".dat");           /* 连接文件扩展名 */
    if((fp = fopen(classname,"ab + ")) == NULL)
    {   printf("文件打开失败,系统退出!");   exit(1);   }
    /* fread 函数读入的数据有效,则函数返回值为 1;无效则返回 0,说明此文件为空 */
    if(fread(&temp,sizeof(STUDENT),1,fp) == 0)
        flag = 0;
    fclose(fp);
    return flag;
}
/* 班级信息检查. */
int ClassCheck(char * classid)
{   int j,k;
    ClassLoad( );
    CourseLoad( );
    j = ClassFind(classid);
    if(j ==- 1)
    {   printf("\n 该班级编号没有注册!请先注册班级!\n 按回车键继续...\n");
        getchar();
        return - 1;
    }
    k = FileCheck(classid);             /* 检查班级文件是否为空 */
    if(k == 0)
    {   printf("\n 此班级暂无学生数据!按回车键返回...\n");   getchar();
        return - 1;
    }
    StudentLoad(classid);
    return j;
}
/* 字符串检查函数 */
void StringCheck(char * s)
{   int i,j = 0;
    for(i = 0;s[i]!= '\0';i ++ )
        if(s[i]!= ' ')      s[j ++ ] = s[i];
    s[j] = '\0';
    if(strlen(s) == 0)
    {   printf("对不起!你输入的数据不符合要求请重新输入:");
        gets(s);
```

```
            StringCheck(s);
        }
    }
    /* 检查输入的整数是否在指定范围内 */
    void NumCheck(int *n,int m)
    {   while(*n>m)                          /* 验证输入的整数是否在指定的范围内 */
        {   printf("对不起!你的输入最多为%d!请重新输入:",m);
            scanf("%d",n);  getchar();
        }
    }
    /* 查找输入课程号是否存在 */
    void CourseIdCheck(int *courseid)
    {   int i;
        while(1)
        {   for(i=0;i<coursenum;i++)     /* 检查班级的课程编号是否存在于课程数组中 */
            if(*courseid==coursearr[i].courseid)
            {   break;                       /* 课程编号合法,退出 for 循环 i<coursenum */ }
            if(i<coursenum)
            {   break;                       /* 课程编号合法,退出 while 循环 */ }
            else
            {   printf("对不起!你输入的课程编号不存在!请重新输入:");
                scanf("%d",courseid); getchar();
            }
        }
    }
```

8.5 软件使用说明

1. 用户信息管理

本系统用户分为管理员和普通用户。用户登录时,必须通过身份验证进入本系统。第一次使用系统时,提供了一个默认的管理员用户身份,用户名为"yang",密码为"123456"。使用者可以先使用此用户身份登录系统,然后再设置其他用户的用户名、密码以及操作权限。系统管理员用户可以对课程信息、班级信息、学生信息进行输入、删除、添加等修改性的操作;普通用户不能进行修改操作,只能进行输出、查询等操作。

2. 课程信息管理

课程信息管理包含输入和输出两个功能。在输入时分别输入每门课程的课程编号和课程名称。在输入课程信息时,课程编号必须是唯一的,如果不唯一则要求重新输入。

3. 班级信息管理

在设置班级信息时,班级编号是班级的唯一标识,每个班级编号互不相同。班级编号由系部代号、专业代号、年级代号、班级代号组成。把它们作为一个整体来输入,详细的分解方法可以参考第 5 章的项目程序。在对班级设置课程时,其课程编号必须是在课程信息中已经设置好的课程编号,如果不是则要求重新设置。班级信息需要设置班级的班级编号、学生人数、课程总数和每门课程的课程编号。

4. 学生信息管理

班级信息注册之后,才可以输入班级的学生信息。班级的学生信息包括班级编号、学号、姓名以及每门课程的成绩。在设置时,根据班级信息所提供的学生人数、课程总数和每门课程的课程编号,依次进行设置每名学生的信息。若要删除或添加学生信息,则对应班级的基本信息也会发生相应的变动并自动保存。如在“0801”班级中添加 2 名学生的信息,则 0801 的学生人数会自动加 2。

附录1 运算符优先级和结合性表

<table>
<tr><th>优先级</th><th>运算符</th><th>解释</th><th>特征</th><th>结合性</th></tr>
<tr><td>1</td><td>( )
[ ]
->
.</td><td>括号(函数等)
数组下标
指向结构体成员运算
取结构体成员运算</td><td>初等运算</td><td>自左向右</td></tr>
<tr><td>2</td><td>sizeof( )
type
~
!
*
&
+
-
++
--</td><td>取数据或类型字节运算
强制类型转换
位非运算
逻辑非运算
取指针所指对内容运算
取地址运算
正号
负号
自加
自减</td><td>单目运算</td><td>自右向左</td></tr>
<tr><td>3</td><td>*
/
%</td><td>乘法运算
除法运算
求余运算(整数)</td><td rowspan="2">双目运算
(算术运算)</td><td>自左向右</td></tr>
<tr><td>4</td><td>+
-</td><td>加法运算
减法运算</td><td>自左向右</td></tr>
<tr><td>5</td><td><<
>></td><td>左移位运算
右移位运算</td><td>双目运算
(移位运算)</td><td>自左向右</td></tr>
<tr><td>6</td><td><
<=
>=
></td><td>小于
小于等于
大于等于
大于</td><td rowspan="2">双目运算
(关系运算)</td><td rowspan="2">自左向右</td></tr>
<tr><td>7</td><td>==
!=</td><td>等于
不等于</td></tr>
<tr><td>8</td><td>&</td><td>按位与运算</td><td rowspan="3">双目运算
(位运算)</td><td rowspan="3">自左向右</td></tr>
<tr><td>9</td><td>^</td><td>按位异或运算</td></tr>
<tr><td>10</td><td>|</td><td>按位或运算</td></tr>
<tr><td>11</td><td>&&</td><td>逻辑与运算</td><td rowspan="2">双目运算
(逻辑运算)</td><td rowspan="2">自左向右</td></tr>
<tr><td>12</td><td>||</td><td>逻辑或运算</td></tr>
<tr><td>13</td><td>? :</td><td>条件运算</td><td>三目运算</td><td>自右向左</td></tr>
<tr><td>14</td><td>= += -= *= /= %=
&= ^= |= <<= >>=</td><td>各种赋值运算</td><td>双目运算
(赋值运算)</td><td>自右向左</td></tr>
<tr><td>15</td><td>,</td><td>逗号(顺序)运算</td><td></td><td>自左向右</td></tr>
</table>

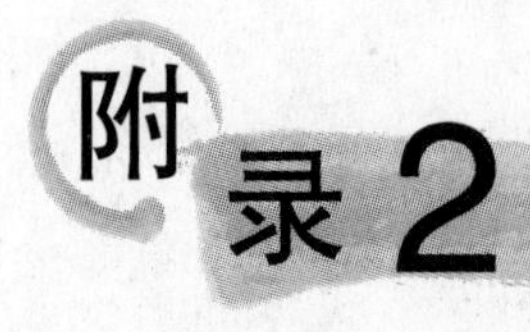

ASCII字符编码表

ASCII 值	控制字符	ASCII 值	控制字符	ASCII 值	控制字符	ASCII 值	控制字符
0	NULL	32	(space)	64	@	96	、
1	SOH	33	!	65	A	97	a
2	STX	34	"	66	B	98	b
3	ETX	35	#	67	C	99	c
4	EOT	36	$	68	D	100	d
5	END	37	%	69	E	101	e
6	ACK	38	&	70	F	102	f
7	BEL	39	‘	71	G	103	g
8	BS	40	(	72	H	104	h
9	HT	41	)	73	I	105	i
10	LF	42	*	74	J	106	j
11	VT	43	+	75	K	107	k
12	FF	44	,	76	L	108	l
13	CR	45	—	77	M	109	m
14	SO	46	.	78	N	110	n
15	SI	47	/	79	O	111	o
16	DLE	48	0	80	P	112	p
17	DC1	49	1	81	Q	113	q
18	DC2	50	2	82	R	114	r
19	DC3	51	3	83	S	115	s
20	DC4	52	4	84	T	116	t
21	NAK	53	5	85	U	117	u
22	SYN	54	6	86	V	118	v
23	ETB	55	7	87	W	119	w
24	CAN	56	8	88	X	120	x
25	EM	57	9	89	Y	121	y
26	SUB	58	:	90	Z	122	z
27	ESC	59	;	91	[	123	{
28	FSS	60	<	92	\	124	|
29	GS	61	=	93	]	125	}
30	RS	62	>	94	^	126	~
31	US	63	?	95	_	127	DEL

附录3 C库函数

C语言中的库函数并不是C语言的一部分。为了用户使用方便，每一种C编译版本都提供一批由厂家开发编写的函数，放在一个库中，这就是函数库。函数库中的函数称为库函数。应当注意每一种C编译系统提供的库函数的数目、函数名和函数功能都不尽相同。这里以Visual C++标准提供的库函数为依据，列出部分常用的库函数供教学使用。

编程时使用库函数还需注意，一般应该使用＃include文件包含命令，将包含库函数的头文件包含到源程序中。

1. 字符函数

调用字符函数时，要求在源文件中包含头文件“ctype.h”。

函数名	函数原型说明	函数功能	函数返回值
isalnum	int isalnum(int ch)；	判断ch是否是字母或数字	是，返回一个正整数；否则返回0
isalpha	int isalpha(int ch)；	判断ch是否是字母	是，返回一个正整数；否则返回0
iscntrl	int iscntrl(int ch)；	判断ch是否是控制字符	是，返回一个正整数；否则返回0
isdigit	int isdigit(int ch)；	判断ch是否是数字	是，返回一个正整数；否则返回0
isgraph	int isgraph(int ch)；	判断ch是否是可打印字符，不含空格及控制字符	是，返回一个正整数；否则返回0
islower	int islower(int ch)；	判断ch是否是小写字母	是，返回一个正整数；否则返回0
isprint	int isprint(int ch)；	判断ch是否是可打印字符(含空格)	是，返回一个正整数；否则返回0
ispunct	int ispunct(int ch)；	判断ch是否是标点字符	是，返回一个正整数；否则返回0
isspace	int isspace(int ch)；	判断ch是否是空格、水平制表符('\ t')、回车符('\ r')、走纸换行('\ f')、垂直制表符('\ v')或换行符('\ n')	是，返回一个正整数；否则返回0
isupper	int isupper(int ch)；	判断ch是否是大写字母	是，返回一个正整数；否则返回0
isxdigit	int isxdigit(int ch)；	判断ch是否是十六进制数字	是，返回一个正整数；否则返回0
tolower	int tolower(int ch)；	把ch中的字母转换成小写字母	返回相应的小写字母
toupper	int toupper(int ch)；	把ch中的字母转换成大写字母	返回相应的大写字母

2. 字符串函数

调用字符串函数时，要求在源文件中包含头文件“string.h”。

函数名	函数原型说明	函数功能	函数返回值
strcat	char * strcat(char * s1,char * s2);	将字符串 s2 连接到 s1 后面	s1 所指地址
strchr	char * strchr(char * s,int c);	找出字符 c 在字符串 s 中第一次出现的位置	返回找到的字符的地址,找不到返回 NULL
strcmp	int strcmp(char * s1,char * s2);	比较字符串 s1 与 s2 的大小	s1<s2,返回负数; s1=s2,返回 0; s1>s2,返回正数
strcpy	char * strcpy(char * s1,char * s2);	将字符串 s2 复制到 s1 中	s1 所指地址
strlen	unsigned strlen(char * s);	返回字符串 s 的长度	返回字符串中有效字符的个数,不包含'\0'字符
strstr	char * strstr(char * s1,char * s2);	在字符串 s1 找出字符串 s2 第一次出现的位置(不包括 s2 的'\0')	返回找到的字符串的地址,找不到返回 NULL

3. 数学函数

调用数学函数时,要求在源文件中包含头文件"math. h"。

函数名	函数原型说明	函数功能	函数返回值
abs	int abs(int x) ;	求整数 x 的绝对值	计算结果
acos	double acos(double x);	计算 $\cos^{-1}(x)$的值,x 应在 $-1\sim1$ 之间	计算结果
asin	double asin(double x);	计算 $\sin^{-1}(x)$的值,x 应在 $-1\sim1$ 之间	计算结果
atan	double atan(double x);	计算 $\tan^{-1}(x)$的值	计算结果
atan2	double atan2(double x, double y);	计算 $\tan^{-1}(x/y)$的值	计算结果
cos	double cos(double x);	计算 cos(x)的值,x 为弧度	计算结果
cosh	double cosh(double x);	计算双曲余弦 cosh(x)的值	计算结果
exp	double exp(double x);	求 e^x 的值	计算结果
fabs	double fabs(double x);	求实型 x 的绝对值	计算结果
floor	double floor(double x);	求不大于 x 的最大整数	计算结果
fmod	double fmod(double x,double y);	求 x/y 整除后的双精度余数	计算结果
log	double log(double x);	求 $\log_e x$,即 ln(x)的值	计算结果
log10	double log10(double x);	求 $\log_{10} x$ 的值	计算结果
modf	double modf(double val,double * ip)	把双精度 val 分解成整数和小数部分,整数部分存放在 ip 所指的变量中	返回小数部分
pow	double pow(double x,couble y);	计算 x^y 的值	计算结果
sin	double sin(double x);	计算 sin(x)的值,x 为弧度	计算结果
sinh	double sinh(double x);	计算 x 的双曲正弦函数 sinh(x)的值	计算结果
sqrt	double sqrt(double x);	计算 x 的平方根	计算结果
tan	double tan(double x);	计算 tan(x)的值	计算结果
tanh	double tanh(double x);	计算 x 的双曲正切函数 tanh(x)的值	计算结果

4. 动态分配函数和随机函数

调用动态分配函数和随机函数时，要求在源文件中包含文件“stdlib.h”。

函数名	函数原型说明	函 数 功 能	函数返回值
calloc	void * callco(unsigned n,unsigned size);	分配 n 个内存空间，每个内存空间的大小是 size 个字节	分配存储空间的起始地址，若不成功则返回 0
free	void free(void p);	释放 p 所指的内存空间	无
malloc	void * malloc(unsigned size);	分配 size 个字节的存储空间	分配内存空间的起始地址，若不成功则返回 0
realloc	void * realloc(void * p,unsigned size);	把 p 所指内存空间的大小改为 size 个字节	重新分配内存空间的起始地址，若不成功则返回 0

5. 输入输出函数

调用输入输出函数时，要求在源文件中包含文件“stdio.h”。

函数名	函数原型说明	函 数 功 能	函数返回值
clearer	void clearer(FILE * fp);	清除与文件指针 fp 有关的所有出错信息	无
fclose	void fclose(FILE * fp);	关闭 fp 所指向的文件，释放内存缓冲区	出错则返回非 0，否则返回 0
feof	void feof(FILE * fp);	检查是否到达 fp 所指向的文件的末尾	文件结束则返回非 0，否则返回 0
fgetc	void fgetc(FILE * fp);	从 fp 所指向的文件中读取一个字符	出错则返回 EOF，否则返回所读字符
fgets	char fgets(char * buf,int n,FILE * fp);	从 fp 所指向的文件中读取一个长度为 n−1 的字符串，将其存入 buf 所指的存储区	返回 buf 所指的地址，若遇文件结束或出错则返回 NULL
fopen	FILE * fopen(char * filename, char * mode);	以 mode 指定的方式打开名为 filename 的文件	成功则返回文件指针，否则返回 NULL
fprintf	int fprintf(FILE * fp, char * format,args,…);	把 args,… 的值以 format 指定的格式输出到 fp 所指定的文件中	实际输出的字符数
fputc	int fputc(char ch, FILE * fp);	把 ch 中字符输出到 fp 所指文件	成功则返回该字符，否则返回非 0
fputs	int fputs(char * str,FILE * fp);	把 str 所指字符串输出到 fp 所指文件	成功则返回 0，否则返回非 0
fread	int fread(char * pt,unsigned size, unsigned n, FILE * fp);	从 fp 所指向的文件中读取一个长度为 size 的 n 个数据项，将其存入 pt 所指向的内存区中	读取的数据项个数，文件结束或出错则返回 0
fscanf	int fscanf (FILE * fp, char format,args,…);	移动 fp 所指向的文件中按 format 指定的格式把输入数据存入到 arg,… 所指的内存中	已输入的数据个数，遇文件结束或出错则返回 0

续表

函数名	函数原型说明	函数功能	函数返回值
fseek	int fseek(FILE * fp,long offet,int base);	将 fp 所指向文件的位置指针移到以 base 指出的位置为基准、以 offet 为偏移量的位置	成功则返回当前位置,否则返回-1
ftell	long ftell(FILE * fp);	求出 fp 所指向的文件当前的读写位置	读写位置
fwrite	int fwrite(char * pt,unsigned size,unsigned n,FILE * fp);	把 pt 所指向的 size * n 个字符的内容输出到 fp 所指向的文件中	输出的数据项个数
getc	int getc(FILE * fp);	从 fp 所指向的文件中读取一个字符	返回所读字符,若出错或文件结束则返回 EOF
getchar	int getchar(void);	从标准输入设备读取下一个字符	返回所读字符,否则返回-1
getw	int getw(FILE * fp);	从 fp 所指向的文件中读取一个整数	返回所读的整数,否则返回-1
printf	int printf(char * format,args,…);	把 args…的值以 format 指定的格式输出到标准设备	输出的数据项个数,若出错则返回-1
putc	int putc(int ch,FILE * fp);	把 ch 中字符输出到 fp 所指文件	成功返回该字符,否则返回 EOF
putchar	int putchar(char ch);	把字符 ch 输出到标准输出设备	返回输出的字符,否则返回 EOF
puts	int puts(char * str);	把 str 所指向的字符串输出到标准设备,将'\0'转换成回车换行	返回换行符,若出错则返回 EOF
putw	int putw(int w,FILE * fp);	把一个整数 w 输出到 fp 所指文件	返回该整数,否则返回 EOF
rename	int rename(char * oldname,char * newname);	把 oldname 所指向的文件名改为 newname 所指向的文件名	成功则返回 0,出错则返回-1
rewind	int rewind(FILE * fp);	将文件位置指针 fp 置于文件开头,并清除文件结束标志和错误标志	无
scanf	int scanf(char * format,args,…);	从标准输入设备按 format 指定的格式把输入数据存入 args…所指向的内存单元	已输入的数据个数,出错则返回 0

参考文献

[1] 李明.C语言程序设计教程.上海：上海交通大学出版社，2008.

[2] 谭浩强.C程序设计.北京：清华大学出版社，1991.

[3] 朱承学.C语言程序设计教程.北京：中国水利水电出版社，2004.

[4] 张基温.C语言程序设计案例教程.北京：清华大学出版社，2004.

[5] AI Kelley IraPohl.C语言教程.北京：机械工业出版社，2004.

[6] Delores M Etter.工程问题C语言求解.北京：清华大学出版社，2005.

[7] Eric S Roberts.C语言的科学和艺术.北京：机械工业出版社，2005.

21世纪高等学校数字媒体专业规划教材

ISBN	书　　名	定价(元)
9787302224877	数字动画编导制作	29.50
9787302222651	数字图像处理技术	35.00
9787302218562	动态网页设计与制作	35.00
9787302222644	J2ME手机游戏开发技术与实践	36.00
9787302217343	Flash多媒体课件制作教程	29.50
9787302208037	Photoshop CS4中文版上机必做练习	99.00
9787302210399	数字音视频资源的设计与制作	25.00
9787302201076	Flash动画设计与制作	29.50
9787302174530	网页设计与制作	29.50
9787302185406	网页设计与制作实践教程	35.00
9787302180319	非线性编辑原理与技术	25.00
9787302168119	数字媒体技术导论	32.00
9787302155188	多媒体技术与应用	25.00
9787302235118	虚拟现实技术	35.00
9787302234111	多媒体CAI课件制作技术及应用	35.00
9787302238133	影视技术导论	29.00
9787302224921	网络视频技术	35.00
9787302232865	计算机动画制作与技术	39.50

以上教材样书可以免费赠送给授课教师，如果需要，请发电子邮件与我们联系。

教学资源支持

敬爱的教师：

感谢您一直以来对清华版计算机教材的支持和爱护。为了配合本课程的教学需要，本教材配有配套的电子教案(素材)，有需求的教师可以与我们联系，我们将向使用本教材进行教学的教师免费赠送电子教案(素材)，希望有助于教学活动的开展。

相关信息请拨打电话010-62776969或发送电子邮件至weijj@tup.tsinghua.edu.cn咨询，也可以到清华大学出版社主页(http://www.tup.com.cn或http://www.tup.tsinghua.edu.cn)上查询和下载。

如果您在使用本教材的过程中遇到了什么问题，或者有相关教材出版计划，也请您发邮件或来信告诉我们，以便我们更好地为您服务。

地址：北京市海淀区双清路学研大厦A座708　　计算机与信息分社魏江江　收
邮编：100084　　电子邮件：weijj@tup.tsinghua.edu.cn
电话：010-62770175-4604　　邮购电话：010-62786544

《网页设计与制作(第2版)》目录

ISBN 978-7-302-25413-3　　梁　芳　主编

图书简介：

Dreamweaver CS3、Fireworks CS3 和 Flash CS3 是 Macromedia 公司为网页制作人员研制的新一代网页设计软件，被称为网页制作"三剑客"。它们在专业网页制作、网页图形处理、矢量动画以及 Web 编程等领域中占有十分重要的地位。

本书共 11 章，从基础网络知识出发，从网站规划开始，重点介绍了使用"网页三剑客"制作网页的方法。内容包括了网页设计基础、HTML 语言基础、使用 Dreamweaver CS3 管理站点和制作网页、使用 Fireworks CS3 处理网页图像、使用 Flash CS3 制作动画和动态交互式网页，以及网站制作的综合应用。

本书遵循循序渐进的原则，通过实例结合基础知识讲解的方法介绍了网页设计与制作的基础知识和基本操作技能，在每章的后面都提供了配套的习题。

为了方便教学和读者上机操作练习，作者还编写了《网页设计与制作实践教程》一书，作为与本书配套的实验教材。另外，还有与本书配套的电子课件，供教师教学参考。

本书可作为高等院校本、专科网页设计课程的教材，也可作为高职高专院校相关课程的教材或培训教材。

目　　录：